普通高等教育“十三五”规划教材

火炮发射动力学概论

杨国来　葛建立　孙全兆　编著

国防工業出版社
·北京·

内容简介

本书首先概要地介绍火炮发射动力学研究的重要意义和国内外发展现状，然后分章节介绍火炮发射动力学的基本理论与方法，包括火炮发射载荷建模理论、刚体动力学及多体系统动力学、射击密集度数值计算、非线性有限元建模方法、总体结构参数优化方法、常用软件及建模仿真技术、发射动力学工程应用等。

本书可作为武器系统与工程、武器发射工程等兵器相关专业高年级本科生的教科书或参考书，也可供兵器科学与技术等相关学科专业的研究生、教师及工程技术人员参考。

图书在版编目（CIP）数据

火炮发射动力学概论/杨国来，葛建立，孙全兆编著. —北京：国防工业出版社，2018.8

ISBN 978-7-118-11560-4

Ⅰ.①火… Ⅱ.①杨… ②葛… ③孙… Ⅲ.①火炮—发射—动力学 Ⅳ.①TJ301

中国版本图书馆 CIP 数据核字(2018)第 050498 号

※

国防工业出版社出版发行

（北京市海淀区紫竹院南路 23 号 邮政编码 100048）

三河市德鑫印刷厂印刷

新华书店经售

*

开本 787×1092 1/16 **印张** 16¼ **字数** 397 千字

2018 年 8 月第 1 版第 1 次印刷 **印数** 1—2000 册 **定价** 48.00 元

国防书店：(010)88540777　　发行邮购：(010)88540776

发行传真：(010)88540755　　发行业务：(010)88540717

前　　言

随着火炮武器系统功能、性能指标要求的不断提高，火炮威力与机动性之间的矛盾越来越突出。传统的静态设计理论难以准确地描述火炮发射过程的动力学现象及其相互作用机理，难以适应现代火炮技术的快速发展和武器研制需求，因此迫切需要开展火炮发射动力学研究，揭示火炮发射过程中全炮及主要零部件的受力和运动规律，开展系统分析及优化设计，为提高射击密集度、刚强度、机动性、可靠性等综合性能指标提供理论基础、测试方法和关键技术。

目前，国内高校的兵器类专业已经开设了发射动力学课程，并作为重点课程来建设，但已有的教材和著作尚不能充分适应兵器类专业本科生教学的需要，尤其缺乏将火炮发射动力学理论与计算机建模仿真方法、火炮总体设计有机融合的教科书。所以，编著者在多年从事机械系统动力学、多体系统动力学、非线性有限元、火炮系统分析与优化、火炮虚拟样机技术等教学和科研实践的基础上，根据兵器类专业高年级本科生及研究生教学和科研需要，编撰了本书。

本书共分 8 章。

第 1 章简要介绍火炮发射过程的基本原理和主要特征，分析传统火炮设计理论面临的技术挑战，在此基础上提出火炮发射动力学研究的重要性和主要内容。

第 2 章介绍火炮发射载荷的建模理论和方法，包括发射载荷的传递过程、火炮主要零部件受力的建模理论和方法等。

第 3 章阐述火炮发射多体系统动力学，包括刚体动力学基础、多刚体系统动力学建模理论、数值求解方法、射击密集度等。

第 4 章以 ADAMS 为软件平台，介绍火炮发射多体系统动力学的建模与仿真技术。

第 5 章介绍火炮发射动力学的有限元建模理论和方法，包括有限元方程及数值求解、网格划分原则、有限元模型建立方法、火炮机构接触/碰撞、土壤非线性等。

第 6 章以 HyperMesh 和 ABAQUS 为软件平台，介绍火炮有限元前处理和仿真分析技术。

第 7 章阐述火炮总体结构参数优化方法，包括复杂参数灵敏度分析、基于多体系统动力学和非线性有限元近似模型的火炮总体结构参数优化方法。

第 8 章介绍火炮发射动力学在射击稳定性、结构刚强度、射击密集度、总体结构优化、动力学测试等设计分析中的工程应用。

本书可作为武器系统与工程、武器发射工程等相关专业本科生高年级教材，总学时计划 32 学时左右；也可供兵器科学与技术相关学科专业的研究生、从事火炮武器研制的科技人员作参考。

本书第3章、第4章、第7章和第1章、第2章、第8章(部分)由南京理工大学杨国来教授编写,第5章、第6章和第1章、第8章(部分)由南京理工大学葛建立副教授编写,第1章、第2章、第8章(部分)由南京理工大学孙全兆博士编写,全书由杨国来教授统稿。由于编著者水平有限,书中难免有错误和不妥之处,恳请广大读者批评指正。

编著者

2018年5月

目　　录

第 1 章　绪　　论

传统的火炮设计理论主要以建立在静止、平面、刚性三大假设基础上的静态设计理论为主，但是由于火炮是一种复杂的机电液集成产品，其结构组成和发射原理非常复杂，尤其随着火炮武器系统功能、性能指标要求的不断提高，火炮威力与机动性之间的矛盾越来越突出，因此传统的静态设计理论难以准确地描述火炮发射过程的动力学现象及其相互作用机理，难以适应现代火炮技术的快速发展和武器研制需求。火炮发射动力学主要研究火炮发射过程中全炮与主要零部件的受力和运动，以及火炮总体结构参数对其影响的规律，从而为提高射击密集度、刚强度、机动性等综合性能指标提供理论基础、测试方法和关键技术。本章简要地介绍火炮发射动力学研究的目的和意义、主要研究内容、国内外研究现状等。

1.1　火炮发射动力学研究的目的和意义

开展火炮发射动力学研究的目的是提高火炮的综合性能指标和控制火炮的受载。一方面，从火炮的结构特点和发射时的动力响应出发，研究弹丸出炮口瞬间的线位移、线速度、角位移、角速度等动态参量的变化规律及其影响因素，探索提高火炮射击密集度的技术途径；另一方面，通过求解火炮发射动力学方程组，获得全炮及主要零部件的动力响应和应力应变的时空分布规律，可为减轻火炮重量，提高机动性，保证火炮发射时的刚强度，安全性和可靠性提供技术支撑。在火炮发射动力学基础上，结合现代优化方法进行火炮总体结构优化设计，为火炮总体方案的优化和匹配提供决策依据。

为了使建立的火炮发射动力学模型能够准确地表征火炮发射过程的受力和运动规律，首先要对火炮发射过程的基本原理和主要特征有深刻的理解。

1.1.1　火炮发射过程的基本原理和主要特征

火炮击发是火炮发射循环的开始，通过机械、电、光等方式作用，使底火药着火，产生的火焰引燃点火药，点火药燃烧产生高温高压的燃气和灼热的固体微粒。通过对流换热的方式，将靠近点火源的发射药点燃，继而点火药和发射药的混合燃气逐层地点燃整个火药床，完成点传火过程。之后火药进一步燃烧产生大量的高温高压燃气，推动弹丸运动。弹丸启动至弹带圆柱部全部挤进内膛（达到最大阻力）的过程称为挤进过程。挤进完成后，阻力突然下降，火药继续燃烧而不断补充高温燃气，并急速膨胀做功，从而使膛内产生了多种形式的运动。弹丸除沿炮轴方向作直线加速运动外，还沿着膛线作高速旋转；同时火药燃气作用于炮身向后方向的力，使炮身产生后坐的加速度，并通过制退机和复进机进行缓冲，把力传到炮架上，最终传递到地面上。上述发射过程主要具有以下特征：

(1) 发射过程中火炮零部件及全炮作复杂的空间运动，不但有平动，而且有转动，且大范围的刚性运动与零部件弹性变形相互耦合。

(2) 弹丸和火炮的运动与受力相互耦合。一方面，弹丸在膛内运动，会对炮身产生很大的击力，从而对炮身乃至全炮的运动和受力产生影响；另一方面，炮身变形及振动、火炮其它零部件的运动反过来又影响弹丸的运动姿态。

(3) 火炮零部件之间的连接存在配合间隙，在发射载荷作用下可能发生复杂的接触/碰撞现象，如炮身圆柱段与筒型摇架衬瓦、摇架齿弧与高低机主齿轮、耳轴与耳轴室、上下座圈与滚珠、滚轮与滚道、立轴与立轴室等。

(4) 在发射载荷作用下，火炮支撑（如驻锄、座盘、车轮、履带等）与地面会发生剧烈的相互作用，不同地面的材料本构关系差异较大，引起土壤的弹塑性变形，如混凝土、砂质土、黏质土。

1.1.2 传统火炮设计理论所面临的技术挑战

传统火炮设计理论在刚性、平面、静止假设条件下对火炮发射过程进行运动和受力分析，在此基础上利用材料力学进行火炮主要零部件的设计。例如，进行全炮受力分析时，在射击平面内建立全炮的受力平衡方程，求出地面对驻锄、座盘或车轮的作用力；进行身管设计时，利用经典内弹道理论计算膛压，将身管简化为静压作用下的轴对称厚壁圆筒，用材料力学的方法分析其强度、应力疲劳等；进行反后坐装置设计时，借助一维不可压稳态流理论和单自由度后坐运动微分方程求解后坐阻力，利用材料力学对制退机、复进机进行设计分析；进行耳轴、摇架、齿弧、上架（托架及炮塔）、下架与大架（车体或其它运动体）设计时，利用受力平衡方程求解作用在这些零部件上的力（力矩），再利用材料力学进行设计。由此可见，传统的火炮设计理论难以准确地描述火炮发射过程的基本特征，面临许多技术挑战，主要包括以下方面。

1. 火炮高瞬态冲击动力学建模

接触和碰撞问题广泛存在于机械、航空、航天、舰船、兵器等领域，是工程实际中普遍存在的力学问题。物体间的相互作用是通过接触/碰撞体现的，任何机械运动的传递都离不开接触力的作用。接触/碰撞问题是高度非线性问题，常常同时涉及几何非线性、材料非线性和接触界面的非线性。而接触界面的未知性和接触条件的不等式约束是接触/碰撞问题所特有的特点，它要求在求解过程中不断地对接触界面进行搜寻。而初始间隙和摩擦效应使问题变得更加复杂。所以，有摩擦的接触/碰撞问题被认为是力学领域中最具有挑战性的问题之一。火炮发射过程的接触/碰撞除了与一般机械系统具有的共性外，还具有高瞬态（弹丸发射过程极短，仅为几毫秒至十几毫秒）、强冲击（最大瞬态载荷可达几百吨，零部件之间存在或多或少的间隙，因此发射时伴随着零部件间的剧烈冲击，并且由于多构件碰撞、撞击零件结构复杂）等复杂特点，使得火炮高瞬态强冲击的理论和试验测试研究要比普通机械复杂得多。

2. 火炮发射多体系统动力学

现代战争对火炮机动性能的要求越来越高，同时又要保证火炮发射时的稳定性和安全性，这就需要根据火炮发射过程的运动和受力规律进行火炮设计，显然利用传统的火炮设计理论很难预测火炮发射时的运动和受力规律，这是由于传统的火炮设计理论认为火炮所有零部件和土壤都是刚体,发射时火炮的所有运动和受力均在对称平面内,火炮既不产生平动,也没有跳动,只有火炮的后坐部分相对摇架沿炮膛轴线方向作直线的后坐和复进运动。试验表明,根据这些假设建立火炮发射时的动力学模型求解的火炮运动和受力规律,与实测结果相差较大,设计时只能引入一些经验符合系数,并经过反复的"画加打"过程,最后对火炮进行定型设计。实际上,火炮发射过程是一个复杂的运动和受力过程,火炮不但有平动,而且有转动,其原因是火炮所有零部件和土壤都是弹性体或弹塑性体,火炮各部件之间的配合存在或多或少的间隙,应建立能表征这些复杂因素的火炮发射多体系统动力学模型,而这些模型将是多维、高度耦合甚至呈"刚性"的二阶非齐次的非线性微分/代数方程,其模型建立及数值求解、试验测试验证等均面临许多技术困难。

3. 火炮发射过程的非线性结构动力学

随着非线性结构动力学理论的发展以及计算机技术的不断提高,航空、航天、兵器、机械、建筑、交通等工程领域中逐渐采用更为"精细化"的动力学建模方法——非线性有限元法,从而将各种非线性因素计入模型当中。进行更能准确反映火炮发射过程物理特征的非线性结构动力学分析是满足不断提高火炮战术技术要求的有效手段,而非线性有限元理论近年来的飞速发展及不断成熟为此创造了条件。以非线性有限元为理论基础,通过建立反映火炮发射过程非线性动力学特征的数学模型,采用数值方法模拟火炮发射的整个过程,可以求解出火炮各主要零部件的动力学响应,预测应力、应变及其位移随时间和空间的变化规律,从而在火炮的设计阶段找出结构的潜力或隐患,缩短研制时间,减少研发投入。但是由于火炮结构复杂,加之发射过程呈现强烈的非线性特性,如结构连接关系的非线性、发射载荷的非线性、材料的非线性等,使得火炮发射过程的非线性结构动力学研究面临许多技术挑战。

4. 火炮的随机因素建模

受产品固有因素、制造装配以及自然环境的影响,火炮的技术参数(从模型的角度出发可以分为输入参数和输出参数)具有随机性。一般情况下,不同的输入参数会产生不同的输出参数,在以往的研究中,为了获得某个火炮技术参数的极值(如最大膛压),通常取所有输入参数的上限值或下限值,代入相应的模型求解获得。然而,由于不同的参数很少同时处于极值和同一相位,因此用极值法将得出不切实际的偏大或偏小的数值。实际上,火炮技术参数在单个试验中具有不确定性,但在大量试验下又呈现一定的统计规律性(如炮口初速、射程等),因此利用概率统计的方法对火炮技术参数的分布进行仿真,可以为火炮设计提供更合理的技术参数,这在火炮设计与制造成本控制方面有着尤其重要的意义。例如,为了提高武器的某个性能指标,不应单纯地提高加工精度,而应根据技术参数的分布规律提出合理的尺寸公差或加工精度,在保证产品性能的前提下最大限度地降低生产成本。由此可见,对火炮发射时的各种随机因素进行计算机建模具有十分重要的工程价值,但是由于火炮随机因素千变万化,其理论建模与仿真存在很大的难度与挑战性。

5. 考虑流固耦合的火炮动力学

流固耦合力学是介于结构动力学与流体力学之间的一门交叉学科,主要研究结构在流体环境中的动力行为以及结构与流体两者之间的相互作用。流固耦合力学的重要特征是流体与固体两相介质之间的交互作用,固体在运动流体的载荷作用下会产生变形或运动,而固体的变形或运动又反过来影响流体的运动,进而改变作用于固体表面的载荷。这种流固耦合的相互作用使得问题的建模和求解具有很大困难。流固耦合问题在航空、航天、船舶、兵器、车辆、土木等工程实际中广泛存在,火炮中的典型流固耦合问题主要包括:①火药燃烧与弹丸、身管的耦合效应;②炮口流场与弹丸的相互作用;③制退机、平衡机、复进机等液气机构内液体与机构间的相互作用;④含冷却层身管的液固耦合等。火炮发射时的高温、高压、高瞬态使得火炮流固耦合问题的研究非常复杂,目前在该领域的实质性研究基本处于空白状态。

随着现代战场对火炮的射击精度、射程、机动性、可靠性、安全性等性能指标的要求越来越高,火炮系统的功能、组成和发射原理日趋复杂,上述火炮发射过程的动力学问题日益突出,已经成为制约现代火炮研制的技术瓶颈,因此,开展火炮发射动力学研究具有重要的理论意义和工程价值。

1.2 火炮发射动力学的主要研究内容

火炮发射动力学是以火炮设计、弹道学、空气动力学、弹塑性力学、多体系统动力学、振动力学、有限元理论、优化方法、现代测试技术等理论为基础发展形成的一门新兴交叉学科。它在现代力学和数值计算的基础上,借助高性能电子计算机,研究发射过程中火炮的受力和运动变化规律及其结构优化方法,为火炮的射击稳定性、炮口振动与密集度、刚强度、射击安全性等设计与分析提供理论依据,其研究内容包含火炮发射多体系统动力学、火炮结构动力学、火炮总体结构参数优化设计、火炮发射动力学测试技术等内容。

1.2.1 火炮发射多体系统动力学

多体系统是指具有大范围相对运动的多个物体组成的系统。多体系统动力学是研究多体系统动力学性态的工程应用基础学科,在航天、航空、机器人、车辆、兵器等领域有着广泛的用途,按是否计及物体的变形,可分为多刚体系统动力学和多柔体系统动力学。多刚体系统动力学的研究对象是由有限个刚体组成的系统,刚体之间以约束相连接,刚体之间可以存在大范围的相对运动。多柔体系统动力学侧重于研究“柔性效应”,即研究物体变形与其整体刚性运动的相互作用或耦合,以及这种耦合所导致的动力学效应。多柔体系统动力学不仅区别于多刚体系统动力学,也区别于结构动力学。多柔体系统动力学方程是多刚体系统动力学方程和结构动力学方程的综合和推广。当系统不经历大范围空间运动时,它就退化为结构动力学方程,而当各部件的变形可以忽略时,它就退化为多刚体系统动力学方程。

采用多体系统动力学方法建立火炮发射动力学模型时,往往将火炮抽象为由若干刚体、弹簧和阻尼器构成的多自由度动力学系统,对存在大变形的部件可采用柔体建模,建立系统运动微分/代数方程后,借助于数值计算方法和计算机技术分析火炮受力和运动规律。主要研究内容包括以下方面。

1. 火炮发射多体系统的拓扑结构描述

为了描述火炮发射多体系统,需要给火炮的各个物体编号,研究一种便于计算机自动描述系统拓扑结构的编号方法,例如基于图论的关联矩阵和通路矩阵法、体间关系数组法。此外还要研究一种便于计算机辨识的相邻两个物体运动关系的描述方法,多体系统中一般用铰来描述,通过定义铰的编号、铰的内侧物体及外侧物体编号、铰的属性编号(定义自由度个数)、铰的转动和平动方向编号等信息,并定义相应的辨识函数,计算机可自动获得火炮各个物体之间的连接关系,计算系统的整体自由度数。

2. 火炮发射载荷建模

火炮发射过程各部件的受力分为三种:一是重力;二是可以处理成弹簧(或角弹簧)以及阻尼器(或角阻尼器)等元件产生的力或力矩;三是诸如炮膛合力、制退机力、复进机力、平衡机力、土壤对炮架的作用力等火炮发射特有的载荷。前两种载荷是其它机械系统中普遍存在的载荷,可以直接借鉴现有的多体动力学软件的载荷自动施加方法;第三种载荷的形式与火炮的具体结构及其射击状态有关,它们往往是广义坐标、广义速率、广义加速率、时间等的复杂函数,需要研究其数学建模及其与多体系统动力学分析软件的嵌入方法。

3. 火炮部件模态分析

火炮发射过程中,炮身、摇架等部件的弹性变形对弹丸出炮口瞬间的扰动有显著影响,在发射动力学建模时,一般将这些部件处理成柔性体。柔性体的弹性变形可用模态展开法描述,即用有限阶次的模态向量和模态坐标乘积之和来近似表达物体的变形。为了提高计算效率,一般采用部件的正则振动模态向量,主要包括约束模态向量、附着模态向量以及 Krylov-Lanczos 模态向量。如何获得准确的正则模态向量,是火炮部件模态分析的研究重点。另外,模态阶数的合理截取也是研究难点,模态阶数过高,会大幅增加多体系统动力学数值计算量,甚至导致数值求解困难;模态阶数过低,会影响弹性变形的数值计算精度。

4. 火炮机构间的接触/碰撞动力学

火炮瞬态冲击载荷引起的机构间接触/碰撞包括身管与摇架、摇架齿弧与高低机齿轮、耳轴与耳轴室、立轴与立轴室(或上座圈与下座圈)、上架(或炮塔座圈)齿圈与方向机齿轮、履带与诱导轮及负重轮,以及轮胎和驻锄、履带与土壤等的接触/碰撞,这些接触/碰撞对全炮的动态响应特性影响较大,需要研究适用于火炮机构间的接触/碰撞动力学算法、接触/碰撞参数的确定、多体系统接触/碰撞动力学问题的数值求解方法。

5. 火炮发射多体系统动力学方程及数值求解方法

建立火炮发射多体系统动力学方程的方法包括牛顿-欧拉法、拉格朗日(Lagrange)方程法、凯恩方法、变分方法等,目前广泛采用第一类 Lagrange 方程法,其建模过程主要包括刚体运动学、约束及约束方程、多体系统运动学、广义力(广义主动力、广义弹性力、广义惯性力)等。

求解第一类 Lagrange 动力学方程的数值计算方法通常分为显式算法和隐式算法。显式算法的计算量较小,但其计算稳定性和精度较差,代表性的数值方法有显式 Runge-Kutta 法、ABAM(Adams-Bashforth Adams-Moulton)法。隐式算法是建立在系统建模研究和显式算法研究基础之上的,其计算量远大于显式算法,在数值计算的稳定性和精度上明显优于显式算法,也是解决常微分方程刚性问题的有效方法,代表性的数值方法有 Gear 方法、HHT 方法、隐式 Runge-Kutta 法。

1.2.2 基于有限元的火炮结构动力学

有限元法是将一个任意的连续体离散化成有限个单元组成的集合体,每个单元有若干个节点,相邻单元依靠节点连接,并通过节点进行载荷传递;选定单元节点处的未知量为基本未知量,并假定一插值函数来近似表示单元内未知量的变化规律,利用力学中的有关原理建立节点力与节点位移之间力学关系;将这些关系结合起来,得到一组以节点未知量为未知量的代数方程组进行求解,获得节点未知量,再利用插值函数和力学关系得到连续体中各位置的位移、应变、应力的变化规律。由于求解区域可以被分割成大小、形状各不相同的小片,所以它能够适应不同的材料类型、复杂的几何形状和复杂的边界条件,在程序设计和工程计算方面得到了广泛的应用,成为效果最为显著的数值计算方法。

有限元法已成为研究火炮结构动力学问题的重要手段之一,其应用主要体现在以下几个方面:

(1) 火炮结构静态刚度和强度计算,主要研究最大发射载荷作用下关键零部件的位移、应变和应力的空间分布规律,校核火炮结构的刚度和强度是否满足材料的使用要求;

(2) 动态刚度和强度问题,主要研究发射载荷(瞬态冲击载荷)作用下火炮结构的变形、应变和应力的时空分布规律;

(3) 火炮结构优化问题,采用基于有限元法的结构优化方法对火炮的关键零部件或整体进行优化,从而能够减少火炮重量,提高火炮的刚度和强度;

(4) 弹炮耦合问题,由于弹炮耦合过程涉及材料的弹塑性变形,采用有限元法能够较好地描述这一过程,研究工作主要包括弹炮耦合有限元建模、弹丸膛内运动规律、弹丸起始扰动、弹带挤进过程分析、耦合参数对弹丸起始扰动影响分析等。

1.2.3 火炮总体结构参数优化设计

随着火炮射程的增大和威力的提高,炮口能量不断增大,射击稳定性、结构刚强度、弹丸出炮口瞬间的炮口振动及弹丸起始扰动等动力学响应问题进一步突出。需要研究寻求控制动力学响应与火炮总体结构参数之间的关系,通过调整和优化这些参数来改善弹丸出炮口瞬间火炮对弹丸的动态干扰,从而减小射弹散布,提高射击命中率并改善火炮系统的综合特性,这些就是火炮总体结构参数优化设计的主要研究内容。

火炮总体结构参数优化设计主要有两种方法。一种是以多体系统动力学理论为基础,建立火炮发射多体系统动力学模型,火炮总体结构参数寻优计算时,每寻优一次,就调用火炮发射多体系统动力学模型计算相应的目标函数,通过一定的迭代计算,实现火炮总体结构参数优化设计。另一种是根据结构动力学理论,采用有限元法建立火炮发射过程的非线性结构动力学模型,同样通过调用火炮结构动力学模型计算目标函数,通过一定的迭代计算,实现火炮总体结构参数优化设计。相比较而言,火炮发射过程的非线性结构动力学的计算规模要比火炮发射多体系统动力学的计算规模大得多,加之寻优计算的复杂性,直接利用火炮发射过程的非线性结构动力学模型进行优化需要耗费的 CPU 时间极其庞大,甚至难以实现,一般需要利用多项式响应面模型、Kriging 模型、神经网络模型等建立非线性结构动力学模型的近似模型。

此外,由于火炮总体结构参数非常多,即使选择其中的几十个或几百个参量进行优化匹配也是不现实的。一方面,总体优化计算随着设计变量的增加,其计算量也呈指数级大幅度增长;另一方面,每寻优一次就需要计算目标函数,即使是进行火炮发射多体系统动力学数值计算,但由于这种模型中需要考虑刚柔耦合、接触/碰撞、液气、土壤等复杂因素,系统自由度一般在几百个以上,描述这种系统的动力学方程通常是一组高度非线性的刚性微分方程和代数方程,其数值计算的工作量也是非常巨大的。为了解决这种矛盾,通常先进行火炮总体结构参数的灵敏度分析,选出一组对目标函数贡献较大的参量,在此基础上再进行火炮总体结构参数的优化与匹配。

1.2.4 火炮发射动力学测试技术

火炮发射动力学测试技术,是指对火炮发射过程中主要零部件的位移、速度、加速度、应力、应变、受力、压强等动态参数进行测量与处理的理论、方法和技术。由于火炮发射环境非常恶劣,各种干扰会对发射动力学测试产生很大的影响,主要包括:①火炮射击时产生非常强烈的机械冲击和爆炸冲击,这会引起传感器敏感元件本身的共振,还有横向影响问题,影响测试结果的精度。②火炮射击时会伴有高强噪声,这种噪声可达 180dB 以上。③炮口烟、焰对测试带来很大影响。④磁场和射频场。随着火炮系统越来越复杂,其配备的各类器材也就越来越多,磁场效应和射频场的影响是不可避免的。射频地电流和其它噪声信号会造成虚假信号而进入到测试中。⑤测试中用到的电缆由于机械原因或者电缆接头的噪声给测试系统带来测量误差。⑥火炮发射产生的温度场、压力场及其它物理场发生耦合作用,影响测试结果和数据处理。针对火炮发射过程产生的各种干扰,需要火炮发射动力学测试系统具备以下特点:①为了保证能够从测试数据中提取有用的信息,需要测试系统具有较强的抗干扰能力。②测试系统具有较高的工作频带,包括选择的传感器需要有较高的工作带宽、调理系统具有较高的通频带、数据采集系统具有较高的采样率。③测试系统具有多种调理模块,包括直流放大调理模块、电荷放大调理模块、电桥调理模块等。④火炮发射动力学测试数据采样率高、采样点数多、通道多,这就对数据采集系统的数据传输率和存储深度提出了很高的要求,如果资源达不到要求就会使数据丢失,造成信号的掐头去尾,严重的会导致试验失败。

火炮发射动力学测试获得的各种物理信号对验证发射动力学理论及仿真模型的正确性具有重要的意义,同时火炮发射动力学测试也是对火炮武器装备进行性能与质量状态评价的根本依据,是提高火炮研制质量的重要手段,因此火炮发射动力学测试技术在火炮研制、定型和生产过程中占有重要地位。

1.3 火炮发射动力学国内外研究现状

火炮发射动力学在新型火炮设计和现役火炮改造设计的各个环节中占有重要地位,引起各国兵工界的普遍重视。目前,火炮发射动力学与优化设计已发展成为一门学科,各国火炮研究人员在该领域做了大量的理论和试验研究工作,其中以美国和苏联最为活跃,成绩最为显著。从 1977 年到 2001 年,美国陆军装备研究与发展中心已举办了十次火炮动力学学术会议,每次会议都有几十篇学术论文发表,研究内容覆盖火炮的结构动力学、弹道性能、身管腐蚀与疲劳、全炮的运动与受力、火炮发射过程中的动态测试、电磁发射动力学、高性能材料在传统和电磁发射装置中的应用等诸多方面,提出了许多火炮发射动力学分析和动态设计的新理论、新方法。同时对一般结构动力学也进行了改进,使理论更加完善。前苏联一些大学也研究了火炮射击精度问题,设置专业机构,对火炮发射动力学进行分析,分析火炮质量分布、结构、运动状态,进而确定弹丸出炮口时的运动状态。为改善身管振动状态,他们在身管外表面加了含有纵向纤维材料的附加层,这种方法曾在Y5TC100mm 反坦克炮上试用,效果良好。

1.3.1 国外发展现状

研究火炮发射动力学与优化最初的目的是为了提高射击精度,伴随着火炮技术和现代力学的高速发展,火炮发射动力学与优化已经应用到火炮技术的多个方面,成为火炮设计理论不可或缺的重要研究内容。国外很早就开始重视火炮发射动力学与优化的研究,主要涉及火炮发射动力学、射击精度、身管疲劳与腐蚀、动态测试、先进材料应用和高性能武器系统的多学科优化设计等方面。Cox 等结合有限元理论与试验测试研究了某模拟炮的衬瓦间隙、炮尾质量偏心、支承刚度等因素对炮口振动的影响。Hopkings 等构建了基于三维梁单元的火炮发射动力学模型,在此基础上研究了弹丸出炮口瞬间某 120mm 坦克炮的身管振型,并通过与试验结果以及其它方法的计算结果进行对比,验证了其所用方法的合理性。Wilderson 结合基于三维有限元动力学模型的数值计算方法和实弹射击试验,证明了通过平衡炮尾质量可以有效地减小炮口振动。Eches 和 Alexander 在商用有限元软件中建立了弹炮耦合动力学模型,并对炮口振动的数值计算结果与试验结果进行了对比分析。Ahmed 借助有限元软件 ANSYS 建立了“挑战者”坦克炮的动力学模型,研究了炮口制退器和弹丸对炮口振动的影响规律。Gimm 结合数值计算和试验研究了火炮身管的振动特性。Hoyle 设计了专门的模拟炮,通过试验测试研究了摇架结构特性、衬瓦间隙和高低机刚度等因素对炮口振动的影响。Gast 基于数值计算与试验测试研究了身管、弹丸和火炮结构等因素对炮口振动和射击精度的影响。Chen 采用有限元法研究了身管轴线弯曲因素对弹丸运动的影响规律。Terhune 结合有限元法与试验测试技术研究了 M119 榴弹炮上架结构的应变,为安装火控模块的结构设计提供了依据。Garner 以 155mm 口径榴弹炮 M198 为研究对象,通过试验测试研究了炮口的运动规律,并结合数值计算分析了炮口指向、炮口横向速度和起始扰动等对射弹散布的影响。Eric 等采用有限元法研究了 M829 高速动能弹立靶密集度与炮口初始扰动的关系。James 等通过对比火炮-弹丸动力学仿真的结果与实验弹道采集的数据,从而验证了美国陆军研究室的火炮发射动力学仿真程序的有效性。Conroy 等采用 DANA3D 软件,建立了 37mm 火炮陶瓷喷嘴瞬态热固耦合动力学有限元模型。

1.3.2 国内研究现状

国内对火炮发射动力学的研究起步于 20 世纪 80 年代初期,从“七五”正式立项火炮发射动力学的专题研究起,在火炮发射动力学方面做了大量工作,在动力学建模、数值求解等方面取得了十分显著的成果:建立了以后坐力为击力的某高炮全炮非线性振动模型,得到了与试验结果吻合较好的炮口响应;用 Kane 方法建立了某牵引火炮 9 自由度的多刚体系统动力学模型,模型中考虑了土壤特性对火炮运动的影响;运用 Kane 方法建立了自行火炮 14 自由度的多刚体动力学模型，利用 Reduce 符号软件推导了火炮系统运动微分方程；建立了考虑身管弹性变形的自行火炮 24 自由度的动力学模型；依据 Kane-Huston 方法，利用 FORTRAN 语言编制了火炮多刚体系统动力学通用程序；用有限元法计算身管的弹性变形，建立了某高炮 26 自由度的动力学模型，利用子系统迭代法获得了该类多柔体系统运动微分方程的收敛解；运用 Jourdain 变分原理和模态振动理论建立了自行火炮多柔体动力学模型，利用 Mathematica 符号软件推导了运动微分方程，并提出通过构造降阶矩阵来解决该类系统动力学方程数值积分的病态问题；建立了考虑炮身后坐运动和弹炮耦合等因素的自行火炮系统非线性有限元模型，采用显式算法求解得到了弹丸、炮身和车体各部分在整个发射过程中的动力学响应；建立了某坦克炮的多刚体系统动力学模型，研究了动力偶臂、耳轴位置、制退杆位置、复进杆位置等总体参数对炮口扰动的影响规律；建立了考虑土壤的材料非线性、履带与地面接触的自行火炮的全炮非线性有限元动力学模型，并进行了火炮仿真可视化技术研究；利用平面机构动力学建立自动机多刚体系统动力学模型，编制了计算软件；基于 ADAMS 平台建立了供输弹系统与全炮耦合运动的动力学模型，在模型中引入并讨论了碰撞与接触约束；利用 ADAMS 的 ATV 模块建立了自行火炮多体系统动力学模型，建立详细的履带多体系统动力学模型，对动力轮闭锁和不闭锁两种情形下的发射动力学进行了仿真；利用 Lankarani & Nikravesh 接触力模型和有限段法建立了弹丸与身管耦合系统的动力学模型，研究了弹性身管与刚性摇架、高低机齿轮与齿弧之间的接触/碰撞，并在此基础上建立了考虑弹炮耦合作用的全炮动力学模型；运用多体动力学的 Kane 方法，结合计算机符号推导公式，建立了车载炮发射系统的 9 自由度动力学模型，进行了总体结构动力学仿真；研究了多体系统动力学离散时间传递矩阵法及其在火炮动力学中的应用；采用多体动力学理论的 Kane-Huston 方法研究了自行火炮行进间射击动力学特性；应用动态接触/碰撞有限元理论和有限元软件仿真平台研究车载火炮的有限元动力学问题，包括发射过程中的接触/碰撞问题，如膛线身管与弹丸耦合系统的接触/碰撞，身管圆柱部与摇架前、后衬瓦的接触/碰撞，高低机齿轮、齿弧之间的接触/碰撞，回转支承上、下座圈之间的接触/碰撞，驻锄、座盘与土壤的接触/碰撞等，建立包含上述非线性因素的全炮动力学模型，通过求解该模型得到车载火炮发射过程的动态响应，并分析影响弹丸膛内运动和炮口扰动的因素。

在火炮发射动力学优化研究方面，基于多刚体动力学理论建立了以减少炮口起始扰动为目标函数的自行火炮动力学优化模型，并采用拓广的状态空间梯度投影法进行了优化求解。在利用 ADAMS 软件对设计参数进行灵敏度分析的基础上对火炮总体参数进行了动力学优化设计，优化后炮口振动明显降低。基于优化设计方法以火炮射击时跳动量最小化为目标对节制杆各圆锥段直径进行了优化设计，有效改善了火炮的射击稳定性。提出了一种能够提高射击稳定性的新型炮架结构，并基于 Isight 集成 ADAMS 对其进行了全炮刚柔耦合动力学分析、反后坐装置优化设计以及全炮射击稳定性优化等方面的研究。建立了以弹丸和炮口振动为优化目标的多目标优化数学模型，并采用 NSGA-Ⅱ 多目标遗传算法实现了优化求解。为减小火炮发射时的后坐阻力和身管质量，以身管刚度、强度和弹丸初速等为约束，建立火炮身管-反后坐装置集成的优化设计模型，分别采用模拟退火算法和非支配排序改进遗传算法进行优化求解，优化后火炮综合性能得到明显提升。以炮塔质量、最大动态应力值作为优化目标，以炮塔顶部和尾部钢板最大形变量作为约束条件，建立了炮塔结构多目标优化模型，并结合多目标遗传算法对炮塔进行了动力学优化设计。建立了某大口径超轻型牵引火炮刚柔耦合结构动力学有限元参数化模型，在此基础上构建了以射击稳定性和全炮质量为目标函数的多目标优化模型，并采用 NSGA-Ⅱ多目标遗传算法进行优化求解，获得了较优的设计方案。

相比较而言，国外科技先进国家在注重火炮发射动力学理论研究的同时，还十分重视试验验证的研究，而国内在火炮发射动力学的理论研究方面开展得较多，但在试验测试研究方面非常薄弱，动力学模型的可信度有待提高。因此，国内的火炮发射动力学在指导工程设计方面与国外的差距较大。

第2章 火炮发射载荷建模理论与方法

2.1 火炮发射载荷的传递过程

火炮发射时,发射药燃气对弹丸做功使其沿身管向前高速运动,后坐部分在炮膛合力的作用下沿摇架向后运动,摇架通过耳轴、高低机、平衡机等,将发射载荷传递到火炮的其它部分,最后传递到地面上。发射载荷的传递过程与火炮的具体结构相关,以下以某122mm榴弹炮为例,分别说明牵引榴弹炮、履带式自行榴弹炮、轮式自行榴弹炮、车载榴弹炮的发射载荷传递过程。

图2.1为某牵引榴弹炮的发射载荷传递路径示意图。炮身后坐与复进时,炮身通过前后套箍、制退机、复进机与摇架相连接,相互之间的作用力分别是前后套箍与摇架导轨之间的接触力、制退机力、复进机力;摇架通过左右耳轴、高低机、平衡机与上架相连接,相互之间的作用力分别是左右耳轴与上架耳轴室(轴承)之间的接触力、摇架齿弧与高低机主齿轮之间的接触力、平衡机力;上架与下架大架之间通过座圈(内外座圈之间通过滚珠连接)、方向机连接,相互之间的作用力包括座圈与滚珠之间的接触力、齿圈与方向机齿轮之间的接触力;下架大架通过驻锄与地面连接,相互之间的作用力为3个驻锄与地面之间的接触力。

图2.2为某履带式自行榴弹炮的发射载荷传递路径示意图。炮身后坐与复进时,炮

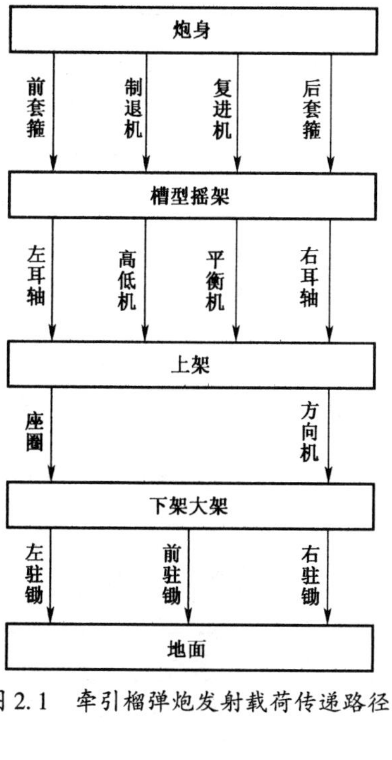

图2.1 牵引榴弹炮发射载荷传递路径

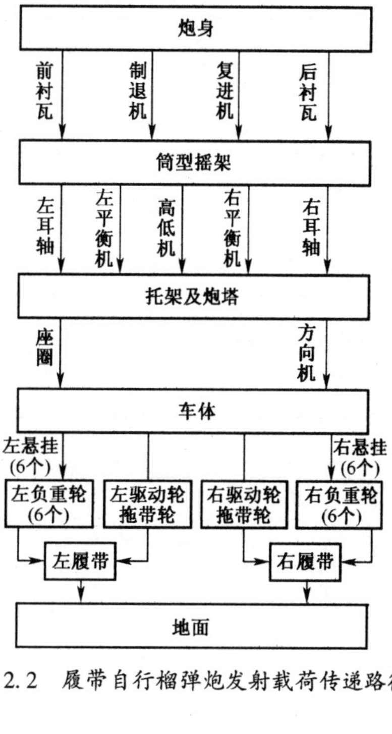

图2.2 履带自行榴弹炮发射载荷传递路径

身通过前后衬瓦、制退机、复进机与摇架相连接，相互之间的作用力分别是炮身与摇架前后衬瓦之间的接触力、制退机力、复进机力；摇架通过左右耳轴、高低机、左右平衡机与炮塔（托架）相连接，相互之间的作用力分别是左右耳轴与托架耳轴室（轴承）之间的接触力、摇架齿弧与高低机主齿轮之间的接触力、左右平衡机力；托架与炮塔固定连接；炮塔与车体之间通过座圈（内外座圈之间通过滚珠连接）、方向机连接，相互之间的作用力包括座圈与滚珠之间的接触力、齿圈与方向机齿轮之间的接触力；车体通过左右悬挂与负重轮连接，通过驱动轮及托带轮与履带连接，相互之间的作用力为悬挂力、驱动轮及托带轮与履带之间的接触力；履带与负重轮和地面接触，相互之间产生接触力。

图 2.3 为某轮式自行榴弹炮的发射载荷传递路径示意图。炮身后坐与复进时，炮身通过前后衬瓦、制退机、复进机与摇架相连接，相互之间的作用力分别是炮身与摇架前后衬瓦之间的接触力、制退机力、复进机力；摇架通过左右耳轴、高低机、左右平衡机与炮塔（托架）相连接，相互之间的作用力分别是左右耳轴与托架耳轴室（轴承）之间的接触力、摇架齿弧与高低机主齿轮之间的接触力、左右平衡机力；托架与炮塔固定连接；炮塔与车体之间通过座圈（内外座圈之间通过滚珠连接）、方向机连接，相互之间的作用力包括座圈与滚珠之间的接触力、齿圈与方向机齿轮之间的接触力；车体通过左右悬挂与车轮连接，相互之间的作用力为悬挂力；车轮与地面接触，相互之间产生接触力。

图 2.4 为某车载式榴弹炮的发射载荷传递路径示意图。炮身后坐与复进时，炮身通过前后衬瓦、制退机、复进机与摇架相连接，相互之间的作用力分别是炮身与摇架前后衬瓦之间的接触力、制退机力、复进机力；摇架通过左右耳轴、高低机、平衡机与上架相连接，相互之间的作用力分别是左右耳轴与上架耳轴室之间的接触力、摇架齿弧与高低机主齿轮之间的接触力、平衡机力；上架与车体之间通过座圈（上下座圈之间通过滚珠连接）、方向机连接，相互之间的作用力包括座圈与滚珠之间的接触力、齿圈与方向机齿轮之间的接

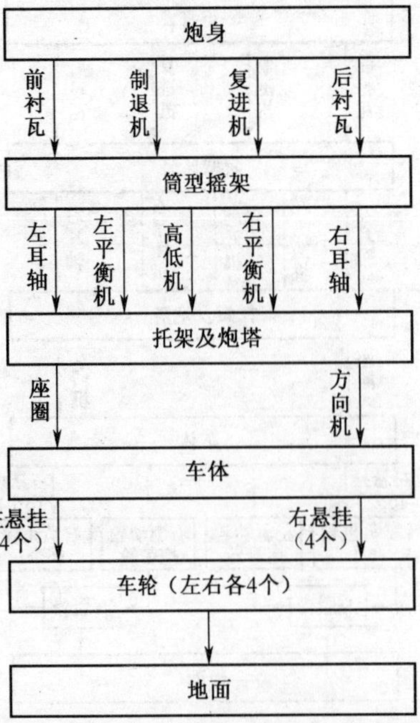

图 2.3 轮式自行榴弹炮发射载荷传递路径

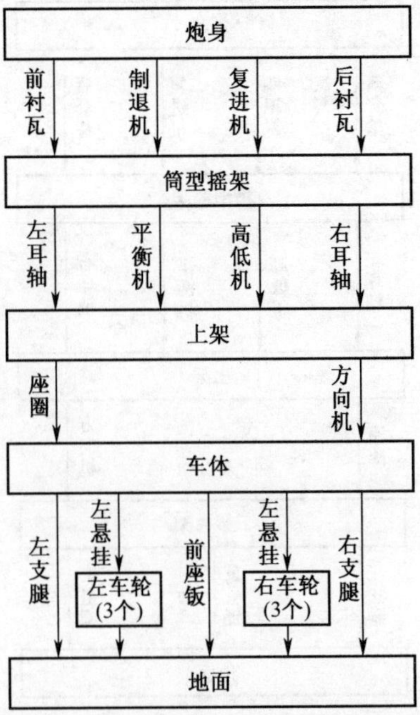

图 2.4 车载式榴弹炮发射载荷传递路径

触力；车体通过左右悬挂与负重轮连接，相互之间的作用力为悬挂力；车体通过左右支腿及前座盘与地面接触，相互之间的作用力分别为左右支腿及前座盘的液压缸作用力，以及地面对左右支腿及前座盘的作用力。

2.2 炮膛合力

炮膛合力的计算分为膛内时期、后效期和后效期结束之后等3个阶段，计算公式为

$$P_{pt}=\begin{cases}\dfrac{1}{\varphi_p}\left(1+\dfrac{1}{2}\dfrac{\omega}{q}\right)Sp & t<t_g\\ \chi P_g e^{-\frac{t-t_g}{b}} & t_g\leqslant t\leqslant t_k\\ 0 & t>t_k\end{cases}\tag{2.1}$$

式中：φ_p为次要功系数；ω为装药质量；q为弹丸质量；S为炮膛断面积；p为火药气体平均压力；χ为炮口制退器的冲量特征量；P_g为弹丸出炮口瞬间的炮膛合力；b为火药气体时间常数；t_g、t_k分别为弹丸飞离炮口瞬间的时刻和后效期结束时刻。

炮口制退器的冲量特征量可根据下式计算：

$$\chi=\frac{(q+\beta\omega)\sqrt{1-\eta_T}(q-0.5\omega)}{(\beta-0.5)\omega}\tag{2.2}$$

式中：β为火药作用系数；η_T为炮口制退器效率。

火药作用系数的计算公式为

$$\beta=S\frac{k-1}{2\omega}\sqrt{gk\left(\frac{2}{k+1}\right)^{\frac{k+1}{k-1}}p_g\rho_g}\tag{2.3}$$

式中：k为绝热指数，一般$k=1.2\sim1.3$；g为当地重力加速度；p_g为弹丸出炮口瞬间的火药气体平均压力；ρ_g为火药气体密度，由下式计算：

$$\rho_g=\frac{\omega}{Sl_g}\tag{2.4}$$

式中：l_g为弹丸行程。

弹丸出炮口瞬间的炮膛合力为

$$P_g=\frac{1}{\varphi_p}\left(\varphi_{p1}+\frac{1}{2}\frac{\omega}{q}\right)Sp_g\tag{2.5}$$

式中：φ_{p1}为仅计弹丸摩擦和旋转的次要功系数。

2.3 反后坐装置提供的载荷

反后坐装置主要包括复进机、制退机等。

2.3.1 复进机力

复进机主要分为弹簧式复进机和液体气压式复进机两种类型，它们所提供的复进机

力的形式也有所不同。

弹簧式复进机用弹簧来储存能量,弹簧力的大小随弹簧压缩量按直线规律变化。复进机力随后坐位移的变化规律可写成

$$P_f = P_{f0} + Cx \tag{2.6}$$

式中:P_{f0}为复进机初力;C 为弹簧的刚度系数;x 为后坐位移。

液体气压式复进机(图 2.5)在后坐过程中,由于活塞的运动使复进机中的气体受压缩,其气体通过液体对活塞的作用就是复进机力。气体的压力变化可用多变过程来描述,即

$$p_f V^n = p_{f0} V_0^n \tag{2.7}$$

式中:p_f、p_{f0}分别为复进机内气体的某瞬时压力和初压力;V、V_0分别为气体任意时刻的容积和初容积;n 为多变指数,它取决于复进机的散热条件和活塞运动速度,一般取 $n=1.3$。

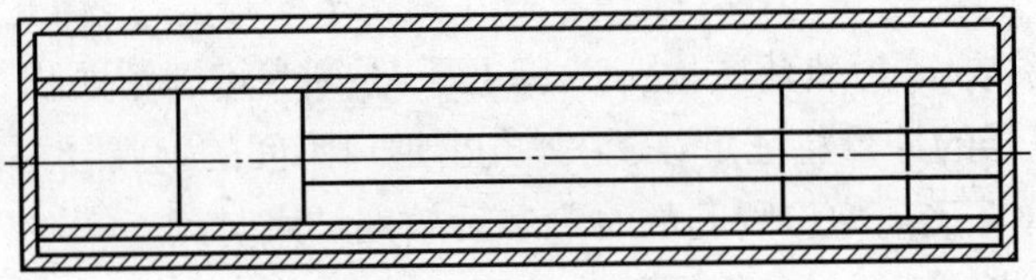

图 2.5　复进机示意图

由式(2.7),复进机力可表达为

$$P_F = A_f p_f = A_f p_{f0} \left(\frac{V_0}{V}\right)^n \tag{2.8}$$

式中:A_f为复进机活塞工作面积。

引进复进机初容积相当长度 l_0,这里 $l_0 = V_0/A_f$,而任意时刻气体的容积 $V = V_0 - A_f x = A_f(l_0 - x)$,代入式(2.8),得

$$P_f = A_f p_{f0} \left(\frac{l_0}{l_0 - x}\right)^n \tag{2.9}$$

由式(2.9)可以看出,复进机力是后坐位移的函数,即 $P_f = P_f(x)$。

2.3.2　制退机液压阻力

制退机最常见的类型有带沟槽式复进节制器的节制杆式制退机、带针式复进节制器的节制杆式制退机,以及可变后坐长度的节制杆式制退机等。

1. 带沟槽式复进节制器的节制杆式制退机

带沟槽式复进节制器的节制杆式制退机示意图如图 2.6 所示,当炮身后坐时,制退杆也一起后坐,从而在活塞的推动下,工作腔Ⅰ内排出的液体分为两股流出,分别进入非工作腔Ⅱ和复进节制器内腔Ⅲ,制退杆的受力如图 2.7 所示。因此,制退机提供的液压阻力为

$$\phi_0 = p_1(A_0 + A_{fj} - A_p) - p_3 A_{fj} \tag{2.10}$$

式中:p_1、p_3 分别为工作腔和节制器内腔的压力;A_0 为后坐时活塞工作面积;A_{fj}为复进制动器的工作面积;A_p 为制退机节制环孔面积。

根据 p_1、p_3 的计算公式,可以得到液压阻力为

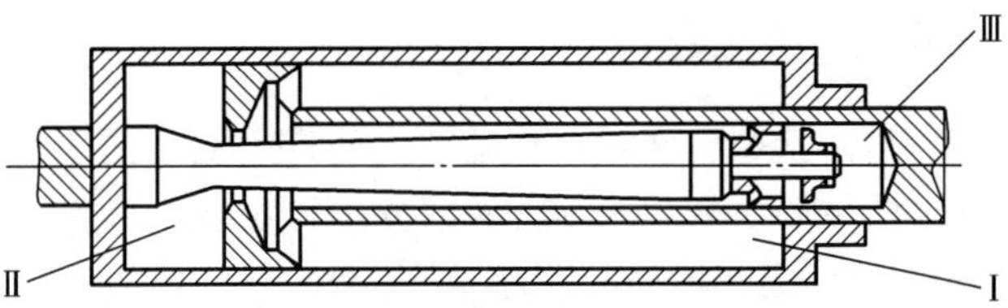

图 2.6　带沟槽式复进节制器的节制杆式制退机示意图

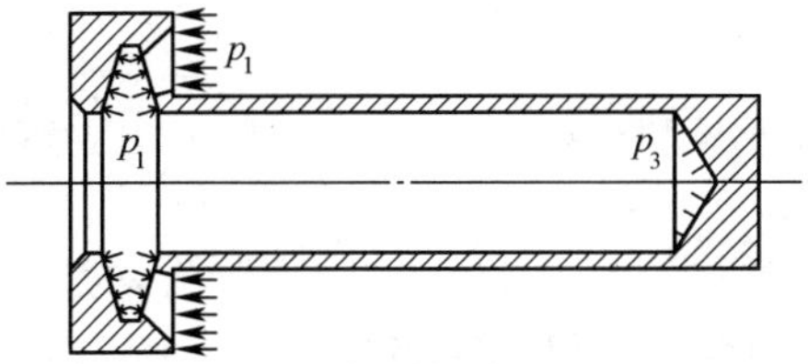

图 2.7　制退杆受力示意图

$$\phi_0 = \frac{K_1\rho}{2}\frac{(A_0 - A_p)^3}{a_x^2}\dot{x}^2 + \frac{K_2\rho}{2}\frac{A_{fj}^3}{\Omega_1^2}\dot{x}^2 \tag{2.11}$$

式中：K_1、K_2 分别为主流和支流阻力系数；Ω_1 为支流最小截面积；$\dot{x}$ 为后坐速度；a_x 为流液孔面积，即

$$a_x = A_p - A_x \tag{2.12}$$

式中：A_x 为节制杆截面积。

如果考虑漏流影响，a_x 用流出有效面积 a_{np} 来代替，即

$$a_{np} = a_x + a_1\sqrt{\frac{K_1}{K_2}} \tag{2.13}$$

式中：a_1 为制退筒与活塞衬套间的间隙面积。

2. 带针式复进节制器的节制杆式制退机

当针形杆在活塞杆尾腔中时，液压阻力为

$$\phi_0 = \frac{K_1\rho}{2}\left[\frac{(A_0 - A_p + A_{ff} + \Delta A_0)(A_0 - A_p + A_{ff})^2}{a_x^2} + \frac{K_2 A'^3_{fj}}{K_1\Omega^2}\right]\dot{x}^2 \tag{2.14}$$

当针形杆从活塞杆尾腔中抽出时，液压阻力为

$$\phi_0 = \frac{K_1\rho}{2}\left[\frac{(A_0 - A_p + \Delta A_0)(A_0 - A_p + A_{ff})^2}{a_x^2} + \frac{K_2 A_{fj}^3}{K_1\Omega^2}\right]\dot{x}^2 \tag{2.15}$$

式中：Ω 为复进节制器流液孔工作面积；A_{ff}为针形杆的圆面积；A'_{fj}为针形杆插入活塞杆尾腔时活塞杆内腔的工作面积；ΔA_0 为活塞面积增大值。

3. 可变后坐长度的节制杆式制退机

该类制退机的液压阻力为

$$\phi_0 = \frac{K_1\rho}{2}\frac{(A_0 + a_{x1})^2}{(a_{x1} + a_{x2})^2}(A_0 - A_{fj})\dot{x}^2 + \frac{K_2\rho}{2}\frac{A_{fj}^3}{\Omega_1^2}\dot{x}^2 \tag{2.16}$$

式中：a_{x2}为随高低射角变化而改变的流液孔，短后坐时，$a_{x2}=0$，长后坐时，a_{x2}为常数。

2.3.3 紧塞装置产生的摩擦力

紧塞装置的摩擦力是由紧塞元件对相对运动表面产生的径向压力造成的,径向压力通常包括不变压力和随液体压力变化的压力两部分。紧塞装置的摩擦力作用形式与紧塞方式有关,这里仅给出“O”形圈摩擦力的计算方法。

当液体压力为 p,“O”形圈摩擦力为

$$F_o = f_c \pi D + 0.025 \frac{\pi}{4}(D^2 - d^2)p \tag{2.17}$$

式中:D 为筒内径;f_c 为由于“O”形圈的压缩变形引起的单位长度上的摩擦力,为常数力,d 为沟槽底部直径。

可以看出,“O”形圈摩擦力由两部分组成,一部分为常数,另一部分则随着液体压力的变化而变化。因此,制退机和复进机紧塞装置的摩擦力可以写成

$$F = F_c + \xi_{zt} p_1 + \xi_f p_f \tag{2.18}$$

式中:F_c 为制退机和复进机紧塞装置摩擦力的常数部分;$\xi_{zt} p_1$ 和 $\xi_f p_f$ 分别为制退机及复进机紧塞装置摩擦力中随液体工作压力变化的那部分。

2.4 平衡机力

根据产生平衡机力的弹性元件不同,分为弹簧式、扭杆(叠板)式、气压式、气液式(图 2.8)和弹簧液体式。

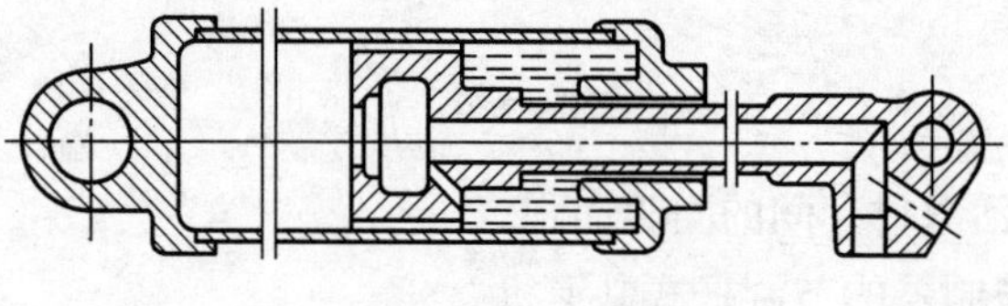

图 2.8 液体气压式平衡机

按平衡机对起落部分施力情况的不同分为拉式平衡机(图 2.9)和推式平衡机(图 2.10)。

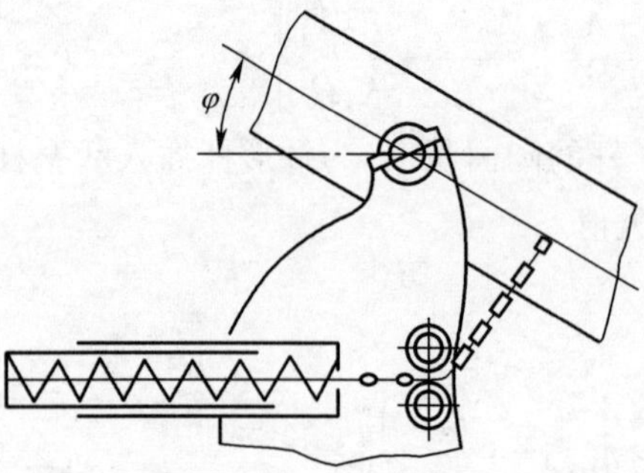

图 2.9 拉式平衡机

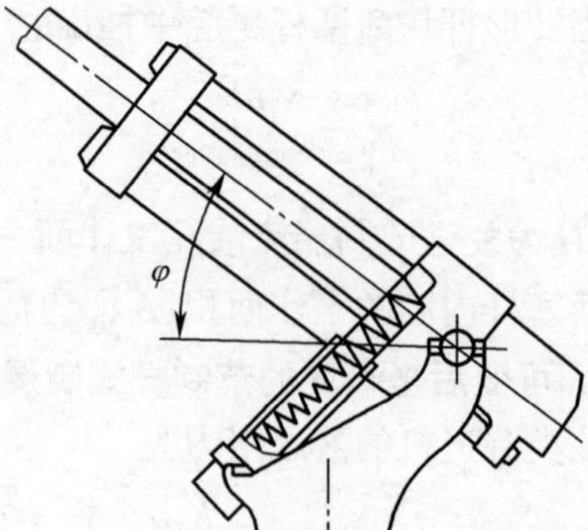

图 2.10 推式平衡机

以推式平衡机(图 2.11)为例,给出其作用力的计算方法。

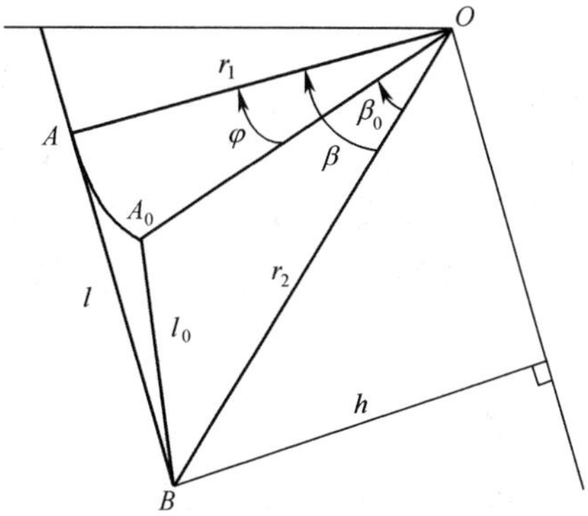

图 2.11 推式平衡机力计算示意图

为了计算方便,约定如下:

(1) O 点为耳轴中心,A 为摇架上的支点(动点),B 为上架(炮塔)上的支点(不动点);

(2) φ 为火炮高低射角,最大高低射角为 $\varphi_{\max}$,最小高低射角为 $\varphi_{\min}$;

(3) 零度射角时,OA 与水平线夹角为 α_0,OA 与 OB 夹角为 β_0;

(4) $r_1 = |OA|$,$r_2 = |OB|$,$l = |AB|$;

(5) 弹簧刚度为 k,气体初压为 p_0,活塞工作面积为 A。

可以看出,当最大高低射角时,两支点距离 AB 最长,而最小高低射角时,两支点距离 AB 最短。如果是弹簧式平衡机,则分别对应于弹簧压缩最小和最大状态;如果是液气压式平衡机,则对应气体容积最大和最小状态。一般把最大射角的弹簧压缩量记为 c_0,气体体积记为 V_0,对应的两支点距离 l 记为 l_m,则 $x=l_m-l$ 称为行程。由图 2.11 可以看出:

$$l = \sqrt{r_1^2 + r_2^2 - 2r_1r_2\cos(\beta_0 + \varphi)} \tag{2.19}$$

$$l_m = \sqrt{r_1^2 + r_2^2 - 2r_1r_2\cos(\beta_0 + \varphi_{\max})} \tag{2.20}$$

平衡机作用力的作用线 AB 到耳轴的距离为 h,根据三角形 OAB 面积的计算公式,有

$$\frac{1}{2}lh = \frac{1}{2}r_1r_2\sin(\beta_0 + \varphi) \tag{2.21}$$

于是

$$h = r_1r_2\sin(\beta_0 + \varphi)/l \tag{2.22}$$

对于弹簧式平衡机,平衡机力为

$$F_k = k(c_0 + x) \tag{2.23}$$

对于液气式平衡机,有

$$p_0V_0^n = pV^n = p(V - xA)^n \tag{2.24}$$

因此,平衡机力为

$$F_k = Ap = Ap_0\left(\frac{V_0}{V_0 - xA}\right)^n \tag{2.25}$$

2.5 液压驻锄/座盘力

在一般的液压系统中认为液压油不可压缩,实际上,当具有很大的动负荷时,液压油可以像弹簧那样被压缩,因此也可以用等效的刚度来描述液压油的弹性。如图2.12所示,液压座盘或液压驻锄的液压油缸均采用双作用单杆活塞式,活塞直径为D,活塞杆直径为d,左右腔体积分别为V_1、V_2,作用面积分别为A_1、A_2。

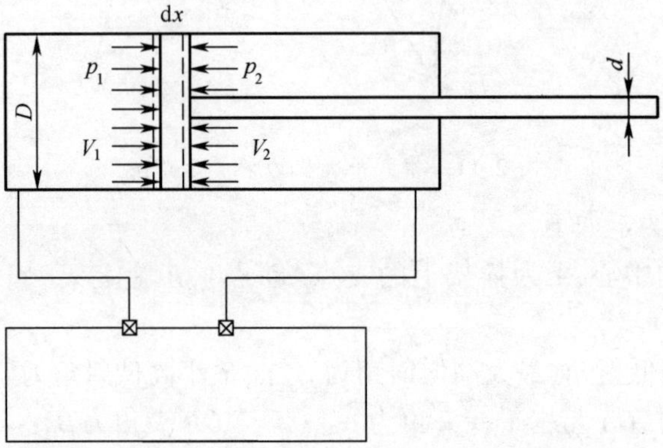

图2.12 液压缸示意图

假设活塞在x位置时的液体压强分别为$p_1(x)$、$p_2(x)$,活塞向左运动微小位移dx后的液体压强分别为$p_1(x+dx)$、$p_2(x+dx)$,则液体的等效刚度为

$$K_h = \frac{A_1[p_1(x+\mathrm{d}x)-p_1(x)] - A_2[p_2(x+\mathrm{d}x)-p_2(x)]}{\mathrm{d}x} \tag{2.26}$$

把$\mathrm{d}V_1=-\mathrm{d}xA_1$,$\mathrm{d}V_2=\mathrm{d}xA_2$代入上式,并进行适当变换,得

$$K_h = -\frac{A_1^2}{(V_{10}-A_1x)}\frac{\mathrm{d}p_1}{\mathrm{d}V_1/V_1} - \frac{A_2^2}{(V_{20}+A_2x)}\frac{\mathrm{d}p_2}{\mathrm{d}V_2/V_2} \tag{2.27}$$

根据液压油体积模量的定义:

$$E_h = -\frac{\mathrm{d}p}{\mathrm{d}V/V} \tag{2.28}$$

一般E_h为常量,取值为$(1.4\sim2)\times10^9$ Pa,将式(2.28)代入式(2.27),得

$$K_h = E_h\left[\frac{A_1^2}{(V_{10}-A_1x)} + \frac{A_2^2}{(V_{20}+A_2x)}\right] \tag{2.29}$$

因此,液压油的等效刚度是活塞位移x的函数。任意时刻液压油对活塞杆的作用力为

$$F_h = F_{h0} + \int_0^x K_h\mathrm{d}x = F_{h0} + E_h\left(A_2\ln\frac{V_{20}+A_2x}{V_{20}} - A_1\ln\frac{V_{10}-A_1x}{V_{10}}\right) \tag{2.30}$$

式中:$F_{h0}=A_1p_{10}-A_2p_{20}$,$p_{10}$、$p_{20}$分别为左右腔的液压油初压。

2.6 火炮机构间接触/碰撞力

发射载荷作用下，炮身沿摇架作后坐运动。对筒型摇架，炮身上的圆柱面与铜衬瓦配合作滑行运动（图 2.13），并伴随炮身与衬瓦的接触/碰撞；对槽型摇架，炮身通过前后套箍的滑板槽沿摇架导轨作滑行运动（图 2.14），并伴随套箍与导轨的接触/碰撞。

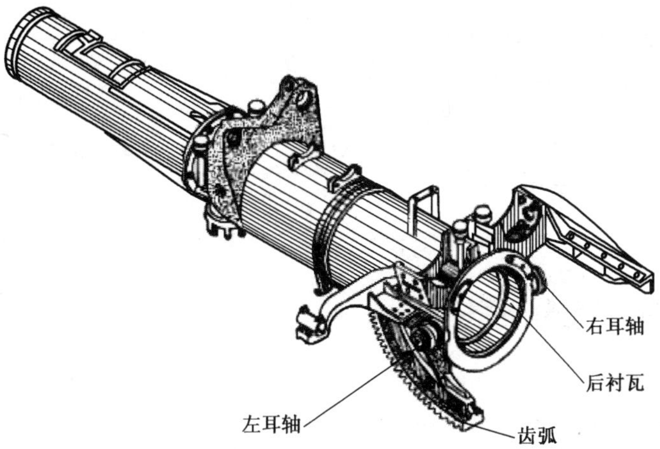

图 2.13　筒型摇架结构示意图

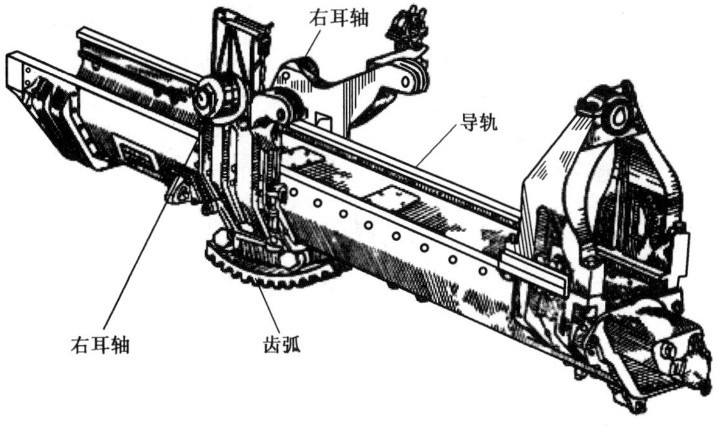

图 2.14　槽型摇架结构示意图

同时，左、右耳轴与轴承之间，齿弧与高低机主齿轮之间均会产生接触/碰撞。火炮回转部分与车体（或下架）通过座圈（或立轴）连接，射击时，内、外座圈与滚珠（或立轴与立轴室）之间，齿圈与方向机主齿轮之间也会发生接触/碰撞，如图 2.15 和图 2.16 所示。

此外，射击时，火炮驻锄、座盘、车轮、履带等与地面会发生接触/碰撞，由于地面材料属性的特殊性，这类接触/碰撞在 2.7 节专门讨论。

根据火炮机构间接触/碰撞的具体特点，通常用三类力学模型来表征：①炮身与摇架衬瓦、托箍与摇架导轨、齿弧与高低机主齿轮、齿圈与方向机主齿轮、立轴与立轴室等相互之间的接触/碰撞采用非线性弹簧阻尼模型来模拟；②耳轴与轴承间隙旋转铰模型；③滚珠与座圈接触碰撞力学模型。

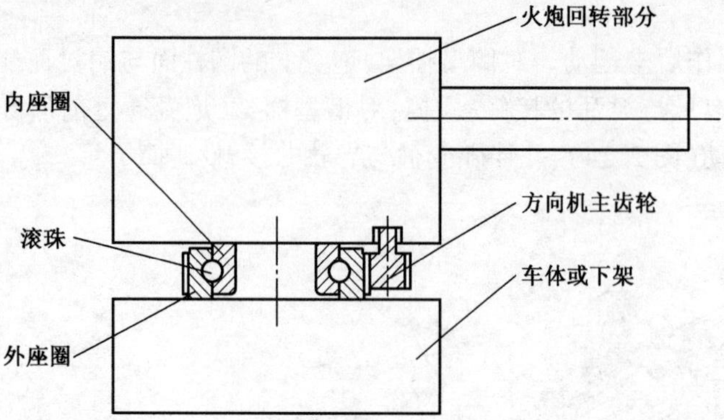

图 2.15　内外座圈结构示意图

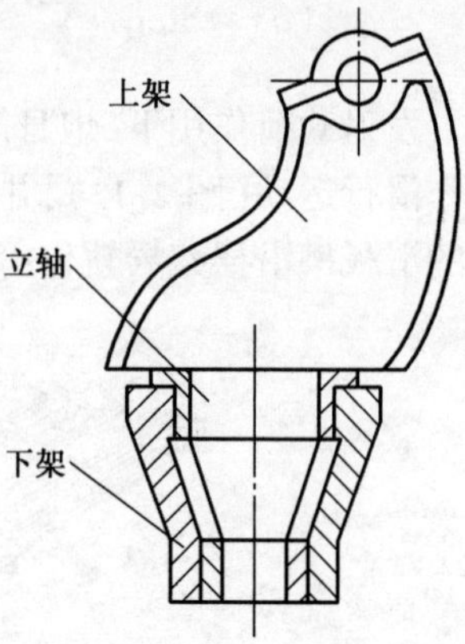

图 2.16　立轴结构示意图

2.6.1　非线性弹簧阻尼模型

如图 2.17 所示,非线性弹簧阻尼模型假设构件变形是在线弹性范围内的小变形,利用接触理论中的弹性接触力来反映碰撞过程中的恢复力,用非线性阻尼力来反映碰撞过程中的能量损失。弹性接触力的方向与碰撞体相互嵌入的方向相反,且始终是压力;非线性阻尼力的方向与碰撞体相对运动速度的方向相反。这种处理方法的优点在于碰撞构件之间分离接触状态转换连续,接触过程中广义速度无跳跃变化。因此,在实际工程应用中被广泛采用。

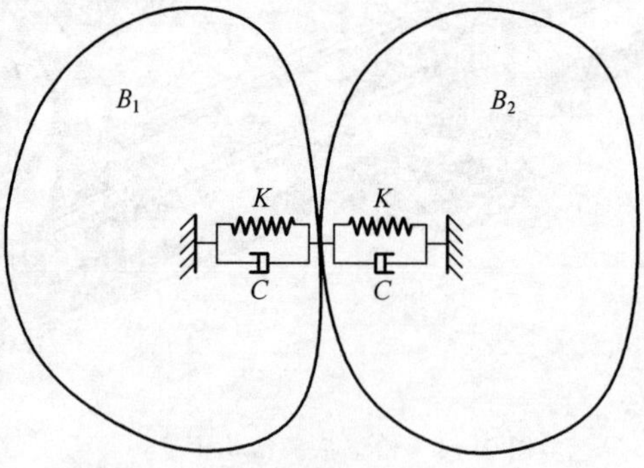

图 2.17　非线性弹簧阻尼模型

非线性弹簧阻尼模型的法向接触力表达式为

$$F_N = \begin{cases} K\delta^n + c(\delta)\dot{\delta} & \delta > 0 \\ 0 & \delta \leqslant 0 \end{cases} \tag{2.31}$$

式中:K 为接触刚度;δ、$\dot{\delta}$ 分别为碰撞体发生接触时的穿透深度和穿透速度;n 为非线性指数;$c(\delta)$ 为非线性阻尼系数,其表达式为

$$c(\delta)=\mathrm{Step}(\delta,0,0,d_{\max},c_{\max})=\begin{cases}0 & \delta_{ij}\leqslant 0\\ c_{\max}\left(\dfrac{\delta_{ij}}{\delta_{\max}}\right)^2\left(3-2\dfrac{\delta_{ij}}{\delta_{\max}}\right) & 0<\delta_{ij}\leqslant\delta_{\max}\\ c_{\max} & \delta_{ij}>\delta_{\max}\end{cases} \tag{2.32}$$

式中:$c_{\max}$为法向最大阻尼系数;$d_{\max}$为最大允许穿透深度;δ_{ij}为任一时刻接触点法向穿透深度;$\delta_{\max}$为最大穿透深度。

2.6.2 耳轴-轴承间隙旋转铰模型

耳轴是火炮的重要零件,作为起落部分的旋转中心,耳轴与轴承通过相对转动赋予火炮高低射角并支承其一部分质量。射击过程中,耳轴与轴承相互接触/碰撞,将冲击载荷传递至炮塔或上架。由于装配设计、安装误差和磨损等因素,耳轴与轴承之间不可避免地存在间隙,因此建立耳轴与轴承之间的接触/碰撞力学模型还需要考虑间隙的影响。

1. 改进的 Lankarani-Nikravesh 接触碰撞算法

Lankarani 和 Nikravesh 在 Hertz 接触力模型基础上,考虑了接触碰撞过程中的能量耗散,建立了 L-N 接触碰撞模型,其表达式为

$$F_N = K\delta^n + D\dot{\delta} \tag{2.33}$$

式中:D 为接触碰撞过程中的阻尼系数,表达式为

$$D=\mu\delta^n \tag{2.34}$$

式中:μ 为黏滞阻尼因子。

从运动能量角度考虑,通过引入恢复系数 c_e 和相对速度描述碰撞前后的能量耗散:

$$\Delta T=\frac{1}{2}m^{\text{eff}}\dot{\delta}^{(-)2}(1-c_e^2) \tag{2.35}$$

式中:$m^{\text{eff}}=\dfrac{m_i m_j}{m_i+m_j}$,$m_i$、$m_j$ 分别为两个碰撞物体的质量。

此外,通过接触力沿粘滞阻尼的回路积分也可以得到碰撞时的能量耗散:

$$\Delta T=\oint D\dot{\delta}\mathrm{d}\delta=\oint\mu\delta^n\dot{\delta}\mathrm{d}\delta\approx 2\int_0^{\delta_m}\mu\delta^n\dot{\delta}\mathrm{d}\delta=\frac{2\mu}{3K}m^{\text{eff}}\dot{\delta}^{(-)3} \tag{2.36}$$

联立式(2.35)和式(2.36),可得到黏滞阻尼因子表达式:

$$\mu=\frac{3K(1-c_e^2)}{4\dot{\delta}^{(-)}} \tag{2.37}$$

将式(2.37)代入式(2.34),可得

$$D=\frac{3K(1-c_e^2)\delta^n}{4\dot{\delta}^{(-)}} \tag{2.38}$$

结合式(2.34)得到接触力表达式:

$$F_n=K\delta^n\left[1+\frac{3(1-c_e^2)\dot{\delta}}{4\dot{\delta}^{(-)}}\right] \tag{2.39}$$

2. 改进的弹性基础模型

求解含间隙耳轴-轴承接触碰撞问题的关键在于找到发生接触时,耳轴与轴承在接触点处形状轮廓的表达方法。

利用 Winkler 弹性基础模型,对含间隙旋转铰接触问题进行了简化,并作出如下假设:

(1) 将轴等效为刚性楔子,接触压力在 Z 方向上沿楔子表面按 Hertz 理论椭圆分布。

(2) 刚性楔子与弹性基础的接触边界的几何关系表达式为 $\cos\varepsilon = \dfrac{\Delta R}{\Delta R + \delta}$。

(3) 轴承假设为基于 Winkler 弹性基础模型建立的深度为 R_2、刚度为 K 的平面。

假设(1)和(2)分别定义了刚性楔子的接触轮廓和接触压力的分布形状,假设(3)用于定义接触时楔子与弹性基础的最大接触压力。图 2.18 为含间隙旋转铰分析模型示意图。

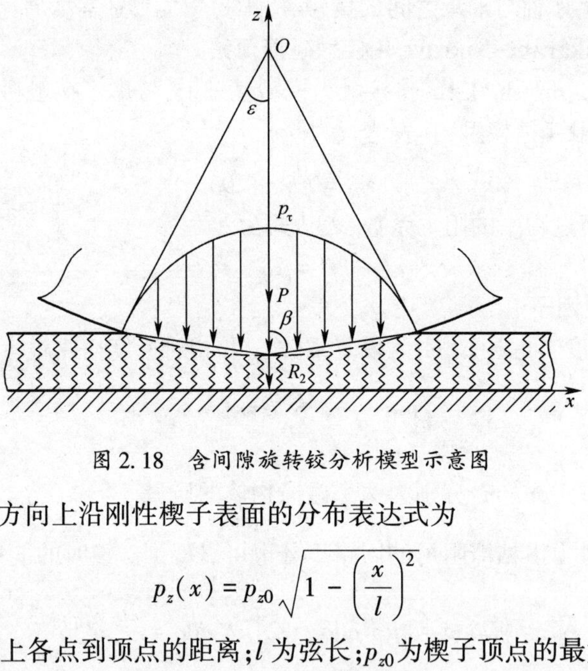

图 2.18 含间隙旋转铰分析模型示意图

接触压力在 Z 方向上沿刚性楔子表面的分布表达式为

$$p_z(x) = p_{z0}\sqrt{1 - \left(\frac{x}{l}\right)^2} \tag{2.40}$$

式中:x 为楔子表面上各点到顶点的距离;l 为弦长;p_{z0}为楔子顶点的最大接触压力。

由于 ΔR 远小于 R_1 和 R_2,因此 l 与 ε 的关系表达式为

$$l = 2R_2\sin\frac{\varepsilon}{2} \tag{2.41}$$

由于该模型不考虑弹性基础中相邻单元的剪切作用,即忽略了各弹簧之间的相互作用,因此接触压力仅由各点在 Z 方向上的位移决定:

$$p_z = \frac{E}{R_2}u_z \tag{2.42}$$

式中:E、u_z分别为弹性基础的弹性模量和法向位移。

基于有限元方法,得到楔子顶点处弹性基础位移与法向最大穿透深度 δ 的关系,即 $u_{z0} = \delta/2$。从而得到了最大接触压力与最大穿透深度的线性关系:

$$p_{z0}=\frac{E^*\delta}{2R_2} \tag{2.43}$$

依据平衡条件得

$$2\int_{DC}p_z(x)\,\mathrm{d}x=P \tag{2.44}$$

将式(2.40)、式(2.42)和式(2.43)代入式(2.44),得到接触载荷与穿透深度的关系:

$$P=\frac{\pi\delta E^*}{2}\sqrt{\frac{\delta}{2(\Delta R+\delta)}} \tag{2.45}$$

3. 间隙旋转铰接触力混合模型

接触刚度和阻尼主要依靠经验参数选取,与实际情况差距较大,所以计算精度较低。另外,火炮耳轴与轴承间隙通常较小,并不满足 Hertz 理论中的非协调接触条件,若利用非线性等效弹簧阻尼模型模拟耳轴-轴承间的接触碰撞难以得到满意结果,可采用一种含非线性刚度系数的接触碰撞算法,刚度系数通过求解基于改进弹性基础接触模型的间隙铰载荷-位移关系曲线在某瞬时碰撞点附近的曲线斜率得到:

$$K_n=\frac{\mathrm{d}P}{\mathrm{d}\delta}=\frac{\mathrm{d}\left(\frac{1}{2}\pi\delta E^*\sqrt{\frac{\delta}{2(\Delta R+\delta)}}\right)}{\mathrm{d}\delta}=\frac{1}{8}\pi E^*\sqrt{\frac{2\delta(3(R_B-R_T)+2\delta)^2}{(R_B-R_T+\delta)^3}} \tag{2.46}$$

式中:R_B、R_T为轴和轴承半径;E^*为复合弹性模量,有

$$\frac{1}{E^*}=\frac{1-v_B^2}{E_B}+\frac{1-v_T^2}{E_T} \tag{2.47}$$

此外,针对式(2.47)难以表示较小恢复系数的局限性,采用了修正阻尼系数 D_n:

$$D_n=\frac{3K_n(1-c_e^2)e^{2(1-c_e)}\delta^n}{4\dot{\delta}^{(-)}} \tag{2.48}$$

含间隙旋转铰混合模型的接触力表达式为

$$F_{n\mathrm{mod}}=K_n\delta^n+D_n\dot{\delta} \tag{2.49}$$

2.6.3 滚珠与座圈接触/碰撞力学模型

1. 滚珠与座圈受力分析

如图 2.19 所示,座圈所受外力包括径向力 F_x、F_y,轴向力 F_z以及绕 X 轴和 Y 轴的外力矩 M_x、M_y。以外座圈与滚珠相互作用为例,座圈对滚珠的支反力可表示为

$$F_b=f(\delta_x,\delta_y,\delta_z,\theta,\varphi) \tag{2.50}$$

式中:δ_x、δ_y、δ_z为座圈的径向和轴向变形;θ、φ 为角变形。

外载荷作用下,座圈五自由度变形方程可表示为

$$\boldsymbol{F}_b=\boldsymbol{k}_b\boldsymbol{\delta}_b \tag{2.51}$$

式中:$\boldsymbol{F}_b$为滚珠对外座圈的作用力列向量;$\boldsymbol{k}_b$为外座圈对滚珠的支承刚度矩阵;$\boldsymbol{\delta}_b$为外座圈变形列向量。

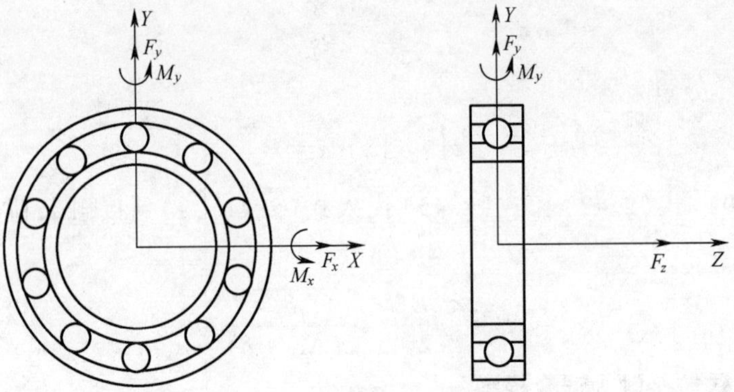

图 2.19　滚珠轴承受力示意图

其矩阵形式为

$$\begin{Bmatrix} F_x \\ F_y \\ F_z \\ M_x \\ M_y \end{Bmatrix} = \begin{bmatrix} \dfrac{\partial F_x}{\partial x} & \dfrac{\partial F_x}{\partial y} & \dfrac{\partial F_x}{\partial z} & \dfrac{\partial F_x}{\partial \theta} & \dfrac{\partial F_x}{\partial \varphi} \\ \dfrac{\partial F_y}{\partial x} & \dfrac{\partial F_y}{\partial y} & \dfrac{\partial F_y}{\partial z} & \dfrac{\partial F_y}{\partial \theta} & \dfrac{\partial F_y}{\partial \varphi} \\ \dfrac{\partial F_z}{\partial x} & \dfrac{\partial F_z}{\partial y} & \dfrac{\partial F_z}{\partial z} & \dfrac{\partial F_z}{\partial \theta} & \dfrac{\partial F_z}{\partial \varphi} \\ \dfrac{\partial M_x}{\partial x} & \dfrac{\partial M_x}{\partial y} & \dfrac{\partial M_x}{\partial z} & \dfrac{\partial M_x}{\partial \theta} & \dfrac{\partial M_x}{\partial \varphi} \\ \dfrac{\partial M_y}{\partial x} & \dfrac{\partial M_y}{\partial y} & \dfrac{\partial M_y}{\partial z} & \dfrac{\partial M_y}{\partial \theta} & \dfrac{\partial M_y}{\partial \varphi} \end{bmatrix} \tag{2.52}$$

建立座圈与滚珠接触碰撞模型时做如下假设：

（1）滚珠座圈简化为由内、外座圈及若干滚珠组成的滚珠轴承，所有构件均为刚体；

（2）滚珠在内、外座圈内做纯滚动，相邻滚珠间为做纯滚动的点接触，接触物体在接触点的速度相等，不考虑润滑油膜的影响，滚珠与座圈的摩擦满足库伦摩擦理论；

（3）忽略径向游隙的影响；

（4）齿圈与方向机主齿轮啮合刚度不变。

2. 滚珠与内、外座圈的接触变形

滚珠座圈依靠内、外座圈与滚珠的相互接触来支承载荷。根据 Hertz 理论，当两物体相互接触时，两者的接触区将产生或大或小的变形，变成接触“面”载荷。基于滚珠与座圈的形状，承载时将形成椭圆形接触面。接触椭圆的长半轴 a 和短半轴 b 为

$$a = \mu \left(\frac{1.5N(\Theta_1 + \Theta_2)}{\sum \rho} \right)^{1/3} \tag{2.53}$$

$$b = \nu \left(\frac{1.5N(\Theta_1 + \Theta_2)}{\sum \rho} \right)^{1/3} \tag{2.54}$$

式中：μ、ν 为与两物体接触区域尺寸相关的系数；N 为接触载荷；$\sum\rho$ 为滚珠与座圈的曲率和；另外

$$\Theta_1 = \frac{1 - \nu_1^2}{E_1}, \Theta_2 = \frac{1 - \nu_2^2}{E_2} \tag{2.55}$$

式中:E_1、E_2分别为座圈与滚珠的弹性模量;ν_1、ν_2分别为座圈与滚珠的泊松比。

以长半轴 a 为例,式(2.53)可改写为

$$a = \mu \left(1.5\left(\frac{1}{E_{01}} + \frac{1}{E_{02}}\right)\frac{N}{\sum\rho}\right)^{1/3} \tag{2.56}$$

式中

$$\frac{1}{E_{0i}} = \frac{1 - \nu_i^2}{E_i} \quad i = 1,2 \tag{2.57}$$

若两接触物体均为钢,则 $E = 207\text{GPa}$,ν_1,$\nu_2 = 0.3$,则式(2.53)和式(2.54)可简化为

$$a = e_a \left(\frac{N}{\sum\rho}\right)^{1/3} \tag{2.58}$$

$$b = e_b \left(\frac{N}{\sum\rho}\right)^{1/3} \tag{2.59}$$

式中

$$e_a = 0.023626\mu \tag{2.60}$$

$$e_b = 0.023626\nu \tag{2.61}$$

最大 Hertz 接触应力为

$$p_{\max} = \frac{3N}{2\pi ab} = \frac{3N}{2\pi e_a e_b}[(\sum\rho)^2 N]^{1/3} \tag{2.62}$$

平均 Hertz 接触应力为

$$p_m = \frac{N}{\pi ab} = \frac{p_{\max}}{1.5} \tag{2.63}$$

物体接触形成接触面时,两物体均产生形变。载荷较小时,形变为弹性,解除载荷后,物体恢复至原来的形状。两物体从发生点接触到承载后形成接触面,其变形量为

$$\delta = \frac{3NK}{2\pi a}\left(\frac{1}{E_{01}} + \frac{1}{E_{02}}\right) \tag{2.64}$$

式中:K 为第一类完全椭圆积分,其积分值由接触物体曲率决定。

将式(2.56)代入并整理得

$$\delta = \frac{K}{\pi\mu}\left[\frac{3}{2}\left(\frac{1}{E_{01}} + \frac{1}{E_{02}}\right)^2 N^2 \sum\rho\right]^{1/3} \tag{2.65}$$

对滚珠轴承而言,内、外座圈(下标为 i、o)的变形由下式给出:

$$\delta_\mathrm{i} = 1.55\left[\frac{N^2}{E^2}\frac{D_1 + D_2}{D_1 D_2}\right]^{1/3} \tag{2.66}$$

$$\delta_\mathrm{o} = 1.55\left[\frac{N^2}{E^2}\frac{D_3 - D_2}{D_3 D_2}\right]^{1/3} \tag{2.67}$$

式中:D_1,D_2,D_3分别为内座圈、滚珠和外座圈直径;N 为接触载荷;E 为与座圈和滚珠的材料属性相关的系数,有

$$\frac{1}{E}=\frac{1}{E_{\mathrm{i}}}+\frac{1}{E_{\mathrm{o}}} \tag{2.68}$$

式中：E_{i}，E_{o}分别为内、外滚道与滚珠的弹性模量。

根据 Hertz 公式 $F=k\delta^{1.5}$，内、外滚道与滚珠的接触刚度分别为

$$k_{\mathrm{i}}=\frac{E}{1.55^{3/2}}\sqrt{\frac{D_1 D_2}{D_1+D_2}} \tag{2.69}$$

$$k_{\mathrm{o}}=\frac{E}{1.55^{3/2}}\sqrt{\frac{D_2 D_3}{D_3-D_2}} \tag{2.70}$$

滚珠与滚珠的接触刚度由 Hertz 公式估算：

$$k=\frac{4}{3\pi(h_i+h_j)}\sqrt{\frac{R_i R_j}{R_i+R_j}} \quad k=\frac{4}{3\pi(h_i+h_j)}\left(\frac{R_i R_j}{R_i+R_j}\right)^{1/2} \tag{2.71}$$

式中：$R_l(l=i,j)$为两个接触滚珠的半径；$h_l=\frac{1-\nu_l^2}{\pi E_l}$，$v_l$为材料的泊松比，$E_l$为材料的弹性模量。

2.7 火炮机构与土壤的接触动力学

考虑土壤弹塑性的经典接触力模型主要有 Bekker 模型，即

$$p=\left(\frac{k_c}{b}+k_\phi\right)z^n \tag{2.72}$$

式中：p 为接触物体对土壤的压力；z 为土壤下沉量；k_c 为反映土壤附着特性的模量；k_ϕ 为反映土壤摩擦特性的模量；n 为指数；b 为接触物体的小尺寸（若接触物体是圆形，则是半径；若是矩形，则是较小边的长度）。

该模型是建立在试验基础上的经验公式，k_c、k_ϕ 等参数主要通过试验测定或经验选取，难以真实反映发射时火炮机构与土壤的接触特性，未能真正描述土壤的弹塑性特性，尤其是未找到火炮发射时的土壤变形与刚度的函数关系。

Drucker-Prager 屈服准则是目前广泛使用的岩土材料屈服准则，该准则在 π 平面上为圆形，在主应力空间的屈服面为光滑圆锥，表述简洁且数值计算效率很高，可准确地描述土壤的弹塑性特性。为了获得土壤变形与刚度的函数关系，采用一种多体系统动力学和有限元计算反复迭代计算的方法，其基本原理如图 2.20 所示。

计算步骤如下：

（1）在火炮发射多体系统动力学模型中输入初步设定的驻锄-土壤（座盘-土壤、驻锄-土壤）变形与刚度的函数关系，定义其它初始值；

（2）进行多体系统动力学数值计算，并输出作用在驻锄（座盘、驻锄）的载荷随时间变化的数据；

（3）进行驻锄-土壤（座盘-土壤、驻锄-土壤）的接触有限元计算，有限元模型中土壤的弹塑性用 Drucker-Prager 屈服准则描述，并输出土壤刚度随土壤变形变化的数据；

（4）利用数学拟合的方法，得到土壤变形与刚度的拟合函数；

（5）将土壤变形与刚度的拟合函数与前次输入多体系统动力学模型的土壤变形与刚度的函数进行比较，如比较接近，则转（6），否则将本次迭代计算获得的土壤变形与刚度的拟合函数更新前次输入的土壤变形与刚度的函数，转（2）；

（6）计算完毕，输出土壤变形与刚度的拟合函数。

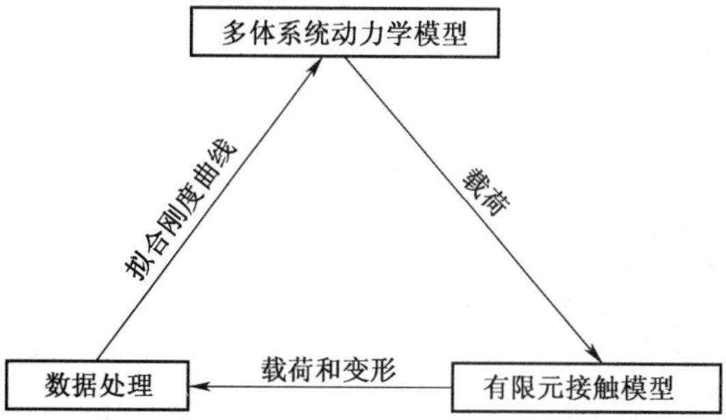

图 2.20　土壤非线性刚度的迭代计算流程

2.7.1　驻锄/座盘与土壤接触的动力学建模

以某车载榴弹炮为研究对象，建立发射过程的多体系统动力学模型和驻锄/座盘与土壤接触的有限元模型，建模的基本要素如下：

（1）考虑座盘垂直方向的载荷，忽略座盘在水平面内的载荷。

（2）在车载榴弹炮多体系统动力学模型中，土壤与驻锄的相互作用力是驻锄中心点广义坐标和广义速度的函数；土壤与座盘的相互作用力是座盘中心点广义坐标和广义速度的函数，驻锄、座盘中心点与坐标原点重合，坐标系定义分别如图 2.21 和图 2.22 所示。驻锄载荷主要沿 X 轴和 Y 轴方向，不考虑驻锄沿 Z 轴方向的载荷和运动；座盘的载荷和运动沿竖直方向（Y 轴方向）。而驻锄、座盘使用钢板焊接，驻锄主要使用壳单元（图 2.23）离散，座盘主要使用壳单元和少量实体单元（图 2.24）离散；土壤主要使用等参六面体单元离散，边界等特别复杂但不重要的区域用少量等参四面体单元处理。

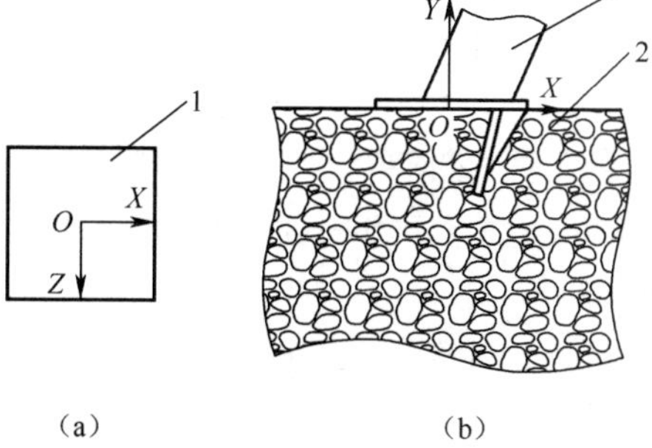

图 2.21　土壤与驻锄的坐标系示意图

1—驻锄；2—土壤；O—坐标原点。

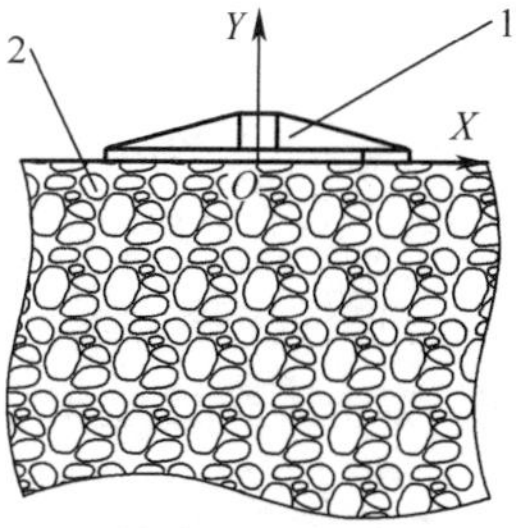

图 2.22　土壤与座盘的坐标系示意图

1—座盘；2—土壤；O—坐标原点。

（3）有限元模型中考虑驻锄、座盘与土壤的摩擦力，摩擦因数与多体系统动力学的设置保持一致。

（4）驻锄与座盘为线弹性材料，土壤使用 Drucker-Prager 弹塑性模型，各向同性。

（5）对土壤体积的选取，Randolph 在土木工程中的桩土分析中，建议土壤的水平方向宽度至少为桩直径的 25 倍，深度至少为桩长度的 1.5 倍，参考这些数据，创建土壤有限元模型。图 2.25 是与驻锄接触的土壤有限元模型，其中保留驻锄插入的缝隙；图 2.26 是与座盘接触的土壤的实体有限元模型。由于驻锄、座盘接触面附近的区域应力、应变会发生剧烈变化，为了保证该范围内土体变形、应力传递的连续性，这些区域的单元划分比较细密，同时将这些区域表面及驻锄、座盘对应的网格表面定义为接触面，用来计算驻锄与土壤、座盘与土壤的接触特性。

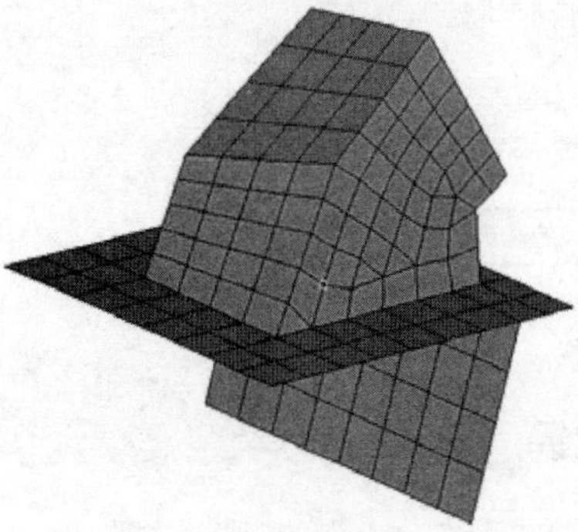

图 2.23　驻锄的有限元模型

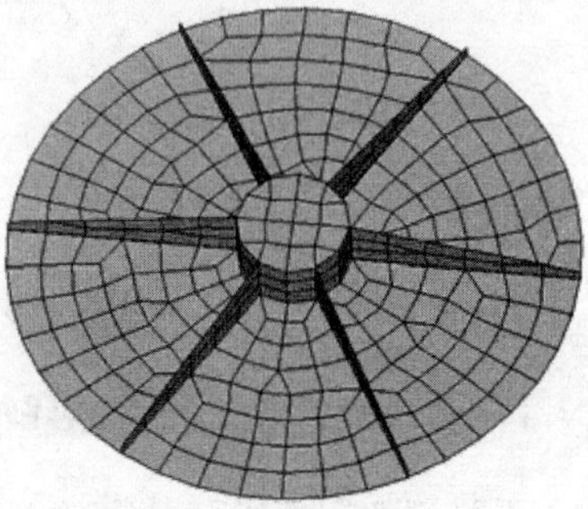

图 2.24　座盘的有限元模型

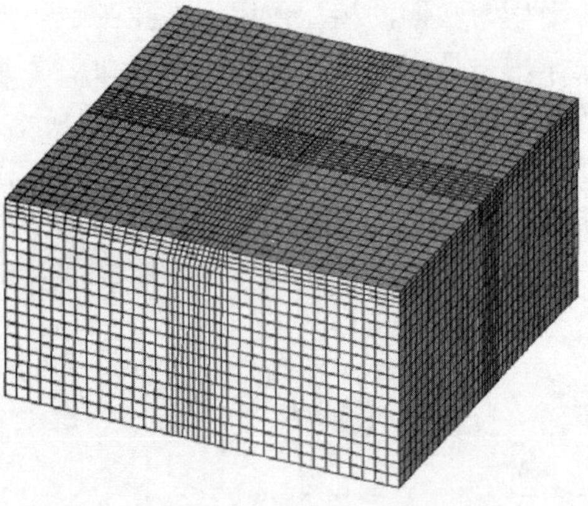

图 2.25　驻锄接触的土壤有限元网格

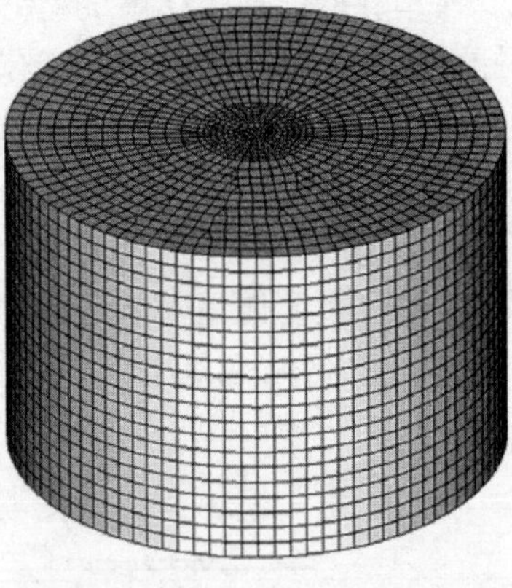

图 2.26　座盘接触的土壤有限元网格

射击过程中，为保持土壤的稳定性，在土壤的侧面施加水平方向的位移约束，底部施加水平和垂向方向的位移约束。

建立的驻锄与土壤、座盘与土壤的接触模型如图 2.27 和图 2.28 所示。

2.7.2　土壤的非线性刚度分析

为了研究不同土质地面对发射结果的影响，选取了中硬土和混凝土两种典型土质。两种土质均使用 Drucker-Prager 材料模型，其材料参数见表 2.1。计算条件如下：高低射角分别为 0°，方向射角为 0°；底凹弹，常温，全装药，地面材料刚度使用刚度曲线定义，来描述土壤的弹塑性。

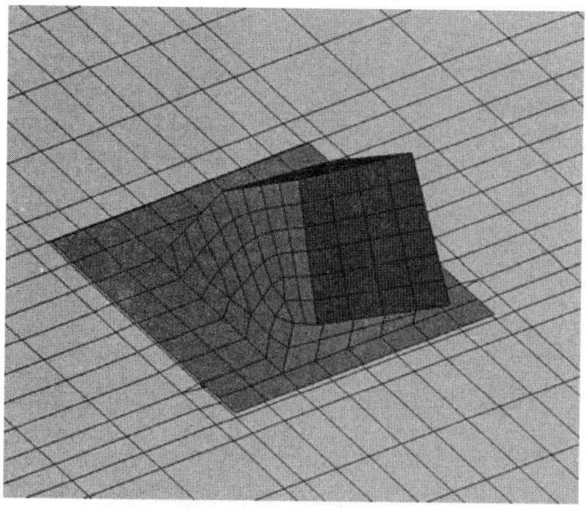

图 2.27　驻锄–土壤接触模型

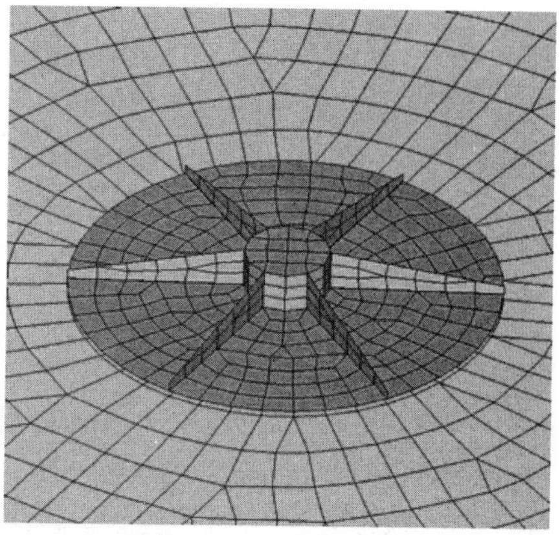

图 2.28　座盘–土壤接触模型

表 2.1　中硬土与混凝土材料参数

类别	密度/(kg/m³)	弹性模量/MPa	泊松比	黏聚力/kPa	内摩擦角/(°)
中硬土	1800	28.3	0.35	26	20
混凝土	2500	17000	0.20	2000	47

对两种土壤材料分别进行了 3 次拟合计算。

图 2.29～图 2.31 是第 3 次迭代的中硬土拟合刚度曲线。图 2.32～图 2.34 是第 3 次迭代的混凝土拟合刚度曲线。

从拟合的刚度曲线可以看出,在火炮发射载荷作用下,地面材料刚度与变形量之间的关系是一个复杂的函数关系。由于中硬土是包含固体、液体、气体的复杂混合物,土壤颗粒的间隙较大,中硬土的变形表现为土颗粒位移所引起的压密变形。在火炮发射载荷作用下,座盘、驻锄将中硬土中的液体和气体排出,因此开始时中硬土发生塑性变形,刚度曲线下降较快,随后颗粒间的间隙不再减小,但仍有部分气体和液体被密闭在间隙中,在一定变形区域内刚度变化较小,最后中硬土出现硬化,刚度系数迅速上升(图 2.29～图 2.31)。混凝土是由一定量的水混合水泥、砂、石后搅拌而成,含水量比土壤少;砂、石间隙由水泥浆、气泡填充,相对土壤硬和脆,因此在火炮发射载荷作用下,与中硬土相比变形较小,但刚度要大 1 个数量级(图 2.32～图 2.34)。

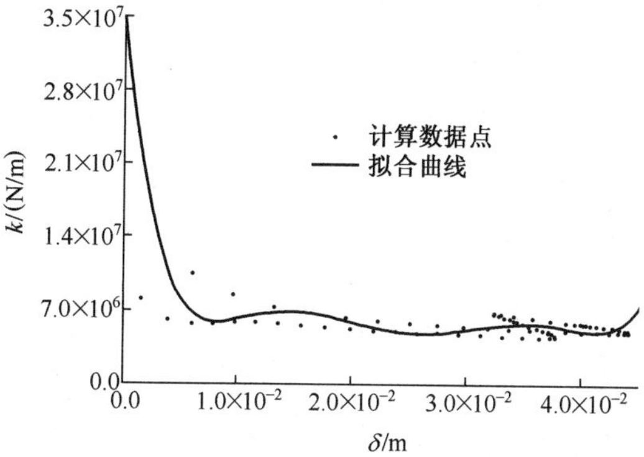

图 2.29　座盘–中硬土的刚度曲线

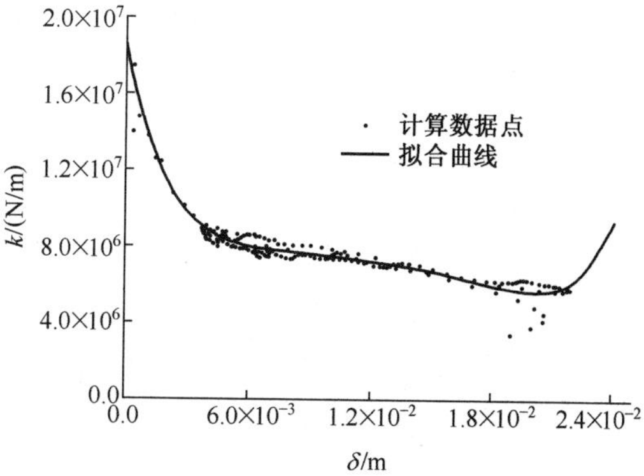

图 2.30　驻锄–中硬土 X 方向的刚度曲线

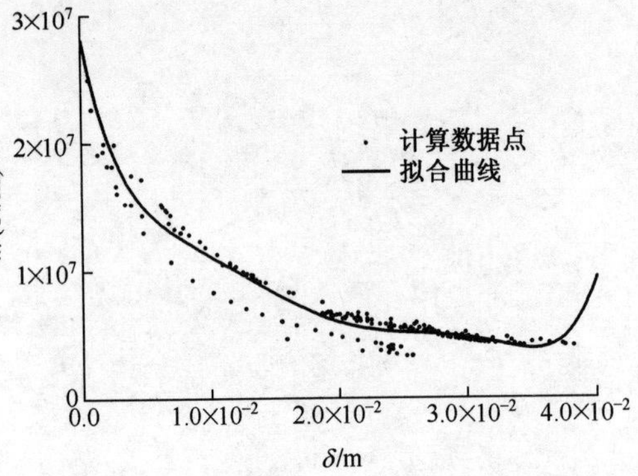

图 2.31　驻锄-中硬土 Y 方向的刚度曲线

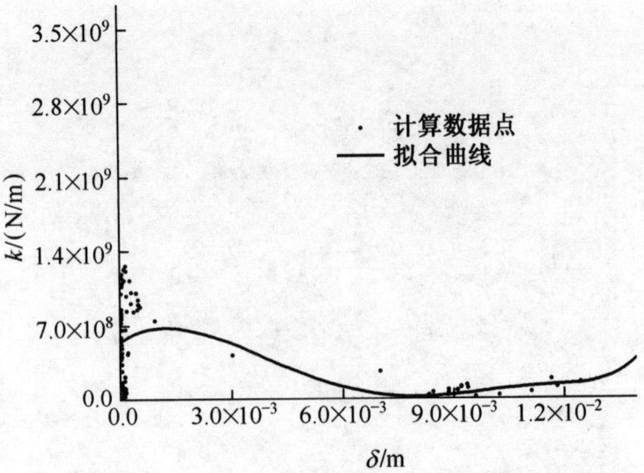

图 2.32　座盘-混凝土的刚度曲线

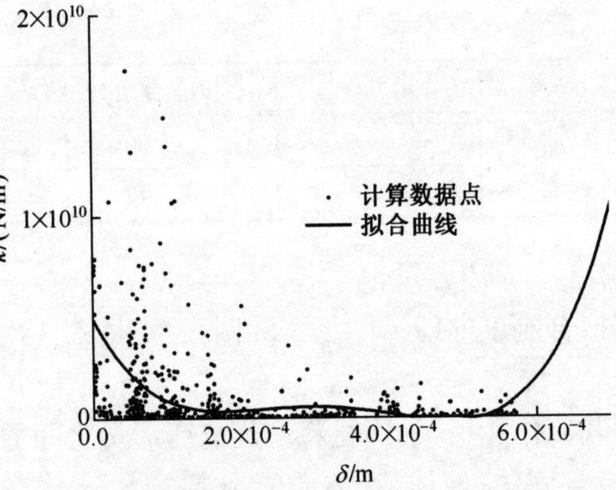

图 2.33　驻锄-混凝土沿 X 方向的刚度曲线

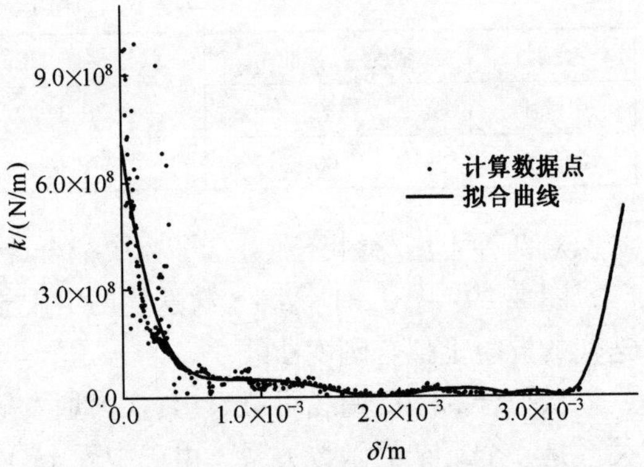

图 2.34　驻锄-混凝土沿 Y 方向的刚度曲线

第 3 章　火炮发射多体系统动力学建模理论与方法

多体系统动力学是工程设计中广为应用的 CAD(Computer Aided Design)和 CAE(Computer Aided Engineering)技术的重要组成部分,在进行工程设计的任何阶段,都可以运用多体系统动力学仿真工具预测所研究系统的运动和受力规律,为设计人员提供大量的有价值信息,可有效地减少设计失误和经费投入,因此得到了广泛的应用。本章主要介绍火炮多体系统动力学的理论基础,为第 4 章利用多体系统动力学仿真软件进行火炮发射动力学建模与仿真研究奠定基础。

3.1　多体系统动力学的研究对象及研究方法

3.1.1　多体系统动力学的研究对象

在工程实际中,许多机械系统可以简化成多体系统,如各种机构、汽车(含操纵系统、悬挂等),机器人、火车、工业机械(如纺织、包装、印刷等),空间结构、天线、卫星、人体、兵器等。一方面,这些系统要经历大位移运动,因此其几何位形也在规定的范围内发生改变;另一方面,随着机械的运转速度越来越高,其加速度和惯性载荷也越来越大,载荷的不断增大也会引起复杂的动力学行为。为了有效地控制和利用机械系统的运动和受力,设计人员必须对所设计工程对象的受载和运动状态进行正确的预测和分析,这就需要建立多体系统动力学模型。由于现代机械系统的结构组成和工作原理越来越复杂,传统的以经典力学为依托的分析方法已不能解决复杂工程对象的动力学问题,必须借助于现代力学理论和先进的计算机技术,而多体系统动力学则是其中最基本的建模理论。

3.1.2　多体系统动力学的分析原理与方法

多体系统动力学的发展已相当成熟,在理论体系上已形成了各具特色的几大流派。

采用第一类拉格朗日方程建立带乘子的最大数目动力学方程的方法是 20 世纪 80 年代以来独树一帜的多体动力学分析方法,具有以下特点:①动力学函数的计算方法规范、统一,因此便于编制通用程序。②动力学方程提供了完整的动力学系统的结构、惯性和受力三方面的信息;③适合于处理有完整约束的动力学系统;④动力学函数的求导计算繁琐,计算工作量大。该方法目前已得到了广泛的应用,著名的大型多体动力学仿真软件 ADAMS 的建模方法就是采用第一类拉格朗日方程。

牛顿-欧拉(Newton-Euler)法避免了繁杂的动力学函数求导运算,该方法将整个系统分解成单个物体,对每一个物体进行受力分析,用牛顿第二定律或欧拉动力学方程写出相应的运动微分方程,再把每个物体的运动微分方程组集成系统的运动微分方程。采用这种方法的推导过程比较简单,但是方程中含有约束反力,从而使未知数的数量大大增加,为了形成封闭解,必须建立代数方程或设法消除约束反力,这是该法的关键。

凯恩(Kane)方法,又称为虚功形式或吉布斯(Gibbs)形式的达朗伯尔(d' Alembert)原理。该法的特点是用伪速度描述系统的运动,将矢量形式的达朗伯尔惯性力直接向特定的基矢量方向投影以消除理想约束力,避免了繁琐的动力学函数求导运算,推导过程规范。该法集中了上述两种方法的主要优点,很受一些学者的偏爱。其缺点是该法采用的偏速度、偏角速度概念不易被人们所接受,另外动力学方程的简洁程度与选取的伪速度有关,这不利于计算机的自动推导。

虽然上述3种方法的风格迥然不同,但是利用它们解决工程实际问题的总体思路和步骤是一致的:①对复杂的机械系统进行合理的简化和假设;②建立多体系统运动学和动力学模型,开发相应的计算机自动建模软件系统;③提出有效、稳定的数值计算方法,自动求解多体系统运动学和动力学方程,得到运动学规律和动力学响应;④仿真结果的分析、综合、优化和设计,为工程设计服务。

在多体系统动力学软件没有普及之前,研究人员为了对所研究的工程对象进行动态特性分析,需要按照上述4个步骤开展相应的研究工作,整个研究过程费时费力,效率较低。随着多体系统动力学的不断发展,相应的商业软件如ADAMS、DADS、SIMPACK等的出现,为多体系统动力学分析提供了很大的方便,工程人员只需要通过友好的软件界面对多体系统的拓扑结构、约束关系、载荷、求解器、输出等进行定义,复杂的多体系统动力学理论建模和数值计算由软件自动完成,极大地提高了建模效率。为了能在商用软件平台上建立一个有效、实用、可靠的多体系统动力学模型,需要掌握软件的基本建模理论,尤其是多刚体系统动力学,在此基础上进行深层次的软件二次开发,把所研究工程对象特有的运动和载荷模型有机地糅合到通用软件中,真正做到为工程对象服务。

3.2 刚体动力学基础

多刚体系统动力学是建立在经典的刚体动力学基础上的一个学科分支,刚体动力学中一些重要的概念和基本原理在多刚体系统动力学也同样适用。

3.2.1 矢量及张量

基矢量:三个汇交于坐标系原点的正交单位矢量 $\boldsymbol{e}_1,\boldsymbol{e}_2,\boldsymbol{e}_3$ 称为基矢量,它们组成的右手正交参考坐标系称为基。同一基的基矢量之间满足以下正交条件:

$$\boldsymbol{e}_i \cdot \boldsymbol{e}_j = \delta_{ij} \qquad i,j = 1,2,3 \tag{3.1}$$

$$\boldsymbol{e}_i \times \boldsymbol{e}_j = \varepsilon_{ijk}\boldsymbol{e}_k \qquad i,j,k = 1,2,3 \tag{3.2}$$

式中:δ_{ij}为克罗尼克(Kronecker)符号;ε_{ijk}为里奇(Ricci)符号,即

$$\delta_{ij} = \begin{cases} 1 & i = j \\ 0 & i \neq j \end{cases} \tag{3.3}$$

$$\varepsilon_{ijk} = \begin{cases} 1 & i,j,k\text{ 按 }123\text{ 序} \\ -1 & i,j,k\text{ 按 }321\text{ 序} \\ 0 & i,j,k\text{ 中有重复指标} \end{cases} \tag{3.4}$$

基矢量列阵：将基矢量 $\boldsymbol{e}_i(i=1,2,3)$ 排成列阵作为基的表达形式，称为基矢量列阵，记作 $\boldsymbol{e}$，即

$$\boldsymbol{e}=[\boldsymbol{e}_1 \quad \boldsymbol{e}_2 \quad \boldsymbol{e}_3]^{\mathrm{T}} \tag{3.5}$$

任意矢量 $\boldsymbol{a}$ 的表达形式为

$$\boldsymbol{a}=a_1\boldsymbol{e}_1+a_2\boldsymbol{e}_2+a_3\boldsymbol{e}_3=\boldsymbol{e}^{\mathrm{T}}\boldsymbol{a}=\boldsymbol{a}^{\mathrm{T}}\boldsymbol{e} \tag{3.6}$$

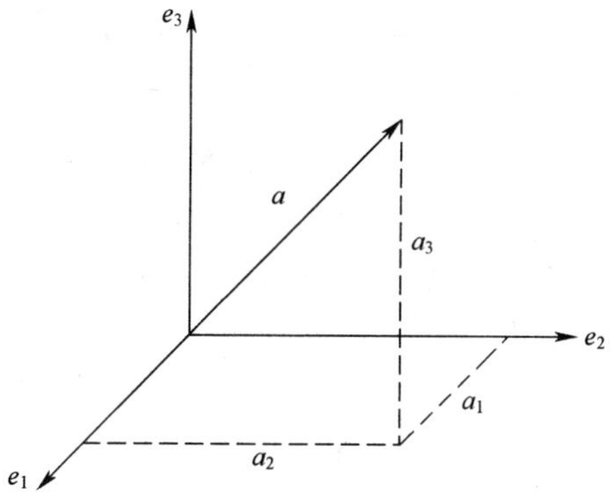

图 3.1 矢量的投影

$a_r(r=1,2,3)$ 称为矢量 $\boldsymbol{a}$ 在 $\boldsymbol{e}$ 上的投影（图 3.1），所排成的标量列阵称为 $\boldsymbol{a}$ 在 $\boldsymbol{e}$ 上的坐标列阵，记作：

$$\boldsymbol{a}=[a_1 \quad a_2 \quad a_3]^{\mathrm{T}} \tag{3.7}$$

矢量的几个运算规则：

$$\boldsymbol{a}\cdot\boldsymbol{b}=\boldsymbol{b}\cdot\boldsymbol{a}=\boldsymbol{a}^{\mathrm{T}}\boldsymbol{b}=\boldsymbol{b}^{\mathrm{T}}\boldsymbol{a} \tag{3.8}$$

$$\boldsymbol{a}\times\boldsymbol{b}=\boldsymbol{e}^{\mathrm{T}}(\tilde{\boldsymbol{a}}\boldsymbol{b}) \tag{3.9}$$

式中：$\tilde{\boldsymbol{a}}$ 称为 $\boldsymbol{a}$ 在基 $\boldsymbol{e}$ 上的坐标方阵，定义为

$$\tilde{\boldsymbol{a}}=\begin{bmatrix} 0 & -a_3 & a_2 \\ a_3 & 0 & -a_1 \\ -a_2 & a_1 & 0 \end{bmatrix} \tag{3.10}$$

显然，$\tilde{\boldsymbol{a}}$ 是一个三阶反对称矩阵，即

$$\tilde{\boldsymbol{a}}^{\mathrm{T}}=-\tilde{\boldsymbol{a}} \tag{3.11}$$

张量的定义：把两个矢量并排地写在一起（并矢），形成张量，即

$$\boldsymbol{T}=\boldsymbol{a}\otimes\boldsymbol{b}=\boldsymbol{ab}=\boldsymbol{e}^{\mathrm{T}}\boldsymbol{a}\boldsymbol{b}^{\mathrm{T}}\boldsymbol{e} \tag{3.12}$$

通常，把 $\boldsymbol{T}$ 记作张量 $\boldsymbol{T}$ 的矩阵形式，即 $\boldsymbol{T}=\boldsymbol{a}\boldsymbol{b}^{\mathrm{T}}$，于是

$$\boldsymbol{T}=\boldsymbol{e}^{\mathrm{T}}\boldsymbol{T}\boldsymbol{e}=[\boldsymbol{e}_1 \quad \boldsymbol{e}_2 \quad \boldsymbol{e}_3]\begin{bmatrix} T_{11} & T_{12} & T_{13} \\ T_{21} & T_{22} & T_{23} \\ T_{31} & T_{32} & T_{33} \end{bmatrix}\begin{Bmatrix} \boldsymbol{e}_1 \\ \boldsymbol{e}_2 \\ \boldsymbol{e}_3 \end{Bmatrix}=\sum_{i=1}^{3}\sum_{j=1}^{3}T_{ij}\,\boldsymbol{e}_i\,\boldsymbol{e}_j \tag{3.13}$$

设 $\boldsymbol{a}$，$\boldsymbol{b}$，$\boldsymbol{r}$ 为矢量，$\boldsymbol{T}$，$\boldsymbol{U}$ 为张量，运算规则见表 3.1。

表 3.1　矢量、张量的运算规则

矢量、张量形式	矩阵形式
$\boldsymbol{f}=\boldsymbol{T}\cdot\boldsymbol{r}=\boldsymbol{a}(\boldsymbol{b}\cdot\boldsymbol{r})$	$\boldsymbol{f}=\boldsymbol{T}\boldsymbol{r}$
$\boldsymbol{f}=\boldsymbol{r}\cdot\boldsymbol{T}=(\boldsymbol{r}\cdot\boldsymbol{a})\boldsymbol{b}$	$\boldsymbol{f}=\boldsymbol{T}^{\mathrm{T}}\boldsymbol{r}$
$\boldsymbol{U}=\boldsymbol{T}\times\boldsymbol{r}=\boldsymbol{a}(\boldsymbol{b}\times\boldsymbol{r})$	$\boldsymbol{U}=\boldsymbol{T}\tilde{\boldsymbol{r}}$
$\boldsymbol{U}=\boldsymbol{r}\times\boldsymbol{T}=(\boldsymbol{r}\times\boldsymbol{a})\boldsymbol{b}$	$\boldsymbol{U}=\tilde{\boldsymbol{r}}\boldsymbol{T}$

矢量 $\boldsymbol{a},\boldsymbol{b},\boldsymbol{c}$ 的二重叉积可写成

$$\boldsymbol{a}\times(\boldsymbol{b}\times\boldsymbol{c})=[(\boldsymbol{c}\cdot\boldsymbol{a})\boldsymbol{E}-\boldsymbol{c}\boldsymbol{a}]\cdot\boldsymbol{b} \tag{3.14}$$

单位张量 $\boldsymbol{E}$ 的定义为

$$\boldsymbol{E}=\boldsymbol{e}_1\boldsymbol{e}_1+\boldsymbol{e}_2\boldsymbol{e}_2+\boldsymbol{e}_3\boldsymbol{e}_3 \tag{3.15}$$

对应的矩阵为单位矩阵,即

$$\boldsymbol{E}=\begin{bmatrix}1&0&0\\0&1&0\\0&0&1\end{bmatrix} \tag{3.16}$$

3.2.2　方向余弦矩阵

在多刚体系统动力学分析中,为了建模的方便,通常需要建立多个坐标系(基),而对于矢量、张量运算,必须把它们向同一坐标系中投影才能进行其运算,利用方向余弦矩阵,可以很方便地进行矢量和张量的转换运算。

假设 $\boldsymbol{e}^{(i)}$,$\boldsymbol{e}^{(j)}$ 分别代表 i 基和 j 基,即

$$\boldsymbol{e}^{(i)}=[\boldsymbol{e}_1^{(i)}\quad\boldsymbol{e}_2^{(i)}\quad\boldsymbol{e}_3^{(i)}]^{\mathrm{T}},\quad \boldsymbol{e}^{(j)}=[\boldsymbol{e}_1^{(j)}\quad\boldsymbol{e}_2^{(j)}\quad\boldsymbol{e}_3^{(j)}]^{\mathrm{T}} \tag{3.17}$$

把 $\boldsymbol{e}^{(i)}$ 和 $\boldsymbol{e}^{(j)\mathrm{T}}$ 的点积定义为方向余弦矩阵,记作 $\boldsymbol{A}^{ij}$,即

$$\boldsymbol{A}^{ij}=\boldsymbol{e}^{(i)}\cdot\boldsymbol{e}^{(j)\mathrm{T}}=\begin{Bmatrix}\boldsymbol{e}_1^{(i)}\\\boldsymbol{e}_2^{(i)}\\\boldsymbol{e}_3^{(i)}\end{Bmatrix}\cdot[\boldsymbol{e}_1^{(j)}\quad\boldsymbol{e}_2^{(j)}\quad\boldsymbol{e}_3^{(j)}]=\begin{bmatrix}A_{11}&A_{12}&A_{13}\\A_{21}&A_{22}&A_{23}\\A_{31}&A_{32}&A_{33}\end{bmatrix} \tag{3.18}$$

其中

$$\boldsymbol{A}_{pq}=\boldsymbol{e}_p^{(i)}\cdot\boldsymbol{e}_q^{(j)}=\cos\theta_{pq}\quad p,q=1,2,3 \tag{3.19}$$

式中:θ_{pq} 为单位矢量 $\boldsymbol{e}_p^{(i)}$,$\boldsymbol{e}_q^{(j)}$ 的夹角。

方向余弦矩阵具有如下特性:

(1) 相同基之间的方向余弦矩阵为 3×3 单位矩阵,即

$$\boldsymbol{A}^{ii}=\boldsymbol{e}^{(i)}\cdot\boldsymbol{e}^{(i)\mathrm{T}}=\boldsymbol{E} \tag{3.20}$$

(2) 任意矢量 $\boldsymbol{a}$ 在不同基 $\boldsymbol{e}^{(i)}$,$\boldsymbol{e}^{(j)}$ 上的坐标列阵 $\boldsymbol{a}^i$,$\boldsymbol{a}^j$ 之间的关系为

$$\boldsymbol{a}^i=\boldsymbol{A}^{ij}\boldsymbol{a}^j \tag{3.21}$$

上式在多刚体系统动力学分析中用来进行不同基之间的坐标转换。证明如下:

矢量 $\boldsymbol{a}$ 可写成:

$$\boldsymbol{a}=\boldsymbol{e}^{(i)\mathrm{T}}\boldsymbol{a}^i=\boldsymbol{e}^{(j)\mathrm{T}}\boldsymbol{a}^j \tag{3.22}$$

上式两边同时左乘 $\boldsymbol{e}^{(i)}$，得

$$\boldsymbol{e}^{(i)} \cdot \boldsymbol{e}^{(i)\mathrm{T}}\boldsymbol{a}^{i} = \boldsymbol{e}^{(i)} \cdot \boldsymbol{e}^{(j)\mathrm{T}}\boldsymbol{a}^{j} \tag{3.23}$$

即

$$\boldsymbol{E}\boldsymbol{a}^{i} = \boldsymbol{A}^{ij}\boldsymbol{a}^{j} \Rightarrow \boldsymbol{a}^{i} = \boldsymbol{A}^{ij}\boldsymbol{a}^{j} \tag{3.24}$$

(3) 任意三个基 $\boldsymbol{e}^{(i)}, \boldsymbol{e}^{(j)}, \boldsymbol{e}^{(k)}$ 之间的方向余弦矩阵满足以下关系：

$$\boldsymbol{A}^{ik} = \boldsymbol{A}^{ij}\boldsymbol{A}^{jk} \tag{3.25}$$

证明如下：

由于

$$\begin{aligned} \boldsymbol{a}^{i} &= \boldsymbol{A}^{ij}\boldsymbol{a}^{j} \\ \boldsymbol{a}^{j} &= \boldsymbol{A}^{jk}\boldsymbol{a}^{k} \end{aligned} \tag{3.26}$$

因此

$$\boldsymbol{a}^{i} = \boldsymbol{A}^{ij}\boldsymbol{A}^{jk}\boldsymbol{a}^{k} \tag{3.27}$$

而

$$\boldsymbol{a}^{i} = \boldsymbol{A}^{ik}\boldsymbol{a}^{k} \tag{3.28}$$

所以

$$\boldsymbol{A}^{ik} = \boldsymbol{A}^{ij}\boldsymbol{A}^{jk} \tag{3.29}$$

推论如下：

$$\boldsymbol{A}^{ij} = \boldsymbol{A}^{i,i+1}\boldsymbol{A}^{i+1,i+2}\cdots\boldsymbol{A}^{j-2,j-1}\boldsymbol{A}^{j-1,j} = \bigcap_{k=i}^{j-1}\boldsymbol{A}^{k,k+1} \tag{3.30}$$

(4) 方向余弦矩阵满足正交性，即

$$\boldsymbol{A}^{ij}\boldsymbol{A}^{ji} = \boldsymbol{E} \tag{3.31}$$

推论如下：

$$\boldsymbol{A}^{ij^{-1}} = \boldsymbol{A}^{ji} = \boldsymbol{A}^{ij^{\mathrm{T}}} \tag{3.32}$$

(5) 任意张量 $\boldsymbol{T}$ 在不同基 $\boldsymbol{e}^{(i)}, \boldsymbol{e}^{(j)}$ 上的投影矩阵 $\boldsymbol{T}^{i}, \boldsymbol{T}^{j}$ 之间的关系为

$$\boldsymbol{T}^{i} = \boldsymbol{A}^{ij}\boldsymbol{T}^{j}\boldsymbol{A}^{ij^{\mathrm{T}}} \tag{3.33}$$

证明如下：

张量 $\boldsymbol{T}$ 可以写为

$$\boldsymbol{T} = \boldsymbol{e}^{(i)\mathrm{T}}\boldsymbol{T}^{i}\boldsymbol{e}^{(i)} = \boldsymbol{e}^{(j)\mathrm{T}}\boldsymbol{T}^{j}\boldsymbol{e}^{(j)} \tag{3.34}$$

上式左右两边同时左点乘 $\boldsymbol{e}^{(i)}$ 和右点乘 $\boldsymbol{e}^{(i)\mathrm{T}}$，得

$$\boldsymbol{e}^{(i)} \cdot \boldsymbol{e}^{(i)\mathrm{T}}\boldsymbol{T}^{i}\boldsymbol{e}^{(i)} \cdot \boldsymbol{e}^{(i)\mathrm{T}} = \boldsymbol{e}^{(i)} \cdot \boldsymbol{e}^{(j)\mathrm{T}}\boldsymbol{T}^{j}\boldsymbol{e}^{(j)} \cdot \boldsymbol{e}^{(i)\mathrm{T}} \tag{3.35}$$

因此

$$\boldsymbol{T}^{i} = \boldsymbol{A}^{ij}\boldsymbol{T}^{j}\boldsymbol{A}^{ji} = \boldsymbol{A}^{ij}\boldsymbol{T}^{j}\boldsymbol{A}^{ij^{\mathrm{T}}} \tag{3.36}$$

3.2.3 刚体空间转动的描述

不受约束的自由刚体相对于确定的参考系有 6 个自由度，即刚体内任意一点的 3 个移动（平动）和绕参考系原点的 3 个转动自由度。

通常可以用欧拉角、卡尔丹角、欧拉参数等来描述刚体的空间转动。

1. 欧拉角

欧拉提出用 3 个独立的角度来描述刚体的空间转动。如图 3.2 所示，刚体转动前与

基 $\boldsymbol{e}^{(0)}$（一般称此为惯性基）固结，首先绕 $\boldsymbol{e}_3^{(0)}$ 转动 ψ，到达 $\boldsymbol{e}^{(1)}$ 位置，然后绕 $\boldsymbol{e}_1^{(1)}$ 转动 θ，到达 $\boldsymbol{e}^{(2)}$ 位置，最后绕 $\boldsymbol{e}_3^{(2)}$ 转动 φ，到达 $\boldsymbol{e}^{(3)}$（一般称此为随体基）位置。3 个角度坐标 ψ,θ,φ 称为欧拉角，其中 ψ 称为进动角（旋转前进），θ 称为章动角（偏离轴线的转角），φ 为自转角。

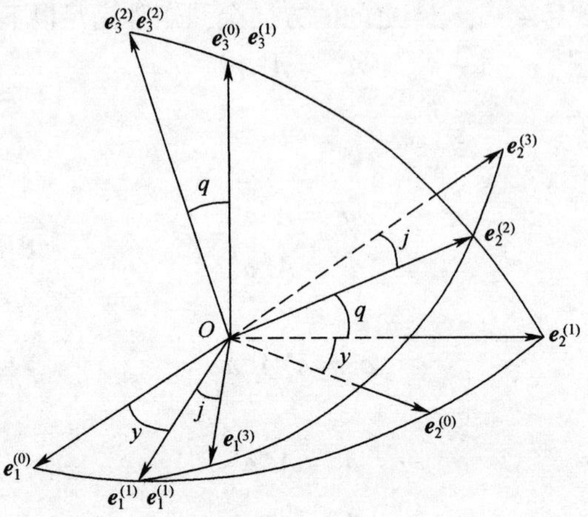

图 3.2　欧拉角描述刚体的空间姿态示意图

应用：欧拉角可以用于描述弹丸在膛内或空间飞行的姿态（ $\boldsymbol{e}_3^{(0)}$ 沿弹轴方向，$\boldsymbol{e}_1^{(0)}$ 垂直于对称平面）。

下面讨论方向余弦矩阵的形成。

第一次转动，参见图 3.3，则有

$$\boldsymbol{A}^{01}=\boldsymbol{e}^{(0)}\cdot\boldsymbol{e}^{(1)\mathrm{T}}=\begin{Bmatrix}\boldsymbol{e}_1^{(0)}\\ \boldsymbol{e}_2^{(0)}\\ \boldsymbol{e}_3^{(0)}\end{Bmatrix}\cdot\begin{bmatrix}\boldsymbol{e}_1^{(1)} & \boldsymbol{e}_2^{(1)} & \boldsymbol{e}_3^{(1)}\end{bmatrix}=[l_{ij}] \tag{3.37}$$

其中 $l_{ij}=\boldsymbol{e}_i^{(0)}\cdot\boldsymbol{e}_j^{(1)}(i,j=1,2,3)$，则有

$$\boldsymbol{A}^{01}=\begin{bmatrix}\cos\psi & -\sin\psi & 0\\ \sin\psi & \cos\psi & 0\\ 0 & 0 & 1\end{bmatrix} \tag{3.38}$$

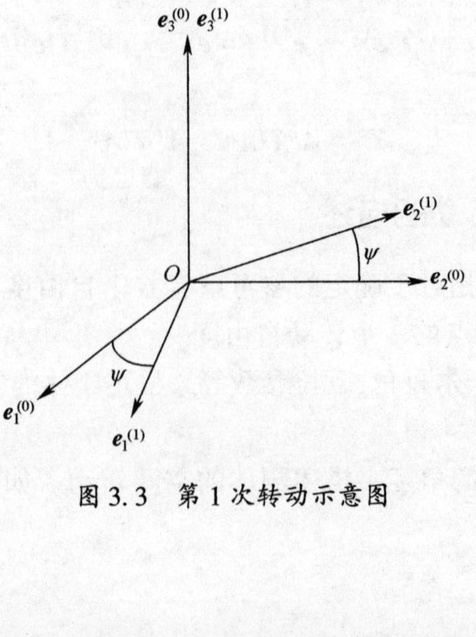

图 3.3　第 1 次转动示意图

第二次转动,参见图 3.4,则有

$$\boldsymbol{A}^{12}=\boldsymbol{e}^{(1)}\cdot\boldsymbol{e}^{(2)\mathrm{T}}=\begin{Bmatrix}\boldsymbol{e}_1^{(1)}\\ \boldsymbol{e}_2^{(1)}\\ \boldsymbol{e}_3^{(1)}\end{Bmatrix}\cdot\left[\boldsymbol{e}_1^{(2)}\quad\boldsymbol{e}_2^{(2)}\quad\boldsymbol{e}_3^{(2)}\right]=\left[l_{ij}\right] \tag{3.39}$$

其中 $l_{ij}=\boldsymbol{e}_i^{(1)}\cdot\boldsymbol{e}_j^{(2)}(i,j=1,2,3)$,则有

$$\boldsymbol{A}^{12}=\begin{bmatrix}1 & 0 & 0\\ 0 & \cos\theta & -\sin\theta\\ 0 & \sin\theta & \cos\theta\end{bmatrix} \tag{3.40}$$

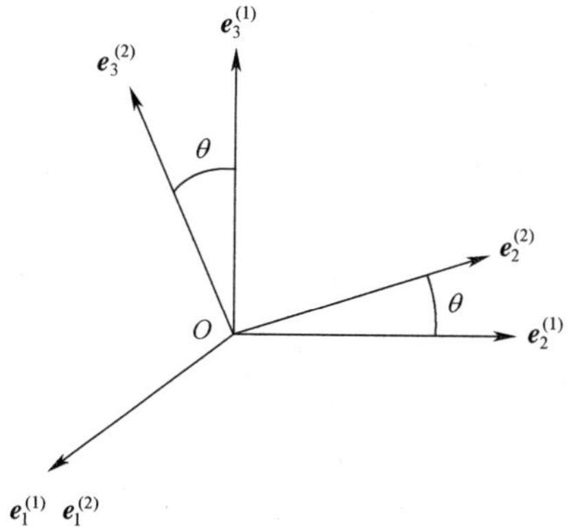

图 3.4 第 2 次转动示意图

第三次转动与第 1 次转动类似,都是绕第 3 轴转动,只是转动角为 φ,因此

$$\boldsymbol{A}^{23}=\begin{bmatrix}\cos\varphi & -\sin\varphi & 0\\ \sin\varphi & \cos\varphi & 0\\ 0 & 0 & 1\end{bmatrix} \tag{3.41}$$

这样,刚体转动后的基 $\boldsymbol{e}^{(3)}$ 相对转动前的基 $\boldsymbol{e}^{(0)}$ 的方向余弦矩阵为

$$\boldsymbol{A}^{03}=\boldsymbol{A}^{01}\boldsymbol{A}^{12}\boldsymbol{A}^{23}=\begin{bmatrix}c\psi c\varphi-s\psi c\theta s\varphi & -c\psi s\varphi-s\psi c\theta c\varphi & s\psi s\theta\\ s\psi c\varphi+c\psi c\theta s\varphi & -s\psi s\varphi+c\psi c\theta c\varphi & -c\psi s\theta\\ s\theta s\varphi & s\theta c\varphi & c\theta\end{bmatrix} \tag{3.42}$$

在实际的工程计算中,通常需要根据方向余弦矩阵确定欧拉角,显然:

$$\theta=\cos^{-1}\boldsymbol{A}_{33}^{03} \tag{3.43}$$

$$\varphi=\arccos\left(\frac{\boldsymbol{A}_{32}^{03}}{\sin\theta}\right) \tag{3.44}$$

$$\psi=\arccos\left(-\frac{\boldsymbol{A}_{23}^{03}}{\sin\theta}\right) \tag{3.45}$$

讨论:

(1) 为了计算方便,通常规定 $0\leqslant\theta\leqslant\pi,0\leqslant\psi\leqslant2\pi,0\leqslant\varphi\leqslant2\pi$, 这样由 $\cos\theta=A_{33}^{03}$ 可以唯一地确定 θ 值。

(2) 根据 $\cos\varphi=\boldsymbol{A}_{32}^{03}/\sin\theta$ 以及 $\cos\psi=-\boldsymbol{A}_{23}^{03}/\sin\theta$ 以及三角函数知识可知, φ,ψ 可能有两个值,因为 $\cos x=\cos(2\pi-x)$, 而实际上 φ,ψ 的值应该是唯一的,如何确定其值?

（3）从 φ,ψ 的计算公式可以看出，$\sin\theta$ 在分母位置，当 $\theta=0$ 或 π 时，φ,ψ 的计算公式就无法确定，这种情况对应于 $\boldsymbol{e}_3^{(0)}$，$\boldsymbol{e}_3^{(3)}$ 重合的情形，实际上只要 $\boldsymbol{e}_3^{(0)}$ 接近 $\boldsymbol{e}_3^{(3)}$（即 $\theta\to0$，或 $\theta\to\pi$）时，数值计算就有可能发散，这种情况称为数值计算的奇异性（Singularity）。

2. 卡尔丹角（Cardan）

在不同文献中，卡尔丹角的叫法不一样，如台特（Tait）角、布朗特（Bryant）角、克雷洛夫（Крыов）角等。

上述欧拉角的转动顺序可以概括为 313，即先绕 $\boldsymbol{e}_3^{(0)}$ 旋转，再绕 $\boldsymbol{e}_1^{(1)}$ 旋转，最后绕 $\boldsymbol{e}_3^{(2)}$ 旋转。除了这种旋转顺序外，还有其它的转动顺序，如 123、213、321 等，一般把按照 123 转动顺序的转动角称为卡尔丹角，三个角依次记作 α,β,γ，如图 3.5 所示。

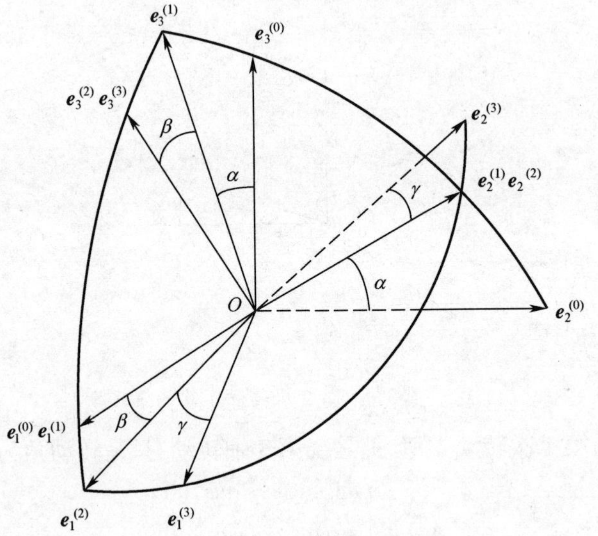

图 3.5　卡尔丹角描述刚体的空间姿态示意图

利用同样的方法，可以获得各次转动的方向余弦矩阵：

$$\boldsymbol{A}^{01}=\begin{bmatrix}1&0&0\\0&c\alpha&-s\alpha\\0&s\alpha&c\alpha\end{bmatrix}\tag{3.46}$$

$$\boldsymbol{A}^{12}=\begin{bmatrix}c\beta&0&s\beta\\0&1&0\\-s\beta&0&c\beta\end{bmatrix}\tag{3.47}$$

$$\boldsymbol{A}^{23}=\begin{bmatrix}c\gamma&-s\gamma&0\\s\gamma&c\gamma&0\\0&0&1\end{bmatrix}\tag{3.48}$$

因此，刚体转动后的基 $\boldsymbol{e}^{(3)}$ 相对转动前的基 $\boldsymbol{e}^{(0)}$ 的方向余弦矩阵为

$$\boldsymbol{A}^{03}=\boldsymbol{A}^{01}\boldsymbol{A}^{12}\boldsymbol{A}^{23}=\begin{bmatrix}c\beta c\gamma&-c\beta s\gamma&s\beta\\s\alpha s\beta c\gamma+c\alpha s\gamma&-s\alpha s\beta s\gamma+c\alpha c\gamma&-s\alpha c\beta\\-c\alpha s\beta c\gamma+s\alpha s\gamma&c\alpha s\beta s\gamma+s\alpha c\gamma&c\alpha c\beta\end{bmatrix}\tag{3.49}$$

同样，根据方向余弦矩阵，可以计算 3 个卡尔丹角：

$$\beta = \arcsin \boldsymbol{A}_{13}^{03} \tag{3.50}$$

$$\gamma = \arcsin\left(-\frac{\boldsymbol{A}_{12}^{03}}{\cos\beta}\right) \tag{3.51}$$

$$\alpha = \arcsin\left(-\frac{\boldsymbol{A}_{23}^{03}}{\cos\beta}\right) \tag{3.52}$$

思考：仿照由方向余弦矩阵计算欧拉角的方法，如果规定 $-\frac{\pi}{2} \leqslant \beta \leqslant \frac{\pi}{2}$，$0 \leqslant \alpha, \gamma \leqslant 2\pi$，则：

（1）如何根据方向余弦矩阵唯一地确定 α, γ 值？

（2）什么情况下计算 α, γ 时会出现数值奇异性？

3. 欧拉参数（四元数）

可以发现，不论是利用欧拉角还是卡尔丹角来描述刚体的空间转动，都存在数值计算的奇异性，而采用欧拉参数则可以避免这种情况。

欧拉定理：刚体绕定点 O 的任意有限转动可由绕过 O 点的某根轴的一次有限转动实现。

如图 3.6 所示，设 $\boldsymbol{e}$ 为刚体的连体基，其转动前为 $\boldsymbol{e}^{(0)}$，$\boldsymbol{e}$ 为表示绕 p 轴逆时针转动 θ 后所达到的位置。设 $\boldsymbol{p}$ 是沿 p 轴的单位矢量，其在 $\boldsymbol{e}^{(0)}$ 的投影列阵为 $[p_1 \quad p_2 \quad p_3]^{\mathrm{T}}$，则可以证明，基 $\boldsymbol{e}$ 相对 $\boldsymbol{e}^{(0)}$ 的方向余弦矩阵为

$$\boldsymbol{A} = \begin{bmatrix} p_1^2(1-c\theta)+c\theta & p_1p_2(1-c\theta)-p_3s\theta & p_1p_3(1-c\theta)+p_2s\theta \\ p_1p_2(1-c\theta)+p_3s\theta & p_2^2(1-c\theta)+c\theta & p_2p_3(1-c\theta)-p_1s\theta \\ p_3p_1(1-c\theta)-p_2s\theta & p_3p_2(1-c\theta)+p_1s\theta & p_3^2(1-c\theta)+c\theta \end{bmatrix} \tag{3.53}$$

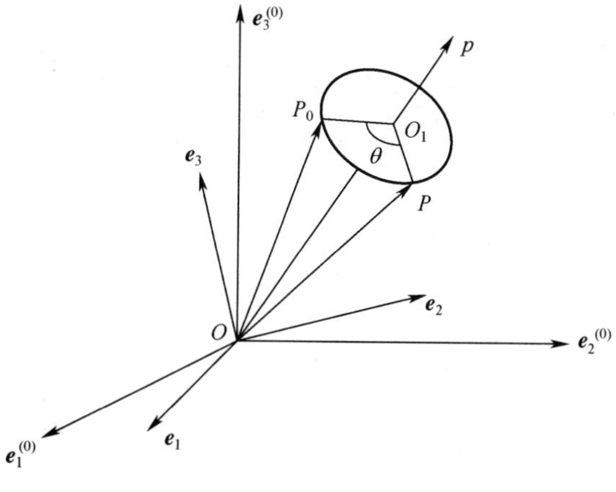

图 3.6　有限转动的实现示意图

令 $\lambda_0 = \cos(\theta/2)$，$\lambda_r = p_r \sin(\theta/2)\ (r=1,2,3)$，代入式（3.53），得

$$\boldsymbol{A} = \begin{bmatrix} 2(\lambda_0^2+\lambda_1^2)-1 & 2(\lambda_1\lambda_2-\lambda_0\lambda_3) & 2(\lambda_1\lambda_3+\lambda_0\lambda_2) \\ 2(\lambda_1\lambda_2+\lambda_0\lambda_3) & 2(\lambda_0^2+\lambda_2^2)-1 & 2(\lambda_2\lambda_3-\lambda_0\lambda_1) \\ 2(\lambda_1\lambda_3-\lambda_0\lambda_2) & 2(\lambda_2\lambda_3+\lambda_0\lambda_1) & 2(\lambda_0^2+\lambda_3^2)-1 \end{bmatrix} \tag{3.54}$$

一般,把 $\lambda_0,\lambda_1,\lambda_2,\lambda_3$ 称为四元数,尽管有 4 个参数,实际上独立的只有 3 个,因为:$\lambda_0^2+\lambda_1^2+\lambda_2^2+\lambda_3^2=1$。

把 $\boldsymbol{A}$ 的对角线元素相加,得

$$\mathrm{tr}(\boldsymbol{A})=4\lambda_0^2+2(\lambda_0^2+\lambda_1^2+\lambda_2^2+\lambda_3^2)-3 \tag{3.55}$$

因此

$$\lambda_0=\frac{\sqrt{1+\mathrm{tr}(\boldsymbol{A})}}{2} \tag{3.56}$$

一般规定 $0\leqslant\theta\leqslant\pi$,因此 $\lambda_0=\cos\left(\frac{\theta}{2}\right)\geqslant 0$。

由各对角线元素可知:

$$\lambda_r=\pm\sqrt{\frac{1+a_{rr}}{2}-\lambda_0^2}\quad r=1,2,3 \tag{3.57}$$

由 $2\lambda_0\lambda_1=a_{32}-a_{23}$ 可知 λ_1 的符号与 $a_{32}-a_{23}$ 的一致。

同样由 $2\lambda_0\lambda_2=a_{13}-a_{31}$ 确定 λ_2 的符号;由 $2\lambda_0\lambda_3=a_{21}-a_{12}$ 确定 λ_3 的符号。

注意:

(1) 利用欧拉参数计算方向余弦矩阵全部是代数运算,这比利用欧拉角或卡尔丹角进行三角函数计算(超越计算)的效率要高很多;

(2) 根据方向余弦矩阵确定欧拉参数时不会出现数值奇异性。

欧拉参数和欧拉角之间的换算关系为

$$\lambda_0=\cos\left(\frac{\psi+\varphi}{2}\right)\cos\frac{\theta}{2} \tag{3.58}$$

$$\lambda_1=\cos\left(\frac{\psi-\varphi}{2}\right)\sin\frac{\theta}{2} \tag{3.59}$$

$$\lambda_2=\sin\left(\frac{\psi-\varphi}{2}\right)\sin\frac{\theta}{2} \tag{3.60}$$

$$\lambda_3=\sin\left(\frac{\psi+\varphi}{2}\right)\cos\frac{\theta}{2} \tag{3.61}$$

$$\psi=\arctan(\lambda_3/\lambda_0)+\arctan(\lambda_2/\lambda_1) \tag{3.62}$$

$$\theta=\arccos[2(\lambda_0^2+\lambda_3^2)-1] \tag{3.63}$$

$$\varphi=\arctan(\lambda_3/\lambda_0)-\arctan(\lambda_2/\lambda_1) \tag{3.64}$$

欧拉参数和卡尔丹角之间的换算关系为

$$\alpha=\arctan\frac{2(\lambda_2\lambda_3-\lambda_0\lambda_1)}{1-2(\lambda_0^2+\lambda_3^2)} \tag{3.65}$$

$$\beta=\arcsin 2(\lambda_1\lambda_3+\lambda_0\lambda_2) \tag{3.66}$$

$$\gamma=\arctan\frac{2(\lambda_1\lambda_2-\lambda_0\lambda_3)}{1-2(\lambda_0^2+\lambda_1^2)} \tag{3.67}$$

由于欧拉四元数在多刚体系统动力学中有着重要的应用,下面简单地介绍其主要特性。

把欧拉四元数写成矩阵形式:

$$\boldsymbol{\Lambda} = (\lambda_0 \quad \boldsymbol{\lambda}^{\mathrm{T}})^{\mathrm{T}} = (\lambda_0 \quad \lambda_1 \quad \lambda_2 \quad \lambda_3)^{\mathrm{T}} \tag{3.68}$$

容易验证：

$$\boldsymbol{\Lambda}^{\mathrm{T}}\boldsymbol{\Lambda} = 1 \tag{3.69}$$

$$\boldsymbol{\Lambda}\boldsymbol{\Lambda}^{\mathrm{T}} = \begin{bmatrix} \lambda_0^2 & \lambda_0\boldsymbol{\lambda}^{\mathrm{T}} \\ \lambda_0\boldsymbol{\lambda} & \boldsymbol{\lambda}\boldsymbol{\lambda}^{\mathrm{T}} \end{bmatrix} \tag{3.70}$$

$$\widetilde{\boldsymbol{\lambda}}\boldsymbol{\lambda} = \mathbf{0} \tag{3.71}$$

定义矩阵：

$$\boldsymbol{R} = \begin{bmatrix} -\lambda_1 & \lambda_0 & -\lambda_3 & \lambda_2 \\ -\lambda_2 & \lambda_3 & \lambda_0 & -\lambda_1 \\ -\lambda_3 & -\lambda_2 & \lambda_1 & \lambda_0 \end{bmatrix} \tag{3.72}$$

$$\boldsymbol{L} = \begin{bmatrix} -\lambda_1 & \lambda_0 & \lambda_3 & -\lambda_2 \\ -\lambda_2 & -\lambda_3 & \lambda_0 & \lambda_1 \\ -\lambda_3 & \lambda_2 & -\lambda_1 & \lambda_0 \end{bmatrix} \tag{3.73}$$

则方向余弦矩阵为

$$\boldsymbol{A} = \boldsymbol{R}\boldsymbol{L}^{\mathrm{T}} \tag{3.74}$$

容易验证：

$$\boldsymbol{L}\boldsymbol{\Lambda} = \mathbf{0} \tag{3.75}$$

$$\boldsymbol{R}\boldsymbol{\Lambda} = \mathbf{0} \tag{3.76}$$

$$\boldsymbol{R}\boldsymbol{R}^{\mathrm{T}} = \boldsymbol{L}\boldsymbol{L}^{\mathrm{T}} = \boldsymbol{E} \tag{3.77}$$

$$\boldsymbol{R}^{\mathrm{T}}\boldsymbol{R} = \boldsymbol{L}^{\mathrm{T}}\boldsymbol{L} = \boldsymbol{E}_4 - \boldsymbol{\Lambda}\boldsymbol{\Lambda}^{\mathrm{T}} \tag{3.78}$$

对(3.69)求导，得

$$\dot{\boldsymbol{\Lambda}}^{\mathrm{T}}\boldsymbol{\Lambda} = \boldsymbol{\Lambda}^{\mathrm{T}}\dot{\boldsymbol{\Lambda}} = 0 \tag{3.79}$$

对(3.76)求导，得

$$\boldsymbol{R}\dot{\boldsymbol{\Lambda}} = -\dot{\boldsymbol{R}}\boldsymbol{\Lambda} \tag{3.80}$$

对(3.75)求导，得

$$\boldsymbol{L}\dot{\boldsymbol{\Lambda}} = -\dot{\boldsymbol{L}}\boldsymbol{\Lambda} \tag{3.81}$$

对(3.74)求导，得

$$\dot{\boldsymbol{A}} = \dot{\boldsymbol{R}}\boldsymbol{L}^{\mathrm{T}} + \boldsymbol{R}\dot{\boldsymbol{L}}^{\mathrm{T}} \tag{3.82}$$

$$\dot{\boldsymbol{A}} = 2\dot{\boldsymbol{R}}\boldsymbol{L}^{\mathrm{T}} \tag{3.83}$$

$$\dot{\boldsymbol{A}} = 2\boldsymbol{R}\dot{\boldsymbol{L}}^{\mathrm{T}} \tag{3.84}$$

3.2.4 刚体的角速度与角加速度

当刚体绕 O 点转动的角度很小时，以致可以认为无限小量时，称为无限小转动。现在讨论用卡尔丹角描述刚体的无限小转动，则 α,β,γ 均为无限小量，因此

$$A=\begin{bmatrix}1 & -\gamma & \beta\\ \gamma & 1 & -\alpha\\ -\beta & \alpha & 1\end{bmatrix} \tag{3.85}$$

对于无限小转动,有

$$A^{01}=\begin{bmatrix}1 & 0 & 0\\ 0 & 1 & -\alpha\\ 0 & \alpha & 1\end{bmatrix},A^{12}=\begin{bmatrix}1 & 0 & \beta\\ 0 & 1 & 0\\ -\beta & 0 & 1\end{bmatrix},A^{23}=\begin{bmatrix}1 & -\gamma & 0\\ \gamma & 1 & 0\\ 0 & 0 & 1\end{bmatrix} \tag{3.86}$$

可以验证:$A^{01}A^{12}A^{23}=A^{12}A^{01}A^{23}=A^{12}A^{23}A^{01}=A^{23}A^{12}A^{01}$,也即无限小转动与转动顺序无关,这是与有限转动的根本区别所在。

设刚体在无限小的时间间隔 Δt 内依次绕 $\boldsymbol{e}_1^{(0)},\boldsymbol{e}_2^{(1)},\boldsymbol{e}_3^{(2)}$ 旋转无限小角度 $\Delta\alpha,\Delta\beta,\Delta\gamma$,也相当于绕 $\boldsymbol{\sigma}$ 轴一次旋转无限小角度 $\Delta\theta$,由于无限小转动与顺序无关,因此是矢量,即

$$\Delta\boldsymbol{\theta}=\Delta\boldsymbol{\alpha}+\Delta\boldsymbol{\beta}+\Delta\boldsymbol{\gamma}=\Delta\alpha\boldsymbol{e}_1^{(0)}+\Delta\beta\boldsymbol{e}_2^{(1)}+\Delta\gamma\boldsymbol{e}_3^{(2)} \tag{3.87}$$

上式两边同时除以 Δt,并求极限,得

$$\boldsymbol{\omega}=\lim_{\Delta t\to 0}\frac{\Delta\boldsymbol{\theta}}{\Delta t}=\lim_{\Delta t\to 0}\frac{\Delta\alpha}{\Delta t}\boldsymbol{e}_1^{(0)}+\lim_{\Delta t\to 0}\frac{\Delta\beta}{\Delta t}\boldsymbol{e}_2^{(1)}+\lim_{\Delta t\to 0}\frac{\Delta\gamma}{\Delta t}\boldsymbol{e}_3^{(2)} \tag{3.88}$$

因此有

$$\boldsymbol{\omega}=\dot{\alpha}\boldsymbol{e}_1^{(0)}+\dot{\beta}\boldsymbol{e}_2^{(1)}+\dot{\gamma}\boldsymbol{e}_3^{(2)}=\dot{\alpha}\boldsymbol{e}_1^{(1)}+\dot{\beta}\boldsymbol{e}_2^{(2)}+\dot{\gamma}\boldsymbol{e}_3^{(3)} \tag{3.89}$$

上式即为刚体角速度的定义,但上式的右边是在不同坐标系中,为了计算方便,需要向同一坐标系中投影,一般向旋转后的坐标系 $\boldsymbol{e}^{(3)}$ 投影,得

$$\boldsymbol{\omega}'=\begin{Bmatrix}\omega_1\\ \omega_2\\ \omega_3\end{Bmatrix}=\begin{Bmatrix}\dot{\alpha}\cos\beta\cos\gamma+\dot{\beta}\sin\gamma\\ -\dot{\alpha}\cos\beta\sin\gamma+\dot{\beta}\cos\gamma\\ \dot{\gamma}+\dot{\alpha}\sin\beta\end{Bmatrix}=\boldsymbol{K}\begin{Bmatrix}\dot{\alpha}\\ \dot{\beta}\\ \dot{\gamma}\end{Bmatrix} \tag{3.90}$$

式中

$$\boldsymbol{K}=\begin{bmatrix}\cos\beta\cos\gamma & \sin\gamma & 0\\ -\cos\beta\sin\gamma & \cos\gamma & 0\\ \sin\beta & 0 & 1\end{bmatrix} \tag{3.91}$$

用同样的方法可以获得用欧拉角表示的角速度,

$$\boldsymbol{\omega}'=\boldsymbol{G}'\dot{\boldsymbol{\Theta}} \tag{3.92}$$

式中

$$\boldsymbol{G}'=\begin{bmatrix}s\theta s\varphi & c\varphi & 0\\ s\theta c\varphi & -s\varphi & 0\\ c\theta & 0 & 1\end{bmatrix} \tag{3.93}$$

$$\dot{\boldsymbol{\Theta}}=[\dot{\psi}\quad \dot{\theta}\quad \dot{\varphi}]^{\mathrm{T}} \tag{3.94}$$

角速度在惯性基中的投影为

$$\boldsymbol{\omega}=\boldsymbol{G}\dot{\boldsymbol{\Theta}} \tag{3.95}$$

式中

$$
\boldsymbol{G} = \begin{bmatrix} 0 & c\varphi & s\theta s\varphi \\ 0 & s\varphi & -s\theta c\varphi \\ 1 & 0 & c\theta \end{bmatrix} \tag{3.96}
$$

显然，$\boldsymbol{G}$ 与 $\boldsymbol{G}'$ 之间的关系为

$$
\boldsymbol{G} = \boldsymbol{A}\boldsymbol{G}' \tag{3.97}
$$

另外，可以证明：

$$
\dot{\boldsymbol{A}} = \boldsymbol{A}\,\widetilde{\boldsymbol{\omega}}' \tag{3.98}
$$

$$
\widetilde{\boldsymbol{\omega}}' = \boldsymbol{A}^{\mathrm{T}}\dot{\boldsymbol{A}} \tag{3.99}
$$

$$
\widetilde{\boldsymbol{\omega}} = \dot{\boldsymbol{A}}\boldsymbol{A}^{\mathrm{T}} \tag{3.100}
$$

$$
\dot{\boldsymbol{A}} = \widetilde{\boldsymbol{\omega}}\boldsymbol{A} \tag{3.101}
$$

$$
\widetilde{\boldsymbol{\omega}} = 2\,\dot{\boldsymbol{R}}\boldsymbol{R}^{\mathrm{T}} \tag{3.102}
$$

$$
\boldsymbol{\omega} = 2\boldsymbol{R}\dot{\boldsymbol{\Lambda}} \tag{3.103}
$$

$$
\widetilde{\boldsymbol{\omega}}' = 2\boldsymbol{L}\dot{\boldsymbol{L}}^{\mathrm{T}} \tag{3.104}
$$

$$
\boldsymbol{\omega}' = 2\boldsymbol{L}\dot{\boldsymbol{\Lambda}} \tag{3.105}
$$

由式(3.103)及式(3.104)，易得

$$
\dot{\boldsymbol{\Lambda}} = \frac{1}{2}\boldsymbol{R}^{\mathrm{T}}\boldsymbol{\omega} = \frac{1}{2}\boldsymbol{L}^{\mathrm{T}}\boldsymbol{\omega}' \tag{3.106}
$$

由(3.87)可得卡尔丹角表示的刚体运动学方程：

$$
\begin{Bmatrix} \dot{\alpha} \\ \dot{\beta} \\ \dot{\gamma} \end{Bmatrix} = \boldsymbol{K}^{-1} \begin{Bmatrix} \omega_1 \\ \omega_2 \\ \omega_3 \end{Bmatrix} \tag{3.107}
$$

或者：

$$
\dot{\alpha} = (\omega_1 \cos\gamma - \omega_2 \sin\gamma)/\cos\beta \tag{3.108}
$$

$$
\dot{\beta} = \omega_1 \sin\gamma + \omega_2 \cos\gamma \tag{3.109}
$$

$$
\dot{\gamma} = (-\omega_1 \cos\gamma + \omega_2 \sin\gamma)\tan\beta + \omega_3 \tag{3.110}
$$

同样可以写出欧拉角形式的运动学方程：

$$
\dot{\boldsymbol{\Theta}} = \boldsymbol{G}'^{-1}\boldsymbol{\omega}' \tag{3.111}
$$

或者：

$$
\dot{\psi} = (\omega_1 \sin\varphi + \omega_2 \cos\varphi)/\sin\theta \tag{3.112}
$$

$$
\dot{\theta} = \omega_1 \cos\varphi - \omega_2 \sin\varphi \tag{3.113}
$$

$$
\dot{\varphi} = -(\omega_1 \sin\varphi + \omega_2 \cos\varphi)\cot\theta + \omega_3 \tag{3.114}
$$

刚体的角速度在随体基中的形式($\boldsymbol{e}^{(3)}$ 简写为 $\boldsymbol{e}$)为

$$
\boldsymbol{\omega} = \omega_1 \boldsymbol{e}_1 + \omega_2 \boldsymbol{e}_2 + \omega_3 \boldsymbol{e}_3 \tag{3.115}
$$

对式(3.115)求导,得刚体的角加速度

$$\boldsymbol{\varepsilon}=\frac{\mathrm{d}\boldsymbol{\omega}}{\mathrm{d}t}=\frac{\mathrm{d}\widetilde{\boldsymbol{\omega}}}{\mathrm{d}t}+\boldsymbol{\omega}\times\boldsymbol{\omega}=\frac{\mathrm{d}\widetilde{\boldsymbol{\omega}}}{\mathrm{d}t}=\dot{\omega}_1\boldsymbol{e}_1+\dot{\omega}_2\boldsymbol{e}_2+\dot{\omega}_3\boldsymbol{e}_3 \tag{3.116}$$

因此,角加速度在随体基中的投影为

$$\boldsymbol{\varepsilon}'=\dot{\boldsymbol{\omega}}'=\boldsymbol{A}^{\mathrm{T}}\dot{\boldsymbol{\omega}} \tag{3.117}$$

另外,对式(3.103)和式(3.105)分别求导,得

$$\boldsymbol{\varepsilon}=2\boldsymbol{R}\ddot{\boldsymbol{\Lambda}}+2\dot{\boldsymbol{R}}\dot{\boldsymbol{\Lambda}}=2\boldsymbol{R}\ddot{\boldsymbol{\Lambda}} \tag{3.118}$$

$$\boldsymbol{\varepsilon}'=2\boldsymbol{L}\ddot{\boldsymbol{\Lambda}}+2\dot{\boldsymbol{L}}\dot{\boldsymbol{\Lambda}}=2\boldsymbol{L}\ddot{\boldsymbol{\Lambda}} \tag{3.119}$$

对式(3.92)和式(3.95)分别求导,得

$$\boldsymbol{\varepsilon}'=\boldsymbol{G}'\ddot{\boldsymbol{\Theta}}+\dot{\boldsymbol{G}}'\dot{\boldsymbol{\Theta}} \tag{3.120}$$

$$\boldsymbol{\varepsilon}=\boldsymbol{G}\ddot{\boldsymbol{\Theta}}+\dot{\boldsymbol{G}}\dot{\boldsymbol{\Theta}} \tag{3.121}$$

3.2.5 刚体的动能与惯性张量

牛顿第二定律建立了质点的运动和受力的关系:$m\boldsymbol{a}=\boldsymbol{F}$。式中包含了3方面的量:力$\boldsymbol{F}$、描述质点运动加速度$\boldsymbol{a}$及描述质点惯性性质的物理量——质点的质量$m$。而在刚体动力学中,除了上述3个量外,还要研究与转动有关的3个量:力矩、角加速度以及惯性张量。

1. 刚体作定点运动的动量矩

如图3.7所示,刚体绕O点作定点运动(转动),建立定坐标系$\boldsymbol{e}^{(0)}$和随体坐标系$\boldsymbol{e}$(与刚体固结),刚体(随体坐标系)相对定坐标系的角速度为$\boldsymbol{\omega}$。为了计算刚体对O点的动量矩,取刚体上任一微元$\mathrm{d}m$为研究对象,则其动量矩为

$$\mathrm{d}\boldsymbol{G}_O=\boldsymbol{u}\times(\mathrm{d}m\boldsymbol{V}_P)=\boldsymbol{u}\times(\mathrm{d}m\omega\times\boldsymbol{u}) \tag{3.122}$$

因此,刚体的动量矩为

$$\boldsymbol{G}_O=\int\boldsymbol{u}\times(\boldsymbol{\omega}\times\boldsymbol{u})\mathrm{d}m \tag{3.123}$$

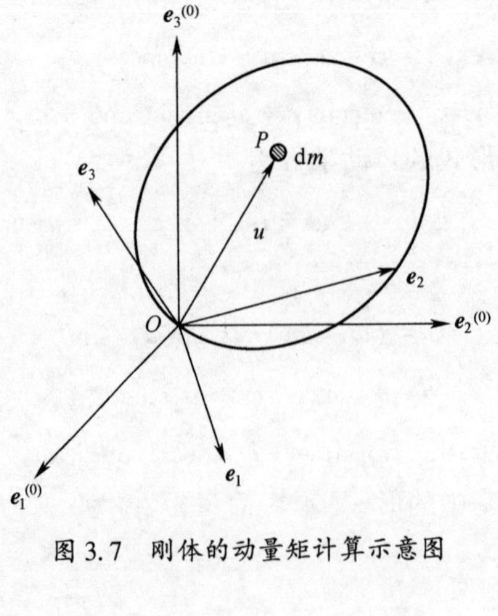

图3.7 刚体的动量矩计算示意图

根据 $\boldsymbol{a} \times (\boldsymbol{b} \times \boldsymbol{c}) = [(\boldsymbol{c} \cdot \boldsymbol{a})\boldsymbol{E} - \boldsymbol{c}\boldsymbol{a}] \cdot \boldsymbol{b}$, 得

$$\boldsymbol{G}_O = \int (\boldsymbol{u} \cdot \boldsymbol{u}\boldsymbol{E} - \boldsymbol{u}\boldsymbol{u}) \cdot \boldsymbol{\omega} \mathrm{d}m = \left[\int (\boldsymbol{u} \cdot \boldsymbol{u}\boldsymbol{E} - \boldsymbol{u}\boldsymbol{u}) \mathrm{d}m\right] \cdot \boldsymbol{\omega} \tag{3.124}$$

引入概念：

$$\boldsymbol{I}_O = \int (\boldsymbol{u} \cdot \boldsymbol{u}\boldsymbol{E} - \boldsymbol{u}\boldsymbol{u}) \mathrm{d}m \tag{3.125}$$

这里 $\boldsymbol{I}_O$ 称为刚体对 O 点的惯性张量,则式(3.124)变为

$$\boldsymbol{G}_O = \boldsymbol{I}_O \cdot \boldsymbol{\omega} \tag{3.126}$$

设矢量 $\boldsymbol{u}$ 在随体基 $\boldsymbol{e}$ 中的投影列阵为 $\boldsymbol{u}'$,则 $\boldsymbol{I}_O$ 在随体基 $\boldsymbol{e}$ 中的投影矩阵为

$$\boldsymbol{I}'_O = \int (\boldsymbol{u}'^{\mathrm{T}}\boldsymbol{u}'\boldsymbol{E} - \boldsymbol{u}'\boldsymbol{u}'^{\mathrm{T}}) \mathrm{d}m \tag{3.127}$$

设 $\boldsymbol{r}' = [x \quad y \quad z]^{\mathrm{T}}$,代入上式得

$$\boldsymbol{I}'_O = \begin{bmatrix} \int (y^2 + z^2) \mathrm{d}m & -\int xy\mathrm{d}m & -\int xz\mathrm{d}m \\ -\int xy\mathrm{d}m & \int (x^2 + z^2)\mathrm{d}m & -\int yz\mathrm{d}m \\ -\int xz\mathrm{d}m & -\int yz\mathrm{d}m & \int (y^2 + x^2)\mathrm{d}m \end{bmatrix} = \begin{bmatrix} I_{xx} & -I_{xy} & -I_{xz} \\ -I_{xy} & I_{yy} & -I_{yz} \\ -I_{zx} & -I_{zy} & I_{zz} \end{bmatrix} \tag{3.128}$$

上述公式就是计算刚体惯性张量各元素的理论模型,在许多三维实体建模软件中(如 I-DEAS,Pro/E,SolidWorks 等)均具有惯性张量计算的专用模块,可用于具有不规则形状的火炮零件及装配件的惯性张量计算。

2. 刚体作定点运动的动能

以微元为研究对象,其动能为

$$\mathrm{d}T = \frac{1}{2}\mathrm{d}m\boldsymbol{V}_P \cdot \boldsymbol{V}_P \tag{3.129}$$

因此,刚体的动能为

$$T = \frac{1}{2}\int \mathrm{d}m\boldsymbol{V}_P \cdot \boldsymbol{V}_P = \frac{1}{2}\int (\boldsymbol{\omega} \times \boldsymbol{u}) \cdot \boldsymbol{V}_P\mathrm{d}m \tag{3.130}$$

根据矢量混合积的性质

$$(\boldsymbol{a} \times \boldsymbol{b}) \cdot \boldsymbol{c} = \boldsymbol{a} \cdot (\boldsymbol{b} \times \boldsymbol{c}) \tag{3.131}$$

因此有：

$$T = \frac{1}{2}\int (\boldsymbol{\omega} \times \boldsymbol{u}) \cdot \boldsymbol{V}_P\mathrm{d}m = \frac{1}{2}\int \boldsymbol{\omega} \cdot (\boldsymbol{u} \times \boldsymbol{V}_P)\mathrm{d}m = \frac{1}{2}\boldsymbol{\omega} \cdot \boldsymbol{G}_O \tag{3.132}$$

即

$$T = \frac{1}{2}\boldsymbol{\omega} \cdot (\boldsymbol{I}_O \cdot \boldsymbol{\omega}) \tag{3.133}$$

其矩阵形式为

$$T = \frac{1}{2}\boldsymbol{\omega}'^{\mathrm{T}}\boldsymbol{I}'_O\boldsymbol{\omega}' \tag{3.134}$$

3. 惯性张量的性质

在多刚体系统动力学计算中,惯性张量是很重要的参量,即使是采用商用软件计算,

也需要对其概念和特性有非常清楚的认识,否则会因概念不清产生计算错误。

前面在介绍惯性张量的时候,首先强调是刚体对 O 点的惯性张量,其次在投影时,是向随体坐标系进行投影的。事实上,对不同点、不同坐标系下的惯性张量及其投影矩阵是不一样的,下面讨论这两种情形。

1) 同一坐标系下刚体对不同点的惯性张量之间的关系

如图 3.8 所示,讨论刚体对 O 点和 A 点的惯性张量之间的关系。其中 OA 矢量用 $\boldsymbol{s}$ 表示。

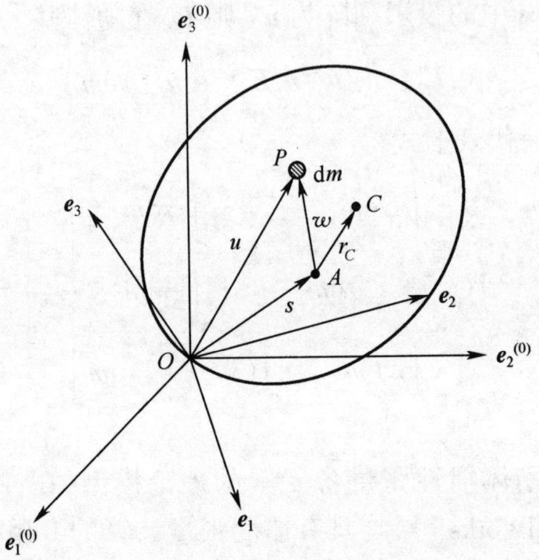

图 3.8 刚体对不同点的惯性张量示意图

根据惯性张量的定义,有

$$\boldsymbol{I}_O = \int(\boldsymbol{u}\cdot\boldsymbol{u}\boldsymbol{E} - \boldsymbol{u}\boldsymbol{u})\mathrm{d}m \tag{3.135}$$

$$\boldsymbol{I}_A = \int(\boldsymbol{w}\cdot\boldsymbol{w}\boldsymbol{E} - \boldsymbol{w}\boldsymbol{w})\mathrm{d}m \tag{3.136}$$

而根据几何关系

$$\boldsymbol{u} = \boldsymbol{s} + \boldsymbol{w} \tag{3.137}$$

将上式代入式(3.137),得

$$\begin{aligned}\boldsymbol{I}_O &= \int[(\boldsymbol{s}+\boldsymbol{w})\cdot(\boldsymbol{s}+\boldsymbol{w})\boldsymbol{E} - (\boldsymbol{s}+\boldsymbol{w})(\boldsymbol{s}+\boldsymbol{w})]\mathrm{d}m \\ &= \boldsymbol{I}_A + 2\left(\int\boldsymbol{w}\mathrm{d}m\right)\cdot\boldsymbol{s} - \left(\int\boldsymbol{w}\mathrm{d}m\right)\boldsymbol{s} - \boldsymbol{s}\left(\int\boldsymbol{w}\mathrm{d}m\right) + m(s^2\boldsymbol{E} - \boldsymbol{s}\boldsymbol{s})\end{aligned} \tag{3.138}$$

由于 $\int\boldsymbol{w}\mathrm{d}m = m\boldsymbol{r}_C$,这里 m 为刚体质量,$\boldsymbol{r}_C$ 为刚体质心相对 A 的矢量。如果 A 点与刚体质心 C 重合,则 $\boldsymbol{r}_C=0$,因此有

$$\boldsymbol{I}_O = \boldsymbol{I}_C + m(s^2\boldsymbol{E} - \boldsymbol{s}\boldsymbol{s}) \tag{3.139}$$

矩阵形式为

$$\boldsymbol{I}'_O = \boldsymbol{I}'_C + m(\boldsymbol{s}'^{\mathrm{T}}\boldsymbol{s}'\boldsymbol{E} - \boldsymbol{s}'\boldsymbol{s}'^{\mathrm{T}}) \tag{3.140}$$

上式就是惯性张量的移心公式,常称为惠更斯-史坦那定理。其物理意义是:刚体对 O 点的惯性张量包括两部分:一部分是刚体对质心的惯性张量,另一部分是将刚体的质量

假想全部集中于质心时对 O 点的惯性张量。

假设刚体质心 C 在基 $\boldsymbol{e}$ 中的坐标列阵为：$\boldsymbol{s}' = [s_x \quad s_y \quad s_z]^{\mathrm{T}}$，并且 $\boldsymbol{I}_O, \boldsymbol{I}_C$ 在基 $\boldsymbol{e}$ 中的投影矩阵分别为

$$\boldsymbol{I}'_O = \begin{bmatrix} I_{oxx} & -I_{oxy} & -I_{oxz} \\ -I_{oxy} & I_{oyy} & -I_{oyz} \\ -I_{ozx} & -I_{ozy} & I_{ozz} \end{bmatrix} \tag{3.141}$$

$$\boldsymbol{I}'_C = \begin{bmatrix} I_{cxx} & -I_{cxy} & -I_{cxz} \\ -I_{cxy} & I_{cyy} & -I_{cyz} \\ -I_{czx} & -I_{czy} & I_{czz} \end{bmatrix} \tag{3.142}$$

将上述两式及质心坐标列阵代入(3.140)，得

$$I_{oxx} = I_{cxx} + m(s_y^2 + s_z^2) \tag{3.143}$$

$$I_{oyy} = I_{cyy} + m(s_x^2 + s_z^2) \tag{3.144}$$

$$I_{ozz} = I_{czz} + m(s_y^2 + s_x^2) \tag{3.145}$$

$$I_{oxy} = I_{cxy} + ms_x s_y \tag{3.146}$$

$$I_{oyz} = I_{cyz} + ms_z s_y \tag{3.147}$$

$$I_{ozx} = I_{czx} + ms_z s_x \tag{3.148}$$

2）不同坐标系下刚体对相同点的惯性张量之间的关系

假设刚体对 O 点的惯性张量为 $\boldsymbol{I}_O$，在基 $\boldsymbol{e}^{(0)}$ 和 $\boldsymbol{e}$ 中的投影矩阵分别为 $\boldsymbol{I}_O, \boldsymbol{I}'_O$，刚体上任一点相对 O 点的矢量为 $\boldsymbol{u}$，在基 $\boldsymbol{e}^{(0)}$ 和 $\boldsymbol{e}$ 中的投影列阵分别为 $\boldsymbol{u}$、$\boldsymbol{u}'$，则根据惯性张量的定义，有

$$\boldsymbol{I}_O = \int (\boldsymbol{u}^{\mathrm{T}}\boldsymbol{u}\boldsymbol{E} - \boldsymbol{u}\boldsymbol{u}^{\mathrm{T}})\,\mathrm{d}m \tag{3.149}$$

$$\boldsymbol{I}'_O = \int (\boldsymbol{u}'^{\mathrm{T}}\boldsymbol{u}'\boldsymbol{E} - \boldsymbol{u}'\boldsymbol{u}'^{\mathrm{T}})\,\mathrm{d}m \tag{3.150}$$

设基 $\boldsymbol{e}$ 相对 $\boldsymbol{e}^{(0)}$ 的方向余弦矩阵为 $\boldsymbol{A}$，则 $\boldsymbol{u} = \boldsymbol{A}\boldsymbol{u}'$，代入上式得

$$\begin{aligned} \boldsymbol{I}_O &= \int (\boldsymbol{u}'^{\mathrm{T}}\boldsymbol{A}^{\mathrm{T}}\boldsymbol{A}\boldsymbol{u}'\boldsymbol{E} - \boldsymbol{A}\boldsymbol{u}'\boldsymbol{u}'^{\mathrm{T}}\boldsymbol{A}^{\mathrm{T}})\,\mathrm{d}m = \int (\boldsymbol{u}'^{\mathrm{T}}\boldsymbol{u}'\boldsymbol{E} - \boldsymbol{A}\boldsymbol{u}'\boldsymbol{u}'^{\mathrm{T}}\boldsymbol{A}^{\mathrm{T}})\,\mathrm{d}m \\ &= \int (\boldsymbol{u}'^{\mathrm{T}}\boldsymbol{u}'\boldsymbol{A}\boldsymbol{A}^{\mathrm{T}}\boldsymbol{E} - \boldsymbol{A}\boldsymbol{u}'\boldsymbol{u}'^{\mathrm{T}}\boldsymbol{A}^{\mathrm{T}})\,\mathrm{d}m = \int (\boldsymbol{A}\boldsymbol{u}'^{\mathrm{T}}\boldsymbol{u}'\boldsymbol{A}^{\mathrm{T}}\boldsymbol{E} - \boldsymbol{A}\boldsymbol{u}'\boldsymbol{u}'^{\mathrm{T}}\boldsymbol{A}^{\mathrm{T}})\,\mathrm{d}m \\ &= \boldsymbol{A}\int (\boldsymbol{u}'^{\mathrm{T}}\boldsymbol{u}'\boldsymbol{E} - \boldsymbol{u}'\boldsymbol{u}'^{\mathrm{T}})\,\mathrm{d}m\boldsymbol{A}^{\mathrm{T}} = \boldsymbol{A}\boldsymbol{I}'_O\boldsymbol{A}^{\mathrm{T}} \end{aligned} \tag{3.151}$$

即

$$\boldsymbol{I}_O = \boldsymbol{A}\boldsymbol{I}'_O\boldsymbol{A}^{\mathrm{T}} \tag{3.152}$$

上式也称移轴定理，同时说明：

(1) 对刚体惯性张量而言，它在随体坐标系中的各投影分量是常量；

(2) 由于方向余弦矩阵 $\boldsymbol{A}$ 是转角（如 3 个卡尔丹角 α、β、γ）的函数，而这些角度是随时间变化的，因此刚体的惯性张量在定坐标系中的各投影分量是变量，这也是多刚体系统动力学的数学模型非常繁杂的主要原因之一。

3.2.6 刚体作定点运动的动力学微分方程

设刚体有固定点 O,所受的外力对 O 点的力矩为 $\boldsymbol{L}$,则由动量矩定理得

$$\frac{\mathrm{d}\boldsymbol{G}}{\mathrm{d}t}=\boldsymbol{L} \tag{3.153}$$

前面已经讨论了动量矩的形式:$\boldsymbol{G}=\boldsymbol{I}\cdot\boldsymbol{\omega}$。上述导数是绝对导数,根据矢量微分运算规则,有

$$\frac{\mathrm{d}\boldsymbol{G}}{\mathrm{d}t}=\frac{\mathrm{d}\boldsymbol{G}^{\sim}}{\mathrm{d}t}+\boldsymbol{\omega}\times\boldsymbol{G} \tag{3.154}$$

其中右边的导数是相对导数,即在随体坐标系中对时间求导数,而在随体坐标系中,惯性张量是常量,因此

$$\frac{\mathrm{d}\boldsymbol{G}^{\sim}}{\mathrm{d}t}=\frac{\mathrm{d}(\boldsymbol{I}\cdot\boldsymbol{\omega})^{\sim}}{\mathrm{d}t}=\boldsymbol{I}\cdot\frac{\mathrm{d}\boldsymbol{\omega}^{\sim}}{\mathrm{d}t} \tag{3.155}$$

将上式代入式(3.153)和式(3.144),有

$$\boldsymbol{I}\cdot\frac{\mathrm{d}\boldsymbol{\omega}^{\sim}}{\mathrm{d}t}+\boldsymbol{\omega}\times(\boldsymbol{I}\cdot\boldsymbol{\omega})=\boldsymbol{L} \tag{3.156}$$

上式就是刚体作定点运动的动力学微分方程,其矩阵形式为

$$\boldsymbol{I}'\dot{\boldsymbol{\omega}}'+\widetilde{\boldsymbol{\omega}}'\boldsymbol{I}'\boldsymbol{\omega}'=\boldsymbol{L}' \tag{3.157}$$

记:

$$\boldsymbol{L}'=[L_x \quad L_y \quad L_z]^{\mathrm{T}} \tag{3.158}$$

$$\boldsymbol{\omega}'=[\omega_1 \quad \omega_2 \quad \omega_3]^{\mathrm{T}} \tag{3.159}$$

$$\boldsymbol{I}'=\begin{bmatrix} I_{xx} & -I_{xy} & -I_{xz} \\ -I_{xy} & I_{yy} & -I_{yz} \\ -I_{zx} & -I_{zy} & I_{zz} \end{bmatrix} \tag{3.160}$$

$$\widetilde{\boldsymbol{\omega}}'=\begin{bmatrix} 0 & -\omega_3 & \omega_2 \\ \omega_3 & 0 & -\omega_1 \\ -\omega_2 & \omega_1 & 0 \end{bmatrix} \tag{3.161}$$

其中“'”表示在固连坐标系中的投影,则式(3.157)展开为

$$\begin{bmatrix} I_{xx} & -I_{xy} & -I_{xz} \\ -I_{xy} & I_{yy} & -I_{yz} \\ -I_{zx} & -I_{zy} & I_{zz} \end{bmatrix}\begin{Bmatrix} \dot{\omega}_1 \\ \dot{\omega}_2 \\ \dot{\omega}_3 \end{Bmatrix}+\begin{bmatrix} 0 & -\omega_3 & \omega_2 \\ \omega_3 & 0 & -\omega_1 \\ -\omega_2 & \omega_1 & 0 \end{bmatrix}\begin{bmatrix} I_{xx} & -I_{xy} & -I_{xz} \\ -I_{xy} & I_{yy} & -I_{yz} \\ -I_{zx} & -I_{zy} & I_{zz} \end{bmatrix}\begin{Bmatrix} \omega_1 \\ \omega_2 \\ \omega_3 \end{Bmatrix}=\begin{Bmatrix} L_x \\ L_y \\ L_z \end{Bmatrix} \tag{3.162}$$

一般情况下,刚体所受力矩是时间、转角及角速度(可以用欧拉角或卡尔丹角表示,这里以3个卡尔丹角 α,β,γ 为例)的函数,也即 L_x,L_y,L_z 是 $t,\alpha,\beta,\gamma,\dot{\alpha},\dot{\beta},\dot{\gamma}$ 的函数,因此上述微分方程是不封闭的(未知数有6个,但只有3个方程),需补充3个运动微分方程,即

$$\dot{\alpha} = (\omega_1 \cos\gamma - \omega_2 \sin\gamma)/\cos\beta \tag{3.163}$$

$$\dot{\beta} = \omega_1 \sin\gamma + \omega_2 \cos\gamma \tag{3.164}$$

$$\dot{\gamma} = (-\omega_1 \cos\gamma + \omega_2 \sin\gamma)\tan\beta + \omega_3 \tag{3.165}$$

或欧拉角形式的运动学方程：

$$\dot{\psi} = (\omega_1 \sin\varphi + \omega_2 \cos\varphi)/\sin\theta \tag{3.166}$$

$$\dot{\theta} = \omega_1 \cos\varphi - \omega_2 \sin\varphi \tag{3.167}$$

$$\dot{\varphi} = -(\omega_1 \sin\varphi + \omega_2 \cos\varphi)\cot\theta + \omega_3 \tag{3.168}$$

这样，共有 6 个微分方程，6 个未知数，如果给定初始条件，则可以用数值计算的方法求解上述微分方程组。

3.2.7 刚体作一般运动的动力学微分方程

1. 刚体上任意点的运动学

如图 3.9 所示，建立参考坐标系 $\boldsymbol{e}^{(0)}$ 和随体坐标系 $\boldsymbol{e}$，$\boldsymbol{e}$ 的原点为 O'，随体坐标系相对参考坐标系的空间转动用欧拉角 $\boldsymbol{\Theta} = [\psi \quad \theta \quad \varphi]^{\mathrm{T}}$ 表示，P 为刚体上任意一点，则由几何关系得：

$$\boldsymbol{r} = \boldsymbol{R}_O + \boldsymbol{u} \tag{3.169}$$

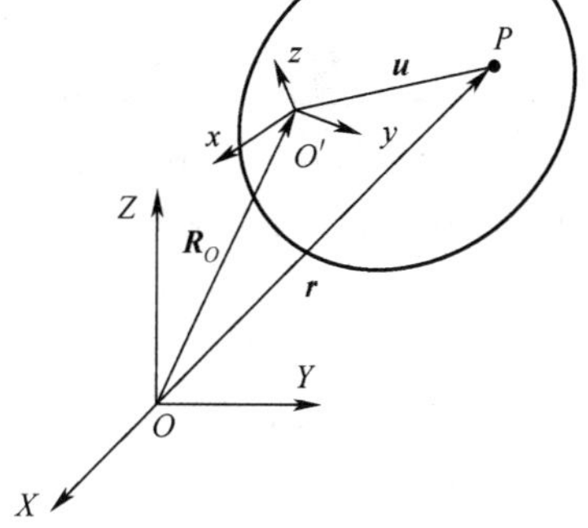

图 3.9 刚体上任意一点的运动学

设 O' 在 $\boldsymbol{e}^{(0)}$ 中的坐标列阵为 $\boldsymbol{R}_O$，P 在 $\boldsymbol{e}$ 和 $\boldsymbol{e}^{(0)}$ 的坐标列阵分别为 $\boldsymbol{u}'$、$\boldsymbol{u}$，则上式对应的矩阵形式为

$$\boldsymbol{r} = \boldsymbol{R}_O + \boldsymbol{A}\boldsymbol{u}' = \boldsymbol{R}_O + \boldsymbol{u} \tag{3.170}$$

对(3.169)求导，得 P 点的速度：

$$\boldsymbol{V}_P = \frac{\mathrm{d}\boldsymbol{r}}{\mathrm{d}t} = \frac{\mathrm{d}\boldsymbol{R}_O}{\mathrm{d}t} + \boldsymbol{\omega} \times \boldsymbol{u} \tag{3.171}$$

其矩阵形式为

$$\boldsymbol{V}_P = \dot{\boldsymbol{R}}_O + \boldsymbol{A}\widetilde{\boldsymbol{\omega}}'\boldsymbol{u}' = \dot{\boldsymbol{R}}_O + \widetilde{\boldsymbol{\omega}}\boldsymbol{u} \tag{3.172}$$

为了描述方便，引入广义坐标 $\boldsymbol{q} = [\boldsymbol{R}_O^{\mathrm{T}} \quad \boldsymbol{\Theta}^{\mathrm{T}}]^{\mathrm{T}}$，则式(3.172)可写为

$$\boldsymbol{V}_P = [\boldsymbol{E} \quad -\tilde{\boldsymbol{u}}]\begin{bmatrix}\dot{\boldsymbol{R}}_O \\ \boldsymbol{\omega}\end{bmatrix} = [\boldsymbol{E} \quad -\boldsymbol{A}\tilde{\boldsymbol{u}}']\begin{bmatrix}\dot{\boldsymbol{R}}_O \\ \boldsymbol{\omega}'\end{bmatrix} = [\boldsymbol{E} \quad -\tilde{\boldsymbol{u}}\boldsymbol{G}]\begin{bmatrix}\dot{\boldsymbol{R}}_O \\ \dot{\boldsymbol{\Theta}}\end{bmatrix} = \boldsymbol{B}\dot{\boldsymbol{q}} \tag{3.173}$$

式中

$$\boldsymbol{B} = [\boldsymbol{E} \quad -\tilde{\boldsymbol{u}}\boldsymbol{G}] = [\boldsymbol{E} \quad -\boldsymbol{A}\tilde{\boldsymbol{u}}'\boldsymbol{G}'] \tag{3.174}$$

对式(3.171)求导,得 P 点的加速度:

$$\boldsymbol{a}_P = \ddot{\boldsymbol{R}}_O + \frac{\mathrm{d}\omega}{\mathrm{d}t} \times \boldsymbol{u} + \boldsymbol{\omega} \times (\boldsymbol{\omega} \times \boldsymbol{u}) \tag{3.175}$$

其矩阵形式为

$$\boldsymbol{a}_P = \ddot{\boldsymbol{R}}_O - \tilde{\boldsymbol{u}}\boldsymbol{\varepsilon} + \tilde{\boldsymbol{\omega}}\tilde{\boldsymbol{\omega}}\boldsymbol{u} = \ddot{\boldsymbol{R}}_O - \tilde{\boldsymbol{u}}\boldsymbol{G}\ddot{\boldsymbol{\Theta}} - \tilde{\boldsymbol{u}}\dot{\boldsymbol{G}}\dot{\boldsymbol{\Theta}} + \tilde{\boldsymbol{\omega}}\tilde{\boldsymbol{\omega}}\boldsymbol{u} \tag{3.176}$$

简写为

$$\boldsymbol{a}_P = \boldsymbol{B}\ddot{\boldsymbol{q}} + \boldsymbol{a}_v \tag{3.177}$$

式中

$$\boldsymbol{a}_v = -\tilde{\boldsymbol{u}}\dot{\boldsymbol{G}}\dot{\boldsymbol{\Theta}} + \tilde{\boldsymbol{\omega}}\tilde{\boldsymbol{\omega}}\boldsymbol{u} \tag{3.178}$$

也可写成 $\boldsymbol{u}'$ 的形式:

$$\boldsymbol{a}_P = \ddot{\boldsymbol{R}}_O - \boldsymbol{A}\tilde{\boldsymbol{u}}'\boldsymbol{\varepsilon}' + \boldsymbol{A}\tilde{\boldsymbol{\omega}}'\tilde{\boldsymbol{\omega}}'\boldsymbol{u}' = \ddot{\boldsymbol{R}}_O - \boldsymbol{A}\tilde{\boldsymbol{u}}'\boldsymbol{G}'\ddot{\boldsymbol{\Theta}} - \boldsymbol{A}\tilde{\boldsymbol{u}}'\dot{\boldsymbol{G}}'\dot{\boldsymbol{\Theta}} + \boldsymbol{A}\tilde{\boldsymbol{\omega}}'\tilde{\boldsymbol{\omega}}'\boldsymbol{u}' = \boldsymbol{B}\ddot{\boldsymbol{q}} + \boldsymbol{a}_v \tag{3.179}$$

$$\boldsymbol{a}_v = -\boldsymbol{A}\tilde{\boldsymbol{u}}'\dot{\boldsymbol{G}}'\dot{\boldsymbol{\Theta}} + \boldsymbol{A}\tilde{\boldsymbol{\omega}}'\tilde{\boldsymbol{\omega}}'\boldsymbol{u}' \tag{3.180}$$

思考:如果用四元数表示刚体姿态坐标,取描述刚体运动的广义坐标为 $\boldsymbol{q} = [\boldsymbol{R}_O^{\mathrm{T}} \quad \boldsymbol{\Lambda}^{\mathrm{T}}]^{\mathrm{T}}$,则刚体上任一点的速度和加速度的表达式是什么形式?

由式(3.173)可知:

$$\boldsymbol{V}_P = [\boldsymbol{E} \quad -\tilde{\boldsymbol{u}}]\begin{bmatrix}\dot{\boldsymbol{R}}_O \\ \boldsymbol{\omega}\end{bmatrix} = [\boldsymbol{E} \quad -2\tilde{\boldsymbol{u}}\boldsymbol{R}]\begin{bmatrix}\dot{\boldsymbol{R}}_O \\ \dot{\boldsymbol{\Lambda}}\end{bmatrix} = \boldsymbol{B}\dot{\boldsymbol{q}} \tag{3.181}$$

式中

$$\boldsymbol{B} = [\boldsymbol{E} \quad -2\tilde{\boldsymbol{u}}\boldsymbol{R}] \tag{3.182}$$

也可写成 $\boldsymbol{u}'$ 的形式:

$$\boldsymbol{V}_P = [\boldsymbol{E} \quad -\boldsymbol{A}\tilde{\boldsymbol{u}}']\begin{bmatrix}\dot{\boldsymbol{R}}_O \\ \boldsymbol{\omega}'\end{bmatrix} = [\boldsymbol{E} \quad -2\boldsymbol{A}\tilde{\boldsymbol{u}}'\boldsymbol{L}]\begin{bmatrix}\dot{\boldsymbol{R}}_O \\ \dot{\boldsymbol{\Lambda}}\end{bmatrix} = \boldsymbol{B}\dot{\boldsymbol{q}} \tag{3.183}$$

式中

$$\boldsymbol{B} = [\boldsymbol{E} \quad -2\boldsymbol{A}\tilde{\boldsymbol{u}}'\boldsymbol{L}] \tag{3.184}$$

由式(3.176)可知

$$\boldsymbol{a}_P = \ddot{\boldsymbol{R}}_O - \tilde{\boldsymbol{u}}\boldsymbol{\varepsilon} + \tilde{\boldsymbol{\omega}}\tilde{\boldsymbol{\omega}}\boldsymbol{u} = \ddot{\boldsymbol{R}}_O - 2\tilde{\boldsymbol{u}}\boldsymbol{R}\ddot{\boldsymbol{\Lambda}} + \tilde{\boldsymbol{\omega}}\tilde{\boldsymbol{\omega}}\boldsymbol{u} = \boldsymbol{B}\ddot{\boldsymbol{q}} + \boldsymbol{a}_v \tag{3.185}$$

式中

$$a_v = \widetilde{\omega}\,\widetilde{\omega}u \tag{3.186}$$

若加速度写成 u' 的形式,则有

$$a_v = A\widetilde{\omega}'\widetilde{\omega}'u' \tag{3.187}$$

2. 刚体做一般运动的动量矩和动能

刚体上任一微元对 O' 的动量矩为

$$\mathrm{d}G_{O'} = u \times \mathrm{d}mV_{\mathrm{P}} = u \times (V_{O'} + \omega \times u)\mathrm{d}m \tag{3.188}$$

因此,刚体对 O' 的动量矩为

$$G_{O'} = \int u \times V_{O'}\mathrm{d}m + \int u \times (\omega \times u)\mathrm{d}m \tag{3.189}$$

前面已讨论过 $\int u \times (\omega \times u)\mathrm{d}m = I_{O'} \cdot \omega$,而

$$\int u \times V_{O'}\mathrm{d}m = - V_{O'} \times \int u\mathrm{d}m = - mV_{O'} \times r_C \tag{3.190}$$

其中,r_C 为刚体质心 C 相对 O' 的矢径,因此:

(1) 如果 O' 与 O 重合,即刚体做定点运动,则 $G_{O'} = I_{O'} \cdot \omega$;

(2) 如果 O' 与刚体质心 C 重合,则 $r_C = 0$,因此 $G_C = I_C \cdot \omega$;

(3) 当刚体做一般运动时,$G_{O'} = I_{O'} \cdot \omega - mV_{O'} \times r_C$ 。

同样的方法,可以计算任意微元的动能为

$$\mathrm{d}T = \frac{1}{2}\mathrm{d}mV_P \cdot V_P \tag{3.191}$$

则刚体的动能为

$$\begin{aligned} T &= \frac{1}{2}\int (V_{O'} + \omega \times u) \cdot (V_{O'} + \omega \times u)\mathrm{d}m \\ &= \frac{1}{2}mV_{O'} \cdot V_{O'} + V_{O'} \cdot (\omega \times \int u\mathrm{d}m) + \frac{1}{2}\int (\omega \times u) \cdot (\omega \times u)\mathrm{d}m \end{aligned} \tag{3.192}$$

同样,由于 $\frac{1}{2}\int (\omega \times u) \cdot (\omega \times u)\mathrm{d}m = \frac{1}{2}\omega \cdot (I_{O'} \cdot \omega)$, $\int u\mathrm{d}m = mr_C$, 因此:

(1) 当 O' 固定不动时,即绕 O' 点做定点运动,则 $V_{O'} = 0$,因此 $T = \frac{1}{2}\omega \cdot (I_{O'} \cdot \omega)$;

(2) 如果 O' 与刚体质心 C 重合,则 $r_C = 0$,因此刚体的动能为

$$T = \frac{1}{2}mV_C \cdot V_C + \frac{1}{2}\omega \cdot (I_C \cdot \omega) \tag{3.193}$$

(3) 对一般情况,有

$$T = \frac{1}{2}mV_{O'} \cdot V_{O'} + V_{O'} \cdot (\omega \times r_C m) + \frac{1}{2}\omega \cdot I_{O'} \cdot \omega \tag{3.194}$$

3. 刚体做一般运动的微分方程

可以看出,刚体的运动可以分解成随质心的平动和绕质心的转动,因此可以根据质心运动定理(牛顿第二定律)和相对于质心的动量矩定理(欧拉方程)建立刚体的运动微分方程。

$$
\begin{aligned}
m\boldsymbol{a}_c &= \boldsymbol{R} \\
\frac{\mathrm{d}\boldsymbol{G}_C}{\mathrm{d}t} &= \boldsymbol{L}_C
\end{aligned} \tag{3.195}
$$

第二式可写成

$$
\frac{\mathrm{d}\boldsymbol{G}_C}{\mathrm{d}t} = \boldsymbol{I}_C \cdot \frac{\mathrm{d}\omega}{\mathrm{d}t} + \boldsymbol{\omega} \times \boldsymbol{G}_C = \boldsymbol{L}_C \tag{3.196}
$$

设随体基(随体坐标系)$\boldsymbol{e}$ 的原点为质心 C,静基 $\boldsymbol{e}^{(0)}$ 的原点为 O,质心 C 在 $\boldsymbol{e}^{(0)}$ 的坐标为$[x(t)\quad y(t)\quad z(t)]^{\mathrm{T}}$,$\boldsymbol{e}$ 相对 $\boldsymbol{e}^{(0)}$ 的转动用卡尔丹角 α,β,γ 表示,刚体所受的力和力矩在 $\boldsymbol{e}$ 中的投影列阵分别为 $[R_x\quad R_y\quad R_z]^{\mathrm{T}}$,$[L_x\quad L_y\quad L_z]^{\mathrm{T}}$,它们一般是 $t,x,y,z,\dot{x},\dot{y},\dot{z},\alpha,\beta,\gamma,\dot{\alpha},\dot{\beta},\dot{\gamma}$ 的函数,这样运动微分方程的矩阵形式为

$$
\begin{Bmatrix} m\ddot{x} \\ m\ddot{y} \\ m\ddot{z} \end{Bmatrix} = \boldsymbol{A}\begin{Bmatrix} R_x \\ R_y \\ R_z \end{Bmatrix} \tag{3.197}
$$

$$
\begin{bmatrix} I_{xx} & -I_{xy} & -I_{xz} \\ -I_{xy} & I_{yy} & -I_{yz} \\ -I_{zx} & -I_{zy} & I_{zz} \end{bmatrix}\begin{Bmatrix} \dot{\omega}_x \\ \dot{\omega}_y \\ \dot{\omega}_z \end{Bmatrix} + \begin{bmatrix} 0 & -\omega_z & \omega_y \\ \omega_z & 0 & -\omega_x \\ -\omega_y & \omega_x & 0 \end{bmatrix}\begin{bmatrix} I_{xx} & -I_{xy} & -I_{xz} \\ -I_{xy} & I_{yy} & -I_{yz} \\ -I_{zx} & -I_{zy} & I_{zz} \end{bmatrix}\begin{Bmatrix} \omega_x \\ \omega_y \\ \omega_z \end{Bmatrix} = \begin{Bmatrix} L_x \\ L_y \\ L_z \end{Bmatrix} \tag{3.198}
$$

这里含 6 个微分方程,但包含 12 个未知数,为了得到封闭解,需要建立补充方程:

$$
\dot{\alpha} = (\omega_1\cos\gamma - \omega_2\sin\gamma)/\cos\beta \tag{3.199}
$$

$$
\dot{\beta} = \omega_1\sin\gamma + \omega_2\cos\gamma \tag{3.200}
$$

$$
\dot{\gamma} = (-\omega_1\cos\gamma + \omega_2\sin\gamma)\tan\beta + \omega_3 \tag{3.201}
$$

以及

$$
\begin{cases} \dfrac{\mathrm{d}x}{\mathrm{d}t} = \dot{x} \\ \dfrac{\mathrm{d}y}{\mathrm{d}t} = \dot{y} \\ \dfrac{\mathrm{d}z}{\mathrm{d}t} = \dot{z} \end{cases} \tag{3.202}
$$

3.3 多刚体系统动力学建模理论

由多个刚体通过某种联系所组成的系统称为多刚体系统。实际结构中不存在严格意义的刚体,但对于变形不大,或虽有变形但不影响系统整体运动特性的物体可以简化成刚体。但是在某些情况下,物体的变形对系统的运动有决定性的影响,例如航天器的大型天线和可伸缩的太阳帆板、轻型机械臂、高速精密机构、长径比较大的身管、薄壁摇架等,这些情况下就必须考虑结构的变形,这种系统称为多柔体系统。

3.3.1 多刚体系统的拓扑结构描述

刚体之间的连接物称为铰，这种铰可以是圆柱铰链(两相邻刚体具有一个相对转动的自由度)、万向连轴节(两个相对转动的自由度)、球铰(三个相对转动的自由度)、滑移铰(一个相对平动自由度)等，也可以是其它形式的运动学约束(如螺旋运动等)，甚至没有物理上的运动学约束，只有力的作用(如两相邻刚体之间通过弹性元件如弹簧、阻尼器等连接，或通过液压元件连接，等等)。

多刚体系统从结构上可以分为树状结构(开链)和非树状结构(闭链)两类。系统从某一刚体 B_i 出发，经过一系列的刚体和铰可以到达另一刚体 B_j，如果所涉及的刚体和铰均只通过一次，则这样的多刚体系统具有树状结构(图 3.10(a))，否则为非树状结构(图 3.10(b))。对于非树状系统来说，可以通过解除系统中某些铰的约束(利用约束力来代替)，这样可以获得等效的树状系统。因此在多刚体系统动力学研究中，树状多刚体系统动力学研究是一般多刚体系统研究的重要基础。下面着重讨论树状结构多刚体系统的描述方法。

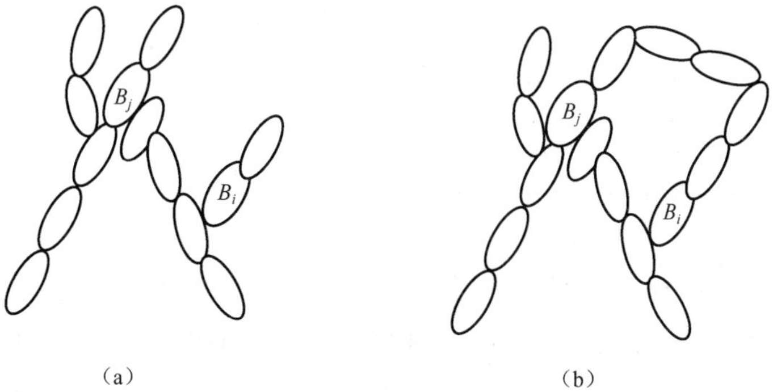

图 3.10 树状和非树状结构多刚体系统

对给定多刚体系统，通常需要给各个物体编号，编号的原则是便于面向计算机来描述系统的拓扑结构，这里给出一种方便的编号方法，即先选定一个物体作为根体，记为 B_1，然后对根体以外的物体依次编号，分别记为 $B_2, B_3, \cdots$。对于树状多刚体系统，由任意铰通往根体 B_1 只有一个通路，位于铰和根体之间且与铰相连的物体称为内接物体，另一个物体称为外接物体，外接物体相对内接物体运动的自由度个数由连接铰的性质决定。规定每个铰的编号与其外接物体标号相同，对于根体来说，假想一个标号为 1 的铰把根体与绝对坐标系相连，这样铰的数目与物体的数目相等，分别记为 $h_1, h_2, \cdots$。

为了给计算机提供描述系统拓扑结构的信息，人们提出了许多方法，其中比较有效的方法是 R. E. Roberson 和 J. Wittenburg 提出的基于图论的关联矩阵和通路矩阵，R. L. Huston 提出的体间关系数组 L 则是上述两个矩阵的压缩形式，L 的各个元素 $L(i)$ 定义为第 i 物体的内接物体标号。例如图 3.11(a)所示多刚体系统的体间关系数组为 $L = \{0,1,2,3,3,1,1\}$。

当体间关系数组 L 已知时，系统的拓扑结构也就唯一确定，因此计算时需输入体间关系数组 L，可以直接输入，也可以从约束铰的信息获得，根据前面铰编号的约定，若铰的编号为 i，则铰的内接物体编号就是 $L(i)$。由此可见，体间数组 L 就是铰的内接物体编号所

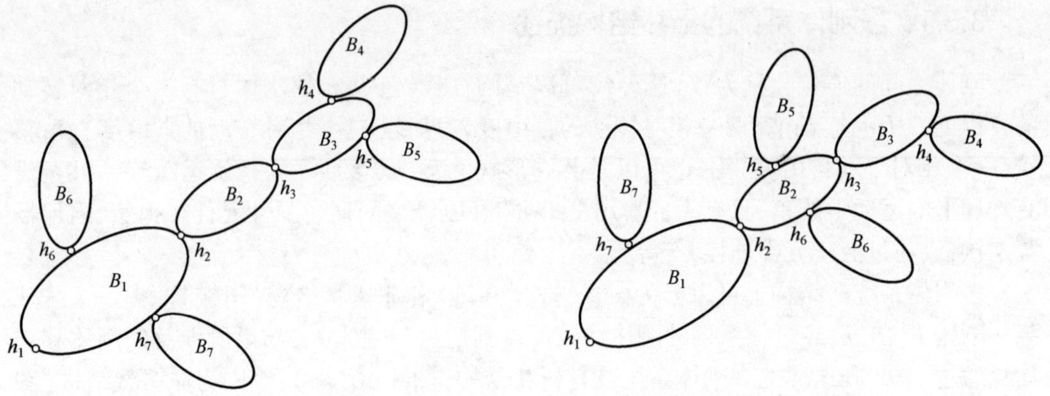

(a)　　　　　　　　　　　　(b)

图 3.11　多刚体系统的拓扑结构

组成的序列,换言之,从约束铰的信息可以提取体间关系信息。例如由表 3.2 所示铰的有关信息,可以推知 $L=\{0,1,2,3,2,2,1\}$,所对应的系统拓扑图如图 3.11(b)所示。

表 3.2　某多刚体系统铰的信息

铰的编号	1	2	3	4	5	6	7
内接物体编号	0	1	2	3	2	2	1
外接物体编号	1	2	3	4	5	6	7

3.3.2　运动学约束及约束方程

多刚体系统中各个刚体之间存在着各种类型的铰,因此它们的运动不是相互独立的,必须满足给定的限制条件,称此为运动学约束。运动学约束分为铰约束和驱动约束。铰约束表征系统中刚体间的连接情况,驱动约束则定义相应的运动轨迹。

假设多刚体系统由 N 个刚体和 s 个铰构成,描述第 i 个刚体位形的广义坐标为 $\boldsymbol{q}^i$,则多刚体系统的广义坐标列阵为

$$\boldsymbol{q}=(\boldsymbol{q}^{1\mathrm{T}}\quad\cdots\quad\boldsymbol{q}^{2\mathrm{T}})^{\mathrm{T}}\tag{3.203}$$

为了分析方便,建立统一的坐标系,即在刚体 B_i 上过质心作一连体坐标系,质心相对于惯性基的坐标 $\boldsymbol{R}_i$ 与连体基相对于惯性基的姿态角构成描述刚体 B_i 的广义坐标阵。当采用欧拉角或卡尔丹角描述空间姿态时,$\boldsymbol{q}^i$ 包含 6 个分量,系统具有 $6N$ 个广义坐标;当采用四元数描述空间姿态时,$\boldsymbol{q}^i$ 包含 7 个分量,系统具有 $7N$ 个广义坐标。

描述多刚体系统的约束方程组一般可表达为

$$\boldsymbol{\Phi}=\boldsymbol{\Phi}(\boldsymbol{q})=\boldsymbol{0}\tag{3.204}$$

或显含时间 t:

$$\boldsymbol{\Phi}=\boldsymbol{\Phi}(\boldsymbol{q},t)=\boldsymbol{0}\tag{3.205}$$

式中

$$\boldsymbol{\Phi}=(\boldsymbol{\Phi}_1\quad\cdots\quad\boldsymbol{\Phi}_s)^{\mathrm{T}}\tag{3.206}$$

这种只含坐标与时间的约束方程描述的约束称为完整约束。然而,有些约束的约束方程可能还与坐标的速度有关,即

$$\boldsymbol{\Phi} = \boldsymbol{\Phi}(\boldsymbol{q}, \dot{\boldsymbol{q}}, t) = \boldsymbol{0} \tag{3.207}$$

当这些约束方程不可积时,这种约束称为非完整约束。不显含时间的约束方程称为定常的,反之称为非定常的。有时约束方程为一不等式方程,这种约束称为单面约束。

对于只含完整约束的多刚体系统,系统的自由度数等于系统的坐标数减去系统独立的约束方程的个数,如果上述的 s 个约束方程相互独立,系统的坐标数为 n,即有

$$\delta = n - s \tag{3.208}$$

工程中大多数较为完整约束,如不特别指出,以后所提的约束均指完整约束,其约束方程通常为系统坐标的非线性代数方程。将式(3.205)对时间求导,有

$$\dot{\boldsymbol{\Phi}} = \boldsymbol{\Phi}_q \dot{\boldsymbol{q}} + \boldsymbol{\Phi}_t = \boldsymbol{0} \tag{3.209}$$

式中

$$\boldsymbol{\Phi}_q = \frac{\partial \boldsymbol{\Phi}}{\partial \boldsymbol{q}} = \begin{bmatrix} \dfrac{\partial \Phi_1}{\partial q_1} & \cdots & \dfrac{\partial \Phi_1}{\partial q_n} \\ \vdots & & \vdots \\ \dfrac{\partial \Phi_s}{\partial q_1} & \cdots & \dfrac{\partial \Phi_s}{\partial q_n} \end{bmatrix} \in \boldsymbol{R}^{s \times n} \tag{3.210}$$

一般称 $\boldsymbol{\Phi}_q$ 为雅可比(Jacobian)矩阵。

$$\boldsymbol{\Phi}_t = \begin{pmatrix} \dfrac{\partial \Phi_1}{\partial t} & \cdots & \dfrac{\partial \Phi_s}{\partial t} \end{pmatrix}^{\mathrm{T}} \in \boldsymbol{R}^{s \times 1} \tag{3.211}$$

习惯上把式(3.209)写成

$$\boldsymbol{\Phi}_q \dot{\boldsymbol{q}} = -\boldsymbol{\Phi}_t \tag{3.212}$$

把式(3.209)和式(3.212)叫做系统的速度约束方程。

对式(3.209)中各项求导,得

$$\ddot{\boldsymbol{\Phi}} = \frac{\mathrm{d}\dot{\boldsymbol{\Phi}}}{\mathrm{d}t} = \frac{\mathrm{d}(\boldsymbol{\Phi} \dot{\boldsymbol{q}})}{\mathrm{d}t} + \frac{\mathrm{d}\boldsymbol{\Phi}_t}{\mathrm{d}t} \tag{3.213}$$

$$\frac{\mathrm{d}(\boldsymbol{\Phi}_q \dot{\boldsymbol{q}})}{\mathrm{d}t} = \frac{\mathrm{d}\boldsymbol{\Phi}_q}{\mathrm{d}t} \dot{\boldsymbol{q}} + \boldsymbol{\Phi}_q \ddot{\boldsymbol{q}} = (\boldsymbol{\Phi}_{qq} \dot{\boldsymbol{q}} + \boldsymbol{\Phi}_{qt}) \dot{\boldsymbol{q}} + \boldsymbol{\Phi}_q \ddot{\boldsymbol{q}} \tag{3.214}$$

$$\frac{\mathrm{d}\boldsymbol{\Phi}_t}{\mathrm{d}t} = \boldsymbol{\Phi}_{tq} \dot{\boldsymbol{q}} + \boldsymbol{\Phi}_{tt} \tag{3.215}$$

把上述两式代入式(3.213),得

$$\ddot{\boldsymbol{\Phi}} = \boldsymbol{\Phi}_q \ddot{\boldsymbol{q}} + \boldsymbol{\Phi}_{qq} \dot{\boldsymbol{q}} \dot{\boldsymbol{q}} + 2\boldsymbol{\Phi}_{qt} \dot{\boldsymbol{q}} + \boldsymbol{\Phi}_{tt} \tag{3.216}$$

上式一般写成

$$\ddot{\boldsymbol{\Phi}} = \boldsymbol{\Phi}_q \ddot{\boldsymbol{q}} - \boldsymbol{\gamma} \tag{3.217}$$

式中

$$\boldsymbol{\gamma} = -\boldsymbol{\Phi}_{qq} \dot{\boldsymbol{q}} \dot{\boldsymbol{q}} - 2\boldsymbol{\Phi}_{qt} \dot{\boldsymbol{q}} - \boldsymbol{\Phi}_{tt} \tag{3.218}$$

或

$$\boldsymbol{\gamma} = -(\boldsymbol{\Phi}_q \dot{\boldsymbol{q}})_q \dot{\boldsymbol{q}} - 2\boldsymbol{\Phi}_{qt} \dot{\boldsymbol{q}} - \boldsymbol{\Phi}_{tt} \tag{3.219}$$

思考：

(1) $\boldsymbol{\Phi}_{qq}$ 矩阵的维数是多少？($s \times n \times n$)

(2) 为什么 $\boldsymbol{\Phi}_{qq}\dot{\boldsymbol{q}}\dot{\boldsymbol{q}} = (\boldsymbol{\Phi}_q\dot{\boldsymbol{q}})_q\dot{\boldsymbol{q}}$？

式(3.216)和式(3.217)叫做系统的加速度约束方程。

3.3.3 多刚体系统运动学分析

多刚体系统运动学分析的任务是研究各刚体的位形、速度与加速度间的关系。对于有 n 个广义坐标、s 个独立约束方程的多刚体系统，自由度为 δ，即系统有 δ 个坐标为独立的。运动学分析也就是在已知这 δ 个坐标、速度与加速度的时间历程的情况下，找到其余的 s 个坐标、速度与加速度的时间历程。

解决此类运动学分析有坐标分离方法与附加驱动约束方法两种。

1. 坐标分离方法

对于有 n 个坐标、s 个独立约束方程的多刚体系统，坐标阵为

$$\boldsymbol{q} = (\boldsymbol{u}^{\mathrm{T}} \quad \boldsymbol{v}^{\mathrm{T}})^{\mathrm{T}} \in \boldsymbol{R}^{n\times 1} \tag{3.220}$$

其中有独立坐标阵 $\boldsymbol{v} \in \boldsymbol{R}^{\delta\times 1}$ 与非独立坐标阵 $\boldsymbol{u} \in \boldsymbol{R}^{s\times 1}$ 两部分，则约束方程为

$$\boldsymbol{\Phi}(\boldsymbol{u} \quad \boldsymbol{v} \quad t) = \boldsymbol{0} \tag{3.221}$$

对应的雅可比矩阵为

$$\boldsymbol{\Phi}_q = (\boldsymbol{\Phi}_u \quad \boldsymbol{\Phi}_v) \tag{3.222}$$

思考：矩阵 $\boldsymbol{\Phi}_u, \boldsymbol{\Phi}_v$ 的维数各为多少？($s\times s, s\times\delta$)

将式(3.222)代入式(3.209)，得

$$(\boldsymbol{\Phi}_u \quad \boldsymbol{\Phi}_v)(\dot{\boldsymbol{u}}^{\mathrm{T}} \quad \dot{\boldsymbol{v}}^{\mathrm{T}})^{\mathrm{T}} + \boldsymbol{\Phi}_t = 0 \tag{3.223}$$

整理，得

$$\boldsymbol{\Phi}_u\dot{\boldsymbol{u}} = -\boldsymbol{\Phi}_v\dot{\boldsymbol{v}} - \boldsymbol{\Phi}_t \tag{3.224}$$

同理，将式(3.222)代入式(3.217)并整理，得

$$\boldsymbol{\Phi}_u\ddot{\boldsymbol{u}} = -\boldsymbol{\Phi}_v\ddot{\boldsymbol{v}} + \boldsymbol{\gamma} \tag{3.225}$$

根据上述数学模型，在任意时刻 t，进行运动学分析的步骤如下：

(1) 把已知的 $\boldsymbol{v}(t)$ 代入式(3.221)中，通过求解非线性方程(3.221)可获得 $\boldsymbol{u}(t)$；

(2) 把计算的 $\boldsymbol{u}(t)$ 和已知的 $\boldsymbol{v}(t)$ 代入式(3.210)及式(3.211)中计算雅可比矩阵 $\boldsymbol{\Phi}_u, \boldsymbol{\Phi}_v$ 及矩阵 $\boldsymbol{\Phi}_t$；

(3) 把计算的 $\boldsymbol{\Phi}_u, \boldsymbol{\Phi}_v$ 及矩阵 $\boldsymbol{\Phi}_t$ 代入式(3.224)中，求解线性方程组(3.224)可获得 $\dot{\boldsymbol{u}}$；

(4) 根据(3.219)计算 $\boldsymbol{\gamma}$，代入式(3.225)中，求解线性方程组(3.225)可获得 $\ddot{u}$。

2. 驱动约束法

对于有 n 个坐标、s 个独立约束方程的系统，若 δ 各独立坐标 $\boldsymbol{v}$ 为时间的已知函数

$$\boldsymbol{v} = \boldsymbol{v}(t) \tag{3.226}$$

可以把上式理解成关于时间的非定常约束，称为驱动约束，记为

$$\boldsymbol{\Phi}^D(\boldsymbol{q}, t) = \boldsymbol{v} - \boldsymbol{v}(t) = 0 \tag{3.227}$$

为了与原约束有所区别，将式(3.202)表示的约束称为主约束，写为

$$\boldsymbol{\Phi}^K = \boldsymbol{\Phi}^K(\boldsymbol{q},t) = \mathbf{0} \tag{3.228}$$

将主动约束方程与驱动约束方程组合,构成新的约束方程组:

$$\boldsymbol{\Phi}(\boldsymbol{q},t) = \begin{bmatrix} \boldsymbol{\Phi}^K \\ \boldsymbol{\Phi}^D \end{bmatrix} = \mathbf{0} \tag{3.229}$$

显然式(3.226)是含 n 个坐标的 n 个非线性方程组,对之求时间的一阶和二阶导数,得到系统的速度和加速度约束方程:

$$\boldsymbol{\Phi}_q \dot{\boldsymbol{q}} = -\boldsymbol{\Phi}_t \tag{3.230}$$

$$\boldsymbol{\Phi}_q \ddot{\boldsymbol{q}} - \boldsymbol{\gamma} = \mathbf{0} \tag{3.231}$$

式中

$$\boldsymbol{\Phi}_q = \begin{bmatrix} \boldsymbol{\Phi}_q^K \\ \boldsymbol{E} \end{bmatrix},\ \boldsymbol{\Phi}_t = \begin{bmatrix} \boldsymbol{\Phi}_t^K \\ -\dot{\boldsymbol{v}}(t) \end{bmatrix},\ \boldsymbol{\gamma} = \begin{bmatrix} \boldsymbol{\gamma}^K \\ \ddot{\boldsymbol{v}}(t) \end{bmatrix} \tag{3.232}$$

将 $\boldsymbol{\Phi}_q \in \boldsymbol{R}^{n\times n}$ 称为新的约束方程的雅可比矩阵,$\boldsymbol{E} \in \boldsymbol{R}^{\delta\times n}$ 为这样的矩阵:与独立坐标对应列的元素为 1,其余为 0。

求解式(3.229)、式(3.230)、式(3.231)非线性方程组,可获得相应的位移、速度、加速度。

3.3.4 基于第一类拉格朗日方程的多刚体系统动力学方程

基于第一类拉格朗日方程的多刚体系统动力学方程由广义惯性力、广义主动力和广义约束力组成,因此动力学建模时首先推导单个刚体的广义惯性力、广义主动力和广义约束力的表达式,然后将其组合成系统动力学方程。

1. 第一类拉格朗日方程

对于有 n 个坐标、s 个独立约束方程的系统,广义坐标形式的动力学普遍方程为

$$\sum_{k=1}^{n} (Q_k^e + Q_k^I)\delta q_k = 0 \tag{3.233}$$

式中

$$Q_k^I = -\int_V \rho \left(\frac{\partial \boldsymbol{r}_P}{\partial q_k}\right)^{\mathrm{T}} \boldsymbol{a}_P \mathrm{d}V \tag{3.234}$$

为广义惯性力;Q_k^e 为广义主动力;$\boldsymbol{r}_P$、$\boldsymbol{a}_P$ 分别为刚体上任一点的位移和加速度。

系统的 n 个坐标不是相互独立的,需满足约束方程(3.205),相应的坐标变分 $\delta q_k(k=1,2,\cdots,n)$ 也不是相互独立的,必须满足

$$\sum_{k=1}^{n} \frac{\partial \Phi_i}{\partial q_k}\delta q_k = 0 \quad i = 1,2,\cdots,s \tag{3.235}$$

由于 δq_k 之间不独立,因此不能由上式中令 δq_k 前面的系数为零而得到 n 个方程。为此利用拉格朗日乘子法,引入 s 个待定乘子 λ_i,分别与式(3.205)中 s 个方程的变分相乘再相加,然后与式(3.235)相减,得

$$\sum_{k=1}^{n} \left(Q_k^e + Q_k^I - \sum_{i=1}^{s} \lambda_i \frac{\partial \Phi_i}{\partial q_k}\right)\delta q_k = 0 \tag{3.236}$$

选取合适的 s 个乘子,可使得上式中的 s 个不独立的坐标变分前的系数为零,而剩下

的 $\delta = n - s$ 个坐标变分是独立的，它们前面的系数应该为零，因此得到 n 个方程：

$$Q_k^e + Q_k^I - \sum_{i=1}^{s} \lambda_i \frac{\partial \Phi_i}{\partial q_k} = 0 \quad k = 1,2,\cdots,n \tag{3.237}$$

上式即为第一类拉格朗日方程，由于含有 s 个待定乘子，因此共有 $n+s$ 个未知量，需要联合约束方程(3.205)求解。

方程(3.237)中除了包含广义力外，还增加了由于系统的 s 个约束而产生的力项，它们实际上是由乘子法解除系统的约束而产生的广义约束力。

将式(3.237)写成矩阵形式：

$$\boldsymbol{Q}_I + \boldsymbol{Q}_e - \boldsymbol{\Phi}_q^{\mathrm{T}} \boldsymbol{\lambda} = \boldsymbol{0} \tag{3.238}$$

式中

$$\boldsymbol{Q}_I = -\int_V \rho \left(\frac{\partial \boldsymbol{r}_P}{\partial \boldsymbol{q}} \right)^{\mathrm{T}} \boldsymbol{a}_P \mathrm{d}V \tag{3.239}$$

对于由 N 个刚体构成的系统，式(3.239)可写为

$$\boldsymbol{Q}_I = \begin{bmatrix} \boldsymbol{Q}_{I1} \\ \boldsymbol{Q}_{I2} \\ \vdots \\ \boldsymbol{Q}_{IN} \end{bmatrix} \tag{3.240}$$

式中

$$\boldsymbol{Q}_{Ii} = -\int_{V_i} \rho \left(\frac{\partial \boldsymbol{r}_{Pi}}{\partial \boldsymbol{q}_i} \right)^{\mathrm{T}} \boldsymbol{a}_{Pi} \mathrm{d}V_i \tag{3.241}$$

上式表明，在推导系统的广义惯性力时，可以分别计算单个刚体的广义惯性力，然后再按式(3.240)组装获得系统的广义惯性力。

2. 单个刚体的广义惯性力

由式(3.173) $\boldsymbol{V}_P = \boldsymbol{B}\dot{\boldsymbol{q}}$ 可以看出

$$\frac{\partial \boldsymbol{r}_p}{\partial \boldsymbol{q}} = \frac{\partial \boldsymbol{V}_p}{\partial \dot{\boldsymbol{q}}} = \boldsymbol{B} \tag{3.242}$$

将上式和式(3.177)代入式(3.239)，得

$$\boldsymbol{Q}_I = -\int_V \rho \left(\frac{\partial \boldsymbol{r}_P}{\partial \boldsymbol{q}} \right)^{\mathrm{T}} \boldsymbol{a}_P \mathrm{d}V = -\int_V \rho \boldsymbol{B}^{\mathrm{T}} (\boldsymbol{B}\ddot{\boldsymbol{q}} + \boldsymbol{a}_v) \mathrm{d}V = -\boldsymbol{M}\ddot{\boldsymbol{q}} + \boldsymbol{Q}_v \tag{3.243}$$

式中

$$\boldsymbol{M} = \int_V \rho \boldsymbol{B}^{\mathrm{T}} \boldsymbol{B} \mathrm{d}V \tag{3.244}$$

$$\boldsymbol{Q}_v = \int_V \rho \boldsymbol{B}^{\mathrm{T}} \boldsymbol{a}_v \mathrm{d}V \tag{3.245}$$

进行刚体运动学分析时，如果用欧拉角描述刚体空间姿态时，则广义坐标 $\boldsymbol{q}$ 包含 6 个分量，而当用四元数描述刚体空间姿态时，广义坐标 $\boldsymbol{q}$ 包含 7 个分量，它们所对应的 $\boldsymbol{B}$ 和 $\boldsymbol{a}_v$ 也不相同，以下分别讨论。

1）基于欧拉角的广义惯性力

分别用 $\boldsymbol{R}_0$ 、$\boldsymbol{\Theta}$ 表示刚体质心坐标阵和欧拉角，则广义坐标为

$$\boldsymbol{q} = [\boldsymbol{R}_0^T \quad \boldsymbol{\Theta}^{\mathrm{T}}]^{\mathrm{T}} \tag{3.246}$$

由式(3.174)可知：

$$\boldsymbol{B} = [\boldsymbol{E} \quad -\boldsymbol{A}\tilde{\boldsymbol{u}}'\boldsymbol{G}'] \tag{3.247}$$

将上式代入式(2.241)，得

$$\boldsymbol{M} = \begin{bmatrix} \int_V \rho \boldsymbol{E} \mathrm{d}V & -\int_V \rho \boldsymbol{A}\tilde{\boldsymbol{u}}'\boldsymbol{G}' \mathrm{d}V \\ -\int_V \rho \boldsymbol{G}'^{\mathrm{T}} \tilde{u}'^{\mathrm{T}} \boldsymbol{A}^{\mathrm{T}} \mathrm{d}V & \int_V \rho \boldsymbol{G}'^{\mathrm{T}} \tilde{\boldsymbol{u}}'^{\mathrm{T}} \boldsymbol{A}^{\mathrm{T}} \boldsymbol{A} \tilde{\boldsymbol{u}}' \boldsymbol{G}' \mathrm{d}V \end{bmatrix} \tag{3.248}$$

上式中各元素依次为

$$\boldsymbol{M}_{11} = \int_V \rho \boldsymbol{E} \mathrm{d}V = m\boldsymbol{E} = \boldsymbol{m} \tag{3.249}$$

式中：m 为刚体质量；$\boldsymbol{m}$ 为3×3阶对角阵。

$$\boldsymbol{M}_{12} = -\int_V \rho \boldsymbol{A}\tilde{\boldsymbol{u}}'\boldsymbol{G}' \mathrm{d}V = -\boldsymbol{A}\left(\int_V \rho \tilde{\boldsymbol{u}}' \mathrm{d}V\right)\boldsymbol{G}' \tag{3.250}$$

由于随体坐标系的原点与刚体质心重合，因此 $\boldsymbol{M}_{12}$ 为3×3阶0阵，即

$$\boldsymbol{M}_{12} = \boldsymbol{0} \tag{3.251}$$

$\boldsymbol{M}_{21}$ 为 $\boldsymbol{M}_{12}$ 的转置矩阵，因此 $\boldsymbol{M}_{21}'$ 也为3×3阶0阵。

$$\boldsymbol{M}_{22} = \int_V \rho \boldsymbol{G}'^{\mathrm{T}} \tilde{\boldsymbol{u}}'^{\mathrm{T}} \boldsymbol{A}^{\mathrm{T}} \boldsymbol{A} \tilde{\boldsymbol{u}}' \boldsymbol{G}' \mathrm{d}V = \boldsymbol{G}'^{\mathrm{T}}\left(\int_V \rho \tilde{\boldsymbol{u}}'^{\mathrm{T}} \tilde{\boldsymbol{u}}' \mathrm{d}V\right)\boldsymbol{G}' \tag{3.252}$$

根据惯性张量矩阵的定义，显然有刚体对于随体坐标系的惯性张量矩阵为

$$\boldsymbol{J} = \int_V \rho \tilde{\boldsymbol{u}}'^{\mathrm{T}} \tilde{\boldsymbol{u}}' \mathrm{d}V \tag{3.253}$$

因此 $\boldsymbol{M}_{22}$ 为3×3阶矩阵：

$$\boldsymbol{M}_{22} = \boldsymbol{G}'^{\mathrm{T}} \boldsymbol{J}' \boldsymbol{G}' \tag{3.254}$$

最终有刚体的质量矩阵为

$$\boldsymbol{M} = \begin{bmatrix} \boldsymbol{m} & \boldsymbol{0} \\ 0 & \boldsymbol{G}'^{\mathrm{T}} \boldsymbol{J}' \boldsymbol{G} \end{bmatrix} \tag{3.255}$$

将式(3.247)代入耦合惯性力式(3.245)，得

$$\boldsymbol{Q}_v = -\int_V \rho \begin{bmatrix} \boldsymbol{E} \\ \boldsymbol{G}'^{\mathrm{T}} \tilde{\boldsymbol{u}}'^{\mathrm{T}} \boldsymbol{A}^{\mathrm{T}} \end{bmatrix} \boldsymbol{a}_v \mathrm{d}V = \begin{bmatrix} \boldsymbol{Q}_{vR} \\ \boldsymbol{Q}_{v\Theta} \end{bmatrix} \tag{3.256}$$

$\boldsymbol{Q}_{vR}$ 、$\boldsymbol{Q}_{v\Theta}$ 分别对应于刚体平动和转动的耦合惯性力。

将 a_v 的表达式(3.180)代入式(3.256)，得

$$\boldsymbol{Q}_{vR} = -\int_V \rho\left(-\boldsymbol{A}\tilde{\boldsymbol{u}}'\dot{\boldsymbol{G}}'\dot{\boldsymbol{\Theta}} + \boldsymbol{A}\tilde{\boldsymbol{\omega}}'\tilde{\boldsymbol{\omega}}'\tilde{\boldsymbol{u}}'\right)\mathrm{d}V \tag{3.257}$$

由于随体坐标系的原点与刚体质心重合，因此 $\boldsymbol{Q}_{vR}$ 为3×1的0矩阵，即

$$\boldsymbol{Q}_{vR} = \boldsymbol{0} \tag{3.258}$$

$\boldsymbol{Q}_{v\Theta}$ 的表达式为

$$\begin{aligned}Q_{v\Theta} &= -\int_V \rho(-G'^{T}\tilde{u}'^{T}A^{T})(-A\tilde{u}'\dot{G}'\dot{\Theta} + A\tilde{\omega}'\tilde{\omega}'\tilde{u}')\mathrm{d}V \\ &= -G'^{T}\int_V \rho(\tilde{u}'^{T}A^{T})(A\tilde{u}'\dot{G}'\dot{\Theta} - A\tilde{\omega}'\tilde{\omega}'\tilde{u}')\mathrm{d}V \\ &= -G'^{T}\int_V \rho(\tilde{u}'^{T}r'\dot{G}'\dot{\Theta} - \tilde{u}'^{T}\tilde{\omega}'\tilde{\omega}'\tilde{u}')\mathrm{d}V\end{aligned} \tag{3.259}$$

根据

$$\tilde{u}'\tilde{\omega}'\tilde{\omega}'\tilde{u}' = -\tilde{\omega}'\tilde{u}'\tilde{u}'\omega' \tag{3.260}$$

有

$$-\tilde{u}'^{T}\tilde{\omega}'\tilde{\omega}'\tilde{u}' = \tilde{u}'\tilde{\omega}'\tilde{\omega}'\tilde{u}' = -\tilde{\omega}'\tilde{u}'\tilde{u}'\omega' = \tilde{\omega}'\tilde{u}'^{T}\tilde{u}'\omega' \tag{3.261}$$

综合式(3.253)和式(3.261),式(3.259)化简为

$$\begin{aligned}Q_{v\Theta} &= -G'^{T}\int_V \rho(\tilde{u}'^{T}\tilde{u}'\dot{G}'\dot{\Theta} - \tilde{\omega}'\tilde{u}'^{T}\tilde{u}'\omega')\mathrm{d}V \\ &= -G'^{T}(J'\dot{G}'\dot{\Theta} + \tilde{\omega}'J'\omega')\end{aligned} \tag{3.262}$$

2) 基于四元数的广义惯性力

利用四元数 $\underline{\Lambda}$ 表示刚体空间姿态,则广义坐标为

$$q = [R_O^{T} \quad \Lambda^{T}] \tag{3.263}$$

将 B 的表达式(3.184)和 a_v 的表达式(3.187)分别代入式(3.244)和式(3.245),得

$$M = \begin{bmatrix} m & 0 \\ 0 & 4L^{T}J'L \end{bmatrix} \tag{3.264}$$

$$Q_v = \begin{bmatrix} Q_{vR} \\ Q_{v\Lambda} \end{bmatrix} \tag{3.265}$$

式中

$$Q_{vR} = 0 \tag{3.266}$$

$$Q_{v\Lambda} = -2L^{T}\tilde{\omega}'J'\omega' \tag{3.267}$$

由式(3.104)和式(3.105)可知:

$$\omega' = 2L\dot{\Lambda}, \tilde{\omega}' = 2L\dot{L}^{T} \tag{3.268}$$

将上式代入式(3.267),得

$$Q_{v\Lambda} = -8L^{T}L\dot{L}^{T}J'L\dot{\Lambda} \tag{3.269}$$

3. 广义主动力

作用在刚体上的主动力包括重力、主动外力、弹簧力、阻尼力、摩擦力、作动力等,这些力可以作用在单个刚体上(如重力),也可以作用在两个刚体之间(如连接两刚体的弹簧力),它们都可以通过计算其虚功获得相应的广义主动力。

1) 集中力和力偶

设在刚体上的 P 点作用一集中力 F,如图 3.12 所示。

该集中力在惯性坐标系中的投影为 F,其虚功可以写为

$$\delta w_e = F^{T}\delta R_P \tag{3.270}$$

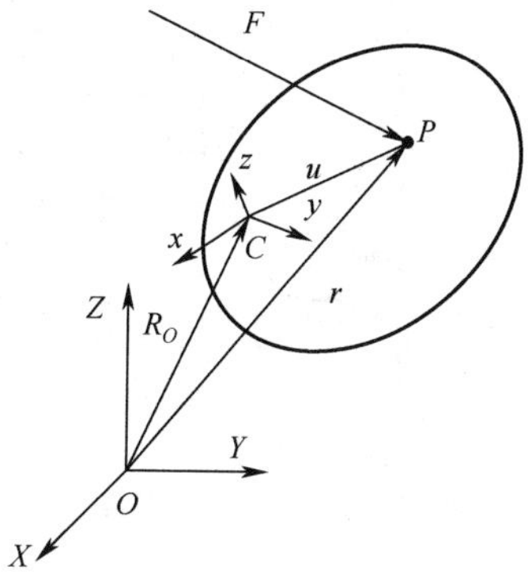

图 3.12 作用在刚体上的集中力示意图

而

$$\delta \boldsymbol{R}_P = \boldsymbol{B}\delta \boldsymbol{q} \tag{3.271}$$

将上式代入式(3.270),得

$$\delta w_e = \boldsymbol{F}^{\mathrm{T}}\boldsymbol{B}\delta \boldsymbol{q} \tag{3.272}$$

由上式可知广义惯性力为

$$\boldsymbol{Q}_e = \boldsymbol{B}^{\mathrm{T}}\boldsymbol{F} \tag{3.273}$$

当刚体的空间姿态用欧拉角描述时,将 $\boldsymbol{B}$ 的表达式(3.174)代入上式,得

$$\boldsymbol{Q}_e = \begin{bmatrix} \boldsymbol{E} \\ -\boldsymbol{G}'^{\mathrm{T}}\tilde{\boldsymbol{u}}'^{\mathrm{T}}\boldsymbol{A}^{\mathrm{T}} \end{bmatrix}\boldsymbol{F} = \begin{bmatrix} \boldsymbol{Q}_{eR} \\ \boldsymbol{Q}_{e\Theta} \end{bmatrix} \tag{3.274}$$

式中:$\boldsymbol{Q}_{eR}$、$\boldsymbol{Q}_{e\Theta}$ 分别为对应于刚体平动和转动的广义主动力,其表达式分别为

$$\boldsymbol{Q}_{eR} = \boldsymbol{F} \tag{3.275}$$

$$\boldsymbol{Q}_{e\Theta} = -\boldsymbol{G}'^{\mathrm{T}}\tilde{\boldsymbol{u}}'^{\mathrm{T}}\boldsymbol{A}^{\mathrm{T}}\boldsymbol{F} = \boldsymbol{G}'^{\mathrm{T}}\tilde{\boldsymbol{u}}'\boldsymbol{F}' = \boldsymbol{G}'^{\mathrm{T}}\boldsymbol{M}' \tag{3.276}$$

式中:$\boldsymbol{M}'$ 为集中力相对随体坐标系原点的力矩在随体坐标系中的投影列阵。

如果刚体的空间姿态用四元数描述时,则相应的广义主动力分别为

$$\boldsymbol{Q}_{eR} = \boldsymbol{F} \tag{3.277}$$

$$\boldsymbol{Q}_{e\Delta} = 2L^{\mathrm{T}}\boldsymbol{M}' \tag{3.278}$$

2) 弹簧-阻尼器-作动器单元

两个刚体通过弹簧-阻尼器-作动器单元连接在一起,连接点分别 P^i 和 P^j(图 3.13)。设弹簧刚度为 k,阻尼系数为 c,作动器的作用力为 f_a。弹簧-阻尼-作动器的作用力沿两连接点的连线,其大小为

$$F_S = k(h - h_0) + c\dot{h} + f_a \tag{3.279}$$

式中:h 为弹簧长度;h_0为弹簧的初始长度。

设矢量 $\boldsymbol{h} = \overrightarrow{P^jP^i}$,则由图 3.13 可知:

$$\boldsymbol{h} = \boldsymbol{R}^i + \boldsymbol{A}^i\boldsymbol{u}^i - \boldsymbol{R}^j - \boldsymbol{A}^j\boldsymbol{u}^j \tag{3.280}$$

弹簧的长度为

$$h = \sqrt{\boldsymbol{h}^{\mathrm{T}}\boldsymbol{h}} \tag{3.281}$$

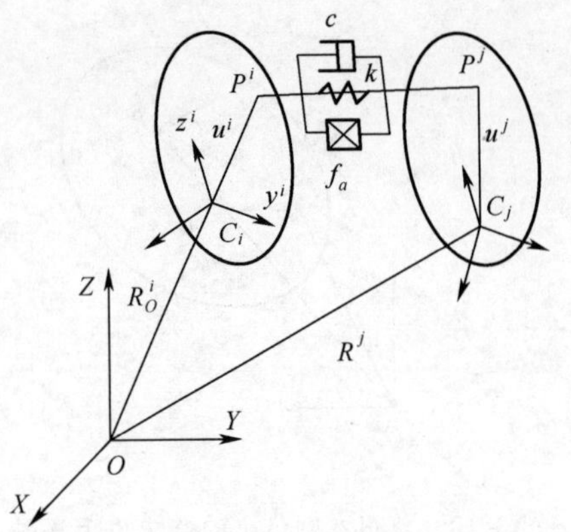

图 3.13　弹簧-阻尼器-作动器力示意图

对式(3.280)求导,得

$$\dot{\boldsymbol{h}} = \boldsymbol{B}^i \dot{\boldsymbol{q}}^i - \boldsymbol{B}^j \dot{\boldsymbol{q}}^j \tag{3.282}$$

设 $\hat{\boldsymbol{h}}$ 为沿 $\boldsymbol{h}$ 的单位矢量,则有

$$\hat{\boldsymbol{h}} = \frac{\boldsymbol{h}}{h} \tag{3.283}$$

弹簧长度的时间导数为

$$\dot{h} = \hat{h}^{\mathrm{T}} \dot{h} \tag{3.284}$$

将式(3.278)和式(3.281)代入式(3.276),得

$$F_S = k(\sqrt{\boldsymbol{h}^{\mathrm{T}} h} - h_0) + c\hat{\boldsymbol{h}}^{\mathrm{T}} \dot{\boldsymbol{h}} + f_a \tag{3.285}$$

弹簧-阻尼器-作动器作用在刚体 i 和刚体 j 上的力分别为

$$\boldsymbol{F}_s^i = -F_s \hat{\boldsymbol{h}} \tag{3.286}$$

$$\boldsymbol{F}_s^j = F_s \hat{\boldsymbol{h}} \tag{3.287}$$

根据式(3.273)可知,作用在刚体 i 和刚体 j 上的广义力分别为

$$\boldsymbol{Q}_e^i = -F_s \boldsymbol{B}^{i\mathrm{T}} \hat{\boldsymbol{h}} \tag{3.288}$$

$$\boldsymbol{Q}_e^j = F_s \boldsymbol{B}^{j\mathrm{T}} \hat{\boldsymbol{h}} \tag{3.289}$$

当以欧拉角或欧拉四元数表征刚体的姿态时,广义力的表达式可参照式(3.274)~式(3.278)获得。

3) 扭簧-阻尼器-作动器单元

在多体系统动力学中,旋转运动也是重要的运动,一般通过力矩驱动这种运动,扭簧-阻尼器-作动器单元是具有一般性的力矩单元。旋转运动可能有 1~3 个自由度,不失一般性,这里介绍具有一个自由度的情况。如图 3.14 所示,设旋转的单位矢量为 $\boldsymbol{h}^{ij}$,定义 $\boldsymbol{\theta}^{ij}$ 为刚体 i 相对于刚体 j 绕转轴的转角。

扭簧-阻尼器-作动器产生的扭矩为

$$T^{ij} = k_r(\theta^{ij} - \theta_0) + c_r \dot{\theta}^{ij} + T_a \tag{3.290}$$

式中:k_r 为扭簧刚度;θ_0 为扭簧初始转角;c_r 为阻尼系数;T_a 为作动器的驱动力矩。

θ^{ij} 可以由广义坐标 $\boldsymbol{q}^i$ 和 $\boldsymbol{q}^j$ 计算。设刚体 i 和刚体 j 相对全局坐标系的方向余弦矩阵

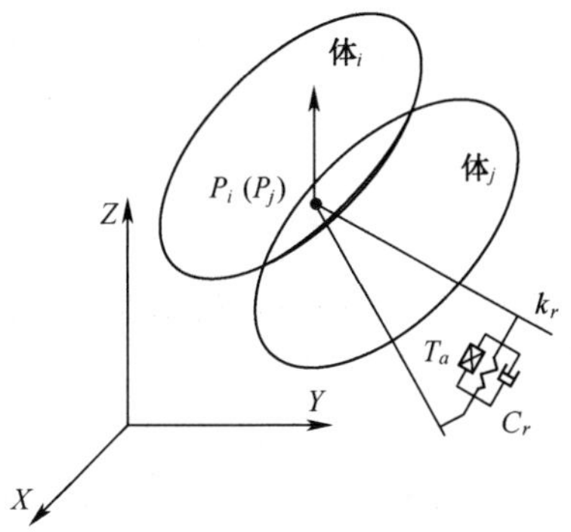

图 3.14　扭簧-阻尼器-作动器力矩示意图

分别为 $\boldsymbol{A}^i$ 和 $\boldsymbol{A}^j$，则刚体 i 相对刚体 j 转动所对应的方向余弦矩阵为

$$\boldsymbol{A}^{ij}=\boldsymbol{A}^{i\mathrm{T}}\boldsymbol{A}^j \tag{3.291}$$

根据上述方向余弦矩阵可以方便地计算 θ^{ij}。

刚体 i 相对刚体 j 的角速度为

$$\boldsymbol{\omega}^{ij}=\boldsymbol{\omega}^i-\boldsymbol{\omega}^j \tag{3.292}$$

因此 θ^{ij} 对时间的导数为

$$\dot{\theta}^{ij}=\boldsymbol{h}^{ij\mathrm{T}}(\boldsymbol{\omega}^j-\boldsymbol{\omega}^i)=\boldsymbol{h}^{ij\mathrm{T}}(\boldsymbol{G}^j\dot{\boldsymbol{\theta}}^j-\boldsymbol{G}^i\dot{\boldsymbol{\theta}}^i)=2\boldsymbol{h}^{ij\mathrm{T}}(\boldsymbol{R}^j\dot{\boldsymbol{\Lambda}}^j-\boldsymbol{R}^i\dot{\boldsymbol{\Lambda}}^i) \tag{3.293}$$

将 θ^{ij} 和上式代入式(3.290)可计算扭矩 T^{ij}。刚体 i 和刚体 j 所受的扭矩在全局坐标系中的投影列阵分别为

$$\boldsymbol{M}^i=-T^{ij}\boldsymbol{h}^{ij} \tag{3.294}$$

$$\boldsymbol{M}^j=T^{ij}\boldsymbol{h}^{ij} \tag{3.295}$$

根据式(3.275)和式(3.276)可计算相应的广义力(用欧拉角表征刚体姿态)为

$$\boldsymbol{Q}_{eR}^i=\boldsymbol{0} \tag{3.296}$$

$$\boldsymbol{Q}_{e\theta}^i=-T^{ij}\boldsymbol{G}'^{i\mathrm{T}}\boldsymbol{A}^{i\mathrm{T}}\boldsymbol{h}^{ij} \tag{3.297}$$

$$\boldsymbol{Q}_{eR}^j=\boldsymbol{0} \tag{3.298}$$

$$\boldsymbol{Q}_{e\theta}^j=T^{ij}\boldsymbol{G}'^{j\mathrm{T}}\boldsymbol{A}^{j\mathrm{T}}\boldsymbol{h}^{ij} \tag{3.299}$$

4. 多刚体系统动力学

研究由 N 个刚体组成的多刚体系统，设其广义坐标为

$$\boldsymbol{q}=[\boldsymbol{q}^{1\mathrm{T}}\quad \boldsymbol{q}^{2\mathrm{T}}\quad \cdots\quad \boldsymbol{q}^{N\mathrm{T}}]^{\mathrm{T}} \tag{3.300}$$

设其约束方程为

$$\boldsymbol{\Phi}(\boldsymbol{q},t)=\boldsymbol{0} \tag{3.301}$$

式中

$$\boldsymbol{\Phi}=[\Phi_1\quad \Phi_2\quad \cdots\quad \Phi_s]^{\mathrm{T}} \tag{3.302}$$

多刚体系统的第一类拉格朗日方程为

$$\boldsymbol{M}\ddot{\boldsymbol{q}}+\boldsymbol{\Phi}_{\boldsymbol{q}}^{\mathrm{T}}\boldsymbol{\lambda}=\boldsymbol{Q}_e+\boldsymbol{Q}_v \tag{3.303}$$

式中

$$
\boldsymbol{M}=\begin{bmatrix}\boldsymbol{M}^1 & & & \\ & \boldsymbol{M}^2 & & \\ & & \ddots & \\ & & & \boldsymbol{M}^N\end{bmatrix}\quad \boldsymbol{Q}_e=\begin{bmatrix}\boldsymbol{Q}_e^1\\ \boldsymbol{Q}_e^2\\ \vdots\\ \boldsymbol{Q}_e^N\end{bmatrix}\quad \boldsymbol{Q}_v=\begin{bmatrix}\boldsymbol{Q}_v^1\\ \boldsymbol{Q}_v^2\\ \vdots\\ \boldsymbol{Q}_v^N\end{bmatrix} \tag{3.304}
$$

式(3.303)和式(3.301)共同构成多刚体系统动力学方程,它是由一组微分方程和一组代数方程组成,一般称为微分/代数混合方程组。

5. 约束反力

在研究多刚体系统时,求取约束反力具有重要意义,例如可用于构件的结构设计。式(3.303)中 $-\boldsymbol{\Phi}_{\boldsymbol{q}}^{\mathrm{T}}\boldsymbol{\lambda}$ 的物理含义就是多刚体系统中各约束的广义约束力。由广义约束力求取约束反力的基本思路是利用拉格朗日乘子 $\boldsymbol{\lambda}$ 写出广义约束力的虚功率,它对应于约束反力的虚功率,通过两两对比可获得约束反力或驱动力。

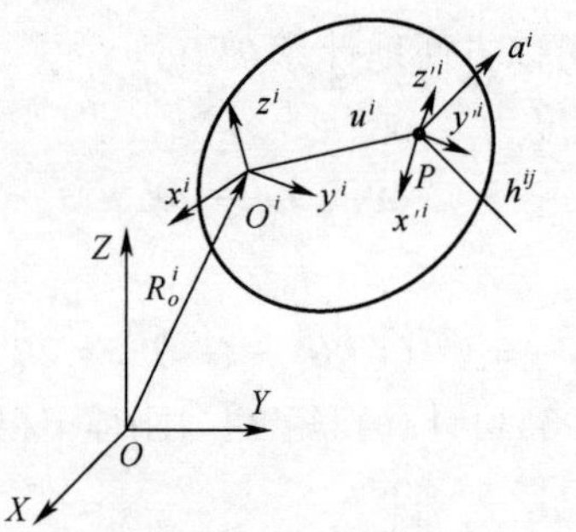

图 3.15　作用在刚体上的广义约束反力示意图

设刚体 i 通过铰 k 与其它刚体连接,铰点为 P(图 3.15),约束方程为 $\boldsymbol{\Phi}_k=\boldsymbol{0}$,拉格朗日乘子为 $\boldsymbol{\lambda}_k$,作用于刚体 i 上的广义约束力为 $(\boldsymbol{\Phi}_k)_{\boldsymbol{q}^i}^{\mathrm{T}}\boldsymbol{\lambda}_k$。

广义约束力所作的虚功率为

$$
\delta p=-\delta\dot{\boldsymbol{q}}^{i\mathrm{T}}(\boldsymbol{\Phi}_k)_{\boldsymbol{q}^i}^{\mathrm{T}}\boldsymbol{\lambda}_k=-\begin{bmatrix}\delta\dot{\boldsymbol{q}}_R^{i\mathrm{T}} & \delta\dot{\boldsymbol{q}}_\theta^{i\mathrm{T}}\end{bmatrix}^{\mathrm{T}}(\boldsymbol{\Phi}_k)_{\boldsymbol{q}^i}^{\mathrm{T}}\boldsymbol{\lambda}_k \tag{3.305}
$$

式中:$\boldsymbol{q}_R^i$、$\boldsymbol{q}_\theta^i$ 分别对应于刚体平动和转动。

在多刚体系统动力学分析中,通常在铰点处建立铰坐标系 $Px'^iy'^iz'^i$ 以便于描述铰的约束反力或驱动力。设铰坐标系与刚体 i 的随体坐标系 $O^ix^iy^iz^i$ 之间的方向余弦矩阵为 A_P^i,约束力在铰点坐标系中的投影矩阵记为

$$
\boldsymbol{Q}_{kc}^{pi}=[\boldsymbol{F}_k^{i\mathrm{T}}\quad \boldsymbol{m}_k^{i\mathrm{T}}]^{\mathrm{T}} \tag{3.306}
$$

式中:$\boldsymbol{F}_k^{i\mathrm{T}}$、$\boldsymbol{m}_k^{i\mathrm{T}}$ 分别为铰 k 的约束力和约束力偶在铰点坐标系的投影列阵。

将约束力投影到全局坐标系,有

$$
\boldsymbol{Q}_{kc}^{i}=\boldsymbol{A}^i\boldsymbol{A}_P^i[\boldsymbol{F}_k^{i\mathrm{T}}\quad \boldsymbol{m}_k^{i\mathrm{T}}]^{\mathrm{T}} \tag{3.307}
$$

约束力的虚功率为

$$
\delta p=\delta\dot{\boldsymbol{r}}_P^{iT}\boldsymbol{A}^i\boldsymbol{A}_P^i\boldsymbol{F}_k^{Pi}+\delta\boldsymbol{\omega}^{i\mathrm{T}}\boldsymbol{A}^i\boldsymbol{A}_P^i\boldsymbol{m}_k^{Pi}=\delta\dot{\boldsymbol{q}}_P^{i\mathrm{T}}\boldsymbol{A}^i\boldsymbol{A}_P^i\boldsymbol{Q}_k^{Pi} \tag{3.308}
$$

式中:$\dot{\boldsymbol{q}}_P^i=\begin{bmatrix}\dot{\boldsymbol{r}}_P^{i\mathrm{T}} & \boldsymbol{\omega}^{i\mathrm{T}}\end{bmatrix}^{\mathrm{T}}$;$\dot{\boldsymbol{r}}_P^i=\dot{\boldsymbol{R}}_O^i-\widetilde{\boldsymbol{u}}_P^i\boldsymbol{\omega}^i$;角速度可写成

$$
\boldsymbol{\omega}^i=\boldsymbol{B}_\theta^i\dot{\boldsymbol{q}}_\theta^i \tag{3.309}
$$

$\dot{\boldsymbol{q}}^i$ 与 $\dot{\boldsymbol{q}}_P^i$ 之间的关系为

$$\dot{q}^{\mathrm{i}} = \boldsymbol{\psi}^i \dot{\boldsymbol{q}}_P^i \tag{3.310}$$

式中

$$\boldsymbol{\psi}^i = \begin{bmatrix} \boldsymbol{I} & \widetilde{\boldsymbol{u}}_P^i \\ \boldsymbol{0} & \boldsymbol{B}_\theta^{-1} \end{bmatrix} \tag{3.311}$$

由式(3.310)可知:

$$\delta \dot{\boldsymbol{q}}^i = \delta \boldsymbol{\psi}^i \dot{\boldsymbol{q}}_P^i \tag{3.312}$$

将上式代入式(3.305),得约束力在铰点坐标系中的投影列阵为

$$\boldsymbol{Q}_{kc}^{pi} = - \left[(\boldsymbol{\Phi}_k)_{\boldsymbol{q}^i} \boldsymbol{\psi}^i \boldsymbol{A}^i \boldsymbol{A}_P^i \right]^{\mathrm{T}} \boldsymbol{\lambda}_k \tag{3.313}$$

3.4 火炮发射多刚体系统动力学方程的数值求解方法

由前面内容可知,火炮发射多刚体系统动力学方程为微分-代数混合方程组,其一般形式为

$$\boldsymbol{M} \ddot{\boldsymbol{q}} + \boldsymbol{\Phi}_q^{\mathrm{T}} \lambda = \boldsymbol{Q} \tag{3.314}$$

$$\boldsymbol{\Phi}(\boldsymbol{q}, t) = \boldsymbol{0} \tag{3.315}$$

约束方程的雅可比矩阵为

$$\boldsymbol{\Phi}_{\boldsymbol{q}} = \begin{bmatrix} \dfrac{\partial \boldsymbol{\Phi}_1}{\partial q_1} & \dfrac{\partial \boldsymbol{\Phi}_1}{\partial q_2} & \cdots & \dfrac{\partial \boldsymbol{\Phi}_1}{\partial q_n} \\ \dfrac{\partial \boldsymbol{\Phi}_2}{\partial q_1} & \dfrac{\partial \boldsymbol{\Phi}_2}{\partial q_2} & \cdots & \dfrac{\partial \boldsymbol{\Phi}_2}{\partial q_n} \\ \vdots & \vdots & & \vdots \\ \dfrac{\partial \boldsymbol{\Phi}_s}{\partial q_1} & \dfrac{\partial \boldsymbol{\Phi}_s}{\partial q_2} & \cdots & \dfrac{\partial \boldsymbol{\Phi}_s}{\partial q_n} \end{bmatrix} \tag{3.316}$$

当用欧拉角或卡尔丹角表征刚体姿态时, $n = 6N$;当用欧拉四元数表征刚体姿态时, $n = 7N$。

方程组(3.314)和式(3.315)共有 $n+s$ 个未知数,与方程数相等,若给定初始条件

$$\begin{cases} \boldsymbol{q}(t=0) = \boldsymbol{q}_0 \\ \dot{\boldsymbol{q}}(t=0) = \dot{\boldsymbol{q}}_0 \end{cases} \tag{3.317}$$

则可以利用数值计算的方法求出多刚体系统动力学方程的数值解。

求解这类方程的数值方法一般包括增广法和缩并法两类。增广法将广义坐标 $\boldsymbol{q}$ 和拉格朗日乘子 $\boldsymbol{\lambda}$ 均看作未知量,联立求解 $n+s$ 个方程;缩并法则是将坐标分为独立坐标和非独立坐标,然后将多刚体系统动力学方程表示为广义坐标的纯微分方程进行数值积分。

3.4.1 增广法

将系统的约束方程(3.312)对时间分别求一阶和二阶导数,得到速度和加速度约束

方程：

$$\dot{\boldsymbol{\Phi}} = \boldsymbol{\Phi}_q \dot{\boldsymbol{q}} + \boldsymbol{\Phi}_t = 0 \tag{3.318}$$

$$\ddot{\boldsymbol{\Phi}} = \boldsymbol{\Phi}_q \ddot{\boldsymbol{q}} - \boldsymbol{\gamma} = 0 \tag{3.319}$$

式中：$\boldsymbol{\gamma}$ 由式(3.219)给出，将动力学方程(3.314)与加速度约束方程(3.319)联立，得

$$\begin{bmatrix} \boldsymbol{M} & \boldsymbol{\Phi}_q^{\mathrm{T}} \\ \boldsymbol{\Phi}_q & \boldsymbol{0} \end{bmatrix} \begin{bmatrix} \ddot{\boldsymbol{q}} \\ \boldsymbol{\lambda} \end{bmatrix} = \begin{bmatrix} \boldsymbol{Q} \\ \boldsymbol{\gamma} \end{bmatrix} \tag{3.320}$$

上式是关于位置变量 $\ddot{\boldsymbol{q}}$ 和 $\boldsymbol{\lambda}$ 的线性代数方程组，其系数矩阵是非奇异的，可以求得

$$\begin{aligned} \ddot{\boldsymbol{q}} &= \boldsymbol{f}(\boldsymbol{q}, \dot{\boldsymbol{q}}, t) \\ \boldsymbol{\lambda} &= \boldsymbol{g}(\boldsymbol{q}, \dot{\boldsymbol{q}}, t) \end{aligned} \tag{3.321}$$

再利用数值积分方法求解上述微分方程获得动力学响应 $\boldsymbol{q}$、$\dot{\boldsymbol{q}}$。

微分-代数方程(3.320)的求解是在加速度关系上进行的，在数值积分过程中，由于舍入误差等原因，势必破坏系统的位置约束和速度约束，导致数值计算发散。一般采用约束稳定法控制误差的增长，保持数值求解的稳定性。

对于一个闭环系统

$$\ddot{\boldsymbol{q}} + 2\alpha \dot{\boldsymbol{q}} + \beta^2 \boldsymbol{q} = \boldsymbol{0} \tag{3.322}$$

只要 α 和 β 均为正数，系统就是稳定的。式中的第二项和第三项为反馈控制项。

基于反馈控制原理，加速度约束方程(3.319)可以写为

$$\ddot{\boldsymbol{\Phi}} + 2\alpha\dot{\boldsymbol{\Phi}} + \beta^2 \boldsymbol{\Phi} = 0 \tag{3.323}$$

即

$$\boldsymbol{\Phi}_q \ddot{\boldsymbol{q}} = \boldsymbol{\gamma} - 2\alpha\dot{\boldsymbol{\Phi}} - \beta^2 \boldsymbol{\Phi} \tag{3.324}$$

则系统的动力学方程(3.320)改写为

$$\begin{bmatrix} \boldsymbol{M} & \boldsymbol{\Phi}_q^{\mathrm{T}} \\ \boldsymbol{\Phi}_q & \boldsymbol{0} \end{bmatrix} \begin{bmatrix} \ddot{\boldsymbol{q}} \\ \boldsymbol{\lambda} \end{bmatrix} = \begin{bmatrix} \boldsymbol{Q} \\ \boldsymbol{\gamma} - 2\alpha\dot{\boldsymbol{\Phi}} - \beta^2 \boldsymbol{\Phi} \end{bmatrix} \tag{3.325}$$

当不存在违约时，式(3.320)与式(3.325)完全相同，当 α 和 β 不等于零时，数值解在精确解附近振荡，振荡频率和振幅取决于 α 和 β 的值。一般可选 $1 \leqslant \alpha = \beta \leqslant 50$，当 $\alpha = \beta$ 时为临界阻尼，系统的解可以很快达到稳定。

3.4.2 缩并法

缩并法的基本原理：利用适当的算法选择独立的广义坐标，找到独立坐标与非独立坐标的关系，将动力学方程转换为关于独立坐标的纯微分方程后进行数值积分。

广义坐标可以写成分块形式：

$$\boldsymbol{q} = [\boldsymbol{q}_d^{\mathrm{T}} \quad \boldsymbol{q}_i^{\mathrm{T}}]^{\mathrm{T}} \tag{3.326}$$

式中：$\boldsymbol{q}_d$ 为 s 维非独立坐标向量；$\boldsymbol{q}_i$ 为 $n-s$ 维独立坐标向量。

速度约束方程和加速度约束方程分别写成

$$\boldsymbol{\Phi}_{q_d} \dot{\boldsymbol{q}}_d + \boldsymbol{\Phi}_{q_i} \dot{\boldsymbol{q}}_i = -\boldsymbol{\Phi}_t \tag{3.327}$$

$$\boldsymbol{\Phi}_{q_d} \ddot{\boldsymbol{q}}_d + \boldsymbol{\Phi}_{q_i} \ddot{\boldsymbol{q}}_i = \boldsymbol{\gamma} \tag{3.328}$$

约束方程之间是线性独立的,因此可以选取合适的非独立坐标向量 $\boldsymbol{q}_d$,使得 $\boldsymbol{\Phi}_{q_d}$ 非奇异,从而有

$$\dot{\boldsymbol{q}}_d = \boldsymbol{\Phi}_{di}\dot{\boldsymbol{q}}_i - \boldsymbol{\Phi}_{\boldsymbol{q}_d}^{-1}\boldsymbol{\Phi}_t \tag{3.329}$$

$$\ddot{\boldsymbol{q}}_d = \boldsymbol{\Phi}_{di}\ddot{\boldsymbol{q}}_i - \boldsymbol{\Phi}_{\boldsymbol{q}_d}^{-1}\boldsymbol{\gamma} \tag{3.330}$$

式中

$$\boldsymbol{\Phi}_{di} = \boldsymbol{\Phi}_{\boldsymbol{q}_d}^{-1}\boldsymbol{\Phi}_{\boldsymbol{q}_i}$$

将上述两式进一步写为

$$\dot{\boldsymbol{q}} = \boldsymbol{B}_i\dot{\boldsymbol{q}}_i + \boldsymbol{g} \tag{3.331}$$

$$\ddot{\boldsymbol{q}} = \boldsymbol{B}_i\ddot{\boldsymbol{q}}_i + \boldsymbol{h} \tag{3.332}$$

式中

$$\boldsymbol{B}_i = \begin{bmatrix} \boldsymbol{\Phi}_{di} \\ \boldsymbol{I} \end{bmatrix}, \boldsymbol{g} = \begin{bmatrix} -\boldsymbol{\Phi}_{\boldsymbol{q}_d}^{-1}\boldsymbol{\Phi}_t \\ \boldsymbol{0} \end{bmatrix}, \boldsymbol{h} = \begin{bmatrix} -\boldsymbol{\Phi}_{\boldsymbol{q}_d}^{-1}\boldsymbol{\gamma} \\ \boldsymbol{0} \end{bmatrix} \tag{3.333}$$

将式(3.332)代入式(3.314),得

$$\boldsymbol{M}(\boldsymbol{B}_i\ddot{\boldsymbol{q}}_i + \boldsymbol{h}) + \boldsymbol{\Phi}_{\boldsymbol{q}}^{\mathrm{T}}\boldsymbol{\lambda} = \boldsymbol{Q} \tag{3.334}$$

将上式两边同时左乘 $\boldsymbol{B}_i^{\mathrm{T}}$,得

$$\overline{\boldsymbol{M}}_i\ddot{\boldsymbol{q}}_i + \boldsymbol{B}_i^{\mathrm{T}}\boldsymbol{\Phi}_{\boldsymbol{q}}^{\mathrm{T}}\boldsymbol{\lambda} = \overline{\boldsymbol{Q}}_i \tag{3.335}$$

式中

$$\overline{\boldsymbol{M}}_i = \boldsymbol{B}_i^{\mathrm{T}}\boldsymbol{M}\boldsymbol{B}_i \tag{3.336}$$

$$\overline{\boldsymbol{Q}}_i = \boldsymbol{B}_i^{\mathrm{T}}\boldsymbol{Q} - \boldsymbol{B}_i^{\mathrm{T}}\boldsymbol{M}\boldsymbol{h} \tag{3.337}$$

将式(3.333)中 $\boldsymbol{B}_i$ 以及 $\boldsymbol{\Phi}_{di}$ 的表达式代入 $\boldsymbol{B}_i^{\mathrm{T}}\boldsymbol{\Phi}_q^{\mathrm{T}}\boldsymbol{\lambda}$,得

$$\begin{aligned}\boldsymbol{B}_i^{\mathrm{T}}\boldsymbol{\Phi}_{\boldsymbol{q}}^{\mathrm{T}}\boldsymbol{\lambda} &= [\boldsymbol{\Phi}_{di}^{\mathrm{T}} \quad \boldsymbol{I}][\boldsymbol{\Phi}_{q_d} \quad \boldsymbol{\Phi}_{q_i}]^{\mathrm{T}}\boldsymbol{\lambda} = [\boldsymbol{\Phi}_{di}^{\mathrm{T}}\boldsymbol{\Phi}_{q_d}^{\mathrm{T}} + \boldsymbol{\Phi}_{q_i}^{\mathrm{T}}]\boldsymbol{\lambda} \\ &= [-(\boldsymbol{\Phi}_{\boldsymbol{q}_d}^{-1}\boldsymbol{\Phi}_{\boldsymbol{q}_i})^{\mathrm{T}}\boldsymbol{\Phi}_{q_d}^{\mathrm{T}} + \boldsymbol{\Phi}_{q_i}^{\mathrm{T}}]\boldsymbol{\lambda} = \boldsymbol{0}\end{aligned} \tag{3.338}$$

因此,式(3.335)最终写为

$$\overline{\boldsymbol{M}}_i\ddot{\boldsymbol{q}}_i = \overline{\boldsymbol{Q}}_i \tag{3.339}$$

一般 $\overline{\boldsymbol{M}}_i$ 是非奇异的,因此由上式求出独立坐标对时间的二次导数(加速度):

$$\ddot{\boldsymbol{q}}_i = \overline{\boldsymbol{M}}_i^{-1}\overline{\boldsymbol{Q}}_i \tag{3.340}$$

利用数值积分方法可求解上述微分方程,获得独立坐标以及速度,代入式(3.330)、式(3.329)、式(3.315),可求得不独立的广义加速度 $\ddot{\boldsymbol{q}}_d$ 、广义速度 $\dot{\boldsymbol{q}}_d$ 和广义坐标 $\boldsymbol{q}_d$ 。

3.4.3 火炮发射多刚体系统动力学方程的数值求解算法

将前述火炮发射多刚体系统动力学方程改写为一般形式:

$$\begin{cases}\boldsymbol{F}(\boldsymbol{q},\boldsymbol{u},\dot{\boldsymbol{u}},\boldsymbol{\lambda},t) = \boldsymbol{0} \\ \boldsymbol{G}(\boldsymbol{q},\boldsymbol{u}) = \boldsymbol{u} - \dot{\boldsymbol{q}} = \boldsymbol{0} \\ \boldsymbol{\Phi}(\boldsymbol{q},t) = \boldsymbol{0}\end{cases} \tag{3.341}$$

定义系统的状态矢量 $\boldsymbol{y} = [\boldsymbol{q}^{\mathrm{T}} \quad \boldsymbol{u}^{\mathrm{T}} \quad \boldsymbol{\lambda}^{\mathrm{T}}]^{\mathrm{T}}$,可进一步写成统一的矩阵方程:

$$g(y, \dot{y}, t) = 0 \tag{3.342}$$

针对不同的火炮发射多刚体系统动力学微分方程特性,可以选择不同的动力学方程求解算法,一般采用微分/代数(DAE)方程求解法和纯微分方程求解法两种算法。

1. 微分-代数方程数值求解算法

多刚体系统动力学微分-代数方程具有强非线性、刚性等复杂特性,因此在研究其数值方法时必须考虑这些特性,同时要兼顾求解精度、数值计算稳定性和计算效率等因素,一般要求数值算法具有自动变阶、变步长等功能,主要采用 Gear 法、隐式 Runge-Kutta 法以及 BDF 法。

1) Gear 法

用 Gear 预估-校正算法可以有效地求解刚性微分-代数方程。

根据当前时刻的系统状态矢量值,用 Taylor 级数预估下一时刻系统的状态矢量值:

$$\boldsymbol{y}_{n+1} = \boldsymbol{y}_n + \frac{\partial \boldsymbol{y}_n}{\partial t}h + \frac{1}{2!}\frac{\partial^2 \boldsymbol{y}_n}{\partial t^2}h^2 + \cdots \tag{3.343}$$

式中:h 时间步长,$h = t_{n+1} - t_n$。

这种预估算法得到新时刻的系统状态矢量值如果不准确,式(3.341)右边的项不等于零,可以由 Gear(K+1)阶积分求解程序(或其它向后差分积分程序)来校正,即

$$\boldsymbol{y}_{n+1} = -h\beta_0 \dot{\boldsymbol{y}}_{n+1} + \sum_{i=1}^{k} \alpha_i \boldsymbol{y}_{n-i+1} \tag{3.344}$$

式中:$\boldsymbol{y}_{n+1}$ 表示 $\boldsymbol{y}(t)$ 在 $t=t_{n+1}$ 时的近似值;β_0 和 α_i 为积分时的控制系数。

整理式(3.344),得

$$\dot{\boldsymbol{y}}_{n+1} = \frac{-1}{h\beta_0}\left(\boldsymbol{y}_{n+1} - \sum_{i=1}^{k} \alpha_i \boldsymbol{y}_{n-i+1}\right) \tag{3.345}$$

将式(3.341)在 $t=t_{n+1}$ 时刻展开,得

$$\begin{cases} \boldsymbol{F}(\boldsymbol{q}_{n+1}, \boldsymbol{u}_{n+1}, \dot{\boldsymbol{u}}_{n+1}, \boldsymbol{\lambda}_{n+1}, t_{n+1}) = \boldsymbol{0} \\ \boldsymbol{G}(\boldsymbol{u}_{n+1}, \boldsymbol{q}_{n+1}) = \boldsymbol{u}_{n+1} - \dot{\boldsymbol{q}}_{n+1} = \boldsymbol{u}_{n+1} - \left(\dfrac{-1}{h\beta_0}\right)\left(\boldsymbol{q}_{n+1} - \sum\limits_{i=1}^{k} \alpha_i \boldsymbol{q}_{n-i+1}\right) = \boldsymbol{0} \\ \boldsymbol{\Phi}(\boldsymbol{q}_{n+1}, \boldsymbol{t}_{n+1}) = \boldsymbol{0} \end{cases} \tag{3.346}$$

使用修正的 Newton-Raphson 法求解上面的非线性方程,其迭代校正公式为

$$\begin{cases} \boldsymbol{F}_j + \dfrac{\partial \boldsymbol{F}}{\partial \boldsymbol{q}}\Delta \boldsymbol{q}_j + \dfrac{\partial \boldsymbol{F}}{\partial \boldsymbol{u}}\Delta \boldsymbol{u}_j + \dfrac{\partial \boldsymbol{F}}{\partial \dot{\boldsymbol{u}}}\Delta \dot{\boldsymbol{u}}_j + \dfrac{\partial \boldsymbol{F}}{\partial \boldsymbol{\lambda}}\Delta \boldsymbol{\lambda}_j = \boldsymbol{0} \\ \boldsymbol{G}_j + \dfrac{\partial \boldsymbol{G}}{\partial \boldsymbol{q}}\Delta \boldsymbol{q}_j + \dfrac{\partial \boldsymbol{G}}{\partial \boldsymbol{u}}\Delta \boldsymbol{u}_j = \boldsymbol{0} \\ \boldsymbol{\Phi}_j + \dfrac{\partial \boldsymbol{\Phi}}{\partial \boldsymbol{q}}\Delta \boldsymbol{q}_j = \boldsymbol{0} \end{cases} \tag{3.347}$$

式中:j 表示第 j 次迭代。$\Delta \boldsymbol{q}_j = \boldsymbol{q}_{j+1} - \boldsymbol{q}_j$,$\Delta \boldsymbol{u}_j = \boldsymbol{u}_{j+1} - \boldsymbol{u}_j$,$\Delta \boldsymbol{\lambda}_j = \boldsymbol{\lambda}_{j+1} - \boldsymbol{\lambda}_j$。

由式(3.345)知:

$$\Delta \dot{\boldsymbol{u}}_j = -\frac{1}{h\beta_0}\Delta \boldsymbol{u}_j \tag{3.348}$$

由式(3.347)知：

$$\frac{\partial \boldsymbol{G}}{\partial \boldsymbol{q}}=(\frac{1}{h\beta_0})\boldsymbol{I},\frac{\partial \boldsymbol{G}}{\partial \boldsymbol{u}}=\boldsymbol{I} \tag{3.349}$$

将式(3.348)和式(3.349)代入式(3.347)，进行整理写成矩阵形式：

$$\begin{bmatrix} \frac{\partial \boldsymbol{F}}{\partial \boldsymbol{q}} & (\frac{\partial \boldsymbol{F}}{\partial \boldsymbol{u}}-\frac{1}{h\beta_0}\frac{\partial \boldsymbol{F}}{\partial \dot{\boldsymbol{u}}}) & (\frac{\partial \boldsymbol{F}}{\partial \boldsymbol{\lambda}})^{\mathrm{T}} \\ (\frac{1}{h\beta_0})\boldsymbol{I} & \boldsymbol{I} & 0 \\ (\frac{\partial \boldsymbol{\Phi}}{\partial \boldsymbol{q}}) & 0 & 0 \end{bmatrix}_j \begin{Bmatrix} \Delta \boldsymbol{q} \\ \Delta \boldsymbol{u} \\ \Delta \boldsymbol{\lambda} \end{Bmatrix}_j=\begin{Bmatrix} -\boldsymbol{F} \\ -\boldsymbol{G} \\ -\boldsymbol{\Phi} \end{Bmatrix}_j \tag{3.350}$$

上式中左边的系数矩阵称为系统的雅可比矩阵，$\frac{\partial \boldsymbol{F}}{\partial \boldsymbol{q}}$ 称为系统的刚度阵，$\frac{\partial \boldsymbol{F}}{\partial \boldsymbol{u}}$ 为系统的阻尼阵，$\frac{\partial \boldsymbol{F}}{\partial \dot{\boldsymbol{u}}}$ 称为系统的质量阵。

分解系统的雅可比矩阵，求解 $\Delta \boldsymbol{q}_j,\Delta \boldsymbol{u}_j,\Delta \boldsymbol{\lambda}_j$，计算出 $\boldsymbol{q}_{j+1},\boldsymbol{u}_{j+1},\boldsymbol{\lambda}_{j+1},\dot{\boldsymbol{q}}_{j+1},\dot{\boldsymbol{u}}_{j+1},\dot{\boldsymbol{\lambda}}_{j+1}$，并重复迭代校正步骤，直到满足该步迭代的收敛条件和误差控制条件，如此重复，直到需模拟的时间段求解完毕。

2）隐式 Runge-Kutta 法

Runge-Kutta 法的标准迭代格式为

$$\boldsymbol{k}_i=\boldsymbol{F}\left(t_n+c_i\Delta t,\boldsymbol{y}_n+\Delta t\sum_{j=1}^{r}a_{ij}\boldsymbol{k}_j\right) \tag{3.351}$$

$$\boldsymbol{y}_{n+1}=\boldsymbol{y}_n+\Delta t\sum_{i=1}^{r}b_i\boldsymbol{k}_i \tag{3.352}$$

如果 $r<i$ 或当 $j\geqslant i$ 时 $a_{ij}=0$ 时上述迭代格式为显式算法，一般来说隐式算法比显式算法更适用于求解非线性和刚性微分/代数方程，且求解稳定性好，但计算工作量大。

将式(3.351)和式(3.352)代入式(3.341)，得

$$\boldsymbol{F}(t_n+c_i\Delta t,\boldsymbol{y}_n+\Delta t\sum_{j=1}^{r}a_{ij}\boldsymbol{k}_j,\boldsymbol{k}_i)=\boldsymbol{0} \tag{3.353}$$

或

$$\boldsymbol{M}(\boldsymbol{q}_n+\Delta t\sum_{j=1}^{r}a_{ij}\boldsymbol{k}_j)\boldsymbol{L}_i=\boldsymbol{Q}_{n+1}+\boldsymbol{\Phi}_{\boldsymbol{q}}^{\mathrm{T}}(\boldsymbol{q}_n+\Delta t\sum_{j=1}^{r}a_{ij}\boldsymbol{k}_j)\boldsymbol{\lambda}_{n+1} \tag{3.354}$$

$$\boldsymbol{k}_i=\boldsymbol{s}_n+\Delta t\sum_{j=1}^{r}a_{ij}\boldsymbol{k}_j \tag{3.355}$$

$$\boldsymbol{\Phi}_{\boldsymbol{q}}^{\mathrm{T}}(t_n+c_i\Delta t,\boldsymbol{y}_n+\Delta t\sum_{j=1}^{r}a_{ij}\boldsymbol{k}_j)=\boldsymbol{0} \tag{3.356}$$

$$\boldsymbol{s}=\dot{\boldsymbol{q}} \tag{3.357}$$

式(3.353)是典型的非线性代数方程，可利用 Newton-Raphson 法求解。

3）BDF 法

使用 BDF(Backward Differentiation Formulae)法进行数值积分时,不需要求解当前时间的加速度值,因此可以直接处理微分代数方程而不必先降低其阶数。BDF 属于隐式方法,其构造过程与 Adams 法相似,Adams 数值积分法是以一个多项式近似微分方程的等价积分形式中的 $\boldsymbol{f}(\boldsymbol{x},\boldsymbol{y})$,而 BDF 法则是直接以一个多项式来近似微分方程中的 $\boldsymbol{y}$。

BDF 法的基本算法为

$$\dot{\boldsymbol{q}}_{n+1}=\frac{1}{\Delta t\beta_0}(\boldsymbol{q}_{n+1}-\sum_{i=0}^{p}\alpha_i\boldsymbol{q}_{n-i}) \tag{3.358}$$

$$\dot{\boldsymbol{s}}_{n+1}=\frac{1}{\Delta t\beta_0}(\boldsymbol{s}_{n+1}-\sum_{i=0}^{p}\alpha_i\boldsymbol{s}_{n-i}) \tag{3.359}$$

$$\boldsymbol{M}(\boldsymbol{q}_{n+1})\frac{1}{\Delta t\beta_0}(\boldsymbol{s}_{n+1}-\sum_{i=0}^{p}\alpha_i\boldsymbol{s}_{n-i})=\boldsymbol{Q}_{n+1}-\boldsymbol{\Phi}_{\boldsymbol{q}}^{\mathrm{T}}(\boldsymbol{q}_{n+1})\boldsymbol{\lambda}_{n+1} \tag{3.360}$$

$$\frac{1}{\Delta t\beta_0}(\boldsymbol{q}_{n+1}-\sum_{i=0}^{p}\alpha_i\boldsymbol{q}_{n-i})=\boldsymbol{s}_{n+1} \tag{3.361}$$

$$\boldsymbol{\Phi}_{\boldsymbol{q}}(t,\boldsymbol{q}_{n+1})=0 \tag{3.362}$$

上述算法显然也是隐式的,在求解过程中必然调用非线性代数方程的算法,因此同样需要使用 Newton-Raphson 法。

2. 纯微分方程的求解算法

通过坐标减缩法或坐标分离法,可将多体系统动力学的微分-代数方程转化为纯微分方程,求解纯微分方程的数值解法较多,这里主要讨论 ADAMS 法、变步长法。

1) ADAMS 法

ADAMS 法是线性多步法。在利用多步法计算 $\boldsymbol{y}_{n+1}$ 值时,必须已知除 $\boldsymbol{y}_n$ 外前几步的值,例如 $\boldsymbol{y}_n$ 、$\boldsymbol{y}_{n-1}$ 、…、$\boldsymbol{y}_{n-k+1}$,称为 k 步法。线性多步法不能自启动,需先用其它方法求出 $\boldsymbol{y}_1,\boldsymbol{y}_2,\cdots\boldsymbol{y}_{k-1}$ 的值才能用多步法求解。线性多步法的递推计算公式可写为

$$\boldsymbol{y}_{n+1}=\sum_{i=0}^{k-1}\alpha_i\boldsymbol{y}_{n-i}+h\sum_{i=-1}^{k-1}\beta_i\boldsymbol{f}_{n-i} \tag{3.363}$$

式中:$\boldsymbol{f}_i=\boldsymbol{f}(\boldsymbol{y}_i,t_i)$;α_i、β_i 为待定系数。如果 $\beta_{-1}=0$,式(3.363)的右端不含有 $\boldsymbol{y}_{n+1}$,公式称为显式。如果 $\beta_{-1}\neq 0$,式(3.363)的右端含有 $\boldsymbol{y}_{n+1}$,公式为隐式。

ADAMS 法是利用一个插值多项式来近似代替 $\boldsymbol{f}(\boldsymbol{y},t)$ 。在 t_{n-k+1} 到 t_n 区间内等间距取 k 个点:t_{n-k+1}、t_{n-k+2}、…、t_n,并算出它们的右端函数值 f_{n-k+1}、f_{n-k+2}、…、f_n,然后由这 k 个值根据牛顿后插公式进行插值,得到一个 $k-1$ 次多项式逼近 $\boldsymbol{f}(\boldsymbol{y},t)$,即

$$\boldsymbol{f}(\boldsymbol{y},t)\approx\boldsymbol{f}_nP_n(t)+\boldsymbol{f}_{n-1}P_{n-1}(t)+\cdots+\boldsymbol{f}_{n-k+1}P_{n-k+1}(t) \tag{3.364}$$

这里 $P_{n-j}(t)$ 是插值的基函数,即在节点 t_{n-j} 取 1,在其它节点取值为 0。其实质是外插区间[t_n,t_{n+1}]上积分,如图 3.16 所示。

由此可得到 ADAMS 法显式公式:

$$\begin{cases}\boldsymbol{y}_{n+1}=\boldsymbol{y}_n+h(\beta_0\boldsymbol{f}_n+\beta_1\boldsymbol{f}_{n-1}+\cdots+\beta_{k-1}\boldsymbol{f}_{n-k+1})\\ \beta_j=\dfrac{1}{h}\displaystyle\int_{t_n}^{t_{n+1}}P_{n-j+1}(t)\,\mathrm{d}t\quad j=0,1,\cdots,k-1\end{cases} \tag{3.365}$$

若用牛顿内插公式 $\boldsymbol{f}(y,t)\approx\boldsymbol{f}_{n+1}P_{n+1}(t)+\boldsymbol{f}_n\boldsymbol{P}_n(t)+\cdots+\boldsymbol{f}_{n-k+2}P_{n-k+2}(t)$,$P_{n+1-j}(t)$ 是在节点 t_{n+1-j} 取 1,在其它节点取 0 的多项式。则可求得 ADAMS 法隐式

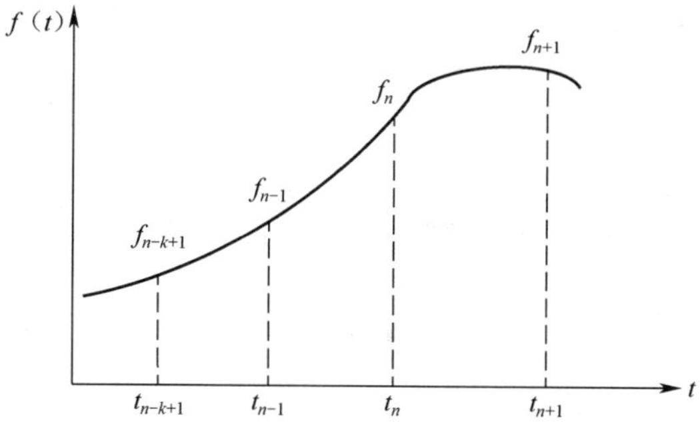

图 3.16 线性多步法示意图

公式：

$$\begin{cases} \boldsymbol{y}_{n+1} = \boldsymbol{y}_n + h(\beta_{-1}\boldsymbol{f}_{n+1} + \beta_0\boldsymbol{f}_n + \cdots + \beta_{k-2}\boldsymbol{f}_{n-k+2}) \\ \beta_j = \dfrac{1}{h}\displaystyle\int_{t_n}^{t_{n+1}} P_{n-j+1}(t)\,\mathrm{d}t \quad (j = -1,0,1,\cdots,k-2) \end{cases} \tag{3.366}$$

常用的四阶 ADAMS 法显式公式为

$$\boldsymbol{y}_{n+1} = \boldsymbol{y}_n + \frac{h}{24}(55\boldsymbol{f}_n - 59\boldsymbol{f}_{n-1} + 37\boldsymbol{f}_{n-2} - 9\boldsymbol{f}_{n-3}) \tag{3.367}$$

由于隐式公式的稳定域大于显式公式，而且对同阶的 ADAMS 法来说，隐式公式的精度往往要高于显式公式，所以采用折衷的办法，先由显式公式求出 $\boldsymbol{y}_{n+1}$ 的预估值 $\boldsymbol{y}_{n+1}^P$，再代入隐式公式求出 $\boldsymbol{y}_{n+1}$ 的值。因此称这种方法为预估-校正法，下面是四阶预估-校正公式：

$$\begin{cases} \boldsymbol{y}_{n+1}^P = \boldsymbol{y}_n + \dfrac{h}{12}(23\boldsymbol{f}_n - 16\boldsymbol{f}_{n-1} + 5\boldsymbol{f}_{n-2}) \\ \boldsymbol{y}_{n+1} = \boldsymbol{y}_n + \dfrac{h}{24}(9\boldsymbol{f}_{n+1}^P + 19\boldsymbol{f}_n - \boldsymbol{f}_{n-1} + \boldsymbol{f}_{n-2}) \end{cases} \tag{3.368}$$

2）变步长法

在实际应用时，对前述数值积分方法，需在数值计算的不同阶段选取不同的步长，也就是变步长积分法。选取的原则是，在保证计算过程满足一定精度的前提下，为使计算量尽可能小，尽量选取适用的较大的步长，这样数值计算步长需不断调整。变步长应根据一定的条件，其前提是要有一个好的局部误差估计公式，根据局部误差的大小来改变步长。对于 Runge-Kutta 算法的误差估计，通常是设法找到另一个低阶（一般是低一阶）的 Runge-Kutta 公式，要求这两个公式中的 k_i 相同，则两个公式计算结果之差可以看作是误差。

假设微分方程为

$$\begin{cases} \dot{\boldsymbol{y}} = \boldsymbol{f}(\boldsymbol{y},t) \\ \boldsymbol{y}(t_0) = \boldsymbol{y}_0 \end{cases} \tag{3.369}$$

计算公式为

$$\boldsymbol{y}_{n+1} = \boldsymbol{y}_n + \frac{h}{6}(\boldsymbol{k}_1 + 4\boldsymbol{k}_4 + \boldsymbol{k}_5) \tag{3.370}$$

式中

$$
\begin{cases}
\boldsymbol{k}_1 = \boldsymbol{f}(\boldsymbol{y}_n, t_n) \\
\boldsymbol{k}_2 = \boldsymbol{f}(\boldsymbol{y}_n + \dfrac{h}{3}\boldsymbol{k}_1, t_n + \dfrac{h}{3}) \\
\boldsymbol{k}_3 = \boldsymbol{f}(\boldsymbol{y}_n + \dfrac{h}{6}(\boldsymbol{k}_1 + \boldsymbol{k}_2), t_n + \dfrac{h}{3}) \\
\boldsymbol{k}_4 = \boldsymbol{f}(\boldsymbol{y}_n + \dfrac{h}{8}(\boldsymbol{k}_1 + 3\boldsymbol{k}_3), t_n + \dfrac{h}{2}) \\
\boldsymbol{k}_5 = \boldsymbol{f}(\boldsymbol{y}_n + \dfrac{h}{2}(\boldsymbol{k}_1 - 3\boldsymbol{k}_3 + 4\boldsymbol{k}_4), t_n + h)
\end{cases} \tag{3.371}
$$

此为四阶五级公式,还可推导出一个三阶四级公式:

$$
\hat{\boldsymbol{y}}_{n+1} = \boldsymbol{y}_n + \frac{h}{6}(3\boldsymbol{k}_1 - 9\boldsymbol{k}_3 + 12\boldsymbol{k}_4) \tag{3.372}
$$

令误差为

$$
\boldsymbol{E}_n = \hat{\boldsymbol{y}}_{n+1} - \boldsymbol{y}_{n+1}
$$

则有

$$
\boldsymbol{E}_n = \frac{h}{6}(2\boldsymbol{k}_1 - 9\boldsymbol{k}_3 + 8\boldsymbol{k}_4 - \boldsymbol{k}_5) \tag{3.373}
$$

式(3.370)、式(3.372)、式(3.373)简称为 RKM3-4 法。根据该步的绝对误差 E_n,即可按步长的控制策略进行步长的控制,通常用对分策略。

设定一个最小误差限 $\varepsilon_{\min}$,一个最大误差限 $\varepsilon_{\max}$,每一步的局部误差取为

$$
e_n = \| E_n \| / (\| y_n \| + 1) \tag{3.374}
$$

式中:E_n 为变步长公式计算出的误差估计。

由式(3.374)可知,当 $\| y_n \|$ 较大时,e_n 是相对误差,而当 $\| y_n \|$ 很小时,e_n 就成了绝对误差,这样可避免当 $\| y_n \|$ 值很小时,e_n 变得过大。

其控制策略是:当 e_n 大于 $\varepsilon_{\max}$ 时,将步长对分减半,并重新计算该步;当 e_n 在 $\varepsilon_{\min}$ 与 $\varepsilon_{\max}$ 之间时,步长不变;当 e_n 小于 $\varepsilon_{\min}$ 时,将步长加倍。即:

若 $e_n > e_{\max}$,则 $h_{n+1} = h_n/2$,重算此步;

若 $e_{\min} < e_n < e_{\max}$,则 $h_{n+1} = h_n$,继续计算;

若 $e_n < e_{\min}$,则 $h_{n+1} = 2h_n$,继续计算。

这种对分策略简便易行,每步附加计算量小,但不能达到每步最优。还有一种最优步长控制策略,其基本思想是在保证精度的前提下,每个积分步取最大步长(或称最优步长),这样可以减少计算量。具体做法是根据本步误差估计,近似确定下一步可能的最大步长,其策略如下:

给定相对误差限 ε_0,设本步步长为 h_n,本步相对误差估计值利用式(3.374)计算。

对于 k 阶积分算法,认为

$$
\boldsymbol{E}_n = \boldsymbol{\varphi}(\xi) h_n^k \tag{3.375}
$$

式中:$\boldsymbol{\varphi}(\xi)$ 是 $\boldsymbol{f}(\boldsymbol{y}, t)$ 在积分区间 $(t_n, t_n + h)$ 内一些偏导数的组合,通常可取 $\xi = t_n$,则有

$$e_n = \frac{\| \varphi(t_n) \| h_n^k}{\| y_n \| + 1} \tag{3.376}$$

据此作判断:

(1) 若 $e_n \leqslant \varepsilon_0$,则本步积分成功,确定下一步的最大步长 h_{n+1}。

假定 h_{n+1} 足够小,则 $\boldsymbol{\varphi}(t_n + h_{n+1}) \approx \boldsymbol{\varphi}(t_n)$,下一步误差为

$$e_{n+1} = \frac{\| \boldsymbol{\varphi}(t_{n+1}) \| h_{n+1}^k}{\| y_{n+1} \| + 1} \approx \frac{\| \boldsymbol{\varphi}(t_n) \| h_{n+1}^k}{\| y_{n+1} \| + 1} \tag{3.377}$$

为使 $e_{n+1} \leqslant \varepsilon_0$,即

$$\frac{\| \boldsymbol{\varphi}(t_n) \| h_{n+1}^k}{\| y_{n+1} \| + 1} \leqslant \varepsilon_0 \tag{3.378}$$

则有

$$h_{n+1} \approx \left(\frac{\varepsilon_0(\| y_{n+1} \| + 1)}{\| \boldsymbol{\varphi}(t_n) \|} \right)^{1/k} \tag{3.379}$$

将式(3.363)代入上式,得

$$h_{n+1} \approx (\varepsilon_0 h_n^k / e_n)^{1/k} = h_n (\varepsilon_0 / e_n)^{1/k} \tag{3.380}$$

(2) 若 $e_n \geqslant \varepsilon_0$,则本步失败,按式(3.380)求出一个积分步长,它表示重新积分的本步步长,再算一遍,即

$$h_{n+1} \leftarrow h_n (\varepsilon_0 / e_n)^{1/k} \tag{3.381}$$

由于假定 h_{n+1} 足够小,因此 $\boldsymbol{\varphi}(t_n)$ 基本不变,故必须限制步长的缩小与放大,一般限制 h 的最大放、缩系数为 10,即要求

$$0.1 h_n < h_{n+1} < 10 h_n \tag{3.382}$$

有关最优步长控制,除此方法以外,还有其它方法,可参阅相关文献。采用最优步长控制后,计算量明显减少,但上述两种控制方法对于函数中含有间断特性的情况不适合。因为在间断点附近会出现步长频繁放大、缩小的振荡现象,由于最优步长控制法是以本步误差外推下一步步长,因此振荡现象更为严重。

3.5 火炮射击密集度建模技术

射击密集度是考核火炮的重要性能指标之一,因此在火炮研制中,需要花费大量的人力、物力和财力以切实保证射击密集度指标的实现。由于射击密集度是一个涉及火炮系统的问题,影响射弹散布的因素十分复杂,如火炮结构、装药、弹丸、装填条件、射手的操作、气象条件,等等,这些因素都是随机变量。利用传统的设计方法尚不能分析上述因素对射击密集度的影响规律,得不到火炮结构、弹药参数与射击密集度之间的内在关系,仍采用实弹射击的方法统计射击密集度,难以从设计的角度对射击密集度进行有效的控制。本节讨论射击密集度的建模理论与方法,利用多体系统动力学模型计算弹丸出炮口瞬间的运动,并模拟火炮机构间隙与空回、装药、弹丸以及操作等随机因素,使输出的弹丸出炮口瞬间的运动参量为随机变量,把它们作为外弹道计算的初始条件,模拟气象、弹形等随机因素,利用中间偏差计算公式可预测地面密集度和立靶密集度。

3.5.1 随机数发生器

火炮是一种机、电、液耦合的复杂机械系统,受产品固有因素、制造装配以及自然环境的影响,火炮的技术参数(从模型的角度出发可以分为输入参数和输出参数)具有随机性。火炮技术参数在单个试验中具有不确定性,但在大量试验下又呈现一定的统计规律性(如炮口初速、膛压、射程等),为了能在数值仿真模型中反映这种统计规律,需要把概率统计的方法引入到火炮发射动力学仿真中,为射击密集度分析提供定性定量依据。

随机变量的计算机模拟方法有多种,经常使用的有均匀分布、正态分布等随机变量模型,然而由于火炮技术参数分布的复杂性,很难用一种或两种分布模型来进行合理的刻画,因此,需要对多个分布模型的仿真结果进行分析概括,结合实测数据,选择合理的分析理论和方法。

1. 均匀分布随机变量

均匀分布 $U(a,b)$ 的概率密度函数为

$$f(x)=\begin{cases}\dfrac{1}{b-a} & a \leqslant x \leqslant b \\ 0 & \text{其它}\end{cases} \tag{3.383}$$

均匀分布的随机变量为

$$x=a+r(b-a) \tag{3.384}$$

式中:r 为 $U(0,1)$ 的随机变量。

为了保证随机变量的不重复性,编制时钟变量控制随机数产生的种子;另外还要进行均匀性和独立性检验。图 3.17 为某火药弧厚的均匀分布模拟曲线。

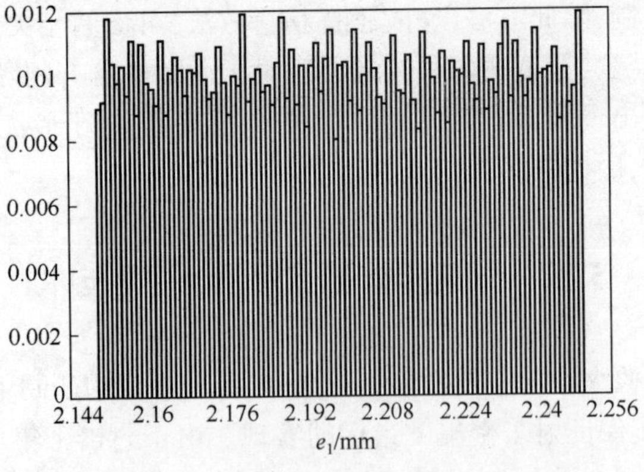

图 3.17 某火药弧厚的均匀分布模拟曲线

2. 正态分布的随机变量

标准正态分布 $N(\mu,\sigma^2)$ 的概率密度函数为

$$f(x)=\frac{1}{\sqrt{2\pi}\sigma}e^{-\frac{(x-\mu)^2}{2\sigma^2}} \tag{3.385}$$

正态分布的随机变量为

$$x = \mu + \sigma \frac{\sum_{i=1}^{n} r_i - \frac{n}{2}}{\sqrt{n/12}} \tag{3.386}$$

式中：r_i 为 $U(0,1)$ 的随机变量，一般 $n \geqslant 12$。

图 3.18 为某火药弧厚的正态分布模拟曲线。

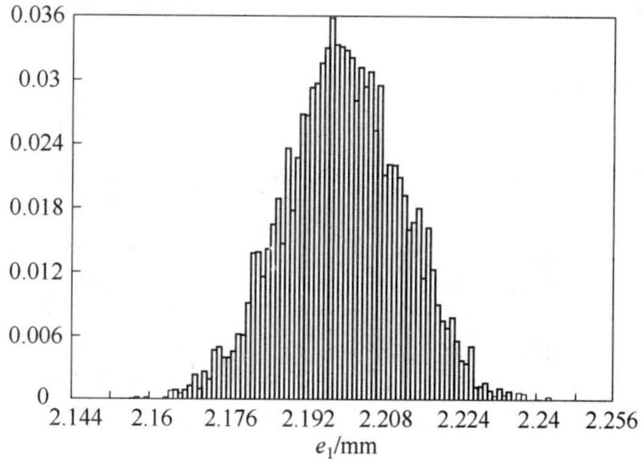

图 3.18 某火药弧厚的正态分布模拟曲线

3. 逆正态分布随机变量

定义逆正态分布(图 3.19)的概率密度为

$$f(x) = \begin{cases} s(1 - e^{-\frac{x^2}{2}}) & -1 \leqslant x \leqslant 1 \\ 0 & \text{其它} \end{cases} \tag{3.387}$$

其中 s 必须满足：

$$\int_{-\infty}^{\infty} f(x)\,dx = 1 \tag{3.388}$$

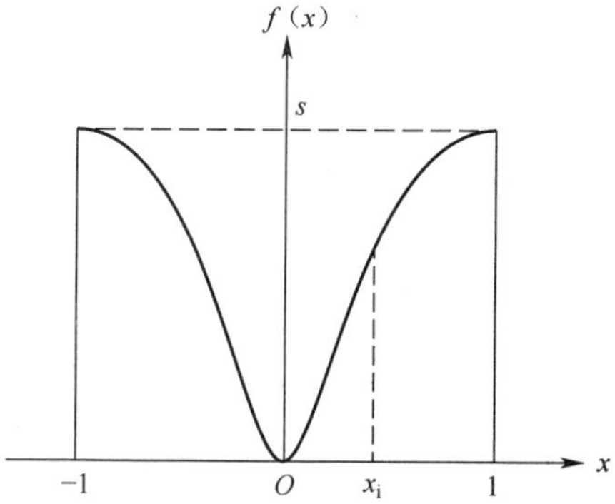

图 3.19 逆正态分布示意图

把式(3.387)代入式(3.388)，利用辛普生数值积分法，求得 $s = 3.46320460681381$。

逆正态分布的随机变量算法如下：

利用辛普生法计算积分 $y_i = \int_{-1}^{x_i} f(x)\,dx$，这里 $x_i \in [-1,1]$，$i = 1,2,\cdots n$，n 根据计算精度尽可能取较大的正整数，为了节省计算时间，可把 x_i, y_i 事先计算好并存储在数据文件中备用。

产生 $U(0,1)$ 的随机变量 r，找出 j 使得 $y_j \leqslant r \leqslant y_{j+1}$，则所需要的随机变量近似为

$$x = x_j + \frac{x_{j+1} - x_j}{y_{j+1} - y_j}(r - y_j) \tag{3.389}$$

图 3.20 为某火药弧厚的逆正态分布模拟曲线。

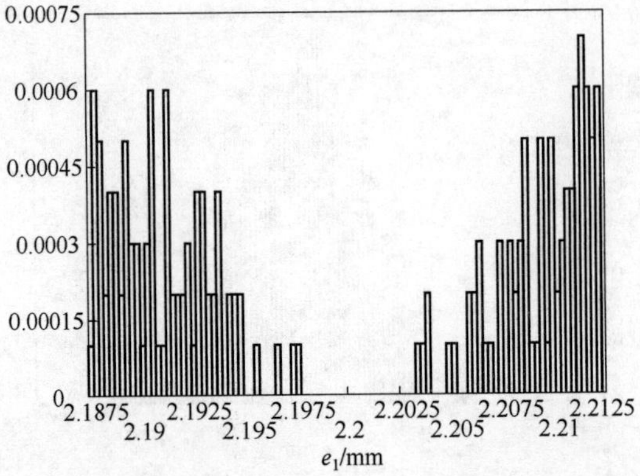

图 3.20　某火药弧厚的逆正态分布模拟曲线

4. 边缘分布随机变量

边缘分布的概率密度为

$$f(x) = \begin{cases} 1/2 & x = a \\ 1/2 & x = b \\ 0 & \text{其它} \end{cases} \tag{3.390}$$

边缘分布的随机变量为

$$x = \begin{cases} a & r < \dfrac{1}{2} \\ b & \text{其它} \end{cases} \tag{3.391}$$

式中：r 为 $U(0,1)$ 的随机变量。

图 3.21 为某火药弧厚的边缘分布模拟曲线。

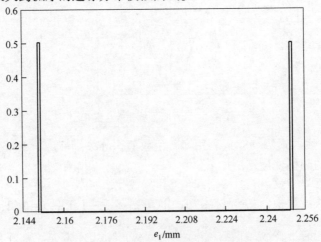

图 3.21　某火药弧厚的边缘分布模拟曲线

3.5.2 随机炮口振动

为了获得随机的炮口振动,借助前述随机因素模拟模型,获得装药、弹丸、火炮结构等参数的一组随机值,然后利用火炮多体系统动力学模型进行数值计算,就可获得一组随机的炮口振动值,计算流程如图 3.22 所示。

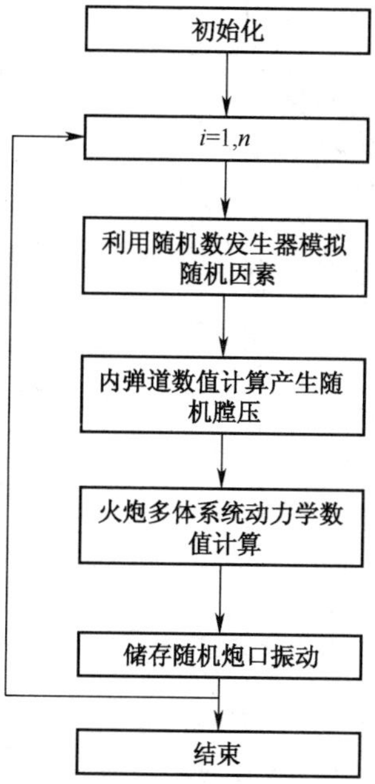

图 3.22 随机炮口扰动计算流程图

3.5.3 火炮射击密集度计算模型

利用上节介绍的随机炮口振动计算模型获得随机的炮口扰动,再模拟气象条件(如纵风、横风等)的随机性,利用外弹道仿真程序就可以获得随机的弹着点或靶着点。由于火炮多体系统动力学采用的坐标系与外弹道坐标系不同,因此需要对相应的角度和速度进行转换。

外弹道中常采用弹轴坐标系 $O_5x_5y_5z_5$ 以及辅助坐标系 O_5xyz(如图 3.23 所示)。以弹带中心 O_5 为原点,坐标系 O_5xyz 的各轴与绝对坐标系 $OXYZ$ 的各轴平行,即 O_5x 为过 O_5 的水平平面与射面的交线,指向射击方向为正,O_5y 铅垂向上为正。设理想弹道的倾角为 θ,首先绕 O_5z 逆时针旋转 $\varphi_a(=\theta+\varphi_2)$,再绕 O_5y'顺时针旋转 φ_1,最后绕 O_5x_5 自转 γ,旋转后的坐标系相对绝对坐标系的方向余弦矩阵为

$$\boldsymbol{A}=\begin{bmatrix} c\varphi_1 c\gamma & s\varphi_a s\varphi_1+c\varphi_a s\varphi_1 c\gamma & -c\varphi_a s\gamma+s\varphi_a s\varphi_1 c\gamma \\ s\varphi_1 & c\varphi_a c\varphi_1 & s\varphi_a s\varphi_1 \\ c\varphi_1 s\gamma & -s\varphi_a c\gamma+c\varphi_a s\varphi_1 s\gamma & c\varphi_a c\gamma+s\varphi_a s\varphi_1 s\gamma \end{bmatrix} \tag{3.392}$$

式中:s 表示 sin,c 表示 cos,以下皆同。

设弹轴坐标系相对绝对坐标系的 3 个卡尔丹角为 $\varphi_{51},\varphi_{52},\varphi_{53}$,该坐标系相对绝对坐标系的方向余弦矩阵为

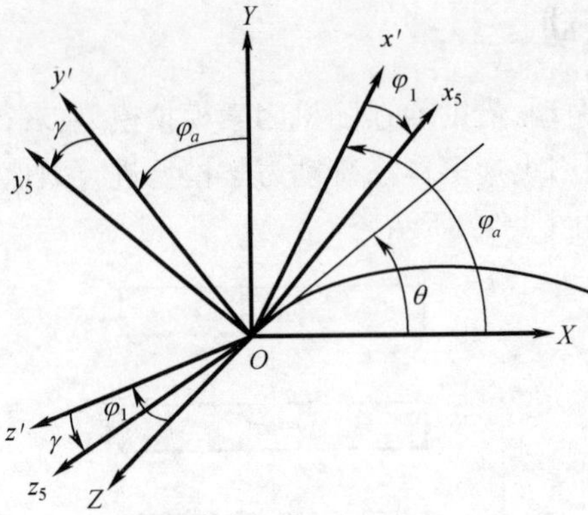

图 3.23　弹轴坐标系示意图

$$\boldsymbol{A}=\begin{bmatrix} c\varphi_{52}c\varphi_{53} & c\varphi_{51}s\varphi_{53}+s\varphi_{51}s\varphi_{52}c\varphi_{53} & s\varphi_{51}s\varphi_{53}-c\varphi_{51}s\varphi_{52}c\varphi_{53} \\ -c\varphi_{52}s\varphi_{53} & c\varphi_{51}c\varphi_{53}-s\varphi_{51}s\varphi_{52}s\varphi_{53} & s\varphi_{51}c\varphi_{53}-c\varphi_{51}s\varphi_{52}s\varphi_{53} \\ s\varphi_{52} & -s\varphi_{51}c\varphi_{52} & c\varphi_{51}c\varphi_{52} \end{bmatrix} \tag{3.393}$$

比较式(3.392)和式(3.393),得

$$\varphi_1=\arcsin(c\varphi_{52}s\varphi_{53}) \tag{3.394}$$

$$\varphi_2=\arcsin\left(\frac{s\varphi_{51}c\varphi_{53}-c\varphi_{51}s\varphi_{52}s\varphi_{53}}{c\varphi_{51}}\right)-\theta \tag{3.395}$$

上述两式给出了火炮多体系统动力学中常用的卡尔丹角 $\varphi_{51},\varphi_{52},\varphi_{53}$ 与弹轴摆角 φ_1,φ_2 之间的转换关系。对上述两式求导得到弹轴摆角角速度:

$$\dot{\varphi}_1=\frac{-\dot{\varphi}_{52}s\varphi_{52}s\varphi_{53}+\dot{\varphi}_{53}c\varphi_{52}c\varphi_{53}}{c\varphi_1} \tag{3.396}$$

$$\dot{\varphi}_2=\frac{\dot{\varphi}_1 s\varphi_a s\varphi_1+\dot{\varphi}_{51}c_{51}-\dot{\varphi}_{52}c\varphi_{51}c\varphi_{52}s\varphi_{53}-\dot{\varphi}_{53}c_{53}}{c\varphi_a c\varphi_1} \tag{3.397}$$

式中:$c_{53}=s\varphi_{53}(s\varphi_{51}-c\varphi_{51}c\varphi_{52})$,$s_{53}=c\varphi_{51}c\varphi_{53}+s\varphi_{51}s\varphi_{52}s\varphi_{53}$。

用同样的方法可以获得弹丸速度偏角 ψ_1,ψ_2,如图 3.24 所示,建立速度坐标系 $O_5x_\nu y_\nu z_\nu$,该坐标系与绝对坐标系的关系为:绕 O_5z 逆时针旋转 $\psi_a(=\theta+\psi_2)$,再绕新的 y 轴顺时针旋转 ψ_1,形成速度坐标系 $O_5x_\nu y_\nu z_\nu$,弹丸速度矢量与 O_5x_ν 同向,速度坐标系相对绝对坐标系的方向余弦矩阵为

$$\boldsymbol{A}=\begin{bmatrix} c\psi_1 & -c\psi_a s\psi_1 & -s\psi_a s\psi_1 \\ s\psi_1 & c\psi_a c\psi_1 & s\psi_a c\psi_1 \\ 0 & -s\psi_a & c\psi_a \end{bmatrix} \tag{3.398}$$

设弹丸速度在绝对坐标系的投影分别为 V_{5x},V_{5y},V_{5z},令 $V=(V_{5x}{}^2+V_{5y}{}^2+V_{5z}{}^2)^{1/2}$,则

$$\begin{cases} V_{5x}=Vc\psi_a c\psi_1 \\ V_{5y}=Vs\psi_a c\psi_1 \\ V_{5z}=Vs\psi_1 \end{cases} \tag{3.399}$$

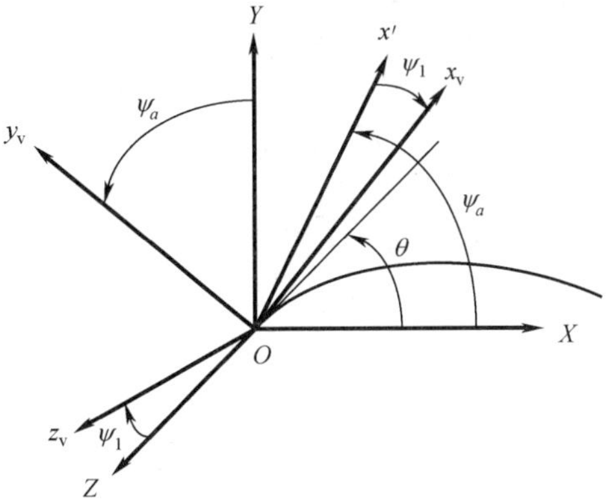

图 3.24　速度坐标系示意图

由上式可得

$$\begin{cases}\psi_1 = \arcsin\left(\dfrac{V_{5x}}{V}\right) \\ \psi_2 = \arctan\left(\dfrac{V_{5y}}{V_{5x}}\right) - \theta\end{cases} \tag{3.400}$$

利用中间偏差计算立靶密集度的公式为

$$E_y = 0.6745\sqrt{\frac{\sum_{i=1}^{n}(\bar{y} - y_i)^2}{n-1}} \tag{3.401}$$

$$E_z = 0.6745\sqrt{\frac{\sum_{i=1}^{n}(\bar{z} - z_i)^2}{n-1}} \tag{3.402}$$

式中：$y_i, z_i (i = 1,2,\cdots,n)$ 分别为第 i 发弹丸靶着点在高低和方向上的坐标；n 为某组发射弹丸的发数；$\bar{y} = \sum_{i=1}^{n} y_i/n$ 和 $\bar{z} = \sum_{i=1}^{n} z_i/n$ 分别为靶着点 y_i 和 z_i 坐标的平均值。

地面密集度的计算公式为

$$E_x = 0.6745\sqrt{\frac{\sum_{i=1}^{n}(\bar{x} - x_i)^2}{n-1}} \tag{3.403}$$

$$E_z = 0.6745\sqrt{\frac{\sum_{i=1}^{n}(\bar{z} - z_i)^2}{n-1}} \tag{3.404}$$

式中：$x_i, z_i (i = 1,2,\cdots,n)$ 分别为第 i 发弹丸弹着点在距离和方向上的坐标；n 为某组发射弹丸的发数；$\bar{x} = \sum_{i=1}^{n} x_i/n$ 和 $\bar{z} = \sum_{i=1}^{n} z_i/n$ 分别为弹着点 x_i 和 z_i 坐标的平均值。

纵向密集度通常表示为

$$B_x = \frac{1}{[\bar{x}/E_x]} \tag{3.405}$$

式中:[.]表示取整。

横向密集度通常用密位表示,即

$$B_x = \frac{3000}{\pi}\frac{E_z}{\bar{x}} \tag{3.406}$$

第 4 章　基于 ADAMS 的火炮发射动力学建模技术

4.1　ADAMS 软件简介

ADAMS 系列软件是美国 MSC 公司的虚拟产品开发（VPD）软件包的重要组成部分，是最著名的机械系统虚拟样机分析软件，也是世界范围内用户最多的机械系统动力学仿真软件，本节以 ADAMS 2007 R1 为蓝本介绍其基本组成、功能以及动力学建模过程。

4.1.1　ADAMS 的模块组成和功能

ADAMS 软件包括基本模块、插件模块和专业模块。基本模块由 ADAMS/View（用户界面模块）、ADAMS/Solver（求解器模块）和 ADAMS/PostProcessor（后处理模块）等组成，利用基本模块可以对一般机械系统进行动力学建模与仿真。为了满足一些特殊用户的需求，还配备了插件模块 ADAMS/Flex、ADAMS/Insight、ADAMS/Vibration、ADAMS/Control、ADAMS/Durability 以及专业模块 ADAMS/Car、ADAMS/Car Ride、ADAMS/Tire、ADAMS/Chassis、ADAMS/ATV 等。

1. 基本模块

1）ADAMS/View

ADAMS/View 是 ADAMS 多体系统动力学建模和仿真的最核心模块之一，其建模特点是利用交互式图形界面（图 4.1）方便地建立机械系统虚拟样机模型，一般先建立机械

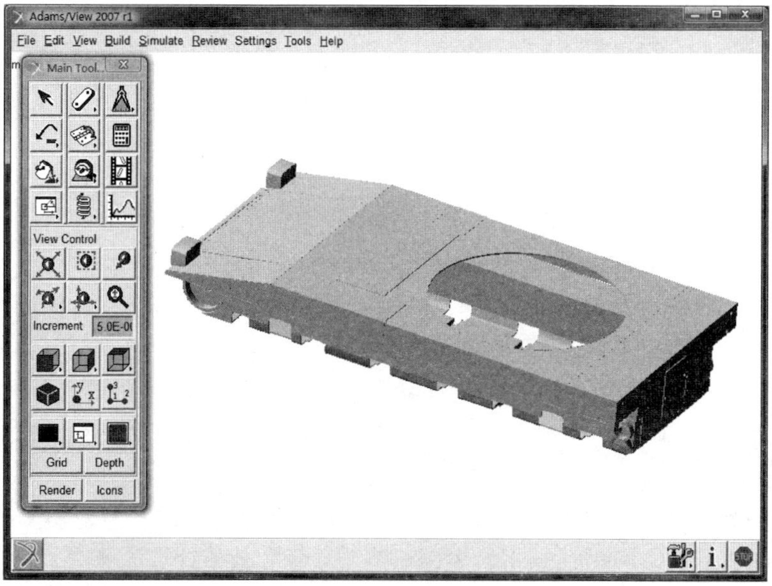

图 4.1　ADAMS/View 的交互式图形建模界面

系统的三维 CAD 模型(也可输入其它 CAD 软件的几何模型),在此基础上根据机械系统实际工作时的受力和连接关系,在几何模型上定义力/力矩、接触/碰撞、约束等,然后选择合适的求解策略对机械系统的运动和受力进行数值仿真。

由于 ADAMS/View 拥有丰富的零件几何图形库、约束库、力/力矩库、接触/碰撞库、求解策略库以及函数与子程序功能,因此用户可以像搭积木一样利用图标、菜单、鼠标点取等操作快捷地完成基本的动力学建模;ADAMS/View 既可以建立多刚体系统动力学模型,也可以建立复杂的刚柔耦合多体系统动力学模型;ADAMS/View 支持批处理及用户订制命令,利用丰富的宏命令,实现大量重复性的繁琐建模工作,提高建模效率;ADAMS/View 具有完全开放的建模环境,支持大部分 CAD/CAE 的三维几何模型和模态分析模型格式,允许用户利用 C 或 FORTRAN 语言编制专用程序模块;ADAMS/View 具有动力学参数灵敏度分析与优化功能,根据不同的分析目的,可分别进行设计研究、实验设计和优化分析等设计评估,用于评估不同机械系统设计方案。

2) ADAMS/Solver

ADAMS/Solver 是 ADAMS 系列软件中最核心的模块之一,它根据 ADAMS/View 定义或用户通过命令行直接定义的机械系统动力学模型,自动推导和组集系统的运动微分/代数方程,并进行自动解算,输出各种运动学和动力学结果,因此该模块被称为仿真"发动机"。

ADAMS/Solver 既可以作为 ADAMS/View 的内嵌模块,也可以独立运行。对一般用户而言,可以把它看作一个"黑箱",即按照 ADAMS/Solver 要求的模型格式定义模型,然后由 ADAMS/Solver 完成数值仿真,用户只需对其输出的结果进行分析;对于高级用户,也可以利用 ADAMS/Solver 提供的开发接口,利用 ADAMS 自身的语言环境或普通的高级语言如 FORTRAN 或 C++,根据仿真系统的特殊要求,开发具有专门功能的动力学模型。

3) ADAMS/PostProcessor

ADAMS 仿真结果的后处理由专业级的 ADAMS/PostProcessor 模块来完成,用来输出高性能的动画、曲线、数据文档等,还可以进行曲线编辑、积分、微分、FFT 变换、滤波等,使用户可以方便、快捷地观察和研究 ADAMS 的仿真分析结果,如图 4.2 所示。ADAMS/PostProcessor 既可以作为 ADAMS/View 的内部模块,也可作为独立的后处理模块单独运行。

2. 插件模块

1) ADAMS/Flex

ADAMS/Flex 是 ADAMS 软件的柔体建模模块。建立柔体的目的是为了更精确地描述机械系统在工作中的动态行为,如构件的变形、受力等。在 ADAMS 建模体系中采用假设模态法来描述构件的变形,所需的模态信息一般由有限元分析软件产生的模态中性文件(MNF)提供,该文件主要包括节点位置和节点之间连接关系的几何信息、模态质量和模态转动惯量、所有节点的振型及其对应的广义质量和刚度等。在模态分析时要考虑以下因素:

(1) 节点数目的限制。理论上 ADAMS 对节点数目没有限制,但是随着节点数目的增加,系统的自由度也会增加,这将大大影响图形显示和数值计算的速度。

(2) 附着节点(Attachment Points)的定义。ADAMS 中柔体与外界信息的交换只能通

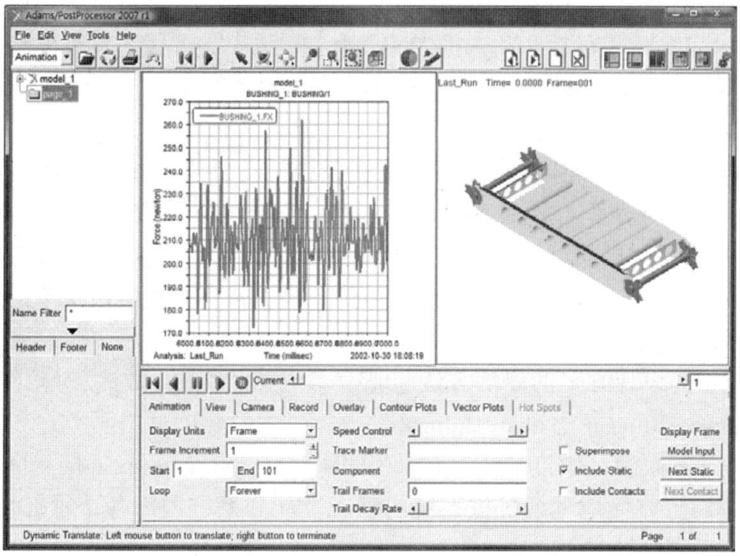

图 4.2 ADAMS/PostProcessor 界面

过附着节点来实现,如定义载荷、约束等,因此建立模态分析模型时必须考虑哪些节点需要定义成附着节点,但是附着节点也不能定义太多,每增加 1 个附着节点,系统就增加 6 个自由度,数值计算的负担就大大增加。

(3) 模态的合理选择。ADAMS/Flex 可以根据需要抑制某些对系统响应贡献不大的模态,这对提高计算速度非常关键。一般情况下高频模态对系统的响应贡献相对较小,因此在选择模态时尽量以低频模态为主;也可以根据模态质量或模态转动惯量的大小来取舍相应的模态;在没有选取经验的情况下可以通过反复比较不同模态对响应的影响,切忌根据个人兴趣随意选取模态。

(4) 计量单位的标识。计量单位在模态分析模型中必须指定,一般情况下有限元软件需要定义所采用的计量单位,如 mm、kg、s 制,但有些商用有限元软件采用默认的单位制,可能不加以标识,这时候最方便的检验方法就是检查在有限元分析软件和 ADAMS 软件中的柔体质量是否一致,如果不一致就要仔细检查所采用的单位制。

(5) 约束模态和刚体模态。在 ADAMS/Flex 中最好不要给节点加约束,除非该节点相对地面(绝对坐标系)不动,另外对刚体运动模态也要抑制,因为刚体运动模态的引入最容易导致数值计算的奇异性,在默认情况下刚体运动的模态已经考虑,如果再考虑这样的模态,在 ADAMS 提供的数值积分算法里是不允许的,必然导致数值积分的发散。

ADAMS/Flex 支持 ANSYS、NASTRAN、MARC、ABAQUS、I-DEAS 等有限元分析软件的模态中性文件的输入,这里仅以 I-DEAS 软件为例说明模态中性文件的建立方法,主要步骤如下:

(1) 建立好有限元网格模型后选择 BoundaryConditions task 模块,然后选择 Superelement Creation 选项;

(2) 根据需要定义相应的附着点和约束自由度;

(3) 利用 Boundary Conditions Management 定义约束集;

(4) 进入 Solution 模块,选择 Create Solution Set form,然后选择 Options,再选择

Solution Control,定义相应的模态阶数;

(5) 进入 Solution Sets 后必须选择 MNF 输出选项,并定义模态中性文件的名字,然后选择 Solve,开始计算 ADAMS 所需要的模态中性文件 MNF。

2) ADAMS/Insight

ADAMS/Insight 是设计人员评价不同机械系统设计方案的有效工具,利用该软件可以规划和完成一系列仿真试验,从而精确地预测所设计的复杂机械系统在各种工作条件下的性能,并提供了对试验结果进行各种专业化统计分析的工具。该软件既可以在 ADAMS/View、ADAMS/Car、ADAMS/Car 环境中运行,也可作为独立的模块单独运行。

ADAMS/Insight 的主要功能如下:

(1) 研究不同设计方案的评估方法包括全参数法、部分参数法、对角线法、Box-Behnken 法,P1acket-Bruman 法和 D-Optimal 法等。

(2) 动力学参数的灵敏度分析算法采用响应面法(Response Surface Methods),从而使设计人员可以更方便地理解机械系统的动态性能和系统内部各个零部件之间的相互作用。

(3) 可以采用设计人员熟悉的工程单位制,让设计人员更加方便地输入其它试验结果进行工程分析。

(4) 采用设计人员熟悉的网页技术,将仿真试验结果通过网页进行技术交流,便于不同的部门参与评价和调整机械系统的动态性能。

(5) 在物理样机制造之前,设计人员可综合考虑各种制造因素的影响,如机械产品的公差、装配误差、加工精度等,有效地提高了机械产品的实用性。

3) ADAMS/Vibration

ADAMS/Vibration 是用于强迫振动分析的 ADAMS 插件模块,并且输入和输出均在频域内描述,即研究和分析机械系统的频域问题,该模块可作为 ADAMS 的机械系统动力学模型从时域向频域转换的桥梁。

ADAMS/Vibration 的主要功能如下:

(1) 允许用户将 ADAMS 其它模块的线性化模型无缝地转换到 ADAMS/Vibration 中,模型中可以包含液压、控制、用户自定义系统等因素,进行不同测试点受迫响应的频域分析。

(2) 可定义丰富的频域输入函数,如正弦扫频函数、功率谱函数、转动不平衡;允许用户创建各种基于频域的力谱。

(3) 通过动画、图表等可视化输出研究幅频和相频响应。

(4) ADAMS/Vibration 的输出数据可以用于研究 NVH(Noise, Vibration and Harshness)。

(5) 可进行柔体的模态应力恢复分析。

(6) 可输出应力/应变频域函数。

4) ADAMS/Control

ADAMS/Control 可以作为 ADAMS/View、ADAMS/Car、ADAMS/Chassis 等的插件模块,利用该模块可以在虚拟样机模型中增加控制系统的模型,从而实现机械环节与控制环节的一体化建模与仿真。ADAMS/Control 的主要功能为:

（1）可将 MATLAB、Easy5、AMESim 等建立的控制框图模型转入到 ADAMS 模型中，从而完全在 ADAMS 环境中进行机电一体化仿真。

（2）可将 ADAMS 定义的机械系统动力学模型转换到 MATLAB、Easy5、AMESim 等控制仿真软件中，作为控制框图的一个环节，完全在控制仿真软件环境下进行机电一体化仿真。

（3）进行混合仿真，即控制方程由控制仿真软件求解，而机械系统动力学方程由 ADAMS 求解。

5）ADAMS/Durability

ADAMS/Durability 是 ADAMS/View 的插件模块，利用该模块可进行机械产品的耐久性虚拟试验，改变了传统的以实物试验为主的耐久性设计理念。ADAMS/Durability 的主要特点如下：

（1）可以对机械产品的耐久性工作循环进行仿真，直接以 RPC III 或 DAC 格式输出零部件载荷历程，再驱动耐久性虚拟试验，既减小了对磁盘空间的要求，又提高了计算性能。

（2）利用疲劳寿命预测程序可有效地预测构件的疲劳寿命，为改进产品设计提供依据。

（3）可以对刚性或柔性构件的应力分布规律进行可视化处理，更方便地发现构件上薄弱环节所在的部位。

（4）提供良好的开放环境，例如为利用 NASTRAN 或 ANSYS 进行动态应力分析提供接口，也为利用 MSC. Fatigue 或 FE-Fatigue 进行构件寿命预测提供了接口。

（5）为 ADAMS/View、ADAMS/Car 等进行系统级的机械产品性能仿真提供了渠道。

3. 专业模块

主要介绍 ADAMS/Car、ADAMS/ATV 等 2 个专业模块。

1）ADAMS/Car

ADAMS/Car 是 ADAMS 用于车辆模拟的专业模块，利用该模块可建立车身、悬架、传动系统、发动机、转向机构、制动系统等车辆各子系统的虚拟样机模型，从而对车辆性能进行仿真分析。ADAMS/Car 的主要特点如下：

（1）可对车辆的方向盘阶跃、斜坡和脉冲输入、蛇行穿越试验、漂移试验、加速试验、制动和稳态转向等进行仿真试验，可对试验过程中的节气门开度、变速器挡位等进行设置。

（2）提供车辆各子系统的建模模板，如双横臂悬架、麦弗逊悬架、齿轮齿条式转向器等模型的模板，方便了用户的建模；而对高级用户而言，可利用 Adams/Car 的 Template Builder 工具建立用户模板。

（3）可以快速地对不同的车辆设计方案进行评估分析，如可研究不同的悬架结构形式与几何尺寸、悬挂刚度等对车辆特性的影响。

2）ADAMS/ATV

ADAMS/ATV 是一款针对履带式车辆动力学仿真的专业模块，可以建立不同类型的履带系统模型，研究其动态特性以及与不同特性土壤的相互作用。ADAMS/ATV 的主要特点如下：

(1) 提供车辆模型 Atv/creat/model、车体 Atv/creat/hull、履带系统 Atv/creat/tracksystem、驱动轮 Atv/creat/sprocket、负重轮 Atv/creat/road-wheel、诱导轮 Atv/creat/idler、托带轮 Atv/creat/support-roll、履带板 Atv/creat/belt 以及履带系统装配 Atv/misc/assemble track system 等完整的履带车辆建模工具,可方便地建立各种类型的履带车辆模型。

(2) 提供硬质地面(Hard ground)、弹塑性地面(Elasto-plastic ground)、软性地面(Soft ground)、用户自定义地面(User ground)等 4 种类型的地面模型。

(3) 可以模拟履带车辆通过平地、障碍、沟壑、斜坡及其组合等多种路况的动力学行为,为履带车辆的设计提供依据。

4.1.2 利用 ADAMS 进行动力学分析的一般过程

在 ADAMS 环境中进行机械系统动力学分析的一般过程如图 4.3 所示。

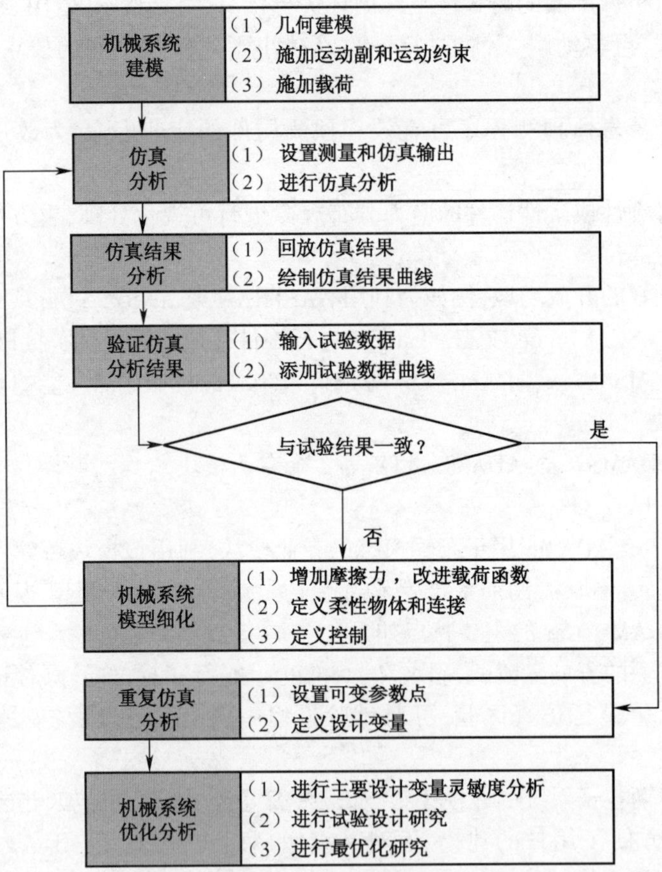

图 4.3 机械系统动力学分析的一般过程

4.2 基于 ADAMS 软件的火炮发射动力学建模技术

在 ADAMS 中,复杂机械系统的动力学模型主要包括以下 4 部分:

(1) 部件(Part):也称构件,或物体。部件分为刚性部件和柔性部件。刚性部件(也叫刚体),其几何形体在任何时候都不会发生改变,有质量属性和惯性属性。刚体可以通过几何建模获得,柔性体则由有限元模态分析获得的模态中性文件(.MNF 文件)来定义。

(2) 约束(驱动):将不同的物体联接在一起的模型元素,如铰、运动副等。

(3) 力:包括单方向的作用力和三个方向的作用力,以及力偶。

(4) 力元:包括弹簧、梁、衬瓦、场力等。

除了要建立以上模型元素外,还要定义接触/碰撞等。

4.2.1 火炮构件的几何建模

ADAMS/View 提供了丰富的几何体建模工具,其中包括作图几何元素、简单几何实体、连接和布尔运算工具,以及模型修饰工具。通常创建几何体可以选择菜单命令,也可以使用主工具箱中的图形工具库,如图 4.4 所示。

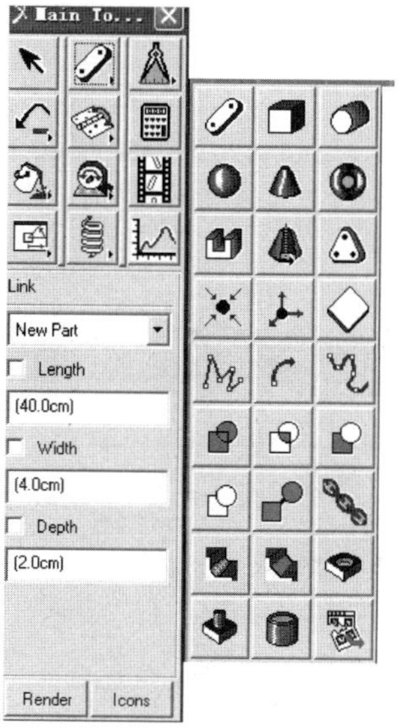

图 4.4 几何建模工具集

几何建模主要包括简单形体和复杂形体的建模。简单形体的建模可直接利用参数化图库获得(如长方体、连杆、圆柱、球、锥台等),也可以先绘制二维草图,再通过拉伸(Extrusion)或回转(Revolution)获得三维模型;复杂形体可以由若干个基本形体通过一定的布尔运算方式获得。图 4.5 是利用 ADAMS 的几何建模工具得到的某火炮供弹支架三维模型。

几何建模的意义在于:①为动力学分析提供各零部件的质量、质心位置和转动惯量等信息,以便 ADAMS 自动建立动力学方程;②通过实体模型更真实精确地确定约束和载荷的施加位置;③为定义接触/碰撞模型提供准确的几何信息;④便于仿真过程可视化和仿真结果动画回放。

一旦建立好构件的三维模型后,系统就自动赋予其材质属性(默认为钢),该构件就有了质量、转动惯量、初始速度、初始位置和方向等属性,也可以对构件的相关属性进行必要的修改。可以有两种方法修改构件的特性。

(1) 右击该构件,在弹出的快捷菜单中选择 Modify 命令,显示构件的特性修改对话

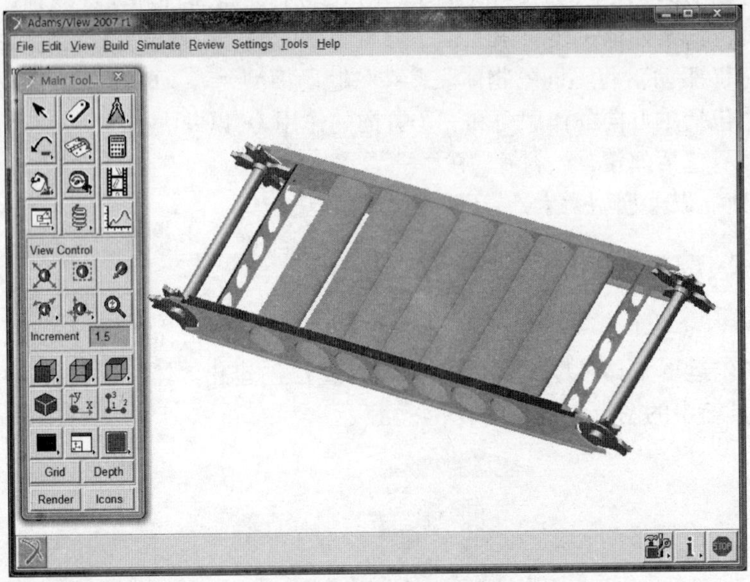

图 4.5　某火炮供弹支架的三维模型

框如图 4.6 所示。

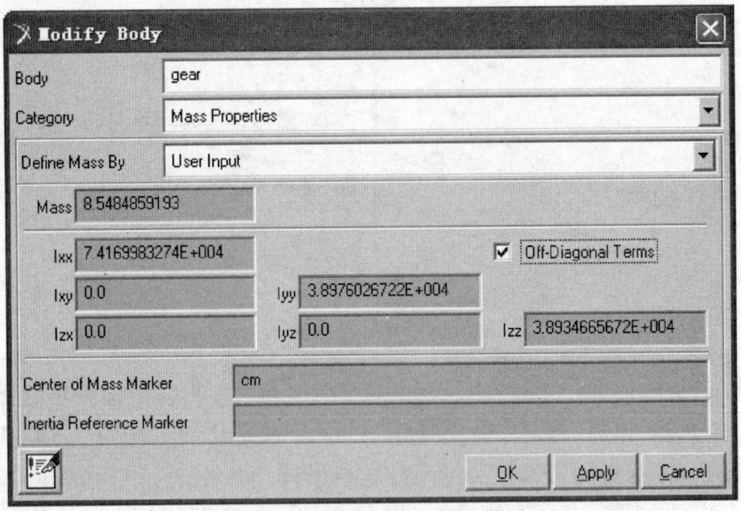

图 4.6　构件的特性修改对话框

(2) 在 Edit 菜单中选择 Modify 命令。如果此时已选择了该构件,则会显示构件的特性修改对话框;也可以通过数据库浏览器选择该构件,再进行修改。

实际上,ADAMS 在三维建模方面的功能不如其它专业三维建模软件,尤其是当零部件的几何形状比较复杂时,ADAMS 的建模过程就显得非常繁琐,甚至是力不从心。通常为了快速方便地建立比较精确的三维模型,可以先在专业的三维建模软件(如 I-DEAS, Pro/E, SolidWorks 等)进行三维建模,然后再利用专业三维建模软件和 ADAMS 的图形转换接口,把三维模型转换到 ADAMS 中,可以通过 IGES、Parasoild、STEP 及 STL 等标准图形格式输入/输出,推荐使用 Parasoild 格式,因为这种格式可以保证在图形转换过程数据信息丢失相对较少。

图 4.7 是利用 I-DEAS 建立的某齿轮的三维模型，利用 I-DEAS 的 Export 命令转换成 Parasolid 格式，再利用 ADAMS 的 Import 命令导入。

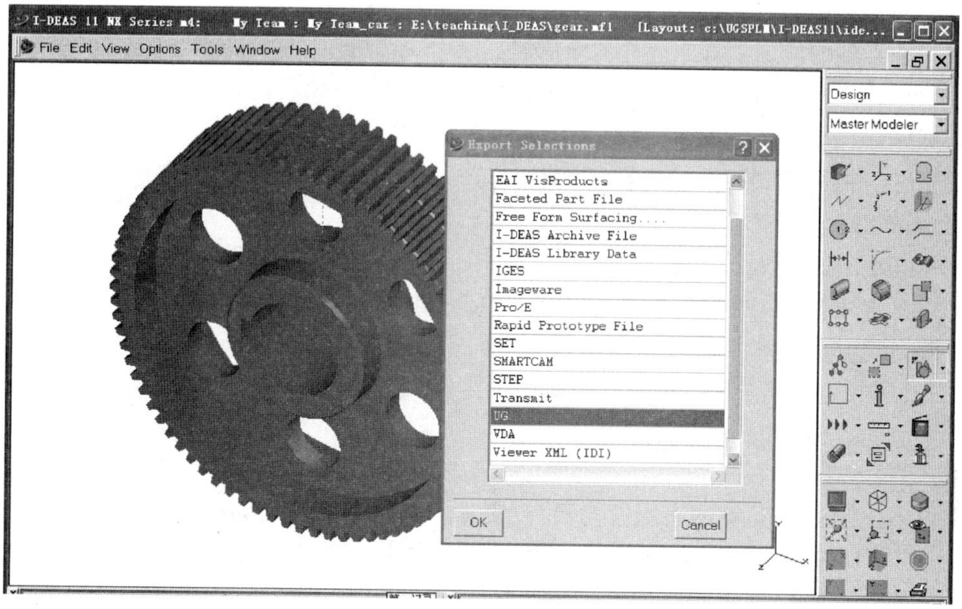

图 4.7 在 I-DEAS 输出某齿轮的界面

在动力学建模中，经常用到一些关键点，如零件的质心位置、约束（运动副）的作用位置、载荷的作用位置以及所关心的一些设计点，为了描述方便，通常对这些关键点用对应的标记点表示，在 ADAMS/View 中称为 Marker。Marker 可以定义在零件上（称为随零件运动的 Marker，简称动 Marker）；Marker 也可以定义在地面（Ground）上（称为静止的 Marker，简称静 Marker）。

Marker 实际上就是描述三维空间的坐标系，为了唯一地确定 Marker，必须定义坐标系原点位置以及三个坐标轴的指向。ADAMS/View 创建一个新的虚拟样机模型时，总会自动建立一个固定在地面上某一点的参考坐标系（Ground Marker），其坐标原点为（0,0,0），X 轴水平向右为正，Y 轴与重力方向相反。其它方式建立的 Marker 均以 Ground Marker 为参考基准。

创建标记点的步骤如下：

（1）在几何模型工具库或几何建模对话框中，选标记点工具图标。

（2）在设置框中，设置以下内容：

标记点所放的位置，Add to Ground 或 Add to Part。

在方向选项（Orientation）菜单中，选择标记点坐标轴的指向。

（3）如果选择 Add to Part，需要选择标记点所在的零件。

（4）在工作视窗中选择想放标记点的位置。

（5）如果选择标记点坐标轴的指向与整体坐标系的指向不相同，则应选择标记点的每一个坐标轴的指向。

在 ADAMS 虚拟样机建模中，除了标记点 Marker 外，还有一个经常使用的建模元素——设计点。设计点用来定义三维建模空间中的位置,可以将设计点的坐标定义为变量,以使模型参数化,应用设计点可以迅速地改变零件的形状和位置以及约束或力的位置等,并且可以迅速优化机构,得到最优结果。

创建设记点的步骤如下:

(1) 在几何模型工具库或几何建模对话框中,选择设计点工具图标。

(2) 在主工具箱或几何建模对话框中设置以下内容:

Add to Ground:将设计点放置在大地上。

Add to Part:将设计点放置在零件上。

Don't Attach:表示不连接到零件上。

Attach Near:将设计点连接到最近零件上。

(3) 在主窗口工作区选择放置设计点的合适位置。

设计点与标记点的区别:设计点没有方向,只需给定位置,可以用于优化设计;标记点有方向(需要定义三个坐标轴),但不能用于优化。

4.2.2 火炮约束建模

在 ADAMS 中,运动约束用铰表示,铰实际上是两个构件之间的连接物,它跟机械学中的运动副有些类似,铰的性质决定了相邻两个构件之间的相对运动关系,即一个物体相对另一个物体的运动自由度个数。几种常见的铰如下:

(1) 单自由度转动铰。特点:一个物体相对另一个物体只能绕某个轴转动,即只有一个转动自由度,如图 4.8 所示。

(2) 万向联轴节。特点:具有两个转动自由度,如图 4.9 所示。

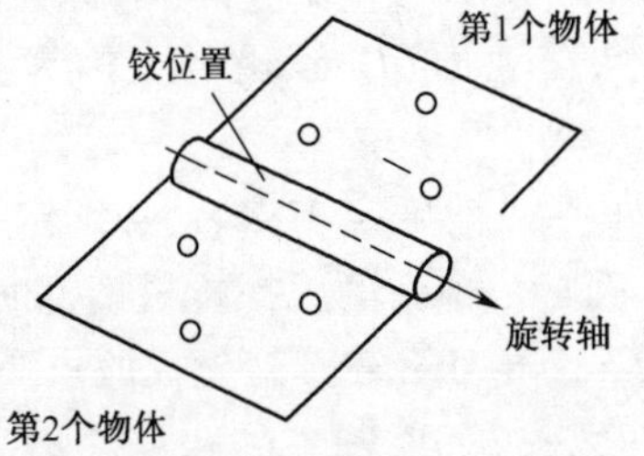

图 4.8 单自由度转动铰(柱铰)

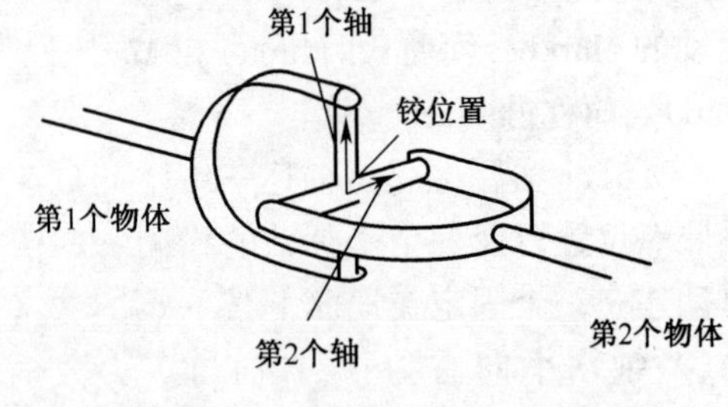

图 4.9 两自由度转动铰(万向联轴节)

(3) 球铰。特点:具有三个转动自由度,如图 4.10 所示。

(4) 滑移铰。特点:只有一个平动自由度,如图 4.11 所示。

(5) 圆柱铰。特点:具有一个转动和一个平动自由度,如图 4.12 所示。

(6) 平面铰。特点:具有两个平动自由度和一个转动自由度(在两个物体相交的平面内运动),如图 4.13 所示。

(7) 螺旋铰。特点:模拟螺旋运动,如图 4.14 所示。

(8) 固定铰。特点:两个物体之间无相对运动,如图 4.15 所示。

创建简单运动副时,连接方式选项如下:

(1) 1 Location:用户选择一个位置点,就近选择所要连接的两个零件。如果在所选位置只有一个零件，系统将该零件连接到大地上。

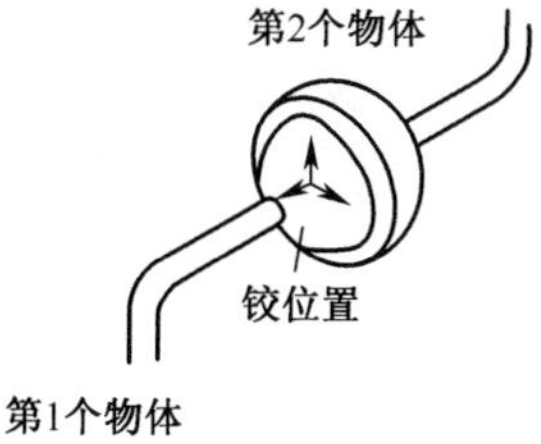

图 4.10　三自由度转动铰（球铰）

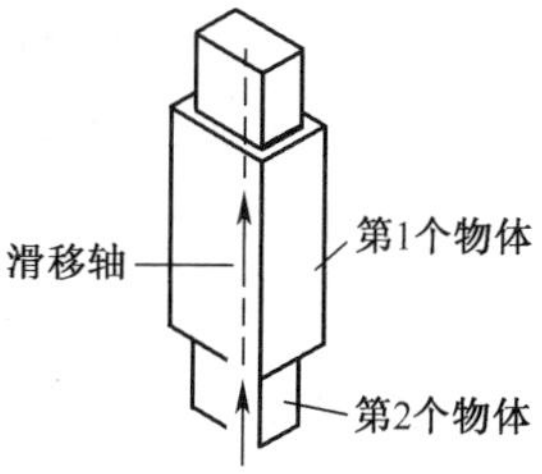

图 4.11　单自由度滑移铰

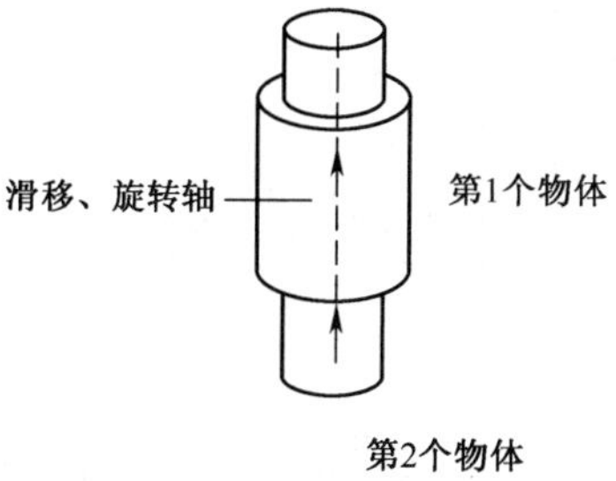

图 4.12　圆柱铰

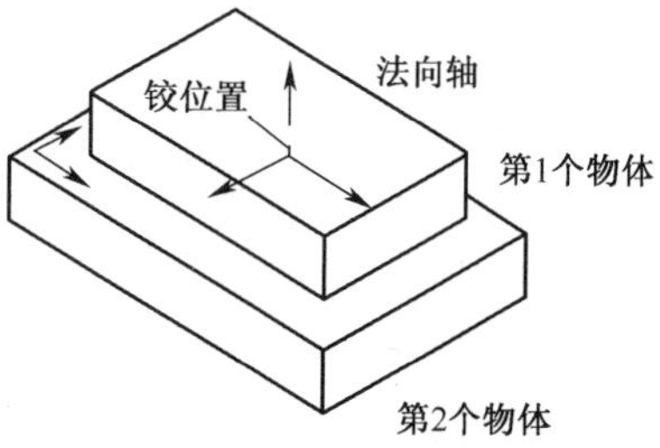

图 4.13　平面铰

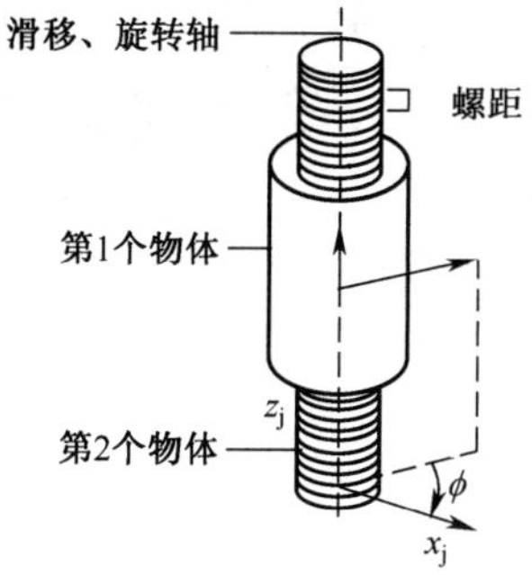

图 4.14　螺旋铰

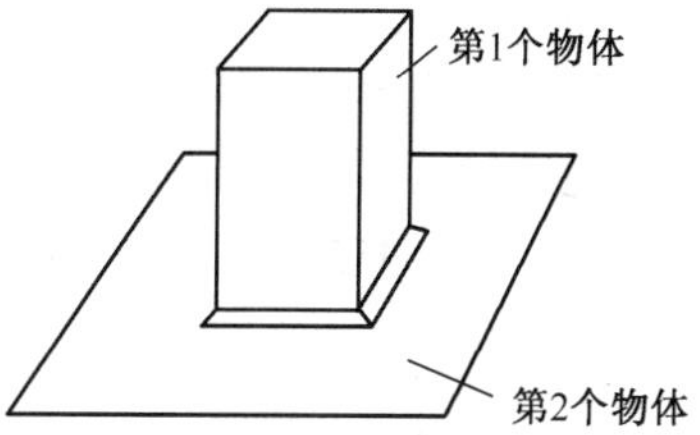

图 4.15　固定铰

（2）2 Bodies，1 Location：用户需要选择两个零件和一个连接位置点。运动副被固定在第一个零件上，并相对于第二个零件运动。

（3）2 Bodies，2 Location：用户需要选择两个零件和两个连接位置点。

创建简单运动副时，方向选项如下：

（1）Normal to Grid：如果在视窗中显示工作栅格，将运动副方向设置为垂直工作栅格的方向。如果不显示工作栅格，将运动副方向设置为垂直显示屏幕的方向。

（2）Pick Feature：用户需要在模型中选择点确定方向矢量来定义运动副的方向。

（3）根据提示用鼠标选取相应的实体（Entity）。图 4.16 是在齿轮和机架之间建立了旋转约束的模型。

4.2.3　火炮发射载荷建模

ADAMS/View 提供了 4 种类型的力：作用力、柔性连接力、特殊力和接触力。本节主

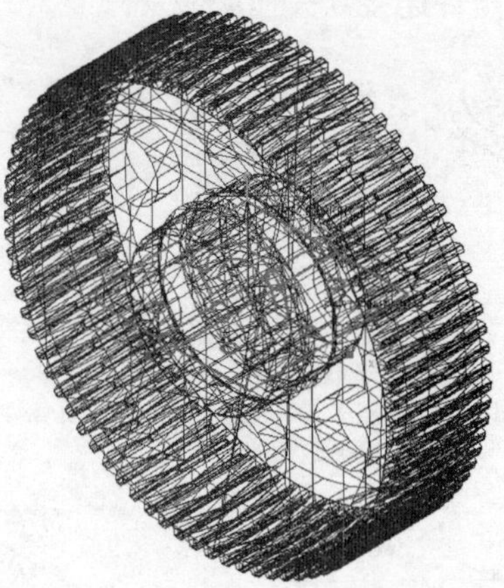

图 4.16　齿轮和机架之间的旋转约束模型

要介绍作用力和弹簧-阻尼的建模。

1. 作用力建模

在施加力时，需要指明力所作用的零件和作用点以及力的大小和方向。描述力的大小可以用一个特定不变的常量值，也可以用 ADAMS/View 的函数表达式，或者用 ADAMS/View 子程序传递参数。

在主工具箱中，用鼠标右击拉压弹簧工具图标，显示力工具库，如图 4.17 所示。

ADAMS/View 提供了 3 种类型的作用力：单向力和单向力矩、力矢量和力矩矢量以及组合作用力。

单向力可以施加单一方向的力，单向力矩可以施加单一方向的力矩。而力矢量和力矩矢量、组合作用力可以同时施加多个方向的力或力矩分量。

施加单向力或单向力矩步骤如下：

(1) 在力工具库或力工具对话框中选取下面一种操作：

① 单击单向力工具图标。

② 单向力矩工具图标。

(2) 在 Run-Time Direction 选项栏中选择如下一种方向选项：

① Space Fixed(on One Body, Fixed)：相对空间固定。

将单向力(单向力矩)施加到一个零件上，ADAMS/View 将反作用力自动施加到大地上，在仿真过程中作用力方向始终不变。

② Body Moving(On One Body, Moving)：随物体移动。

将单向力(单向力矩)施加到一个零件上，ADAMS/View 将反作用力自动施加到大地上。在仿真过程中作用力方向随零件运动而改变

③ Two Bodies(Between Two Bodies)：作用在两个物体之间。

将单向力(单向力矩)施加在两个不同的物体上，选择的第一个物体将作为主动力物体，第二个物体格作为被动力物体，通过两个零件上的作用点定义力的方向

(3) 如果将力施加到一个零件，要在 Construction 选项栏中选择以下方向选项：

① Pick Feature：需要选择力的方向。

② Normal to Grid；垂直于工作栅格面。

在对作用力建模完成后，用鼠标右击载荷模型，可以对作用力进行修改，如图 4.18 所示。力的大小定义方式可以为输入函数形式（Function），也可以为用户子程序形式（Subroutine）。当力的数学模型相对比较简单时，且可以表示为时间、位移（角位移）、速度（角速度）以及其它结构变量的数学函数式，一般采用 Function 来定义数学模型。如果力的数学模型比较复杂，则采用 Subroutine 的定义形式，即利用 FORTRAN 语言或 C++语言编写专门的作用力程序，编译成指定格式的目标程序（.OBJ 文件），再利用 ADAMS 提供的动态链接库工具生成动态链接库（.DLL 文件），从而实现与 ADAMS 的通信。

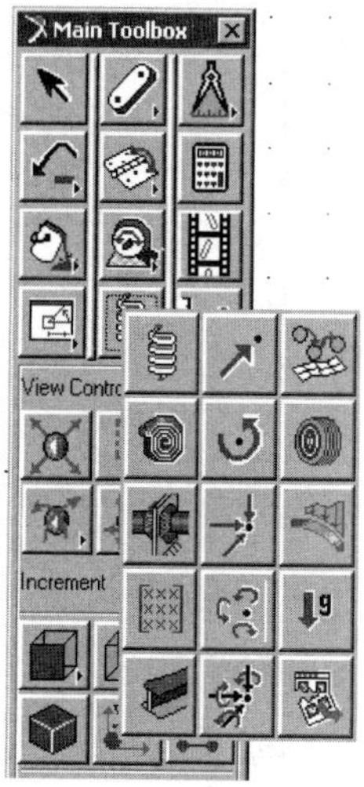

图 4.17　作用力定义图标

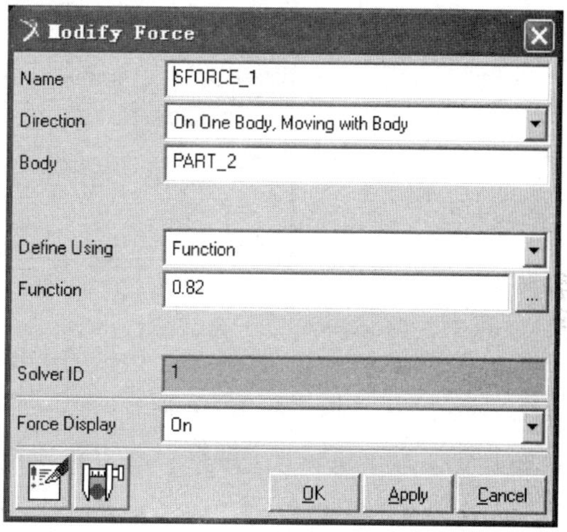

图 4.18　力的特性修改对话框

2. 弹簧-阻尼建模命令

弹簧-阻尼定义一个施加在两个零件上的一种弹性力，该力的大小和方向与两个零件的位移和相对速度有关。施加弹簧-阻尼的步骤如下：

（1）在力工具库或力工具对话框中，选择拉压弹簧工具图标。

（2）如果需要设置刚度系数和阻尼系数 K 和 C 的值，也可以在后面定义。

（3）选择第一个零件上的一点，作为施力点。

（4）选择第二个零件上的一点，作为受力点。

用鼠标右击所定义的弹簧-阻尼，出现弹簧-阻尼修改对话框，如图 4.19 所示。

4.2.4　构件间碰撞与接触的建模

当两个构件相互接触/碰撞时，构件发生变形而产生接触力，接触力的大小与变形的大小和速度有关。在 ADAMS 中支持 Solid to Solid（实体几何与实体几何）、Curve to Curve（曲线对曲线）、Point to Curve（点与曲线）、Point to Plane（点与面的接触）、Curve to Plane（曲线与面）、Sphere to Plane（球与面）、Sphere to Sphere（球与球）以及 Node to Plane（柔体的节点与面的接触）等 8 种类型的接触。

施加接触力的方法如下：

（1）在力工具集上，选择接触工具图标，显示产生接触力对话框。

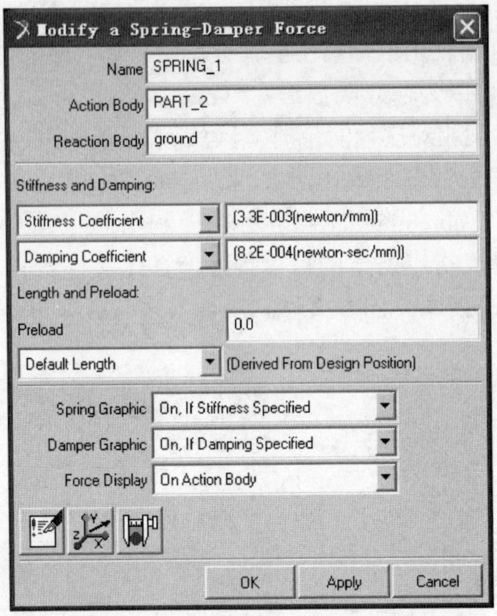

图 4.19 弹簧-阻尼特性修改对话框

（2）在 Type 选择栏，选择相互接触的类型。

（3）在 Type 选择栏下方，分别输入第一个几何体和第二个几何体。

（4）在 Normal Force 中选择接触力模型：Impact（弹性接触模型）、Restitution（恢复系数模型）或 User defined（用户定义）。如果是 Impact 模型，则分别需要定义 Stiffness、Force Exponent、Damping 等参数，其物理含义如表 4.1 所示。

表 4.1 接触参数说明

参数名	变量名	物理含义
Stiffness	k	刚度系数，产生单位接触变形的力
Force Exponent	e	力的非线性指数
Damping	$c_{\max}$	最大的黏滞阻尼系数
Penetration	$d_{\max}$	最大阻尼时构件的变形深度
Static Coeffient	μ_s	静态摩擦因数
Dynamic Coeffient	μ_d	动态摩擦因数
Stiction Transition Vel	v_s	黏滞滑移速度
Friction Transition Vel	v_d	摩擦滑移速度

ADAMS 采用 Dubosky 弹簧-阻尼接触铰理论，法向接触力为

$$F_n = kg^e + c\frac{\mathrm{d}g}{\mathrm{d}t} \tag{4.1}$$

式中：g 为某时刻两接触面间的渗透量。

阻尼系数为

$$c = \mathrm{step}(g, 0, 0, d_{\max}, c_{\max}) \tag{4.2}$$

按照 Coulomb 摩擦定律计算切向摩擦力：

$$F_f = \mu F_n \tag{4.3}$$

式中：μ 为摩擦因数，有

$$\mu = \begin{cases} \mu_d & v > v_d \\ \text{step}(v, v_s, \mu_s, v_d, \mu_d) & v_s \leqslant v \leqslant v_d \\ \text{step}(v, 0, 0, v_s, \mu_s) & 0 \leqslant v < v_s \end{cases} \tag{4.4}$$

$\text{step}(x, x_0, h_0, x_1, h_1)$ 的定义为

$$\text{step} = \begin{cases} h_0 & x \leqslant x_0 \\ h_0 + (h_1 - h_0)\left(\dfrac{x - x_0}{x_1 - x_0}\right)^2\left(3 - 2\dfrac{x - x_0}{x_1 - x_0}\right) & x_0 < x < x_1 \\ h_1 & x \geqslant x_1 \end{cases} \tag{4.5}$$

4.2.5 火炮发射多体系统动力学仿真及后处理

在完成火炮发射多体系统动力学几何建模、约束建模和载荷建模后，就可以进行仿真分析了，一般在仿真之前，用户必须做好以下工作：

(1) 进行仿真分析的输出定义。ADAMS 提供了一些默认的系统输出，用户也可以根据需要利用 Measure 和 Request 命令定义一些所需要的其它输出结果。

(2) 检查初始条件是否正确以及模型是否正确。

1. ADAMS/View 动力学结果输出

动力学模型的仿真结果输出需要预先设置，例如设定对象测量和输出请求等。

ADAMS/Solver 默认输出两种类型的仿真分析结果：

(1) 模型对象特性：输出模型中关于零件、力和约束的基本信息，如构件的质心位置和速度、力和约束的动力学特性等。

(2) 结果数据系列：在仿真过程中 ADAMS/Solver 计算的一系列变量，每个结果数据都是一个关于时间的函数系列。

用户可以定义两种仿真输出结果：

(1) 对象测量(Measure)：可以测量模型中各种对象的特性，例如构件质心的位移、速度、加速度等。在进行仿真分析时，ADAMS/View 实时显示所测量数据的曲线图。

(2) 输出请求(Request)：输出对象的位移、速度、加速度和受力，也可以定义在仿真分析过程中希望输出的其它特性。

对象测量有两种方法。第一种方法的步骤如下：

(1) 用鼠标右击某个对象，弹出菜单，选取 Measure，出现图 4.20 所示的对话框。

(2) 定义 Measure Name。

(3) 在 Characteristic 中选择需要输出的具体物理特性。

(4) 在 Component 中选择输出的分量。

(5) 在 Represent Coordinates in 中定义参考坐标系。

第二种方法的步骤为：

(1) 选择 Build | Measure 命令，然后在子菜单中选择一种测量类型，其中各项的含义

如下：

Selected Object：表示构件、运动副、力、运动、Point 或 Marker 等各种对象的测量。

Point-to-Point：表示两点之间的相对运动测量。

Orientation：表示坐标系标记方向的测量。

Range：表示已定义的测量的统计值，如平均值、最大值等。

Computed：表示使用 ADAMS 表达式的测量。

Function：表示使用 ADAMS 函数的测量。

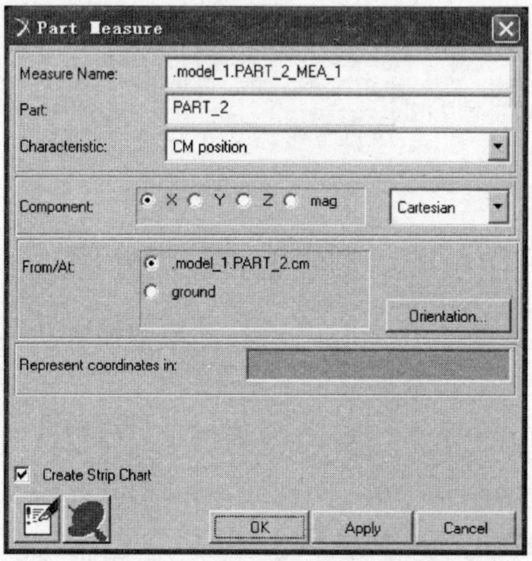

图 4.20　对象测量对话对话框

（2）单击 New 或 Modify 按钮建立或修改测量。

（3）在对话框中输入测量的名称、测量对象和内容等。

2. 仿真分析

利用 ADAMS 进行仿真有两种方式：一是交互式仿真分析；二是利用脚本进行仿真分析。

1）交互式仿真分析

选择 Simulate| Interactive Control 命令，弹出图 4.21 所示的对话框；或在主工具箱中单击仿真工具按钮，再单击工具箱下部的图标，同样弹出仿真分析的对话框。

进行交互式仿真的步骤如下：

（1）打开仿真分析的对话框。

（2）选择仿真类型，即动力学分析（Dynamic）、运动学分析（Kinematic）、静态分析（Static）。

（3）设置时间和积分步长。

设置时间有两种选择：

（1）End Time：定义仿真分析停止的绝对时间。

（2）Duration：定义从开始仿真分析到停止仿真分析的时间间隔。

设置积分步长时有两种选择：

（1）Step Size：数值积分的步长（如果选择积分方法为变步长法，则在数值积分过程中根据需要会自动调整步长大小），单位为时间单位。

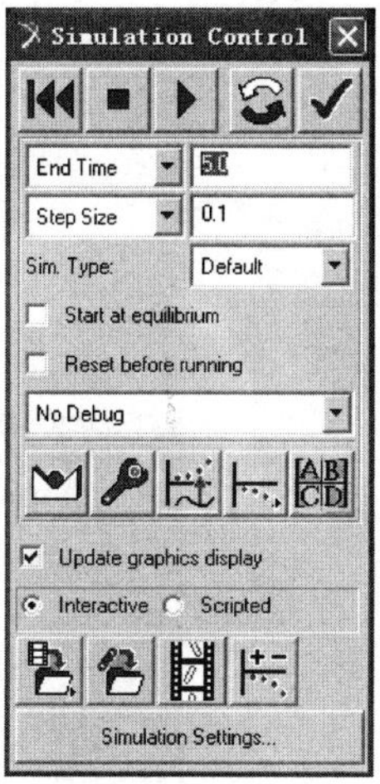

图 4.21　仿真分析对话框

(2) Steps:表示积分步数。

对于一般的仿真分析,在定义了上述基本参数后,即可单击图标▶进行仿真分析。有时候根据仿真需要,可以单击仿真分析对话框下部的 Simulation Settings 进行仿真参数的详细设置,如图 4.22 所示。

详细设置的部分仿真参数解释如下:

(1) Integrator:选择数值积分方法,在 ADAMS 中提供了几种标准的数值积分法,如 GSTIFF(Gear 法)、WSTIFF、CONSTANT_BDF、RKF45、ABAM、HHT 等。

(2) Error:积分误差控制,一般取系统默认值,可根据需要修改。

(3) 积分步长控制(H_{max},H_{min},H_{init}):分别定义最大、最小以及初始积分步长。

2) 脚本式仿真分析

当仿真的工况比较复杂时采用脚本式仿真,即根据仿真要求编制一个仿真过程脚本,然后由程序根据脚本的设置进行仿真分析。在 ADAMS 中提供了三种类型的仿真脚本:

(1) Simple Run:其功能与交互式仿真基本一致。

(2) ADAMS/View:由 ADAMS/View 命令组成的仿真脚本。

(3) ADAMS/Solver:由 ADAMS/Solver 命令组成的仿真脚本。

创建仿真脚本的步骤为:

(1) 打开 Simulate|Simulation Script|New,出现脚本定义对话框。

(2) 在 Script Type 右边选择脚本类型。

(3) 如果选择了 ADAMS/Solver Commands,则需要输入相应的脚本命令,如图 4.23 所示,例如输入 SIMULATE/STATIC　SIMULATE/DYNAMIC, END=1.0, STEPS=100 表示先进行静态分析,再进行动力学仿真,积分结束时间为 1,积分步数为 100。

定义了仿真脚本后,利用菜单 Simulate| Scripted Control 命令打开脚本式仿真对话框,在 Simulation Script Name 中输入脚本名称,点击图标▶即可进行仿真。

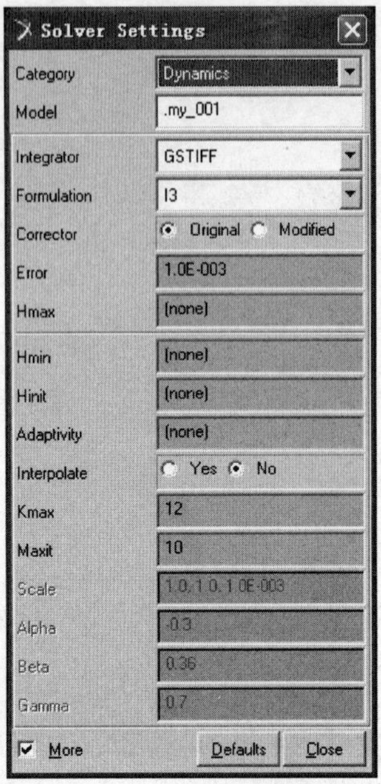

图 4.22　仿真参数详细设置

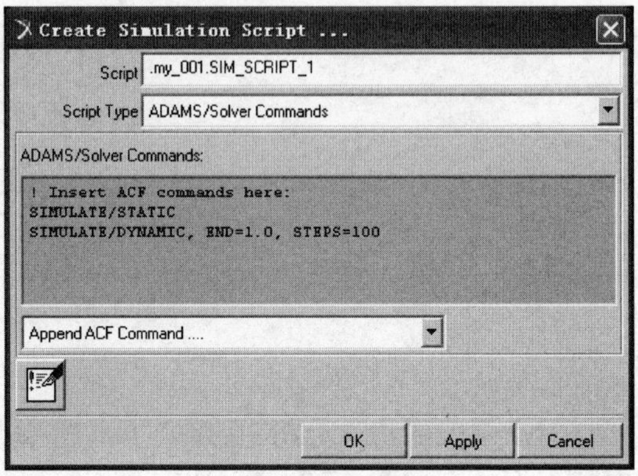

图 4.23　仿真脚本定义

第 5 章　火炮发射动力学的有限元建模理论与方法

火炮是包含众多零部件的复杂系统,其发射过程是一种瞬时、高能、强冲击的复杂过程,零部件的弹性变形和刚体运动耦合在一起,整个过程呈现强烈的非线性。采用小位移假设的线性理论描述复杂的非线性过程显得无能为力,因此,在采用有限元方法建立火炮发射动力学模型时,需要采用非线性的方法,不仅考虑火炮发射过程中零部件的弹性变形,而且应该考虑构件刚体运动带来的几何非线性,另外还需考虑材料非线性、接触/碰撞的非线性等。

5.1　动力学问题的有限元方程及其数值解法

5.1.1　有限元方程

弹性体在载荷作用下,体内任意一点的应力状态可由 6 个应力分量 σ_x、σ_y、σ_z、τ_{xy}、τ_{yz}、τ_{zx} 来表示。其中 σ_x、σ_y、σ_z 为正应力;τ_{xy}、τ_{yz}、τ_{zx} 为剪应力。应力分量的矩阵表示称为应力列阵或应力向量:

$$\boldsymbol{\sigma} = [\sigma_x, \sigma_y, \sigma_z, \tau_{xy}, \tau_{yz}, \tau_{zx}]^{\mathrm{T}} \tag{5.1}$$

弹性体在载荷作用下,产生位移和变形,即弹性体位置的移动和形状的改变。弹性体内任意一点的位移可由沿直角坐标轴方向的 3 个位移分量 u、v、w 描述,其矩阵表示称为位移列阵或位移向量:

$$\boldsymbol{u} = [u, v, w]^{\mathrm{T}} \tag{5.2}$$

弹性体内任意一点的应变,可由 6 个应变分量 ε_x、ε_y、ε_z、γ_{xy}、γ_{yz}、γ_{zx} 表示,其矩阵表示称为应变列阵或应变向量:

$$\boldsymbol{\varepsilon} = [\varepsilon_x, \varepsilon_y, \varepsilon_z, \gamma_{xy}, \gamma_{yz}, \gamma_{zx}]^{\mathrm{T}} \tag{5.3}$$

弹性力学基本方程可用笛卡儿张量符号来表示,使用附标求和的约定可以得到简练的方程表达形式。

应力张量和应变张量都是对称的二阶张量,分别用 σ_{ij} 和 ε_{ij} 表示,且有 $\sigma_{ij}=\sigma_{ji}$、$\varepsilon_{ij}=\varepsilon_{ji}$。位移张量、体积力张量和面积力张量分别用 u_i、f_i、T_i 等表示。

平衡方程为

$$\sigma_{ij,j} + f_i = \rho u_{i,tt} + \mu u_{i,t} \qquad (\text{在 } \Omega \text{ 内}) \tag{5.4}$$

式中:下标“j”表示对独立坐标 x_j 求偏导数;ρ 为质量密度;μ 为阻尼系数;$u_{i,tt}$ 和 $u_{i,t}$ 分别为 u_i 对 t 的二次导数和一次导数,分别表示 i 方向的加速度和速度;$\rho u_{i,tt}$ 和 $\mu u_{i,t}$ 分别代表惯性力和阻尼力。

几何方程为

$$\varepsilon_{ij} = \frac{1}{2}(u_{i,j} + u_{j,i}) \qquad (在\ \Omega\ 内) \tag{5.5}$$

广义胡克定律假设每个应力分量与各个应变分量成比例,因此物理方程为

$$\sigma_{ij} = D_{ijkl}\varepsilon_{kl} \qquad (在\ \Omega\ 内) \tag{5.6}$$

或

$$\varepsilon_{ij} = C_{ijkl}\sigma_{kl} \qquad (在\ \Omega\ 内) \tag{5.7}$$

比例常数 D_{ijkl} 称为弹性常数,是四阶张量。对于一般的弹性材料,即在不同方向具有不同弹性性质的材料,81 个弹性常数中有 21 个是独立的。对于各向同性的线弹性材料,独立的弹性常数只有两个,即拉梅常数 G 和 λ 或弹性模量 E 和泊松比 μ,此时弹性张量可以简化为

$$D_{ijkl} = 2G_{ik}\delta_{ik}\delta_{jl} + \lambda\delta_{ij}\delta_{kl} \tag{5.8}$$

边界条件表示为

$$u_i = \bar{u}_i \qquad 在\ \Gamma_u\ 边界上 \tag{5.9}$$

$$\sigma_{ij}n_j = T_i \qquad 在\ \Gamma_\sigma\ 边界上 \tag{5.10}$$

其中,式(5.9)是位移边界条件,式(5.10)是力的边界条件,n_j 是外法线的三个方向余弦,Γ_u、Γ_σ 分别表示位移边界和力的边界,$\Gamma_u + \Gamma_\sigma = \Gamma$,$\Gamma$ 为弹性体全部边界。

初始条件为

$$\begin{aligned} u_i(x,y,z,0) &= u_i(x,y,z) \\ u_{i,t}(x,y,z,0) &= u_{i,t}(x,y,z) \end{aligned} \tag{5.11}$$

在动力分析中,处理的是四维空间(x,y,z,t)问题,单元内位移的插值表示为

$$\begin{cases} u(x,y,z,t) = \sum\limits_{i=1}^{n} N_i(x,y,z)u_i(t) \\ v(x,y,z,t) = \sum\limits_{i=1}^{n} N_i(x,y,z)v_i(t) \\ w(x,y,z,t) = \sum\limits_{i=1}^{n} N_i(x,y,z)w_i(t) \end{cases} \tag{5.12}$$

或采用矩阵表示为

$$\boldsymbol{u} = \boldsymbol{N}\boldsymbol{d}^e \tag{5.13}$$

式中

$$\boldsymbol{u} = \begin{Bmatrix} u(x,y,z,t) \\ v(x,y,z,t) \\ w(x,y,z,t) \end{Bmatrix}, \boldsymbol{N} = [\boldsymbol{N}_1 \quad \boldsymbol{N}_2 \quad \cdots \quad \boldsymbol{N}_n] \tag{5.14}$$

$$\boldsymbol{N}_i = N_i\boldsymbol{I}_{3\times 3} \qquad i = 1,2,\cdots,n \tag{5.15}$$

$$\boldsymbol{d}^e = \begin{Bmatrix} \boldsymbol{d}_1 \\ \boldsymbol{d}_2 \\ \vdots \\ \boldsymbol{d}_n \end{Bmatrix}, \boldsymbol{d}_i = \begin{Bmatrix} u_i(t) \\ v_i(t) \\ w_i(t) \end{Bmatrix} \quad i = 1,2,\cdots,n \tag{5.16}$$

式中:u、v 和 w 为单元内任意一点三个方向上的位移,u_i、v_i 和 w_i 为节点 i 在三个方向上

的位移，$\boldsymbol{d}_i$ 为节点位移矩阵，$\boldsymbol{d}^e$ 为单元位移矩阵，$\boldsymbol{N}$ 称为插值函数矩阵或形函数矩阵。与静力分析不同的是，$\boldsymbol{d}_i$ 和 $\boldsymbol{d}^e$ 现在都是时间的函数。

平衡方程和力边界条件的等效积分形式的 Galerkin 提法可表示为

$$\int_{\Omega}\delta u_i(\sigma_{ij,j}+f_i-\rho u_{i,tt}-\mu u_{i,t})\mathrm{d}\Omega-\int_{\Gamma_\sigma}\delta u_i(\sigma_{ij}n_j-T_i)\mathrm{d}\Gamma=0 \tag{5.17}$$

对上式的第一项 $\int_{\Omega}\delta u_i\sigma_{ij,j}\mathrm{d}\Omega$ 进行分部积分，并代入物理方程，可得

$$\int_{\Omega}(\delta\varepsilon_{ij}D_{ijkl}\varepsilon_{kl}+\delta u_i\rho u_{i,tt}+\delta u_i\mu u_{i,t})\mathrm{d}\Omega=\int_{\Omega}\delta u_i f_i\mathrm{d}\Omega+\int_{\Gamma_\sigma}\delta u_i T_i\mathrm{d}\Gamma \tag{5.18}$$

将位移空间离散后的表达式代入上式，并注意到节点位移变分 $\delta\boldsymbol{d}$ 的任意性，最终得到系统的运动方程：

$$\boldsymbol{M}\ddot{\boldsymbol{d}}(t)+\boldsymbol{C}\dot{\boldsymbol{d}}(t)+\boldsymbol{K}\boldsymbol{d}(t)=\boldsymbol{Q}(t) \tag{5.19}$$

式中：$\ddot{\boldsymbol{d}}(t)$ 和 $\dot{\boldsymbol{d}}(t)$ 分别为系统的节点加速度向量和节点速度向量；$\boldsymbol{M}$、$\boldsymbol{C}$、$\boldsymbol{K}$ 和 $\boldsymbol{Q}(t)$ 分别为质量矩阵、阻尼矩阵、刚度矩阵和节点载荷向量，分别由各自的单元矩阵和向量集成。

$$\boldsymbol{M}=\sum\boldsymbol{M}^e,\ \boldsymbol{K}=\sum\boldsymbol{K}^e,\ \boldsymbol{C}=\sum\boldsymbol{C}^e,\ \boldsymbol{Q}=\sum\boldsymbol{Q}^e \tag{5.20}$$

单元的质量矩阵 $\boldsymbol{M}^e$ 、刚度矩阵 $\boldsymbol{K}^e$ 和阻尼矩阵 $\boldsymbol{C}^e$ 定义如下：

$$\boldsymbol{M}^e=\int_{\Omega^e}\rho\boldsymbol{N}^{\mathrm{T}}\boldsymbol{N}\mathrm{d}\Omega,\ \boldsymbol{K}^e=\int_{\Omega^e}\boldsymbol{B}^{\mathrm{T}}\boldsymbol{D}\boldsymbol{B}\mathrm{d}\Omega,\ \boldsymbol{C}^e=\int_{\Omega^e}\mu\boldsymbol{N}^{\mathrm{T}}\boldsymbol{N}\mathrm{d}\Omega \tag{5.21}$$

单元的载荷向量定义如下：

$$\boldsymbol{Q}^e=\int_{\Omega^e}\boldsymbol{N}^{\mathrm{T}}\boldsymbol{f}\mathrm{d}\Omega+\int_{\Gamma_\sigma^e}\boldsymbol{N}^{\mathrm{T}}\boldsymbol{T}\mathrm{d}\Gamma \tag{5.22}$$

如果上式右端项为零，则表达的是系统的自由振动方程。

对于非线性动力学问题，无论材料非线性、几何非线性还是由边界条件或载荷引起的非线性，动力学方程可以写成下列形式：

$$\boldsymbol{M}\ddot{\boldsymbol{d}}(t)+\boldsymbol{C}\dot{\boldsymbol{d}}(t)+\boldsymbol{f}^{\mathrm{int}}(t)=\boldsymbol{Q}(t) \tag{5.23}$$

式中：$\boldsymbol{f}^{\mathrm{int}}$ 为内力向量。

M 和 C 矩阵也可以与位移或速度相关，此处仅考虑内力的非线性。

5.1.2 有限元动力学分析的数值方法

非线性问题包括几何非线性、材料非线性、边界非线性等几个方面的内容。非线性问题的求解方法与线性问题的不一样，在线性问题中，一次施加全部载荷即可求解全部所有力学量；但对非线性问题，通常不能一次施加全部载荷，而是增量地施加给定的载荷求解，逐步地获得最终数值解。

动力学方程的求解方法可分为两类：振型叠加法和直接积分法。振型叠加法是在积分运动方程以前，利用系统自由振动的固有频率将方程组转换为 n 个互相不耦合的方程，对这种方程可以解析或数值地进行积分。由于在非线性系统中刚度矩阵是依赖于变形的，因此系统的固有振型也是依赖于变形的。为将振型叠加法用于非线性分析，原则上应根据每一个增量步起点的刚度矩阵和质量矩阵求出适用于此增量步的固有振型，然后对

此增量步用振型叠加法求解。显然,这将显著增加计算的工作量,可能完全抵消振型叠加法用于非线性分析情况时带来的好处,因此,振型叠加法常用于线性系统。对于非线性动力学方程,一般使用直接积分法,包括显式和隐式两种时间积分方法。

1. 显式方法

在计算力学中,最常用的显式积分算法是中心差分法。将积分时间 $t \in [0, t_E]$ 划分成时间步 Δt^n ,$n = 1 \sim n_{TS}$,其中,n_{TS} 是时间步的数量,t_E 是模拟的结束时间,t^n 和 $\boldsymbol{d}^n \equiv \boldsymbol{d}^n(t^n)$ 分别是第 n 时间步的时间和位移。

定义时间增量为

$$\Delta t^{n+\frac{1}{2}} = t^{n+1} - t^n, t^{n+\frac{1}{2}} = \frac{1}{2}(t^{n+1} + t^n), \Delta t^n = t^{n+\frac{1}{2}} - t^{n-\frac{1}{2}} \tag{5.24}$$

速度可以用位移表示为

$$\dot{\boldsymbol{d}}^{n+\frac{1}{2}} = \frac{\boldsymbol{d}^{n+1} - \boldsymbol{d}^n}{t^{n+1} - t^n} = \frac{1}{\Delta t^{n+\frac{1}{2}}}(\boldsymbol{d}^{n+1} - \boldsymbol{d}^n) \tag{5.25}$$

将差分公式(5.25)转换为积分公式:

$$\boldsymbol{d}^{n+1} = \boldsymbol{d}^n + \Delta t^{n+\frac{1}{2}} \dot{\boldsymbol{d}}^{n+\frac{1}{2}} \tag{5.26}$$

加速度和相应的积分公式为

$$\ddot{\boldsymbol{d}}^n = \frac{\dot{\boldsymbol{d}}^{n+\frac{1}{2}} - \dot{\boldsymbol{d}}^{n-\frac{1}{2}}}{t^{n+\frac{1}{2}} - t^{n-\frac{1}{2}}}, \dot{\boldsymbol{d}}^{n+\frac{1}{2}} = \dot{\boldsymbol{d}}^{n-\frac{1}{2}} + \Delta t^n \ddot{\boldsymbol{d}}^n \tag{5.27}$$

加速度可以由位移表示为

$$\ddot{\boldsymbol{d}}^n = \frac{\Delta t^{n-\frac{1}{2}}(\boldsymbol{d}^{n+1} - \boldsymbol{d}^n) - \Delta t^{n+\frac{1}{2}}(\boldsymbol{d}^n - \boldsymbol{d}^{n-1})}{\Delta t^{n+\frac{1}{2}} \Delta t^n \Delta t^{n-\frac{1}{2}}} \tag{5.28}$$

在等时间步长的情况下,上述公式简化为

$$\ddot{\boldsymbol{d}}^n = \frac{\boldsymbol{d}^{n+1} - 2\boldsymbol{d}^n + \boldsymbol{d}^{n-1}}{(\Delta t^n)^2} \tag{5.29}$$

在第 n 时间步,运动方程(5.23)可以写为

$$\boldsymbol{M}\ddot{\boldsymbol{d}}^n = \boldsymbol{f}^n = \boldsymbol{f}^{\text{ext}}(\boldsymbol{d}^n, t^n) - \boldsymbol{f}^{\text{int}}(\boldsymbol{d}^n, t^n) \tag{5.30}$$

将式(5.30)代入式(5.27),得到更新节点速度的方程:

$$\dot{\boldsymbol{d}}^{n+\frac{1}{2}} = \dot{\boldsymbol{d}}^{n-\frac{1}{2}} + \Delta t^n \boldsymbol{M}^{-1} \boldsymbol{f}^n \tag{5.31}$$

在第 n 时间步,已知位移 $\boldsymbol{d}^n$,通过顺序地计算应变–位移方程、本构方程和节点外力,可以确定节点力 $\boldsymbol{f}^n$ 。由式(5.31)可以获得 $\dot{\boldsymbol{d}}^{n+\frac{1}{2}}$,然后由式(5.26)可以确定新的位移 $\boldsymbol{d}^{n+1}$ 。

显式方法特别适用于求解高速动力学和复杂的接触问题,需要许多小的时间增量来获得高精度的解答。如果求解持续的时间非常短,则可能得到高效率的解答。在显式方法中可以很容易地模拟接触条件和其它一些极度不连续的情况,并且能够逐个节点地求解而不必迭代。与隐式方法相比,显式方法最显著的特点是没有整体切向刚度矩阵。由于是显式地前推模型的状态,所以不需要迭代和收敛准则。结合火炮发射动力学有限元

模型的特点，其数值求解通常采用显式时间积分方法。

2. 隐式方法

在第 $n+1$ 时间步，结构的非线性动力学有限元离散方程(5.23)可以写为

$$0=\boldsymbol{r}(\boldsymbol{d}^{n+1},t^{n+1})=\boldsymbol{M}\ddot{\boldsymbol{d}}^{n+1}+\boldsymbol{f}^{\text{int}}(\boldsymbol{d}^{n+1},t^{n+1})-\boldsymbol{f}^{\text{ext}}(\boldsymbol{d}^{n+1},t^{n+1}) \tag{5.32}$$

列矩阵 $\boldsymbol{r}(\boldsymbol{d}^{n+1},t^{n+1})$ 称为残数，离散方程是节点位移 $\boldsymbol{d}^{n+1}$ 的非线性代数方程。

普遍采用 Newmark-β 方法求解上述方程，更新的位移和速度公式为

$$\boldsymbol{d}^{n+1}=\tilde{\boldsymbol{d}}^{n+1}+\beta\Delta t^2\ddot{\boldsymbol{d}}^{n+1}，式中\ \tilde{\boldsymbol{d}}^{n+1}=\boldsymbol{d}^n+\Delta t\dot{\boldsymbol{d}}^n+\frac{\Delta t^2}{2}(1-2\beta)\ddot{\boldsymbol{d}}^n \tag{5.33}$$

$$\dot{\boldsymbol{d}}^{n+1}=\tilde{\dot{\boldsymbol{d}}}^{n+1}+\gamma\Delta t\ddot{\boldsymbol{d}}^{n+1}，式中\ \tilde{\dot{\boldsymbol{d}}}^{n+1}=\dot{\boldsymbol{d}}^n+(1-\gamma)\Delta t\ddot{\boldsymbol{d}}^n \tag{5.34}$$

其中，β 和 γ 是参数。当 $\gamma=1/2$，Newmark 积分器没有附加阻尼；当 $\gamma>1/2$ 时，由积分器加了 $\gamma-1/2$ 的人工阻尼比例。

更新加速度可以通过求解式(5.34)得到，即

$$\ddot{\boldsymbol{d}}^{n+1}=\frac{1}{\beta\Delta t^2}(\boldsymbol{d}^{n+1}-\tilde{\boldsymbol{d}}^{n+1})\quad 当\ \beta>0\ 时 \tag{5.35}$$

将式(5.35)代入式(5.32)，得到

$$0=\boldsymbol{r}=\frac{1}{\beta\Delta t^2}\boldsymbol{M}(\boldsymbol{d}^{n+1}-\tilde{\boldsymbol{d}}^{n+1})-\boldsymbol{f}^{\text{ext}}(\boldsymbol{d}^{n+1},t^{n+1})+\boldsymbol{f}^{\text{int}}(\boldsymbol{d}^{n+1},t^{n+1}) \tag{5.36}$$

上式是在节点位移 $\boldsymbol{d}^{n+1}$ 上的一组非线性代数方程。

应用方程(5.36)求解动力学问题时，结构存在保持高频振荡的趋势；另外，由于线性阻尼或者通过 γ 引入人工黏性时，精度明显降低。在不过多降低精度的前提下，α 方法提供了一个较好的变量：

$$0=\boldsymbol{r}(\boldsymbol{d}^{n+1},t^{n+1})=\boldsymbol{M}\ddot{\boldsymbol{d}}^{n+1}+\boldsymbol{f}^{\text{int}}(\boldsymbol{d}^{n+\alpha},t^{n+1})-\boldsymbol{f}^{\text{ext}}(\boldsymbol{d}^{n+\alpha},t^{n+1}) \tag{5.37}$$

上式与 Newmark-β 方法比较，其区别在于驱动节点力的位移计算，即

$$\boldsymbol{d}^{n+\alpha}=(1+\alpha)\boldsymbol{d}^{n+1}-\alpha\boldsymbol{d}^n \tag{5.38}$$

对于一个线性系统，节点内力向量的定义为 $\boldsymbol{f}^{\text{int}}=\boldsymbol{K}\boldsymbol{d}^{n+\alpha}=(1+\alpha)\boldsymbol{K}\boldsymbol{d}^{n+1}-\alpha\boldsymbol{K}\boldsymbol{d}^n$。因此，为了应用 α 方法，增加了 $\alpha\boldsymbol{K}(\boldsymbol{d}^{n+1}-\boldsymbol{d}^n)$ 项，这可以看作类于刚度比例阻尼。

将式(5.35)代入式(5.37)，得

$$0=\boldsymbol{r}=\frac{1}{\beta\Delta t^2}\boldsymbol{M}(\boldsymbol{d}^{n+1}-\tilde{\boldsymbol{d}}^{n+1})-\boldsymbol{f}^{\text{ext}}(\boldsymbol{d}^{n+\alpha},t^{n+1})+\boldsymbol{f}^{\text{int}}(\boldsymbol{d}^{n+\alpha},t^{n+1}) \tag{5.39}$$

式(5.39)是节点位移 $\boldsymbol{d}^{n+1}$ 的非线性代数方程，其求解可以通过将载荷分成一系列的载荷增量，在几个载荷步内或者在一个载荷步的几个子步内施加载荷增量。在每一个增量的求解完成以后，需要调整刚度矩阵以反映结构刚度的非线性变化，然后进行下一个载荷增量的计算。纯粹的增量近似不可避免地要随着每一个载荷增量积累误差，导致结果最终失去平衡，如图 5.1(a)所示。

求解非线性代数方程(5.39)最广泛和稳健的方法是 Newton-Raphson 方法。对于含有一个未知量 d，且没有边界条件的方程，当 $\beta>0$ 时，公式(5.39)退化为一个非线性代数方程：

$$r(d^{n+1},t^{n+1})=\frac{1}{\beta\Delta t^2}M(d^{n+1}-\tilde{d}^{n+1})-f(d^{n+\alpha},t^{n+1})=0 \tag{5.40}$$

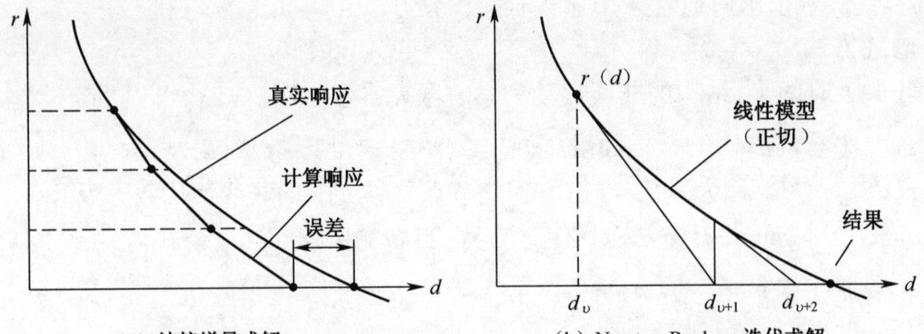

图 5.1　纯粹增量近似与 Newton-Raphson 近似的关系

式(5.40)的求解是一个迭代过程,迭代的次数由希腊字母的下角标表示,$d_v^{n+1} \equiv d_v$ 是在时间步 n+1 上迭代 v 次的位移。开始迭代时,必须选择未知量的初始值,一个较好的初始值是 $\tilde{\boldsymbol{d}}^{n+1}$。对节点位移 d_v 当前值的残数进行 Taylor 展开,并设计算的残数等于零,得

$$0 = r(d_v^{n+\alpha}, t^{n+1}) + \frac{\partial r(d_v^{n+\alpha}, t^{n+1})}{\partial d}\Delta d + O(\Delta d^2) \tag{5.41}$$

式中

$$\Delta d = d_{v+1} - d_v \tag{5.42}$$

略去式(5.41) Δd 的高阶项,则得到一个关于 Δd 的线性方程:

$$0 = r(d_v^{n+\alpha}, t^{n+1}) + \frac{\partial r(d_v^{n+\alpha}, t^{n+1})}{\partial d}\Delta d \tag{5.43}$$

上式称为非线性方程的线性化模型,它是非线性残差函数的正切。对于位移增量,求解这个线性模型,得

$$\Delta d = \left(\frac{\partial r(d_v)}{\partial d}\right)^{-1} r(d_v) \tag{5.44}$$

在 Newton-Raphson 过程中,通过迭代求解一系列线性模型(5.44),可以获得非线性方程的近似数值解。在迭代的每一步中,将式(5.44)重写为

$$d_{v+1} = d_v + \Delta d \tag{5.45}$$

获得未知数的更新值,持续这一过程直到获得理想的精确度水平为止。这一过程如图 5.1(b)所示。

以上是一个未知量的 Newton-Raphson 方法,对于有 n 个未知量的情况,式(5.43)可以用通用矩阵替换上述标量方程的方法,得到

$$\boldsymbol{r}(\boldsymbol{d}_v^{n+\alpha}) + \frac{\partial \boldsymbol{r}(\boldsymbol{d}_v^{n+\alpha})}{\partial \boldsymbol{d}}\Delta \boldsymbol{d} = 0 \tag{5.46}$$

或

$$\boldsymbol{r}(\boldsymbol{d}_v^{n+\alpha}) + \boldsymbol{A}\Delta \boldsymbol{d} = 0 \tag{5.47}$$

式中:$\boldsymbol{A} = \partial \boldsymbol{r}/\partial \boldsymbol{d}$ 称为结构的雅可比(Jacobian)矩阵。

在计算力学中,雅可比矩阵称为等效切向刚度矩阵,从式(5.30)可以得到

$$A = \frac{\partial \boldsymbol{r}(\boldsymbol{d}_v^{n+\alpha})}{\partial \boldsymbol{d}} = \frac{\boldsymbol{M}}{\beta \Delta t^2} + (1+\alpha)\frac{\partial \boldsymbol{f}^{int}(\boldsymbol{d}_v^{n+\alpha})}{\partial \boldsymbol{d}} - (1+\alpha)\frac{\partial \boldsymbol{f}^{\text{ext}}(\boldsymbol{d}_v^{n+\alpha})}{\partial \boldsymbol{d}} \quad (\beta > 0)$$

(5.48)

在 Newton 迭代过程中，通过求解式(5.47)得到节点位移的增量，给出了一个线性代数方程系统：

$$\boldsymbol{A}\Delta \boldsymbol{d} = -\boldsymbol{r}(\boldsymbol{d}_v, t^{n+1}) \tag{5.49}$$

将位移的增量迭加到前一步的迭代得到：

$$\boldsymbol{d}_{v+1} = \boldsymbol{d}_v + \Delta \boldsymbol{d} \tag{5.50}$$

对于上述新的位移，要检验其收敛性，如果没有满足收敛准则，将构造一个新的线性模型，并重复这一过程，继续进行迭代直到满足收敛准则为止。

对于结构动力学问题，通常采用无条件稳定的隐式算法。这是因为结构的动力响应通常以低频成分为主，从计算精度考虑，允许采用较大的时间步长。同时，动力响应问题中时间域的尺度通常远大于波传播问题的时间域的尺度，如果时间步长太小，计算工作量将非常庞大。

3. 解的稳定性和精度

1）显式方法的稳定性和精度

中心差分法的优点是方法简单和避免了方程的求解，容易编程，缺点是中心差分法是条件稳定算法。如果以系统的最高频率 $\omega_{\max}$ 的形式定义中心差分法的稳定性条件，则无阻尼问题的稳定性条件为

$$\Delta t \leqslant \Delta t_{\mathrm{cr}} = \frac{2}{\omega_{\max}} \tag{5.51}$$

有阻尼问题的稳定性条件为

$$\Delta t \leqslant \Delta t_{\mathrm{cr}} = \frac{2}{\omega_{\max}}\left(\sqrt{1+\xi^2} - \xi\right) \tag{5.52}$$

式中：ξ 为最高频率模态的临界阻尼部分。

系统的实际最高频率通常与一组复杂的相互作用因素相关，而且很难计算出确切的值。实际应用中采用一种保守的简单估算方法，即不考虑整体模型，而是估算模型中各个体单元的最高频率，以逐个单元为基础确定的最高单元频率总是高于有限元组合模型的最高频率。另外，单元长度越短，稳定极限越小。作为近似值，可以采用最短的单元尺寸。于是，稳定极限可以用单元长度 L^{e} 和材料波速 c_{d} 重新定义为

$$\Delta t_{\mathrm{cr}} = \min_{\mathrm{e}} \frac{L^{\mathrm{e}}}{c_{\mathrm{d}}} \tag{5.53}$$

式中：波速 c_{d} 是材料的一个特性，由下面的表达式给出。

$$c_{\mathrm{d}} = \sqrt{\frac{E}{\rho(1-\mu^2)}} \tag{5.54}$$

式中：E 为弹性模量；ρ 为材料密度；μ 为泊松比。

从上式可以看出，材料的刚度越大，波速越高，稳定极限就越小；密度越高，波速越低，稳定极限就越大。

中心差分方法在时间上是二阶的，即在位移上的截断误差具有 Δt^2 阶。对于线性完

全积分单元，在 L_2 范数的位移上，其空间误差具有 h^2 阶，这里 h 是单元尺寸。由于时间步长和单元尺寸必须是相同阶数才能满足稳定条件(5.53)，因此对于中心差分法时间积分，时间积分误差和空间误差具有相同的阶数。

2）隐式方法的收敛性和稳定性

对于隐式求解，在 Newton-Raphson 算法中是否终止迭代是由收敛准则决定的。这些准则适用于迭代求解 $\boldsymbol{r}(d^n, t^n)=0$ 的收敛，主要应用两种收敛准则：①根据残数 $\boldsymbol{r}$ 的量级的准则；②根据位移增量 Δd 的量级的准则。

参数误差准则表示为

$$\|\boldsymbol{r}\|_{l_2}=\left(\sum_{I=1}^{n_{\mathrm{dof}}} r_I^2\right)^{\frac{1}{2}} \leqslant \varepsilon \max \left(\|\boldsymbol{f}^{\mathrm{ext}}\|_{l_2},\|\boldsymbol{f}^{\mathrm{int}}\|_{l_2},(\|\boldsymbol{M}\ddot{\boldsymbol{d}}\|)_{l_2}\right) \tag{5.55}$$

位移增量误差准则为

$$\|\Delta \boldsymbol{d}\|_{l_2}=\left(\sum_{I=1}^{n_{\mathrm{dof}}} \Delta d_I^2\right)^{\frac{1}{2}} \leqslant \varepsilon \max \|\boldsymbol{d}\|_{l_2} \tag{5.56}$$

在终止迭代前，误差限 ε 确定位移计算的精度，应用 $\varepsilon<10^{-3}$ 和 l_2 范数，节点位移的平均误差可精确到第 3 位有效数字，收敛限决定了计算的速度和精度。如果过于粗糙，解算可能十分不精确。另外，过于严密的准则将导致许多不必要的计算。

在隐式方法中，对时间步长的主要限制来自于对精度的要求，时间步长增加时降低了 Newton-Raphson 方法的稳健性。Newton-Raphson 方法是二阶精度的，与中心差分法同阶。较大时间步长也削弱了 Newton-Raphson 方法的收敛性，增加了收敛失败的可能，较小步长则改善了算法的强健性。作为对于它们增强稳定性的代价，隐式方法的花费是高昂的，它需要在每一个时间步求解非线性代数方程，对计算内存需求很大。在 Newton-Raphson 方法中，当 Jacobian 矩阵 $\boldsymbol{A}$ 满足下述条件时，迭代的收敛率是二次的：①Jacobian 矩阵 $\boldsymbol{A}$ 必须是关于 $\boldsymbol{d}$ 的足够光滑函数；②Jacobian 矩阵 $\boldsymbol{A}$ 必须是规则的(可逆的)，并且在整个域内是条件良好的。当 $\boldsymbol{A}$ 满足上述条件时，Newton-Raphson 算法的收敛是非常迅速的。

5.2 有限元网格的划分原则

用有限元法求解工程问题，网格划分是很重要的一步，通常也是耗时最多的一个环节，它关系到有限元分析的规模、运算速度、计算精度。如果网格的划分不合理，不但得不到准确的结果，甚至会导致无法完成运算。

5.2.1 物理模型和单元形状的选择

在有限元分析中通常将不同类型的结构抽象为不同的物理模型。理想的物理模型主要有实体单元、壳单元、梁单元、杆单元、刚性单元、弹簧-阻尼单元等，不同物理模型之间的区别在于所假定的几何模型不同。不同类型的单元具有不同的自由度、截面属性、数学描述和积分方式，输出的变量也有差异。因此，实际结构要根据各自的物理特征选择相应类型的单元。实体单元用来模拟部件中的块状材料，由于它们可以通过其任何一个表面与其它单元相连，因此能够用来模拟具有任何形状、承受任意载荷的结构。壳单元用来模拟一个方向的尺寸(厚度)远小于其它方向并且沿厚度方向的应力可以忽略的结构。梁单元用来模拟某一个方向的尺寸(长度)远大于另外两个方向并且仅沿轴线方向的应力比较显著的结构。杆单元只能承受拉伸或者压缩载荷,不能承受弯矩,适合于模拟铰接框架结构。刚性体通常用于模拟非常坚硬的部件和变形部件之间的约束。如果变形体之间的局部特性不重要,可以简化为弹簧阻尼单元。

实体单元的形状有六面体、楔形体、四面体等;板、壳单元一般有四边形单元和三角形单元之分。长方体单元和矩形单元在计算时具有较高的精度,并且所需时间比较少,因此仿真过程中尽量使用长方体和矩形单元或者相应的等参单元。在应力计算时,线性四面体单元和三角形单元仿真精度较差,尽量不要使用。对于形状不规则的区域,无法使用六面体单元或四边形单元时,可以使用少量的四面体单元和三角形单元,但注意要使四面体和三角形单元远离关心的区域。

5.2.2 网格数量的选择

网格数量的多少直接影响有限元模型的规模,同时也在一定程度上影响计算结果的精度。一般情况下,网格数量越多,仿真的精度也就越高,需要的运算时间越长。当网格达到一定数量时,近似解趋向于真实解。但是,并非网格越多越好,网格超过一定数量后,通过增加数量的办法来提高模型精度,其效果已经不明显,反而会急剧增加求解时间。图5.2中,曲线1表示仿真结果的精度随网格数量收敛的变化规律,曲线2代表计算时间随网格数量的变化规律。从图中可以看出,在求解精度和计算时间之间有一个最佳组合,在实际问题的建模过程中,可以根据经验积累和相关的文献资料作出类似的近似收敛曲线,再根据要求的精度确定网格数量的区间,在这段区间上选取精度与效率的最佳结合点 P,划分出符合要求的高质量网格。

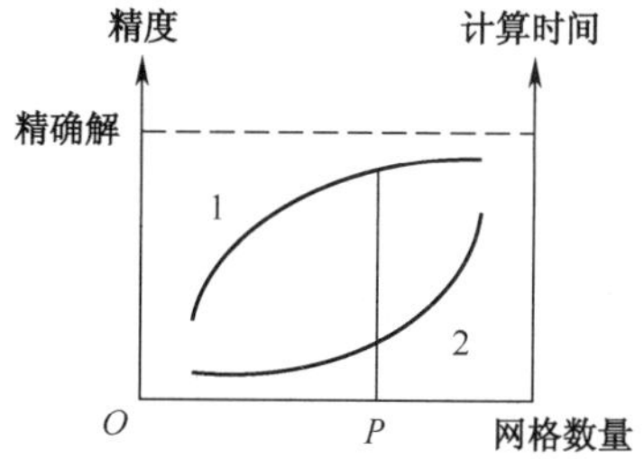

图 5.2　精度和计算时间随网格数量增加的变化曲线

网格的数量一般根据求解的类型进行考虑:对于静态分析,由于位移计算对网格数量不敏感,如果只计算结构的位移,网格可以少一些,如果需要求解应力的分布状态,需要增加网格的数量;对于动态分析,由于被激发的振型对网格规模比较敏感,使用的网格数量应该能够充分地反映出这些振型;如果只需要计算少数低阶振型,网格相对可以少一些,如果需要计算高阶振型,应该增加网格的数量。对于火炮有限元模型,确定网格的数量还要考虑到所使用计算机的性能,过多的单元常常导致计算不收敛。

5.2.3 网格的疏密分布

网格疏密分布是指根据需要在结构的不同部位分布不同的网格密度。一般情况下,尽量使网格均匀分布。因为均匀分布的网格不但质量好,而且计算结果分布合理。但是在一些计算数据变化梯度较大的部位(如应力集中区),为了很好地反映局部响应的变化特点,应该采用较密的网格。对于一般的区域,为了减少计算时间,可以采用稀疏的网格。

图 5.3 是某一支架的网格划分,支架的左端固定,右端自由面内分布有剪切载荷,支架的拐角处存在应力集中。模型(a)采用均匀划分的网格,模型(b)对拐角处的网格进行了加密处理。在相同的边界条件和载荷作用下的静态分析中,两种模型拐角处某单元上的应力比为 0.726,自由端某单元的应力比为 1.002;而拐角处和自由端的位移比分别为 0.998 和 0.995。由此可以看出在应力集中区域只有较密的网格才能得到较精确的应力分布,稀疏的网格将大大降低解的精度,而对于应力梯度较小的区域较密的网格与较疏的网格结果相差较小。另外,网格的疏密对位移的影响较小。之所以会产生上述现象,是因为在求解应力时需要对位移求导,所以应力梯度大的区域的应力值与网格的密度关系很大,而位移对网格疏密的要求则低得多。可见,划分疏密不同的网格对应力分析(包括静应力和动应力)至关重要,对位移分析以及结构的固有特性分析时可以采用均匀的网格。同样,在结构温度场计算中也倾向于采用均匀网格。

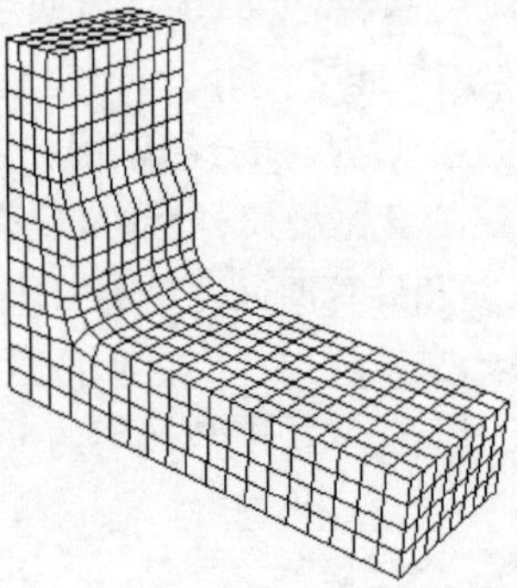

(a)

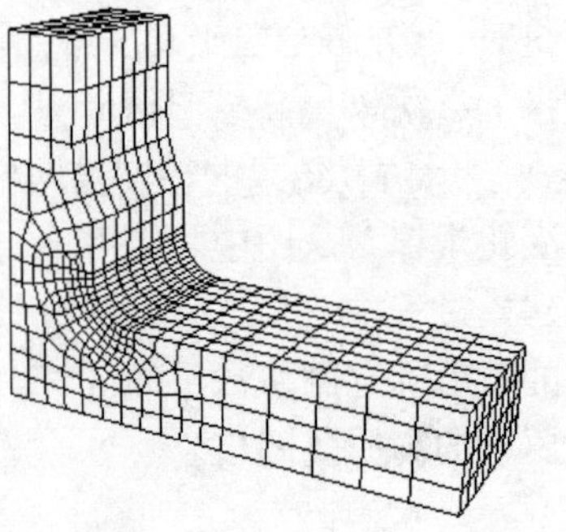

(b)

图 5.3 带拐角支架的模型

5.2.4 单元阶次的选择

在有限元分析中除了用到线性单元外,还常用到高次单元(包括二次单元和三次单元)。在结构离散的过程中,高次单元的曲线或曲面边界能够更好地逼近结构轮廓,且高次插值函数可更高精度地逼近复杂场函数。因此,高次单元的计算精度显著优于一次单元的计算精度。研究表明,在结构分析中,只需要较少的高次单元就可以得到很高精度的解,所以增加单元的次数是提高有限元计算精度的有效手段。但是随着单元次数的提高,其形函数和刚度矩阵的积分式越来越复杂,导致计算费用的提高,因此在选用时应综合考虑计算费用和求解精度。对于图 5.3 中的模型(a),在采用相同单元数目的情况下,取拐角处某点的计算值为比较点,二次单元的位移精度比一次单元提高了 6.0%;对于拐角处的最大应力,模型(a)二次单元与模型(b)一次单元的结果比值为 0.9,表明在应力梯度变化较大的区域采用二次单元与局部加密网格具有相同的效果。

在单元数目较多的情况下,使用高次单元并不能显著提高解的精度。因此,高次单元多用在单元数目较少的情况下。当然,同一结构也可以采用不同阶次的单元,在精度要求较高的地方采用高次单元,精度要求较低的地方采用一次单元。此时,要注意不同阶次单元之间的连接,如果连接不当,会产生与实际相差很远的模拟结果。不同阶次单元之间采用特殊的过渡单元或多点约束方程连接。

5.2.5 网格的质量

网格的质量是指其形状的规则性,对计算精度影响很大。网格的质量指标主要有雅可比(Jacobian)、外观比(Aspect ratio)、翘曲度(Warpage)、偏斜度(Skew)、内角(Angle)等。

1. 雅可比(Jacobian)

总体坐标系下的矩形单元(二维空间)和长方体单元(三维空间)无法模拟不规则的区域,而等参单元形状、方位任意,适应性好,因此在有限元建模时经常采用等参单元。等参单元的插值函数是由自然坐标给出的,其计算在自然坐标系中形状规则的母单元内进行。单元刚度矩阵、等效节点载荷列阵计算中的有关积分均是在总体坐标系下进行的,需要通过积分变换,变为在参数空间上母单元中的积分。在坐标变换中要用到雅可比行列式的值,$|J|$不能为0。等参单元涉及单元形状的变换,对实际的单元有一定的要求。网格质量指标中的雅可比用来衡量一个单元偏离理想单元形状的程度,它是单元的每个积分点雅可比行列式的值中最小值与最大值的比值,取值在0.0和1.0之间变化,1.0代表理想的单元形状。一般认为雅可比大于0.7比较好。图5.4所示为一任意四边形单元与等参四边形单元间的变换。

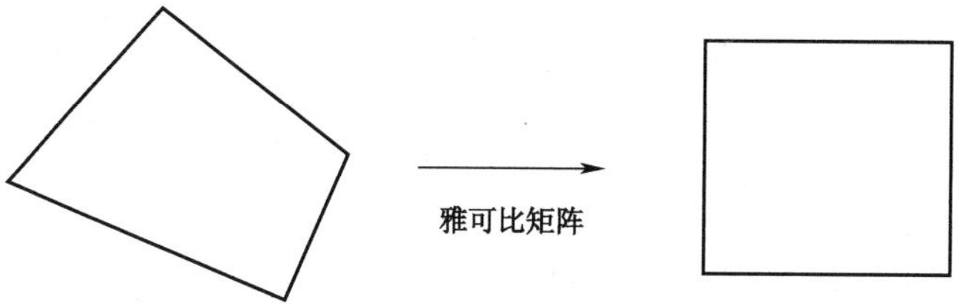

图5.4 任意四边形单元与等参四边形单元间的变换

2. 外观比(Aspect ratio)

外观比是指单元最长边与最短边的比值,它反映了单元的外观差异。比值越接近1.0越好,大多数情况下要求比值小于5。

3. 翘曲度(Warpage)

翘曲度是指单元或者单元表面(三维实体单元)偏离平面的程度,翘曲度为单元对角线分割的两三角形垂直矢量间的夹角最大值α,如图5.5所示。

4. 偏斜度(Skew)

偏斜度反映单元夹角的偏斜程度。对于三角形单元,从每个节点到对边中点的向量与此节点两条临边中点的连线的夹角中最小的角记为β;对于四边形单元,单元对边中点的两条连线的夹角中最小的角记为β,如图5.6所示,理想单元的偏斜度为0。

5. 内角(Angle)

一般情况下,对单元的内角φ有一定的要求。理想四边形单元的内角为90°,当其满足$45° \leqslant \varphi \leqslant 135°$时,认为是比较满意的。理想三角形单元的内角为60°,当其满足

$20° \leqslant \varphi \leqslant 120°$ 时，认为是比较令人满意的。另外，网格的失真值（Distortion）、锥度（Taper）等指标也会影响其质量。这些性能指标并不是完全孤立的，一个指标得到改善，其它指标也会同时得到改善。图 5.7 所示的三种单元是典型的畸形单元，其中（a）图有一个内角大于 180°，雅可比行列式的值为 0；（b）图单元的节点连接顺序错误；（c）图单元有两对节点重合，单元面积为 0。如果在有限元模型中包含图 5.7 中的网格，运算将会中止。图 5.8 是几种质量较差的单元，如模型中包含这样的单元，则这些单元附近仿真结果的精度不高。

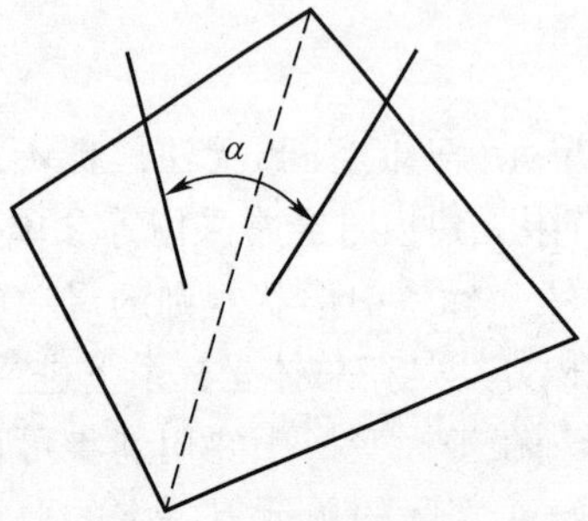

图 5.5　单元的翘曲度 α

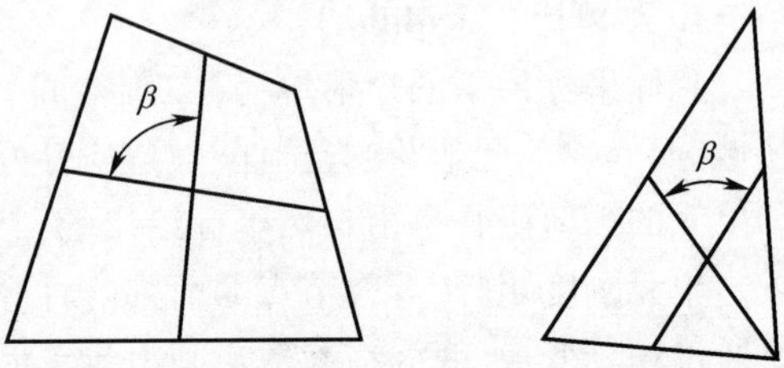

（a）　　（b）

图 5.6　四边形单元和三角形单元的偏斜角

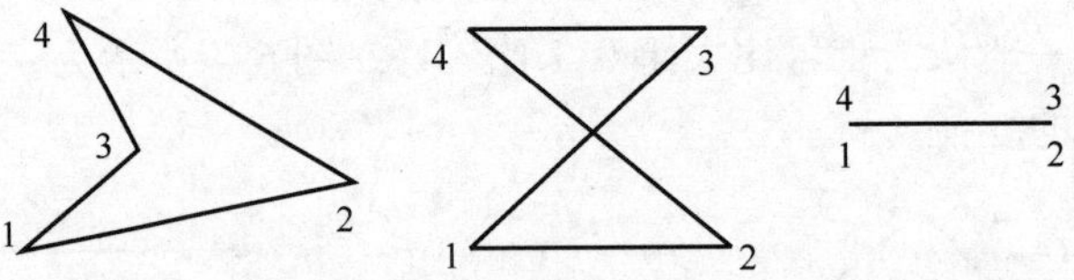

（a）　　（b）　　（c）

图 5.7　几种常见的畸形单元

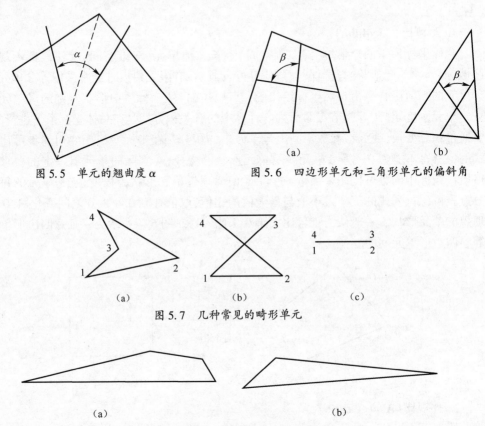

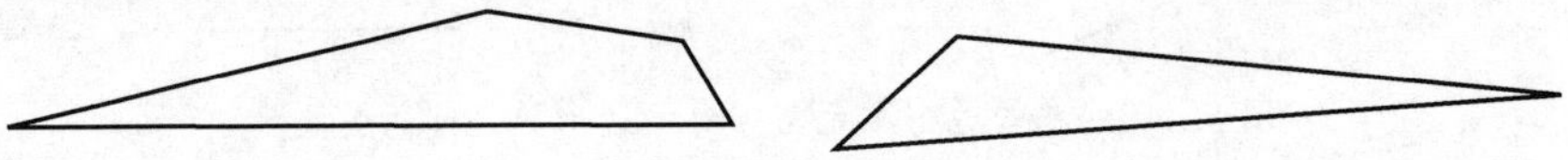

（a）　　（b）

图 5.8　质量较差的单元

在实际的有限元分析中，对上述的质量指标有一些具体的要求，当所有的单元或绝大部分单元达到这些指标时，仿真分析的结果才具有可信性。对一些重要指标的经验值如表 5.1～表 5.3 所示。表中的正常标准是指一般的模型需要达到的推荐值，高标准是几何形状简单的模型应达到的要求，而低标准是相对于几何形状复杂的结构而言的。重要性表明该指标在质量体系中的影响程度。四边形壳单元、六面体单元和楔形体的指标较多，因此用这些类型的单元划分网格难度较大；而三角形单元和四面体单元指标较少，其中三角形单元只需要满足内角要求即可。对所有的单元外观比都有一定的要求，四边形壳单元、六面体单元和楔形体对雅可比的要求也比较高。表中所列的指标是一些比较重要的参数，其它的指标或者不太重要，或者满足表中提到的要求时会自动得到满足。

表 5.1 四边形壳单元的质量指标

类别	正常标准	较高标准	较低标准	重要性
Warpage	<12	<8	<16	必须
Jacobian	<0.7	<0.7	<0.6	必须
Aspect	<4.0	<4.0	<5.0	必须
Skew	<60.0	<50.0	<60.0	可以有较小偏移

表 5.2 六面体或楔形单元的质量指标

类别	正常标准	较高标准	较低标准	重要性
Warpage	<12	<12	<18	必须
Jacobian	<0.7	<0.7	<0.6	必须
Aspect	<5.0	<4.0	<5.0	必须
Skew	<60.0	<50.0	<60.0	可以有较小偏移

表 5.3 四面体单元的质量指标

类别	正常标准	较高标准	较低标准	重要性
Aspect	<5.0	<4.0	<5.0	必须
Skew	<60.0	<50.0	<60.0	可以有较小偏移

5.2.6 不同类型单元之间的过渡

火炮发射动力学建模时,需要采用多种类型单元相结合的模式。不同类型单元的节点自由度和节点配置会出现不一致的情况,为了保证不同结构在交界面上的位移协调,就要研究和解决不同类型单元的连接问题。壳单元或梁单元与实体单元的连接是典型的不同物理类型单元的连接问题(图 5.9),常用的处理方法有三种:约束方程法、过渡单元法和虚单元法。

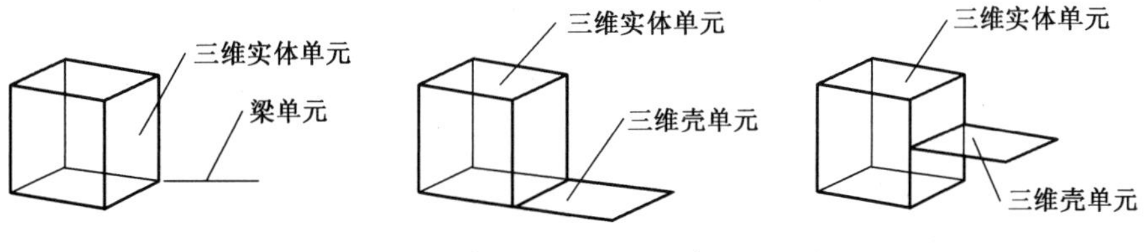

图 5.9 几种常见的不同类型单元间的连接

目前,一些大型有限元软件都提供了一些具体的处理方法。在 MSC/NASTRAN 里对壳体单元连接的处理方法有 RBE2、RSCCON surf-vol 等 MPC 处理方法。RBE2 实际上是用刚性梁单元来连接壳元和体元上的相关节点,而后者则是应用前述约束方程的概念直接建立 RSC CON surf-vol(一种 MPC)作为壳元和体元之间自由度协调的过渡单元。另外,RBE2 还常用来连接体元和梁元。用 RBE2 连接不同类型单元的图例如图 5.10 所示,其中,(a)图是三维实体单元与三维壳单元的连接,1~3 是壳单元编号,4 是实体单元编号,5~8 是 RBE2 单元的编号;(b)图是 MPC 连接梁与圆筒型壳结构,采用多点 RBE2 约束,相当于在壳单元上盖了一个刚性盖,梁一端单元的节点与板壳单元的节点之间的位移保持严格一致。

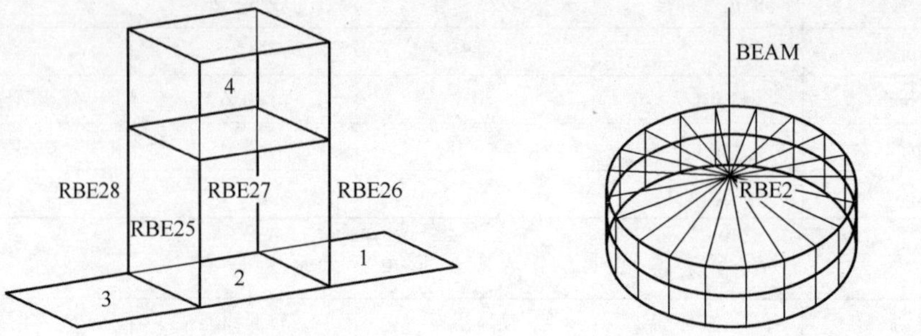

（a）RBE2用于连接体元与壳元　　（b）RBE2用于连接壳元与梁元

图 5.10　RBE2 连接不同类型单元的示意图

ABAQUS 软件中壳元与体元的连接，采用 SHELL-TO-SOLID 耦合约束，它是 MPC（多点约束）的一种。这种方式既适用于二维模型，也适用于三维模型，既可用于线性分析，又可用于几何非线性分析，并且自由度将自动与问题的维数相适应。SHELL-TO-SOLID 约束允许实体厚度方向上有任意多个节点，实体上节点的权函数取决于节点的数目。在体元和壳元的交界面定义 SHELL-TO-SOLID 耦合约束时，ABAQUS 把壳元每个节点的位移和转动与其附近的体元表面节点的平均位移和转动相耦合。壳元节点的位移约束通过设置壳元节点的位移 u_s 等于体元上节点位移的加权平均值得到，即

$$u_s = \sum_{i=1}^{n} \omega_i u_c^i \tag{5.57}$$

式中：ω_i 为加权因子，根据 MPC 的类型和节点的位置选取近似值。

为了求转动约束的公式，假设实体上的节点保持在一条直线上，因此这条节点直线可以用变形前轮廓的法线 $\boldsymbol{N}$ 和变形后法线 $\boldsymbol{n}$ 来表示。壳元节点的转动由有限转动向量 $\boldsymbol{\varphi}$ 来描述，$\boldsymbol{N}$、$\boldsymbol{n}$ 和 $\boldsymbol{\varphi}$ 的关系由下面的方程表示：

$$\boldsymbol{CN} = \boldsymbol{n} \tag{5.58}$$

式中：$\boldsymbol{C} = \exp[\hat{\boldsymbol{\varphi}}]$，$\hat{\boldsymbol{\varphi}}$ 是转角向量 $\boldsymbol{\varphi}$ 的斜对称矩阵形式。

5.3　火炮发射动力学有限元模型的建立方法

常见的有限元建模方法有两种：①直接通过节点坐标建立节点，基于节点建立单元；②首先建立实体模型，然后在实体模型上划分网格。通过节点建立单元的方式操作复杂，但是可控性好，适于单元数很少的情况或模型的修改，对于复杂的模型，建模耗时长、难度大；后者操作方便，自动化程度高，适于建立大型复杂的结构，但是此方法对实体模型的精度要求高，实体模型上的缺陷如细小倒角、凸台等都会严重影响有限元网格的质量。

5.3.1　网格划分工具

目前，有限元前处理软件已经发展得比较成熟，在众多的前处理软件中，Altair 公司开发的 HyperMesh 是应用最为广泛的前处理软件之一，它能够建立各种复杂结构的有限元

模型。HyperMesh 是一个针对主流求解器的高性能前后处理软件,其速度、灵活性和用户化功能无与伦比。由 HyperMesh 得到的有限元模型文件可以不用修改或只需微小修改就可以输入到求解器中进行运算。HyperMesh 不但可以采用壳单元建立复杂的板壳类结构的有限元模型,对于六面体单元的网格生成也很方便。另外,HyperMesh 对于生成的网格还有方便的质量检查功能,指标非常全面,可以清晰地知道整个网格的划分质量。本书的有限元网格均在 HyperMesh 中完成。

除此之外,TrueGrid、ANSA、Patran 等也是不错的网格划分软件。

5.3.2 火炮有限元建模的模块化方法

火炮有限元建模是基于模块化方法基础上的。模块化设计是对在一定范围内不同功能或相同功能不同性能的机械产品进行功能分析的基础上,将原始的实体模型划分和设计成一系列模型库,然后通过模块的选择和组合构成不同的分析模型,为部件的刚强度分析、固有特性分析及系统动态特性分析做好模型准备。

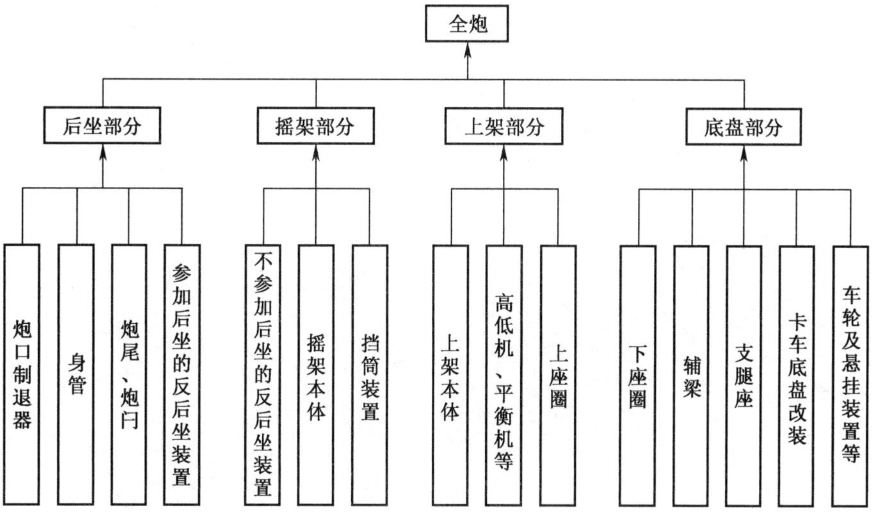

图 5.11 某车载火炮有限元模型的模块化示意图

建立火炮有限元模型时不可能也没有必要对每个零部件都进行详细的网格划分,忽略对火炮刚强度和动态响应影响很小的零件和结构特征。以某车载火炮为例,将整个火炮分为后坐部分、摇架部分、上架部分和底盘部分等 4 个主要部分,每个部分由若干个小部件组成,每个小部件由一些零件组成,如图 5.11 所示。各个模块既可以单独分析,又可以与其它模块通过定义约束关系组合在一起分析。需要对某些结构进行修改时,只需取出该部分所在的模块进行修改,其它的模块不需要作任何变动,这为修改后方案的再分析提供了极大的便利,也为不同方案的重组节约了大量的时间和精力。

5.3.3 火炮有限元建模的参数化方法

参数化建模方法在火炮发射动力学有限元建模中有着重要意义。首先,火炮发射动力学分析需要计算不同的射击工况,如不同的高低射角、方向射角、不同的弹种和装药;其次,不同的装配关系需要调整某些部件之间的相互装配关系,如果不采用参数化的方法,则需要重新构造整个火炮的模型，这将要耗费大量的人力物力，而且也极易造成人为的错误；再次，相同部件的建模利用参数化方法可以先建好一个部件的有限元模型，再根据实际的装配关系产生该部件在不同位置上的多个拷贝；最后，应用参数化数组可以轻松地完成不同的载荷或其它曲线的输入。

一些通用软件包含参数化设计语言，用智能分析手段为用户自动完成上述功能，即程序的输入可设定为指定的函数、变量以及选出的分析标准做出决定。此功能不仅允许复杂的数据输入，使用户实际上对任何设计或分析属性有控制权，例如尺寸、材料、载荷、约束位置和网格密度等；而且扩展了传统有限元分析范围之外的能力，并扩充了更高级的运算，包括灵敏度研究、零件库参数化建模、设计修改和设计优化。

以某自行火炮的履带建模为例说明参数化建模方法的优点。原文件包含了一个简单履带板的有限元模型，通过参数化设计后得到了上侧履带部分的有限元模型，其参数化建模如图 5.12 所示。

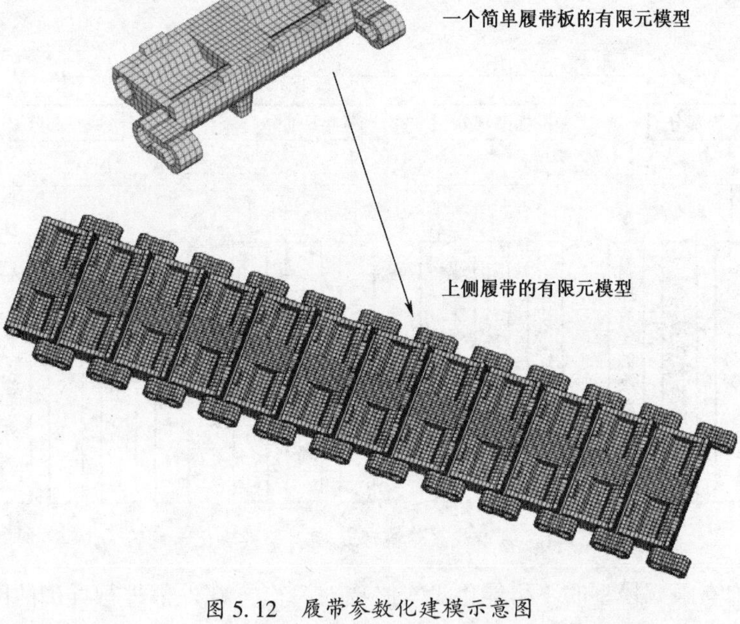

图 5.12　履带参数化建模示意图

采用参数化建模也容易实现不同工况的建模。火炮有限元模型一般是通过模块化的思想建立起来的，而不同射击工况正好是将各个模块按照不同的装配位置生成新的系统构型，无需修改各个部件的节点和单元的定义，只需改变部件之间的相对坐标系即可。目前，各个大型的通用有限元求解程序都支持各种坐标系的建立，可以根据实际情况建立直角坐标系、柱面坐标系和球面坐标系，而且每个节点参考两个坐标系，一个坐标系用于定义节点的位置，而另外一个用于建立节点的位移（输出）坐标系，该位移坐标系定义位移、约束以及反力等与节点相关的向量。

5.3.4 有限元建模的 Morphing 方法

在对结构形式相同而尺寸不同或者基本结构形状相同但具体形状有较小变动的模型

进行分析时，如果逐个进行全新建模，费用很高，造成设计周期延长。为了减少有限元分析的工作量，缩短设计周期，提高设计效率，在有限元建模时可以采用变形（Morphing）技术。例如 HyperMesh 中的 Morphing 技术提供了一种基于有限元模型的变形方法，可以改变板壳和实体模型的形状，将单元扭曲控制在最小程度，同时为尺寸和形状优化自动创建设计变量。它是一种手工操作式的参数化有限元建模方法，该方法省去实体修改的过程，也不需要重新划网格，只需要在原有限元模型上进行操作即可实现目标。

5.13 是采用 Morphin 技术对上架侧板和加强筋的部分模型进行修改设计的示意图。图中（a）模型是上架侧板及其加强筋修改前的模型，其中，1～3 是加强筋的编号；方框代表域（domain），它是用来定义变形区域的。图 5.13 中的模型一共分成了 6 个域，每个域可以独立地根据设定的轨迹变形，也可以一起变形；圆球代表手柄（handle），手柄分布在域的角点，手柄之间的连线定义域的边界，通过移动手柄控制域的形状变化，域中的节点也会相应地发生变化，但是单元和节点的数目保持不变。图（b）模型是同时选中手柄 1 和手柄 2，按照箭头的方向改变形状，可以看到域 1 上部的尺寸增加了，筋 3 也伸长了，域中的节点位置也相应发生了变化，但是仍然均匀分布，没有破坏网格的质量，并且左侧面的边仍保持为直线。如果想改变其它域内的形状，只需要选中相应的手柄按一定的轨迹移动即可实现。板上的圆孔可以通过约束限制其变化，可以保持为圆形或变成相应的椭圆，圆心可以移动也可以固定不动。因此，利用 Morphing 方法可以方便地在有限元模型上直接作修改，而不需要返回到实体模型。但是由于 Morphing 方法不改变域中的单元数目，变形时网格的疏密程度会发生变化，因此尺寸改变较大时会对网格的疏密分布产生影响。

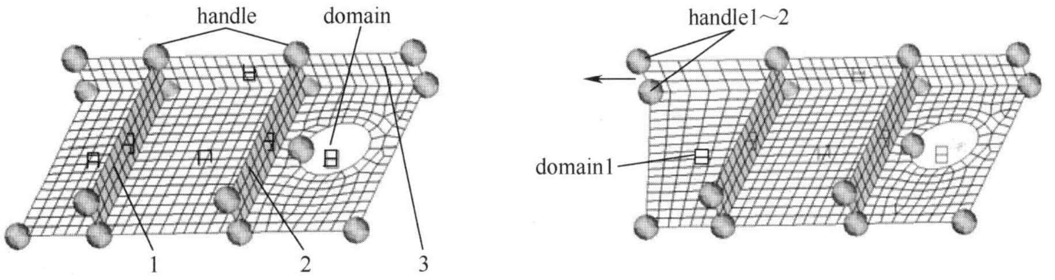

（a）Morphing前的模型　　（b）Morphing后的模型

图 5.13　基于 Morphing 方法的上架侧板和加强筋建模示意图

5.3.5　不同格式模型之间的转换方法

当火炮建模任务采用多个软件时就会出现不同格式模型之间的转换问题。以 HyperMesh 为例，它对转入的实体模型有如下要求：①零部件之间的位置关系必须正确，不能发生错乱；②几何模型的尺寸必须正确，但是允许各面有微小缺陷、裂缝和自由边。在建立零部件的有限元模型时并不需要导入实体模型的质量、质心、转动惯量等物理特性。这是因为在实体模型被离散为网格之后，网格就取代了原来的实体模型，节点和单元的坐标取代了原来的点、线和面的几何信息，单元的物理属性就取代了实体模型的物理特性，有限元模型可以完全独立于实体模型而存在，零部件的一切力学特性将基于有限单元来衡量。STEP、IGES、Parasolid 等格式都能完成以上转化。同时，在模型转换时当把全炮的实体模型分成几个部件单独转出时，更能保证导入后模型的质量，并且这也符合模块化建模的思想。前处理器和求解器之间的转换，通常采用无缝连接的方式，如和 NASTRAN 求解器对应的格式是 * . bdf 或(* . dat)，和 ABAQUS 对应的格式是 * . inp。载荷、边界条件和接触关系等设置可以在前处理软件中施加，也可以在求解器的交互窗口中设置。图 5.14 是建立某车载火炮有限元模型的流程图，装配关系、载荷和边界条件等设置在 ABAQUS 中施加，这样设置有两个优点：①避免重新修改一些不兼容的关键词造成的信息遗失；②参数设置更加直观，特别是随时间变化的动载荷的设置更加方便。

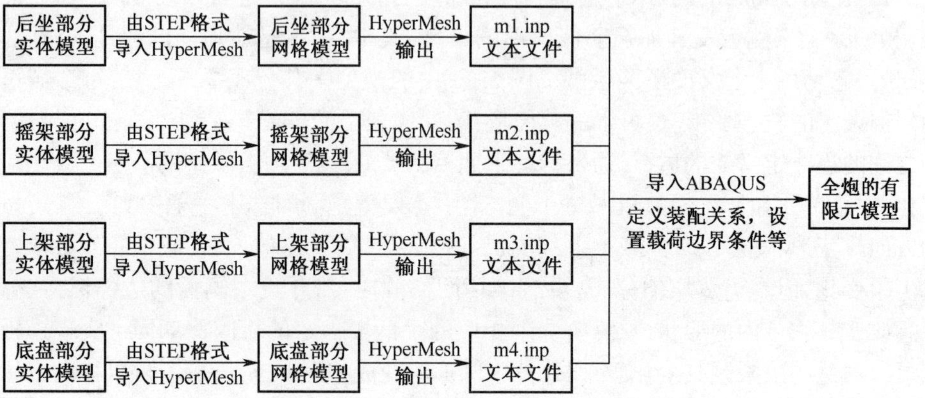

图 5.14　建立某车载火炮有限元模型的流程图

5.3.6　火炮有限元网格模型

火炮各零部件的有限元网格划分主要采用等参四边形壳单元和等参六面体单元，在边界特别复杂但不重要的区域采用少量等参三角形单元和楔形单元。等参四边形单元和六面体单元精度高，耗时少，能用较少的单元获得较高的精度，因此是建立火炮有限元网格模型的首选。杆单元、梁单元和弹簧-阻尼单元也是火炮建模时常用的单元类型。采用前述火炮有限元网格划分方法，建立火炮全炮有限元网格模型，如图 5.15 所示。

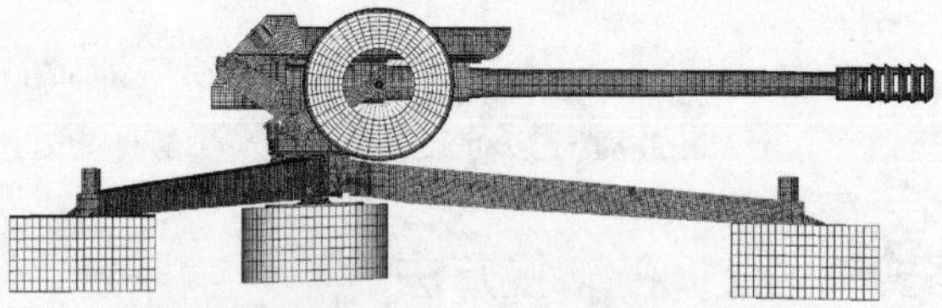

(a) 牵引式火炮有限元网格模型

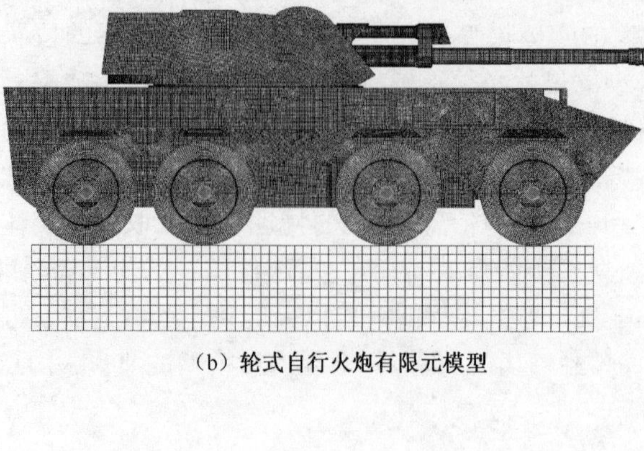

(b) 轮式自行火炮有限元模型

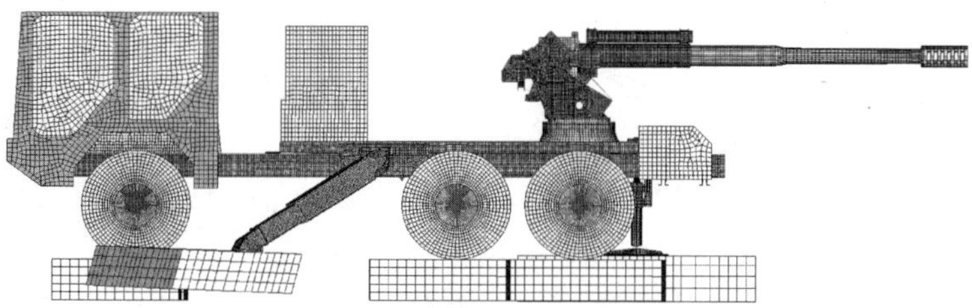

（c）车载式火炮有限元模型

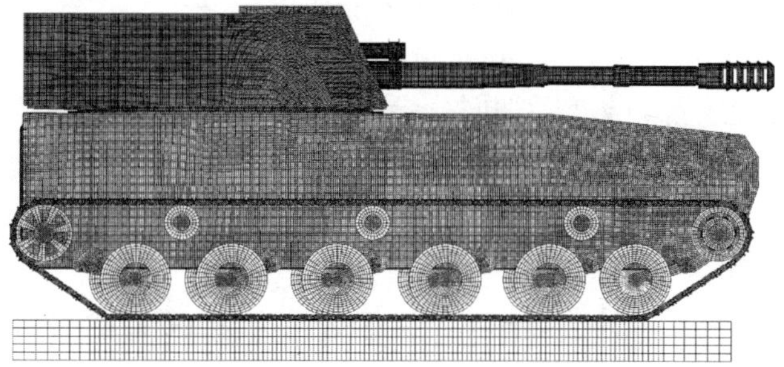

（d）履带式自行火炮有限元模型

图 5.15　火炮全炮有限元网格模型

5.4　火炮构件接触/碰撞的有限元建模理论

机械系统各零部件的相互运动和载荷传递都是通过接触/碰撞来实现的，可以说，接触/碰撞现象普遍存在于各工程实际中。火炮由于工作环境的特殊性，其接触/碰撞现象有别于一般的机械系统，最明显的特点有：①受到瞬时冲击载荷；②相互接触的零部件之间有大位移滑动摩擦，如身管相对于摇架的运动、弹丸在膛内的运动，等等；③大部分结构发生弹性变形，弹丸弹带具有弹塑性变形。

5.4.1　接触界面条件

图 5.16 表示两个物体 A 和 B 相互接触的情形，物体 A 称为主控体，物体 B 称为从属体。Ω^A 和 Ω^B 表示两物体的当前构形，Ω 表示两个物体的组合，其边界分别用 $\boldsymbol{\Gamma}^A$ 和 $\boldsymbol{\Gamma}^B$ 表示，两个物体的接触界面用 $\boldsymbol{\Gamma}^C=\boldsymbol{\Gamma}^A\cap\boldsymbol{\Gamma}^B$ 表示。接触界面是时间的函数，即随加载过程而变化，它的确定是接触/碰撞问题求解的重要部分。为了表达接触力，可在主控接触表面的每一点建立局部坐标系（图 5.16），构造相切于主控物体表面的单位矢量 $\hat{\boldsymbol{e}}_1^A$ 和 $\hat{\boldsymbol{e}}_2^A$，于是物体 A 的法线为

$$\boldsymbol{n}^A=\hat{\boldsymbol{e}}_1^A\times\hat{\boldsymbol{e}}_2^A \tag{5.59}$$

在接触面上两个物体的法线方向相反，即

$$\boldsymbol{n}^A=-\boldsymbol{n}^B \tag{5.60}$$

速度场用局部分量的形式可以表示为

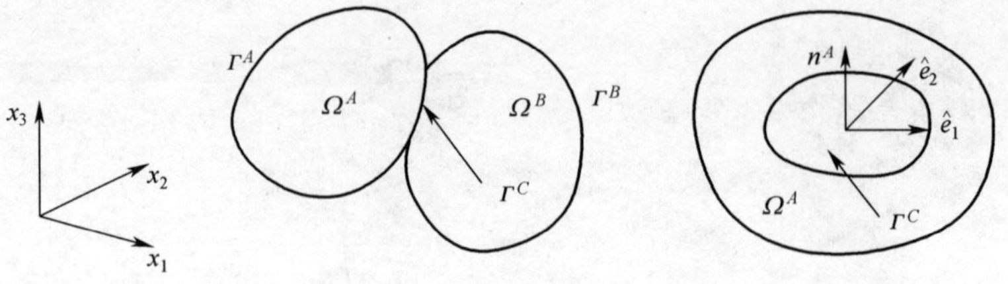

图 5.16　两物体接触的示意图

$$\boldsymbol{v}^A = v_N^A \boldsymbol{n}^A + \hat{v}_\alpha^A \hat{\boldsymbol{e}}_\alpha^A = v_N^A \boldsymbol{n}^A + \boldsymbol{v}_T^A \tag{5.61}$$

$$\boldsymbol{v}^B = v_N^B \boldsymbol{n}^A + \hat{v}_\alpha^B \hat{\boldsymbol{e}}_\alpha^A = - v_N^B \boldsymbol{n}^B + \boldsymbol{v}_T^B \tag{5.62}$$

式中：下标 N 表示法线分量；α 表示切向分量。

由此可得法向速度分量为

$$v_N^A = \boldsymbol{v}^A \cdot \boldsymbol{n}^A, v_N^B = \boldsymbol{v}^B \cdot \boldsymbol{n}^A \tag{5.63}$$

1. 不可侵彻性条件

不可侵彻性是指相互接触的物体不发生相互侵入或重叠现象。一对物体的不可侵彻性条件为

$$\Omega^A \cap \Omega^B = 0 \tag{5.64}$$

对于大位移问题，不可侵彻性条件是高度非线性的，在接触过程的每一阶段以率形式或者增量形式表示不可侵彻性方程。不可侵彻性条件应用到物体 A 和物体 B 接触表面 Γ^C 上的点，可以表示为

$$\gamma_N = \boldsymbol{v}^A \cdot \boldsymbol{n}^A + \boldsymbol{v}^B \cdot \boldsymbol{n}^B = (\boldsymbol{v}^A - \boldsymbol{v}^B) \cdot \boldsymbol{n}^A \equiv v_N^A - v_N^B \leqslant 0 \ (\text{在 } \Gamma^C \text{ 上}) \tag{5.65}$$

式中：$\gamma_N(\boldsymbol{X},t)$ 为两个物体的相互贯入速率。

对于在接触表面上的任意点，$\gamma_N = 0$ 时它们必须保持接触，$\gamma_N < 0$ 表示必须分离。

相对切向速率为

$$\gamma_T = v_T^A - v_T^B = \boldsymbol{v}^A - \boldsymbol{v}^B - \boldsymbol{n}^A(\boldsymbol{v}^A - \boldsymbol{v}^B) \cdot \boldsymbol{n}^A \tag{5.66}$$

式(5.65)和式(5.66)是接触界面应满足的速度形式的运动学条件。

2. 相互侵彻度量

在物体 B 上的点 P 侵入到物体 A 的内部，定义为至物体 A 的表面上任意点的最小距离。用坐标 $x^B(\zeta^B,t)$ 表示的点 P 到物体 A 表面上的任意点之间的距离为

$$l_{AB} = \| x^B(\zeta^B,t) - x^A(\zeta^A,t) \| \tag{5.67}$$

因此，相互侵彻量可以定义为

$$g_N(\zeta^B,t) = \min_{\zeta^A} \alpha l_{AB}, \alpha = \begin{cases} 1 & \text{当}(\boldsymbol{x}^B - \boldsymbol{x}^A) \cdot \boldsymbol{n}^A \leqslant 0 \\ 0 & \text{当}(\boldsymbol{x}^B - \boldsymbol{x}^A) \cdot \boldsymbol{n}^A > 0 \end{cases} \tag{5.68}$$

上式即为用位移形式表示的运动学条件。

3. 面力条件

面力条件有法向面力条件和切向面力条件。相互接触的两个物体，界面上的面力的合力应该为零：

$$\boldsymbol{t}^A + \boldsymbol{t}^B = 0 \tag{5.69}$$

由柯西(Cauchy)定律定义的两个物体表面的面力为

$$\begin{cases} \boldsymbol{t}^A = \boldsymbol{\sigma}^A \cdot \boldsymbol{n}^A \quad 或 \quad t_i^A = \sigma_{ij}^A n_j^A \\ \boldsymbol{t}^B = \boldsymbol{\sigma}^B \cdot \boldsymbol{n}^B \quad 或 \quad t_i^B = \sigma_{ij}^B n_j^B \end{cases} \tag{5.70}$$

由式(5.69)可得动量平衡的法向分量为

$$t_N^A + t_N^B = 0 \tag{5.71}$$

不考虑物体接触面的任何黏性情况下,法向面力只能为压力,所以法向面力为压力的条件应为

$$t_N \equiv t_N^A(x,t) = - t_N^B(x,t) \leqslant 0 \tag{5.72}$$

若定义切向面力为

$$\boldsymbol{t}_T^A = \boldsymbol{t}^A - \boldsymbol{t}_N^A \boldsymbol{n}^A, \boldsymbol{t}_T^B = \boldsymbol{t}^B - \boldsymbol{t}_N^B \boldsymbol{n}^B \tag{5.73}$$

则切向面力应满足

$$\boldsymbol{t}_T^A + \boldsymbol{t}_T^B = 0 \tag{5.74}$$

4. 归一化接触条件

式(5.66)和式(5.72)可以合并为一个单一方程:

$$t_N \gamma_N = 0 \tag{5.75}$$

式(5.75)称为归一化接触条件,在接触表面上这个条件必须成立。当物体发生接触并且保持接触时,$\gamma_N = 0$;当接触停止时,$\gamma_N \leqslant 0$,并且法向面力消失,所以乘积总是为零。

5.4.2 摩擦模型

在工程分析中,常采用库仑摩擦模型模拟摩擦行为,该模型用摩擦因数来表征两个表面之间的接触行为。库仑摩擦模型认为切向面力不能超过它的极限值,即如果物体 A 和 B 在 x 处接触,则:

(1) 如果 $\| \boldsymbol{t}_T(x,t) \| < -\mu t_N(\boldsymbol{x},t)$

$$\gamma_T(x,t) = 0 \tag{5.76}$$

(2) 如果 $\| \boldsymbol{t}_T(x,t) \| = -\mu t_N(x,t)$

$$\gamma_T(x,t) = - k(\boldsymbol{x},t) \boldsymbol{t}_T(\boldsymbol{x},t) k \geqslant 0 \tag{5.77}$$

式中:k 是一个变量,由动量方程的解确定。条件(1)是黏着条件,即当一点处的切向面力小于临界值时,不允许相对的切向运动;条件(2)对应于接触面间发生相对滑动的情况,该方程的第二部分表示切向摩擦的方向必须与相对切向速度的方向相反。

理想的库仑摩擦模型是高度非线性的,如图 5.17 中的实线所示,当 $\| \boldsymbol{t}_T \| < -\mu t_N$ 时,是无相对滑动的黏结(sticking)情况;当 $\| \boldsymbol{t}_T \| = -\mu t_N$ 时,两接触面间发生相对滑动(slipping),并且在相对滑动速度 γ_T 反向时,切向面力 $\boldsymbol{t}_T$ 也立即反转。这种突然变化会造成数值计算叠代过程的收敛困难。因此,在大多数情况下,ABAQUS 使用一个允许"弹性滑动"的罚摩擦公式,如图 5.17 中的虚线所示。

通常情况下,从黏结条件下进入初始滑动的摩擦因数不同于已经处于滑动中的摩擦因数。前者是静摩擦因数,后者是动摩擦因数。ABAQUS 中用指数衰减规律来模拟静摩擦和动摩擦之间的转换,如图 5.18 所示。其中:μ_k 为动摩擦因数,μ_s 为静摩擦因数,d_c 为自定义衰减系数,$\dot{r}_{eq}$ 为移动速率。此模型仅适用于各项同性摩擦行为,并且不允许依赖于接触压力、温度或其它场变量。

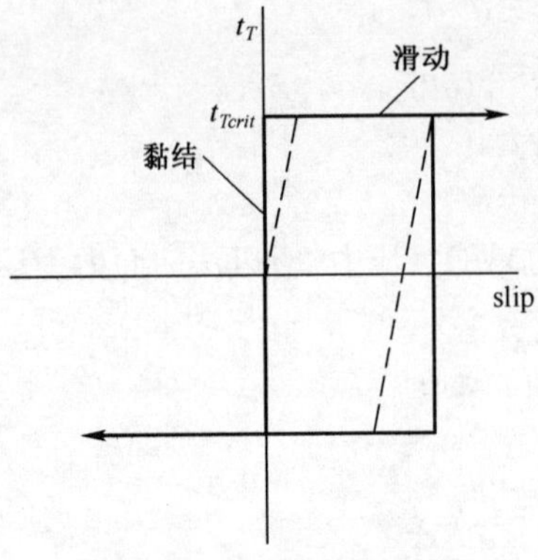

图 5.17　摩擦行为示意图

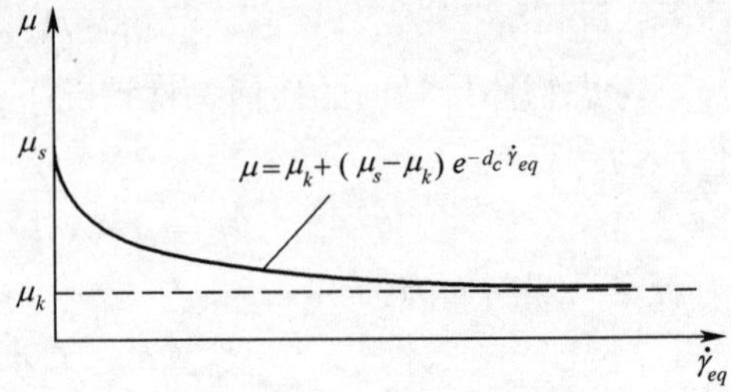

图 5.18　指数衰减摩擦模型

5.4.3　接触/碰撞问题的半离散有限元方程

接触摩擦的非线性本质以及接触体系在运动和变形中的几何非线性和材料非线性，使得求解接触问题面临很多困难。求解这一类非线性问题常用分步求解的办法：将时间域[0,T]分为许多子域 $0, t_1, t_2, \cdots, t_n = T$，假设接触体系在 $0, t_1, t_2, \cdots, t_n$ 时刻的解已经求出，原则上，其中任何一个位形都可以作为参考位形去求下一时刻 t_{n+1} 的解。如果所有变量以时间 0 的位形作为参考位形，则这种方法称为完全的 Lagrange 格式；若将最新已知位形（即时刻 t_n）作为参考位形，则这种方法称为更新的 Lagrange 格式。在包含几何非线性和材料非线性的接触/碰撞问题求解过程中，广泛采用更新的 Lagrange 格式。

1. Lagrange 乘子法

相互接触的物体的速度场 $v(\boldsymbol{X},t)$ 可以用 C^0 近似插值表示，使用 Lagrange 网格，以材料坐标的形式表示速度场的有限元近似：

$$v_i^A(\boldsymbol{X},t) = \sum_{I\in\Omega^A} N_I(\boldsymbol{X})\,v_{iI}^A(t) \tag{5.78}$$

$$v_i^B(\boldsymbol{X},t) = \sum_{I\in\Omega^B} N_I(\boldsymbol{X})\,v_{iI}^B(t) \tag{5.79}$$

如果物体 A 和物体 B 的节点编号不同，则两个速度场可以写成一个表达式的形式：

$$v_i(\boldsymbol{X},t) = N_I(\boldsymbol{X})\,v_{iI}(t) \tag{5.80}$$

在接触表面上 Lagrange 乘子场 $\lambda(\zeta,t)$ 是由一个 C^{-1} 场近似的，即

$$\lambda(\zeta,t) = \sum_{I\in\Gamma^C} \Lambda_I(\zeta)\,\lambda_I(t) \equiv \Lambda_I(\zeta)\,\lambda_I(t) \qquad \lambda(\zeta,t) \geqslant 0 \tag{5.81}$$

式中：$\Lambda_I(\zeta)$ 为 C^{-1} 形函数。

Lagrange 乘子场的形函数常常区别于速度场的形函数，因此，对这两种近似采用了不同的符号。

变分函数为

$$\delta v_i(\boldsymbol{X}) = N_I(\boldsymbol{X})\,\delta v_{iI},\ \delta\lambda(\zeta) = \Lambda_I(\zeta)\,\lambda_I \qquad \delta\lambda(\zeta) \leqslant 0 \tag{5.82}$$

于是可以推出：

$$\delta p = \delta v_{iI}(f_{iI}^{\text{int}} - f_{iI}^{\text{ext}} + M_{ijIJ}\dot{v}_{jJ}) \equiv \delta\dot{\boldsymbol{d}}^{\mathrm{T}}(\boldsymbol{f}^{\text{int}} - \boldsymbol{f}^{\text{ext}} + \boldsymbol{M}\ddot{\boldsymbol{d}}) \equiv \delta v^{\mathrm{T}}\boldsymbol{r} \tag{5.83}$$

以节点速度的形式表示相互侵彻率为

$$\gamma_N = \boldsymbol{\Phi}_{iI}(\xi) v_{iI}(t) \quad \text{其中} \ \boldsymbol{\Phi}_{iI}(\xi) = \begin{cases} N_I(\xi) n_i^A(\xi) & \text{如果} \ I \ \text{在} \ A \ \text{上} \\ N_I(\xi) n_i^B(\xi) & \text{如果} \ I \ \text{在} \ B \ \text{上} \end{cases} \tag{5.84}$$

则接触弱形式为

$$G_{NL} = \int_{\Gamma^C} \boldsymbol{\lambda} \gamma_N \mathrm{d}\Gamma = \int_{\Gamma^C} \lambda_I \Lambda_I \boldsymbol{\Phi}_{jJ} v_{jJ} \mathrm{d}\Gamma = \boldsymbol{\lambda}^{\mathrm{T}} \boldsymbol{G} \boldsymbol{v} \tag{5.85}$$

式中

$$G_{IjJ} = \int_{\Gamma^C} \Lambda_I \boldsymbol{\Phi}_{jJ} \mathrm{d}\Gamma, \boldsymbol{G} = \int_{\Gamma^C} \boldsymbol{\Lambda}^{\mathrm{T}} \boldsymbol{\Phi} \mathrm{d}\Gamma \tag{5.86}$$

于是运动方程的矩阵形式表示为

$$\delta \boldsymbol{v}^{\mathrm{T}}(\boldsymbol{f}^{\mathrm{int}} - \boldsymbol{f}^{\mathrm{ext}} + \boldsymbol{M}\ddot{\boldsymbol{d}}) + \delta(\boldsymbol{v}^{\mathrm{T}} \boldsymbol{G}^{\mathrm{T}} \boldsymbol{\lambda}) \geqslant 0 \, \forall \delta v_{iI} \notin \Gamma_u \ \text{且} \ \forall \delta \lambda_I \leqslant 0 \tag{5.87}$$

考虑到 $\delta\boldsymbol{v}$ 和 $\delta\boldsymbol{\lambda}$ 的任意性,得到运动方程和相互侵彻条件:

$$\begin{cases} \boldsymbol{M}\ddot{\boldsymbol{d}} + \boldsymbol{f}^{\mathrm{int}} - \boldsymbol{f}^{\mathrm{ext}} + \boldsymbol{G}^{\mathrm{T}} \boldsymbol{\lambda} = 0 \\ \boldsymbol{G}\boldsymbol{v} \leqslant 0 \end{cases} \tag{5.88}$$

Lagrange 乘子法对 Lagrange 乘子网格有一定的依赖性,而构造 Lagrange 乘子网格具有一定的难度,使问题变得复杂化。当接触界面变化时,网格必须随着时间变化。在罚函数法中,没有必要建立附加网格。对于高速碰撞问题,Lagrange 乘子法常常导致非常不平顺的结果,因此这种方法更适合于静态和低速问题。

2. 罚函数法

将式(5.85)代入罚函数的弱形式,得到

$$\delta G_P = \delta \boldsymbol{v}^{\mathrm{T}} \int_{\Gamma^C} \boldsymbol{\Phi}^{\mathrm{T}} p \mathrm{d}\Gamma \equiv \delta \boldsymbol{v}^{\mathrm{T}} \boldsymbol{f}^C \quad \text{其中} \ \boldsymbol{f}^C = \int_{\Gamma^C} \boldsymbol{\Phi}^{\mathrm{T}} p \mathrm{d}\Gamma \tag{5.89}$$

在罚函数的弱形式中,应用上式和摄动的 Lagrange 乘子弱形式,得到

$$\delta P_P = \delta \boldsymbol{v}^{\mathrm{T}} r + \delta \boldsymbol{v}^{\mathrm{T}} \boldsymbol{f}^C \tag{5.90}$$

再由 $\delta\boldsymbol{v}$ 的任意性和 $\boldsymbol{r}$ 的定义,得到

$$\boldsymbol{M}\boldsymbol{a} + \boldsymbol{f}^{\mathrm{int}} - \boldsymbol{f}^{\mathrm{ext}} + \boldsymbol{f}^C = 0 \tag{5.91}$$

因此,对于无约束问题,罚函数法中方程的数目是不变的。在离散方程中,不等式不会显式地出现,而是由分步函数施加接触罚力。

5.5 土壤非线性建模理论

我国幅员辽阔,东西南北的土壤条件千差万别,北方干旱、土质坚硬,南方水分充足、土壤疏软等。就同一区域而言,也存在着钢筋混凝土、草地及河塘淤泥之分,因而有不同的动应变-应力特性,所体现的物理现象差别也很大。要准确地描述各种土壤的本构关系非常困难,目前常采用 Drucker-Prager 材料来模拟土壤特性。

5.5.1 Drucker-Prager 材料

Drucker-Prager 材料(简称 DP 材料)使用 Drucker -Prager 屈服准则,此准则是 Mohr-Coulomb 准则的近似,修正了 von Mises 屈服准则,即在 von Mises 表达式中包含一个附加项。其流动准则可以用相关流动准则,也可以使用不相关准则,其屈服面并不随着材料的

逐渐屈服而改变,因此没有强化准则,然而其屈服强度随着侧压力(静水压力)的增加而增加,其塑性行为被假定为理想塑性(图 5.19),此外考虑了材料由于屈服而引起的体积膨胀,但没考虑温度变化的影响。这种材料适合于模拟混凝土、岩石和土壤等颗粒状材料。

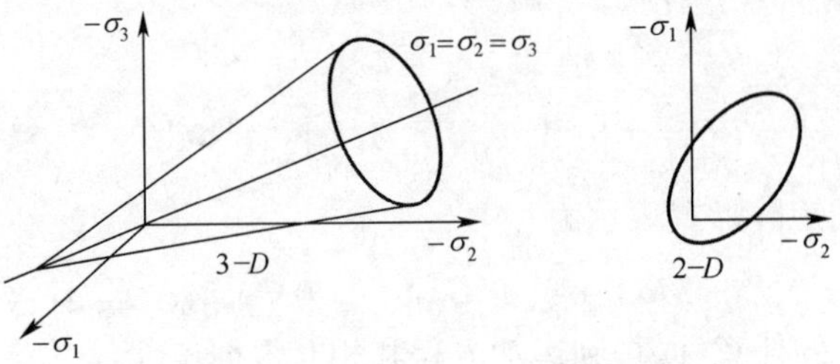

图 5.19 Drucker-Prager 材料的屈服面

Drucker-Prager 材料的三个特性值为:C 是材料的内聚力;ϕ 是材料的内摩擦角(单位为度);α_1 和 k 是材料常数。

对 DP 材料,受压时的屈服强度大于受拉时的屈服强度。如果有单轴拉伸屈服应力,可以通过下式将二值转化成程序所需的输入值:

$$\phi = \arcsin\left[\frac{3\sqrt{3}\beta}{2+\sqrt{3}\beta}\right] \tag{5.92}$$

$$C = \frac{\sigma_y\sqrt{3}(3-\sin\phi)}{6\cos\phi} \tag{5.93}$$

式中:β 和 σ_y 由于受压屈服应力和受拉屈服应力计算,即

$$\beta = \frac{\sigma_c - \sigma_l}{\sqrt{3}(\sigma_c + \sigma_l)} \tag{5.94}$$

$$\sigma_y = \frac{2\sigma_c\sigma_l}{\sqrt{3}(\sigma_c + \sigma_l)} \tag{5.95}$$

5.5.2 Drucker-Prager 材料的本构矩阵

1. 屈服条件与强化规律

屈服条件是材料从初始弹性状态进入塑性状态的条件。若用 f 表示屈服函数,则屈服条件将与应力状态 σ 有关,即

$$f(\sigma) = 0 \tag{5.96}$$

在六维应力空间中,它表示一个超曲面,这个超曲面就是屈服面。

强化规律是屈服面的大小、形状和位置的变化规律。对于理想的塑性材料,屈服面的大小、形状和位置均保持不变。对于强化材料,在加载过程中,屈服面将随发生过的塑性变形而改变。改变后的屈服函数和屈服面分别称为加载函数和加载面。加载函数和加载面分别与应力状态 σ 有关,而且还取决于塑性应变 ε_p 和反映加载历史的强化参数 h。

若用 f^* 表示加载函数,则加载条件和加载面为

$$f^*(\sigma, \varepsilon_p, h) = 0 \tag{5.97}$$

2. Drucker-Prager 屈服条件

DP 材料的等效应力表达为

$$\sigma_e = 3\beta\sigma_m + \left[\frac{1}{2}S^{\mathrm{T}}MS\right]^{\frac{1}{2}} \tag{5.98}$$

式中：σ_m = 平均应力或静水压力 = $(\sigma_x + \sigma_y + \sigma_z)/3$；$S$ 为偏应力；β 为材料常数；M 为 Mises 屈服准则中的 M。上面的屈服准则是一种修正的 Mises 屈服准则，它考虑了静水压力分量的影响，静水压力（侧限压力）越高，其屈服强度越大。Drucker-Prager 屈服条件是在 Mises 屈服条件的基础上再考虑静水压力的影响的屈服条件，即

$$f = \alpha_1 J_1 + \sqrt{I_2} - k = 0 \tag{5.99}$$

式中：J_1 为应力张量的第一不变量，有

$$J_1 = \sigma_{11} + \sigma_{22} + \sigma_{33} \tag{5.100}$$

I_2 为应力偏张量的第二不变量，有

$$I_2 = \frac{1}{2}(s_{11}^2 + s_{22}^2 + s_{33}^2) + s_{12}^2 + s_{23}^2 + s_{31}^2 \tag{5.101}$$

材料常数 α_1 和 k 与材料的内摩擦角 ϕ 和内聚力 C 有关，如图 5.20 所示。

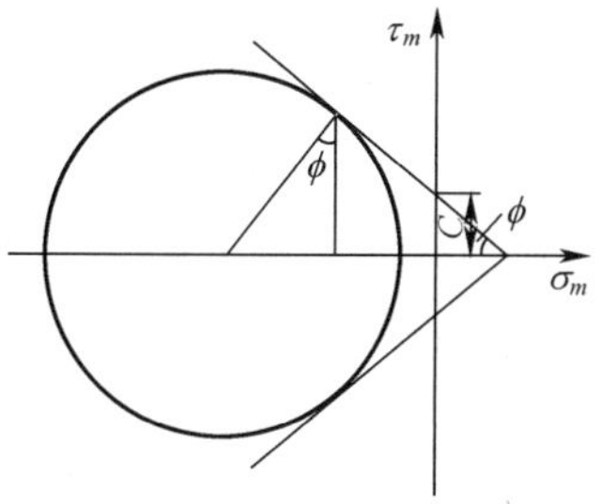

图 5.20　材料常数与材料的内摩擦角和内聚力关系

轴对称变形，有：

$$\alpha_1 = \frac{2\sin\phi}{\sqrt{3}(3 - \sin\phi)} \tag{5.102}$$

$$k = \frac{6C\cos\phi}{\sqrt{3}(3 - \sin\phi)} \tag{5.103}$$

平面应变有：

$$\alpha_1 = \frac{\tan\phi}{\sqrt{9 + 12\tan^2\phi}} \tag{5.104}$$

$$k = \frac{3C}{\sqrt{9 + 12\tan^2\phi}} \tag{5.105}$$

Drucker-Prager 屈服条件的式（5.99）表明，随着静水应力的增大，Mises 屈服圆的半径将扩大，所以在三维主应力空间里是一个圆锥面，如图 5.19 所示。

3. 理想塑性材料的弹塑性矩阵

正则屈服面材料的增量本构方程为

$$\mathrm{d}\sigma = (\boldsymbol{D}_{\varepsilon p})_T \mathrm{d}\boldsymbol{\varepsilon} \tag{5.106}$$

式中：切线弹塑性矩阵为 $(\boldsymbol{D}_{\varepsilon p})_T = \boldsymbol{D} - \boldsymbol{D}_p$。

刚度矩阵为

$$\boldsymbol{D} = \frac{E}{(1+\nu)(1-2\nu)}\begin{bmatrix} 1-\nu & & & & & \\ \nu & 1-\nu & & & \text{对称} & \\ \nu & \nu & 1-\nu & & & \\ 0 & 0 & 0 & 1-\nu & & \\ 0 & 0 & 0 & 0 & 1-\nu & \\ 0 & 0 & 0 & 0 & 0 & 1-\nu \end{bmatrix} \tag{5.107}$$

切线塑性矩阵为

$$\boldsymbol{D}_p = \frac{1}{B}\boldsymbol{D}\frac{\partial f^*}{\partial \boldsymbol{\sigma}}\left(\frac{\partial f^*}{\partial \boldsymbol{\sigma}}\right)\boldsymbol{D} \tag{5.108}$$

$$B = \left(\frac{\partial f^*}{\partial \boldsymbol{\sigma}}\right)^{\mathrm{T}}\boldsymbol{D}\frac{\partial f^*}{\partial \boldsymbol{\sigma}} + A \tag{5.109}$$

$$A = -\left[\left(\frac{\partial f^*}{\partial \boldsymbol{\varepsilon}_p}\right)^{\mathrm{T}} + \frac{\partial f^*}{\partial h}\left(\frac{\partial h}{\partial \boldsymbol{\varepsilon}_p}\right)^{\mathrm{T}}\right]\frac{\partial f^*}{\partial \boldsymbol{\sigma}} \tag{5.110}$$

对理想塑性材料，材料常数 α_1 和 k 不因塑性变形而改变，分析式(5.96)和式(5.97)，屈服函数就是加载函数，且 $\frac{\partial f^*}{\partial \varepsilon_p} = \{0\}$、$\frac{\partial f^*}{\partial h} = \{0\}$，故

$$A = 0 \tag{5.111}$$

若令 $\boldsymbol{\delta} = [1 \quad 1 \quad 1 \quad 0 \quad 0 \quad 0]^{\mathrm{T}}$ 及 $\boldsymbol{s}' = [s_{11} \quad s_{22} \quad s_{33} \quad 2s_{12} \quad 2s_{23} \quad 2s_{31}]^{\mathrm{T}}$

由式(5.96)、式(5.97)和式(5.98)可得

$$\frac{\partial f^*}{\partial \boldsymbol{\sigma}} = \alpha_1\boldsymbol{\delta} + \frac{1}{2\sqrt{I_2}}\boldsymbol{s}' \tag{5.112}$$

B 和 $\boldsymbol{D}_p$ 经推导得到：

$$B = 9h\alpha_1^2 + G \tag{5.113}$$

其中：$G = \frac{E}{2(1+\nu)}$，$h = \frac{E}{3(1-2\nu)}$

$$\boldsymbol{D}_p = \frac{1}{9h\alpha_1^2 + G}\left[9h^2\alpha_1^2\boldsymbol{\delta}\boldsymbol{\delta}^{\mathrm{T}} + \frac{3k\alpha_1 G}{\sqrt{I_2}}(\boldsymbol{\delta}\boldsymbol{s}^{\mathrm{T}} + \boldsymbol{s}\boldsymbol{\delta}^{\mathrm{T}}) + \frac{G^2}{I_2}\boldsymbol{s}\boldsymbol{s}^{\mathrm{T}}\right] \tag{5.114}$$

即

$$\boldsymbol{D}_p = \begin{bmatrix} A_1^2 & & & & & \\ A_2A_1 & A_2^2 & & \text{对称} & & \\ A_3A_1 & A_3A_2 & A_3^2 & & & \\ \beta_1 s_{12}A_1 & \beta_1 s_{12}A_2 & \beta_1 s_{12}A_3 & (\beta_1 s_{12})^2 & & \\ \beta_1 s_{23}A_1 & \beta_1 s_{23}A_2 & \beta_1 s_{23}A_3 & \beta_1^2 s_{23}s_{12} & (\beta_1 s_{23})^2 & \\ \beta_1 s_{31}A_1 & \beta_1 s_{31}A_2 & \beta_1 s_{31}A_3 & \beta_1^2 s_{31}s_{23} & \beta_1^2 s_{31}s_{23} & (\beta_1 s_{31})^2 \end{bmatrix} \tag{5.115}$$

式中：$\beta_1 = \frac{G}{\sqrt{(9h\alpha_1^2 + G)I_2}}$；$\beta_2 = \frac{3k\alpha_1}{\sqrt{(9h\alpha_1^2 + G)}}$；$A_1 = \beta_1 s_{11} + \beta_2$；$A_2 = \beta_1 s_{22} + \beta_2$；$A_1 =$

$\beta_1 s_{33} + \beta_2$。

把式(5.107)和式(5.115)代入式(5.106),得到弹塑性矩阵:

$$
(\boldsymbol{D}_{\varepsilon p})_T = \begin{bmatrix}
-A_1^2 & & & & & \\
B_2 - A_2 A_1 & B_1 - A_2^2 & & \text{对称} & & \\
B_2 - A_3 A_1 & B_2 - A_3 A_2 & B_1 - A_3^2 & & & \\
-\beta_1 s_{12} A_1 & -\beta_1 s_{12} A_2 & -\beta_1 s_{12} A_3 & G - (\beta_1 s_{12})^2 & & \\
-\beta_1 s_{23} A_1 & -\beta_1 s_{23} A_2 & -\beta_1 s_{23} A_3 & -\beta_1^2 s_{23} s_{12} & G - (\beta_1 s_{23})^2 & \\
-\beta_1 s_{31} A_1 & -\beta_1 s_{31} A_2 & -\beta_1 s_{31} A_3 & -\beta_1^2 s_{31} s_{23} & -\beta_1^2 s_{31} s_{23} & G - (\beta_1 s_{31})^2
\end{bmatrix}
$$

式中:$B_1 = h + \dfrac{4G}{3}$;$B_2 = h - \dfrac{2G}{3}$

第6章 基于 HyperMesh 和 ABAQUS 的火炮有限元建模技术

HyperWorks 是 Altair 公司的旗舰产品,该软件为用户提供当今世界最好的有限元前后处理技术、优秀的概念设计软件、高度自动化和标准化的开发环境以及高度集成的 CAE 数据管理系统,集成了工程设计与分析所需的多个软件包。HyperMesh 是 HyperWorks 的领衔软件,是目前应用最广泛的有限元前后处理软件。

ABAQUS 是一套功能强大的有限元计算分析软件,它不仅可以解决线性静力学问题、动力学问题和热传导问题,而且擅长解决非线性和瞬态问题,如接触、高速碰撞、超弹性、塑性失效、复合材料、冲击和损伤、电子器件跌落等。另外,ABAQUS 还可以结合刚体、线性柔体和非线性柔体进行多体动力学分析。

6.1 基于 HyperMesh 的有限元建模技术

方便、快速、合理、准确地划分有限元网格是有限元仿真分析的基础,高质量的网格是得到正确结果的保证,对于工程应用问题,网格划分软件的选择相当重要。HyperMesh 主要用来划分网格以及施加边界条件,主要特点如下:

(1) HyperMesh 采用交互性好的图形用户界面,使用方便、快捷,支持世界上许多著名 CAD/CAE 软件公司的多种几何模型和有限元模型,如 I-DEAS、Pro/E、UG、SolidWorks、NASTRAN、ABAQUS、ANSYS、LS-DYNA 等,极大地提高了建模和仿真效率。

(2) 具有强大的几何清理和网格划分功能,可方便地调整曲面或边界的网格参数,包括单元密度、单元长度变化趋势、网格划分算法等,能够高效地建立各种复杂模型的有限元和有限差分模型。

(3) 四面体自动网格划分模块采用先进的 AFLR 算法,可根据结构和 CFD 建模需要选择单元增长选项,选择浮动或固定边界三角形单元和重新划分局部区域,建立了六面体和四面体网格划分功能的新标准。

(4) 拥有先进的 Morphing 建模技术,使得用户可快速地修改设计方案,便于实现 CAE 的参数化,有效地对多种设计方案进行分析对比。

(5) 支持宏、定制模板等,使得建模操作实现自动化,数据输出标准化。

(6) 具有功能齐全的可视化功能,使用等值面、变形、云图、瞬变、矢量图和截面云图等多种方式表现结果。可直接生成 BMP、JPG、EPS、TIFF 等多种图形文件及动画文件,便于用户更直观地对仿真结果进行分析、理解和认识,找出设计方案存在的薄弱环节,提出设计更改措施。

6.1.1 基本流程

使用 HyperMesh 前处理软件对模型进行前处理主要包括以下步骤：

(1) 导入 CAD 模型；

(2) 指定材料类型和参数；

(3) 指定单元属性和材料；

(4) 对模型进行网格划分；

(5) 检查单元质量并修改较差单元；

(6) 连接部件；

(7) 组装总系统；

(8) 检查并导出有限元模型。

6.1.2 CAD 模型的导入

在 File 下拉菜单中选择 Import，并单击 Geometry，在 File Type 中选择 IGES，输入模型文件路径，点击 Import，即将实体模型数据信息添加到 HyperMesh 中。图 6.1 为导入模型对话框。

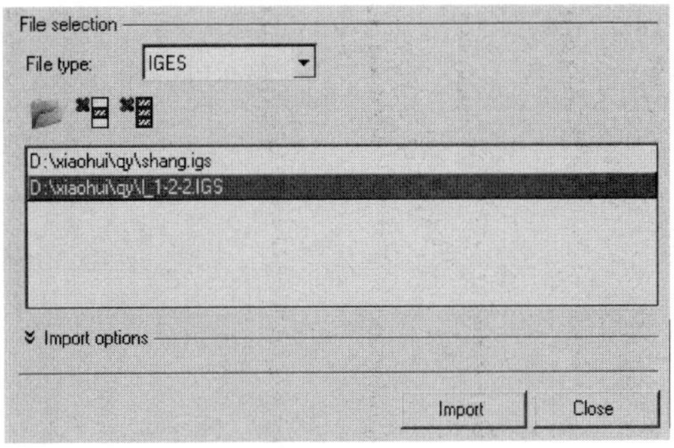

图 6.1　导入模型对话框

6.1.3 材料定义

单击工具栏中的 Materials 按钮，点击选择 Materials 面板上的 Create 子菜单，在 Name = 栏中输入所要创建材料的名称，如 steel，copper，soil；点击 Color，并选择适当的颜色；选择 type = ALL，card image = ABAQUS-MATERIAL；点击 create/edit，进入材料性质子面板，勾选 Density 和 Elastic，并在 Density(密度)、E(弹性模量)、NU(泊松比)栏中输入相应的数值，即创建了所需要的材料并定义了材料的性质。静态分析只需输入弹性模量和泊松比。图 6.2、图 6.3 分别为创建材料的子面板和赋予材料属性面板。

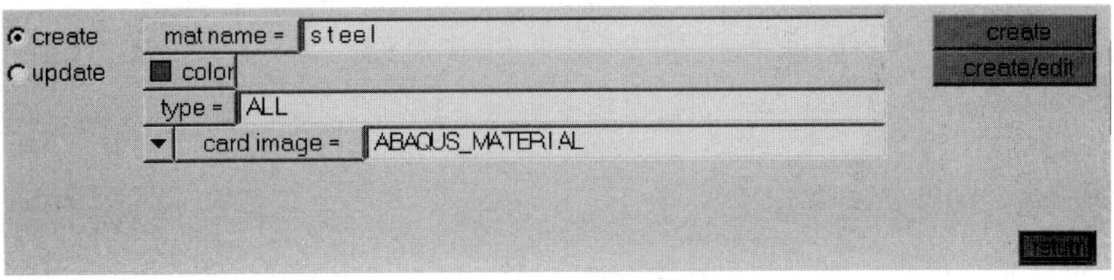

图 6.2　创建材料的子面板

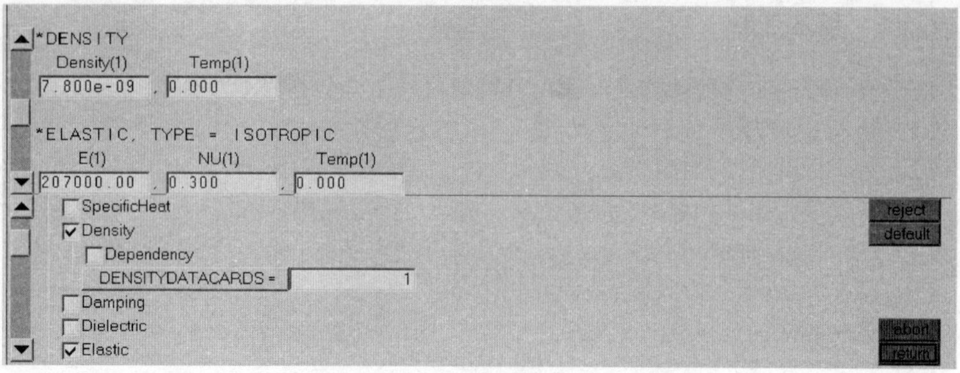

图 6.3 赋予材料属性面板

6.1.4 属性定义

单击工具栏中的 Properties 按钮，点击选择 Properties 面板上的 Create 子菜单，在 prop name = 栏中输入所要创建的属性的名称；点击 Color，并选择适当的颜色；根据所要创建的模型是二维或三维的，选择 type = PLANAR SECTION 或 SOLID SECTION，card image = SHELL SECTION 或 SOLID SECTION；选择 material = 相应的材料；点击 create/edit，输入 thickness（板的厚度）及相应性质，即创建了所需要的属性。图 6.4、图 6.5 分别为创建二维属性的子面板和赋予属性性质面板，图 6.6 为创建三维属性的子面板。

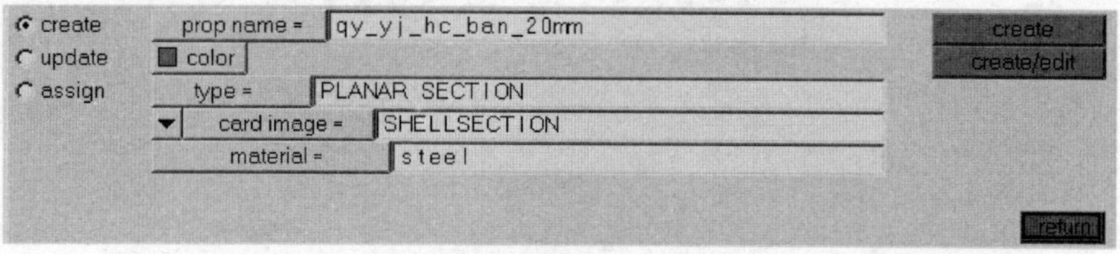

图 6.4 创建二维属性的子面板

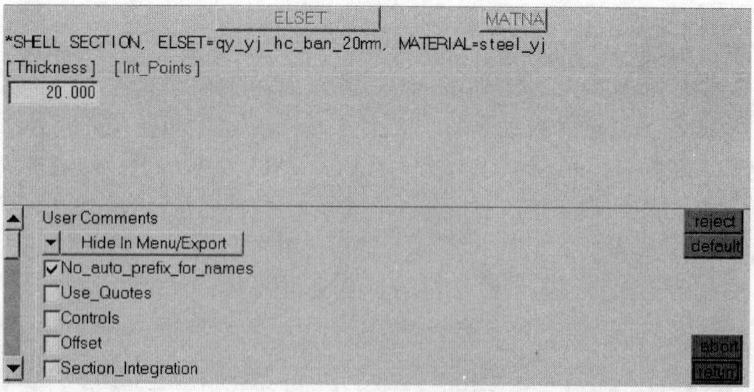

图 6.5 赋予属性性质面板

6.1.5 部件及组件定义

单击工具栏中的 components 按钮，点击选择 components 面板上的 Create 子菜单，在

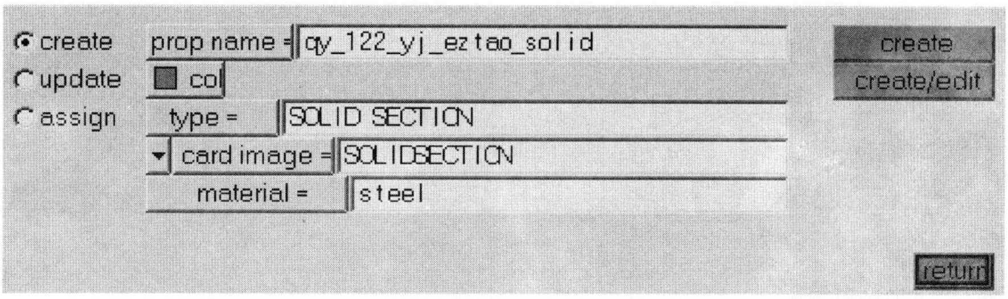

图 6.6　创建三维属性的子面板

comp name= 栏中输入所要创建的部件的名称；点击 Color，并选择适当的颜色；选择 no card image，选择 property=相应的属性；点击 Create，即创建了所需要的部件。图 6.7 为创建部件的子面板。

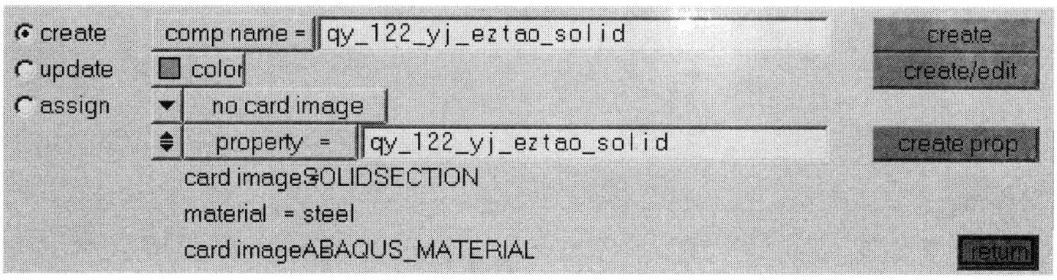

图 6.7　创建部件的子面板

单击工具栏中的 assemblies 按钮，点击选择 assemblies 面板上的 Create 子菜单，在 assem name= 栏中输入所要创建的装配体的名称；点击 Color，并选择适当的颜色；保持 card image= 栏空白；单击黄色 comps，勾选该装配体应包含的部件；点击 Create，即创建了所需要的装配体。图 6.8 为创建装配体的子面板。

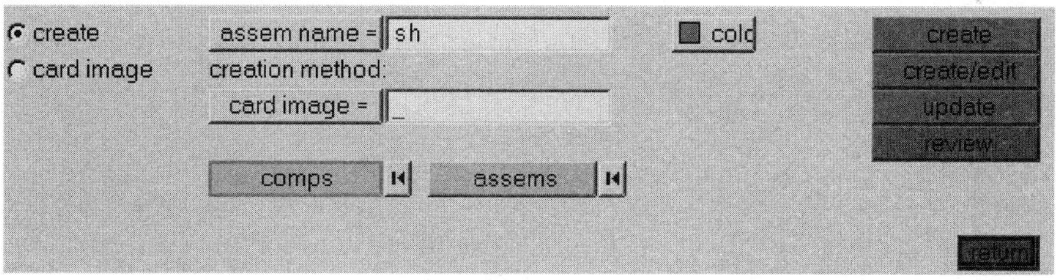

图 6.8　创建装配体的子面板

6.1.6　网格划分

1. 平面(2D)单元的网格划分

对于模型中一些厚度较小的薄板零件(厚度明显小于宽度和长度的零件)，选用壳单元来进行有限元分析比较合适。即零件厚度用数值表示，而不用几何表示，对零件的中面进行网格单元划分。

在 Geom 页面中点击 Midsurface 面板，选择所要抽取的零件，点击 extract，即完成抽取，生成零件的中面。图 6.9 为抽取中面子面板。

使用 HyperMesh 中的 Automesh 面板直接在零件的抽取中面上创建划分网格：在键盘

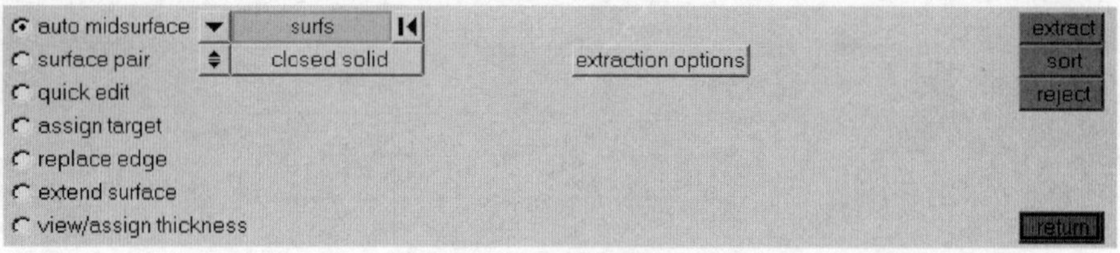

图 6.9　抽取中面子面板

上按 F12 快捷键或在 Mesh 菜单上点击 Automesh，进入 Automesh 面板，如图 6.10 所示；选择 size and bias 子面板，选择要划分网格的平面，指定 Element Size，设置 Mesh Type 为 Mixed，在面板菜单的左下方选择 Interactive 作为激活的划分模式，检查标题栏并确认在相应的部件集中，确认 Elements to Surf Comp/Elements to Current Comp 被设置为 Elements to Current Comp，点击 Mesh 进入网格划分模块。点击 Return，接受所划分的网格。

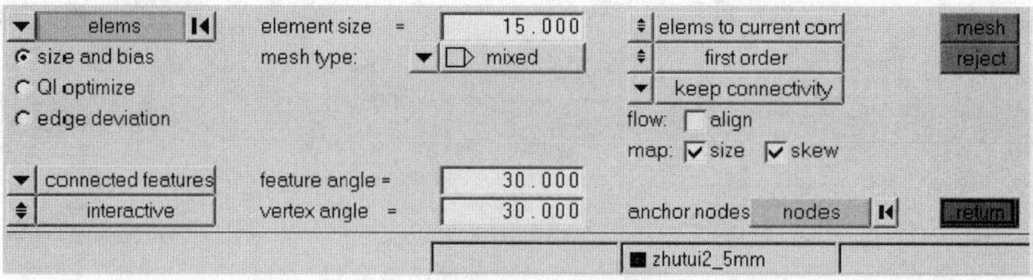

图 6.10　Automesh 子面板

下面以某火炮后坐部分的板块结构为例，对二维单元的网格划分方法做以下简单说明。

(1) 对导入 HyperMesh 的板块实体模型抽取中面，从 Geom 页面进入 Midsurface 面板，选择 auto midsurface 子面板，确认切换为 closed solid 选项，并激活黄色 surfs 选项，在图形区选择板块的上表面，在 extraction options 中确认选择 align steps，这个选项确保如果几何发生任何改变，那么中面的输出也随之相应变化。点击 extract，生成中面，如图 6.11 所示。

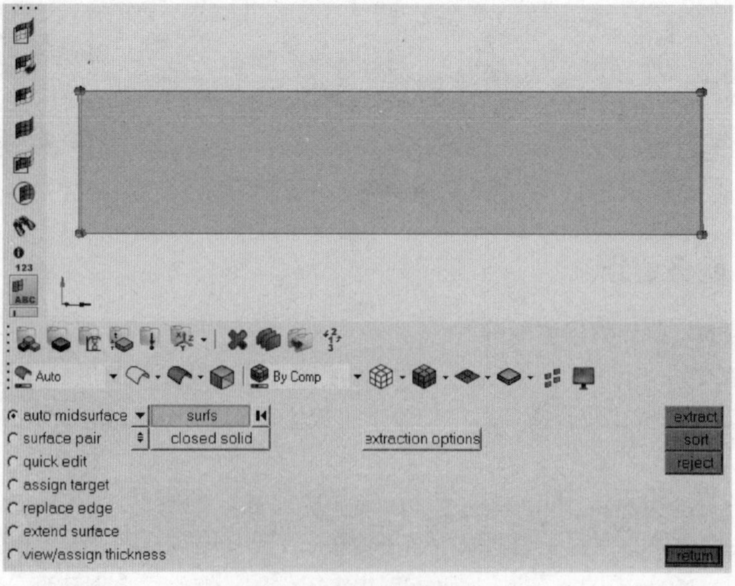

图 6.11　抽取板块中面

（2）在抽取的中面上进行二维单元的网格划分。在 2D 页面上点击 automesh，进入 automesh 面板，如图 6.12 所示，选择 size and bias 子面板，选择 surfs>>displayed，指定 Element Size 为 10，设置 Mesh Type 为 Mixed，在面板菜单的左下方选择 Interactive 作为激活的划分模式，检查标题栏并确认在相应的部件集中，确认 Elements to Surf Comp/Elements to Current Comp 被设置为 Elements to Current Comp，点击 Mesh 进入网格划分模块。注意此时处于网格划分模块的 Density 子面板中，节点的位置和数目标示在平面的边界上，边上的数值表示在这条边上生成的单元数目，如图 6.13 所示，点击 Return，接受所划分的网格。

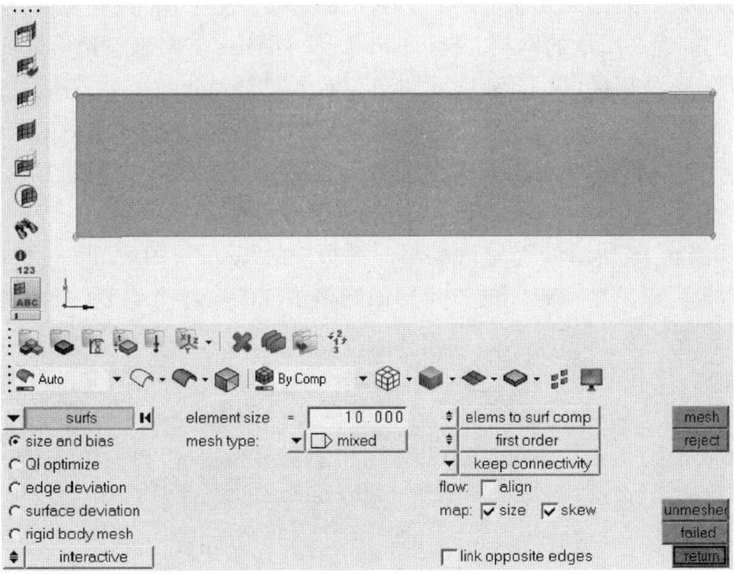

图 6.12　对中面网格划分的 automesh 面板

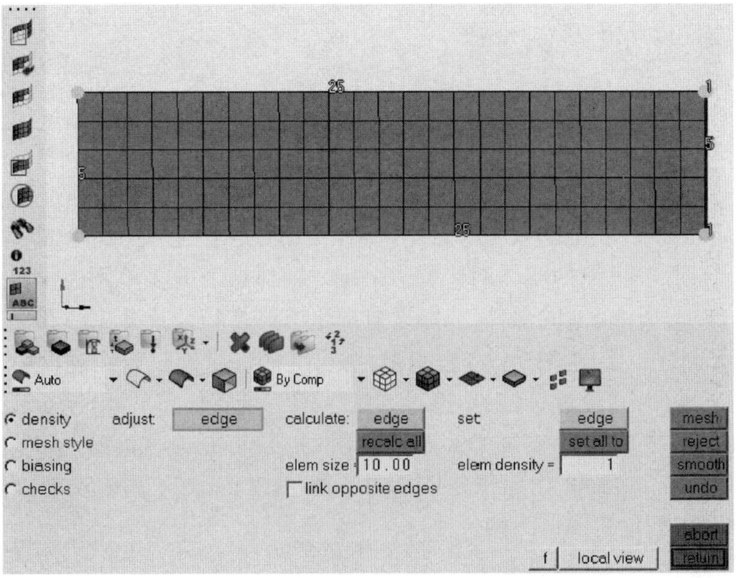

图 6.13　对中面网格划分的 Density 子面板

2. 实体(3D)单元网格划分

工程中的绝大部分结构都属于空间问题,这类结构的几何模型为三维实体模型,网格划分时采用四面体、六面体及五面体形式的空间实体单元。空间三维网格划分的规模比二维问题或轴对称问题要大得多,且网格划分比较困难,技巧性强。使用适合结构特点的划分方法可以极大地提高划分效率,同时要注意结构特点,利用结构的对称特点进行映射也可以极大地减少网格划分的工作量。

HyperMesh 为产生四面体单元网格提供了两种方法:Volume Tetra Mesher 和 Standard Tetra Mesher。Volume Tetra Mesher 对几何体直接进行四面体网格划分。它通过面或几何实体自动生成四面体网格,用户无需进一步干涉。即使对于很复杂的几何实体,这种方法也能很快且很容易的创建高质量的网格。Standard Tetra Mesher 需要以三角形或四边形单元的二维网格作为输入,然后提供一系列选项控制四面体网格划分的结果。这种方法为四面体网格划分提供大量控制参数,为较复杂的模型生成四面体网格提供了有效的方法。

以上两种方法均通过 Tetramesh 面板进行。从 Mesh 下拉菜单中指向 Create,点击 Tetra Mesh 或在 3D 页面上点击 Tetramesh 进入 Tetramesh 子面板。

图 6.14 和图 6.15 所示分别为 tetramesh 面板中的 Tetra mesh、Volume tetra 子面板,使用 tetramesh 面板可以自动在封闭的三角形面网格围成的实体上生成四面体单元模型。

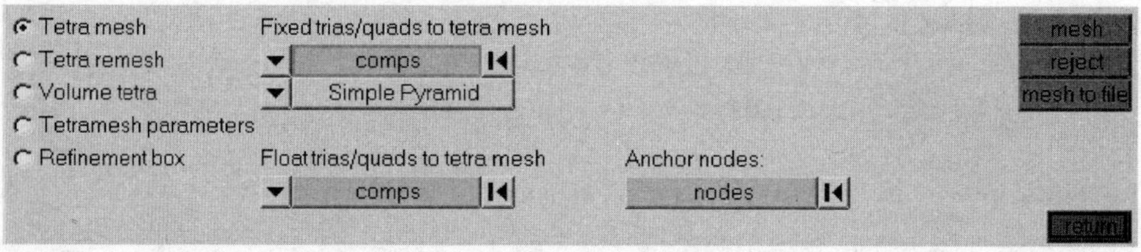

图 6.14 tetramesh 面板中 Tetra mesh 子面板

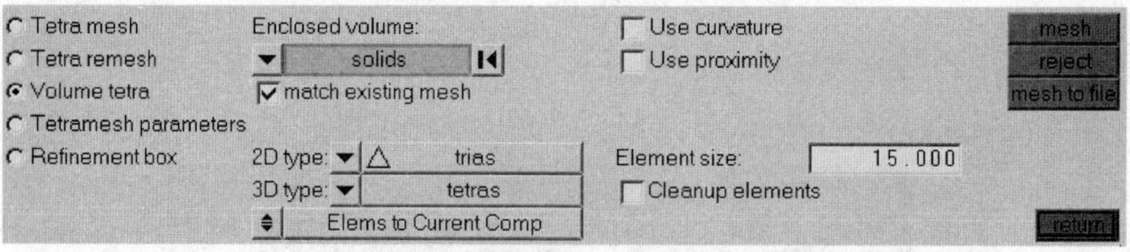

图 6.15 tetramesh 面板中的 Volume tetra 子面板

尽管 HyperMesh 可以自动完成四面体网格的划分,但由于实体单元中六面体网格收敛性好、精度高,因此,大量的实体网格仍需采用六面体或五面体单元进行划分,尤其是厚度尺寸远大于单元所用尺寸的部件,或厚度方向上有许多特征或变化的部件。

HyperMesh 创建三维网格的基本思想是,对已有的二维网格或经过投影、缩小比例或放大处理后的二维网格,经过拉伸、扫掠等方法生成三维实体单元。HyperMesh 中提供的生成实体单元的基本功能有 Spin、Drag、Elem Offset、Line Drag、Linear Solid、Solid Map 和 Solid Mesh。除了 Solid Mesh 功能和 Solid Map 面板的 Volume 子面板功能以外,其他功能均是基于二维网格创建实体单元的。

1) 使用 drag 面板创建实体单元

使用 drag 面板在已有的二维单元上创建实体单元,同时使用线性渐变方式:在 3D 页面中选择 drag 面板,如图 6.16 所示,选择 drag elems 子面板,选取要拉伸的单元集合,单击 N1,在模型上拾取三个节点(这样就定义了一个平面和法线向量,便于 HyperMesh 创建实体单元),单击 distance=并输入数值作为要生成单元总的厚度,单击 on drag=并输入数值作为要生成单元的层数,单击 bias intensity=并输入数值作为变化程度,单击 drag 生成实体单元。

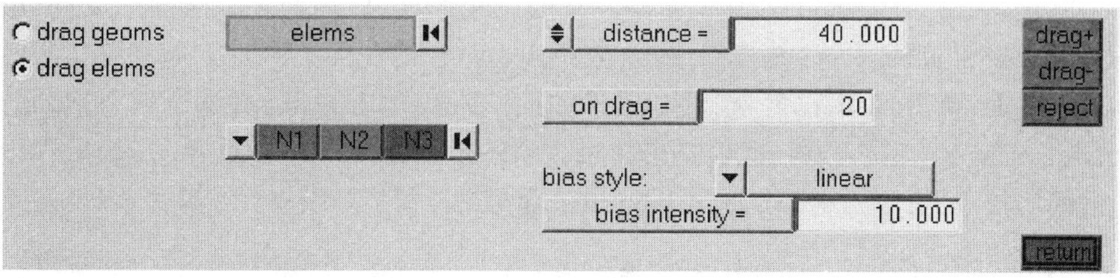

图 6.16　drag 面板

2) 使用 elem offset 面板创建实体单元

使用 elem offset 面板通过对已经存在的二维网格在法线方向挤压而创建实体单元:在 3D 页面中选择 elem offset 面板,如图 6.17 所示,单击 elems 并选择已经存在的二维网格,单击 number of layers=并输入数值作为创建单元的行数,单击 total thickness=并输入数值作为总的单元厚度,单击 offset+创建实体单元。

此方法从原始的壳单元通过挤压方法生成了实体单元。在有些情况下,可以生成壳单元位于实体单元中面上的模型:单击 initial offset=输入数值作为实体单元的起始位置,单击 offset+创建实体单元,单击 return 退出 elem offset 面板。

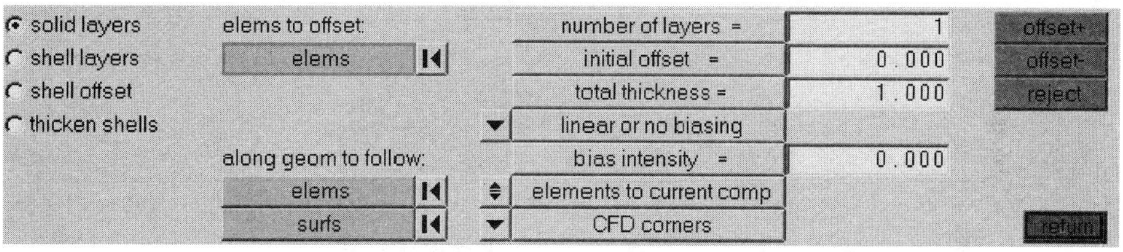

图 6.17　elem offset 面板

3) 使用 line drag 面板创建实体单元

使用 line drag 面板在已有的二维单元上创建实体单元:在 3D 页面中选择 line drag 面板,如图 6.18 所示,选择 drag elems 子面板,选取要拉伸的单元集合,单击 along 旁边的 line list 按钮,在图形区拾取拉伸的路径曲线,单击 on drag=并输入数值作为要生成单元的层数,单击 drag 生成单元网格。

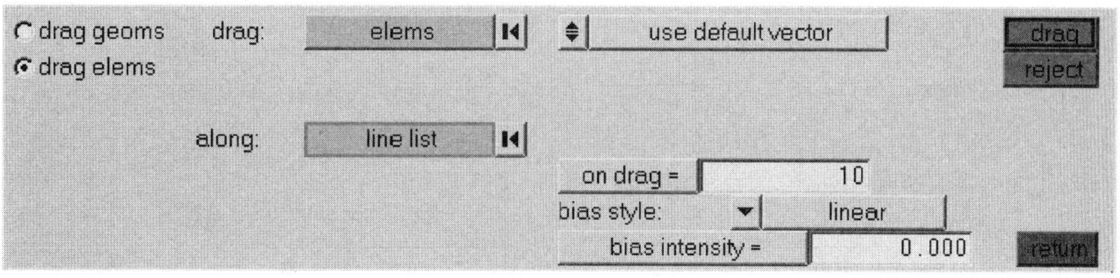

图 6.18　line drag 面板

4）使用 solid map 面板创建实体单元

使用 solid map 面板创建实体单元通过挤压已经存在的二维单元，然后映射挤压后的网格到实体上：在 3D 页面中选择 solid map 面板，如图 6.19 所示，选择 general 子面板，单击输入集合器按钮 source geom 并选择 surfs（它指定了起始曲面），在图形区拾取所需要定义的起始曲面，此曲面在被选择后变亮；单击输入集合器按钮 end geom 并选择 surfs（它指定了终止曲面），在图形区拾取所需要定义的终止曲面，此曲面在被选择后变亮；单击输入集合器按钮 along geom 并选择 surfs（它指出了途径的曲面），拾取起始和终止曲面之间的三个曲面，单击 surfs，已经选择的“沿途曲面”变亮；单击 elems 并选择所要拖动的单元；单击 density = 并输入数值，此值指出起始面和终止面之间的单元数；单击 mesh，即创建了所需的实体单元，单击 return 退出 solid map 面板。

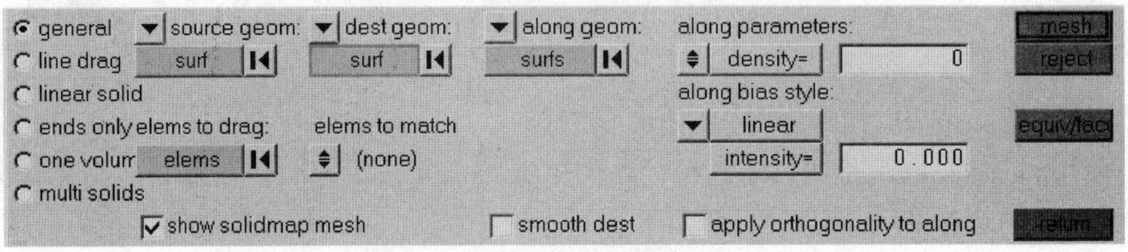

图 6.19　solid map 面板

下面以某火炮后坐部分的圆盘结构为例，对三维结构网格划分方法做以下简单说明：

（1）将实体模型导入 HyperMesh 后，抽取圆盘结构的上表面，并对其上表面使用 automesh 子面板进行二维网格划分，如图 6.20 所示。

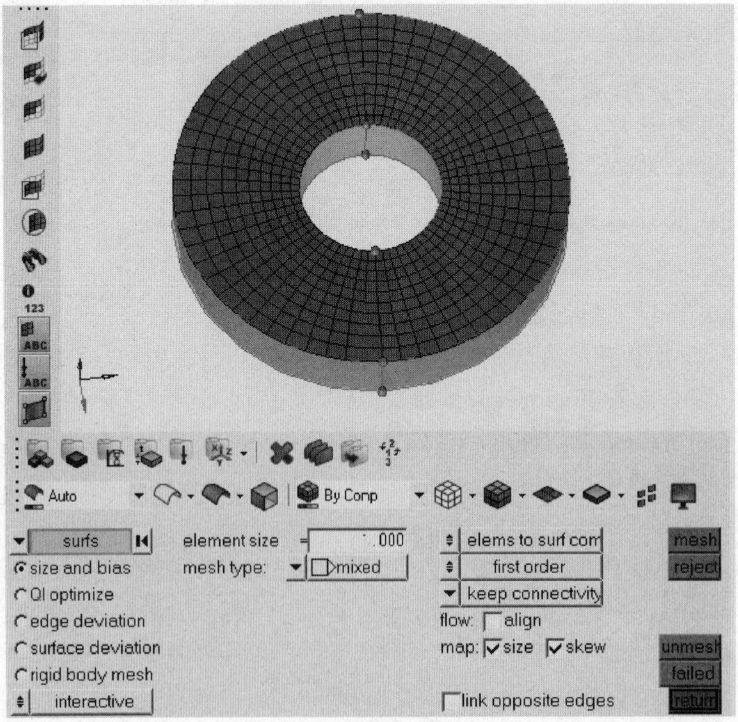

图 6.20　对圆盘上表面网格划分的 automesh 面板

(2) 使用 drag 面板在已有的二维单元上创建实体单元,在 3D 页面中选择 drag 面板,选择 drag elems 子面板,单击 elems 并从扩展实体选择器中选择 displayed,单击 plane 和 vector 集合器开关并选择 N1、N2、N3,单击 N1,在模型上拾取三个节点(这样就定义了一个平面和法线向量,便于 HyperMesh 创建实体单元),选择并单击 distance = 并输入数值 3 作为要生成单元总的厚度,单击 on drag = 并输入数值 6 作为要生成单元的层数,单击 drag+生成实体单元,如图 6.21 所示。单击 reject 取消生成的网格单元,单击 return 退出 drag 面板。图 6.22 为火炮中典型实体结构的网格划分。

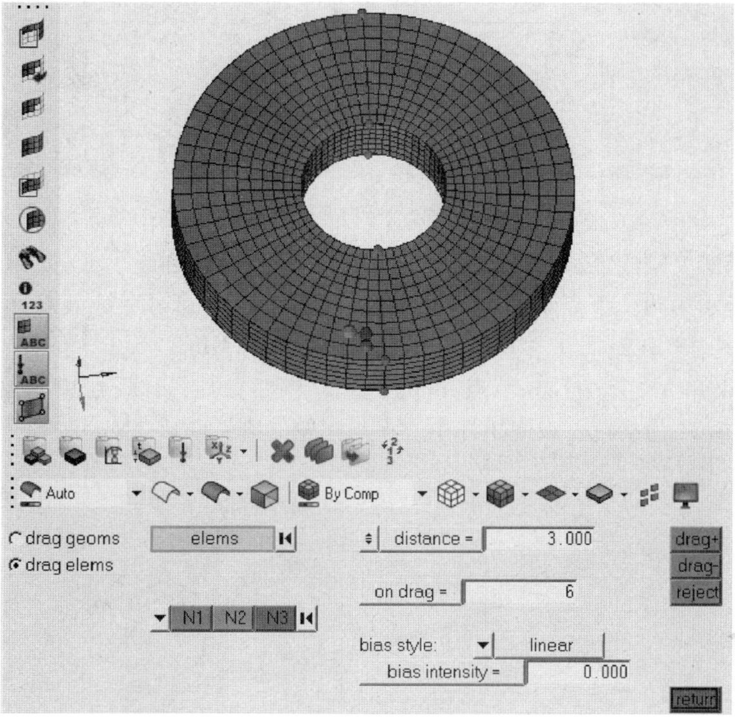

图 6.21　使用 drag 面板创建圆盘三维单元

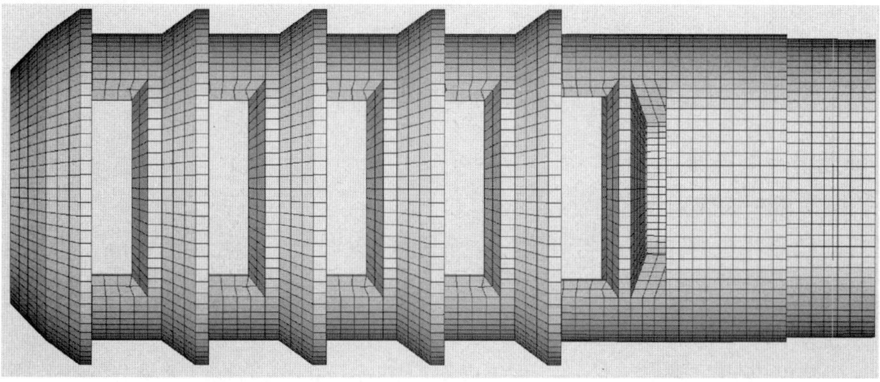

图 6.22　炮口制退器的网格划分

3. 一维(1D)单元的划分

实际工程中,构件间需要通过各种连接结合成一个整体结果,如焊接、铆接、螺栓联接等。这些连接方式通常可以利用 HyperMesh 中常见的一维单元来模拟,例如使用 rigids 模拟刚性联接。

rigids 面板允许用户创建单节点刚性单元和多节点的刚性连接单元。可以通过以下任一方式进入 rigids 面板:

(1) 在 Mesh 下拉菜单中选择 Create,选择 1D Elements,点击 Rigids;

(2) 在 1D 面板中选择 Rigids 子面板,如图 6.23 所示。

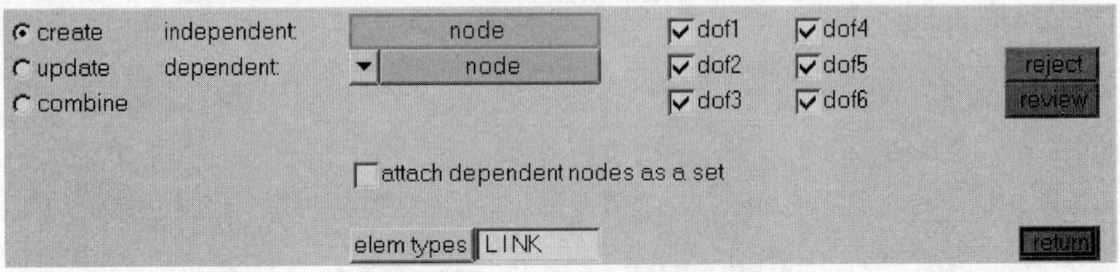

图 6.23　rigids 面板

依次点击所要刚性连接的两个节点,即在两个节点之间创建了 Rigid 单元。Rigid 单元在图形中显示为两个节点之间的一条线,单元的中心点处用字符 R 标示。在 Nastran 中,Rigids 标示为 RBE2;而在 ABAQUS 中,Rigids 标示为 MPC。

Rigid Link 单元显示为独立节点和非独立节点之间的一条线,在单元独立节点处以 RL 标示。图 6.24 为某自行火炮扭杆中心点与车轮的刚性联接。

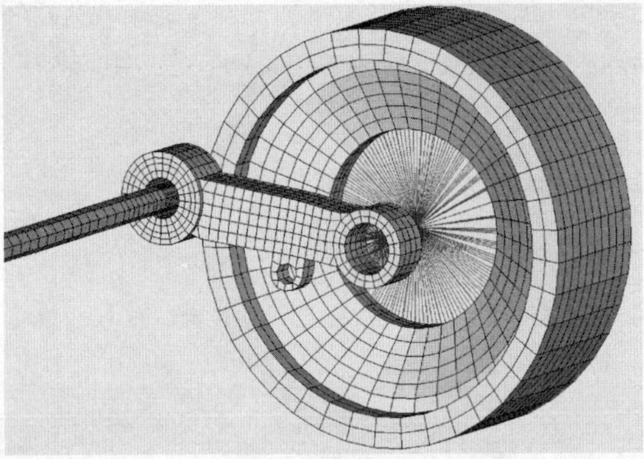

图 6.24　轮子与扭杆的刚性联接

4. 单元节点的连接

(1) 使用 Edges 面板连接单元节点

在 Tool 菜单中选择 Edges,打开 Edges 面板,如图 6.25 所示,激活 comps 选择开关,将 tolerance(容差)设置为 0.1,点击 preview equiv,提示信息显示"×× nodes were found(发现××个节点)",当两个相邻节点之间的距离等于或小于容差的距离范围时,在两个节点之间生成一个临时节点。调整 tolerance 值,直至所需连接的单元节点都被显示,注意不要设置太大的 tolerance 值,容差值过大会在节点合并时破坏某些网格。点击 equivalence,节点被合并。旋转并观察模型,确保所有的网格都是完好的。

点击 find edges,观察红色的 1D 单元(自由边),只在边界区域存在红色的自由边。

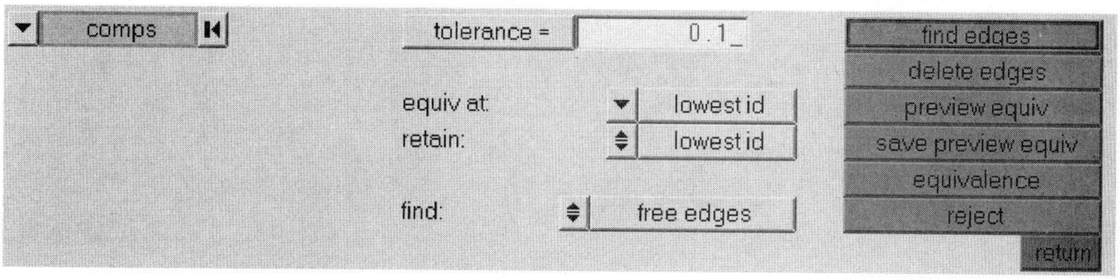

图 6.25　Edges 面板

(2) 使用 Replace 面板连接单元节点

在 2D 面板下进入 replace 面板,如图 6.26 所示。

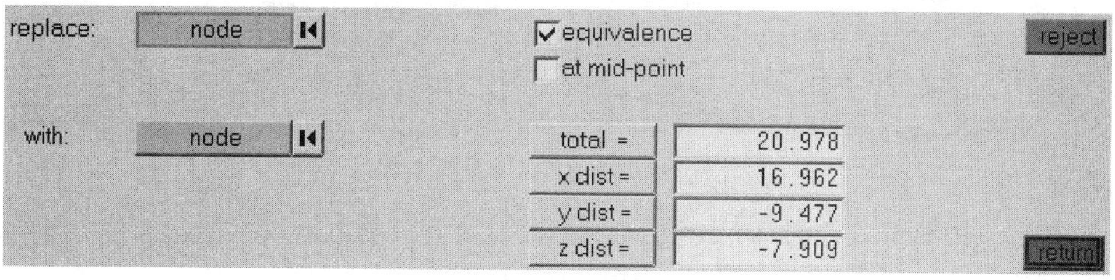

图 6.26　replace 面板

激活选项 replace:node,选择所要被代替的节点 A,激活选项 with:node,选择节点 B,node B 将代替 node A,重复上述步骤,直至所需要连接的单元节点连接完毕。

5. 网格质量检查

网格质量是指网格形状的合理性。当各类网格具有理想的形状时,计算结果最好。而实际划分的网格不可能都达到理想状态,这就形成网格变形。变形超出某一限度时,计算精度会随变形的增加而显著下降,因此在划分网格时应将网格变形控制在一定范围内,也就是说网格应该满足一定的质量要求。

HyperMesh 中通过 Check Elems 面板,检查 1D、2D、3D 单元的质量,按下快捷键 F10 或在 Tool 菜单中选择 Check Elements,进入 Check Elems 面板。1D 单元质量检查面板如图 6.27 所示,检查项包括 Free 1-D's、Rigid Loop、Dependency、Length。

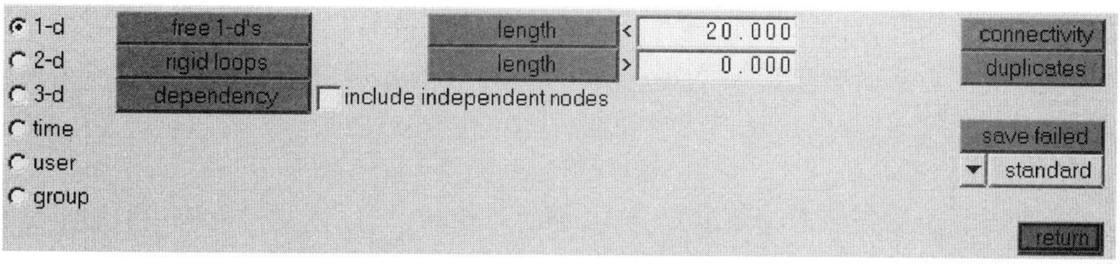

图 6.27　1D 单元质量检查面板

2D 单元质量检查面板如图 6.28 所示,检查项包括:翘曲度(warpage)、纵横比(aspect)、弦差(chord dev)、单元长度(length)、单元的最小最大内角(min angle、max angle)、扭曲度(skew)、雅可比(Jacobian)。

3D 单元质量检查面板如图 6.29 所示,检查项包括了与 2D 定义相同的检查项,另外,3D 单元质量检查中还新增了一些检查项,vol skew、tet collapse 和 vol AR。

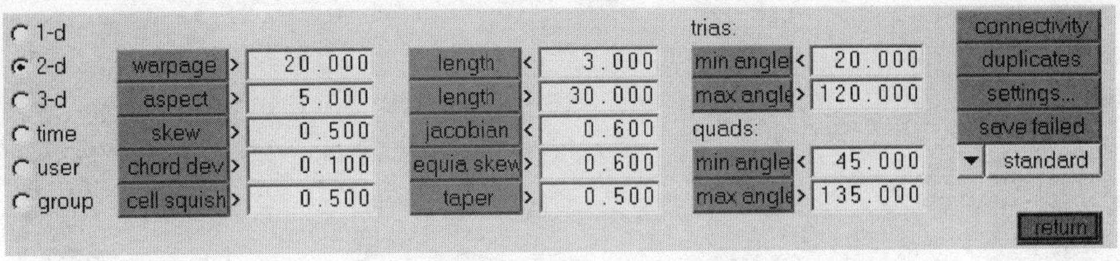

图 6.28　2D 单元质量检查面板

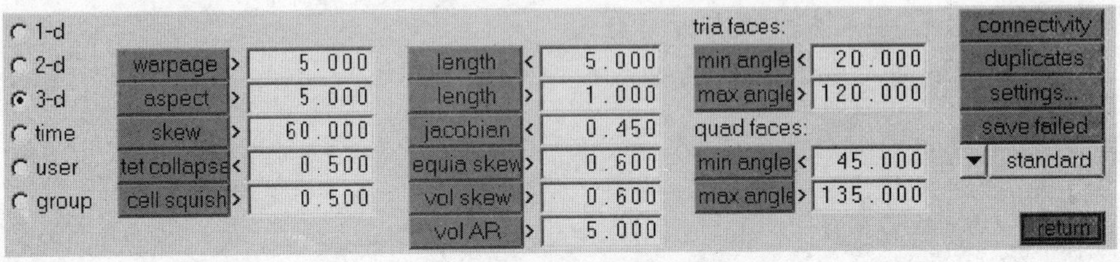

图 6.29　3D 单元质量检查面板

对于检查中质量较差的单元网格,可利用相应页面菜单中的 edit element 面板对质量较差的网格单元进行修改,以符合网格单元的质量要求,保证计算的精度。

6.2　基于 ABAQUS 的火炮有限元分析技术

1978 年,ABAQUS 软件正式由美国 ABAQUS 公司推出,经过 30 年的发展,ABAQUS 已成为全球最优秀的大型通用非线性有限元分析软件,拥有世界上最多的非线性有限元用户群,不仅可用来解决结构分析问题,还可解决热传导、质量扩散、热-电耦合、声学、岩土力学、压电介质分析等工程问题,在航空航天、电子、医疗、耐用品、汽车、船舶、石化、能源以及材料工程等领域得到了广泛的应用。

ABAQUS 最突出的优点就是能够模拟工程实际中各种常见的非线性问题,除此之外,它还具有以下优点:

(1) 单元库多达 500 余种,既有常用的梁、壳和实体单元,,还有模拟管道、接头以及纤维加强结构等实际结构的单元,满足用户的各种特殊需求。

(2) 具有非常丰富的材料模型库,包括各种典型的金属、橡胶、高分子材料、泡沫材料、复合材料、土壤等,为模拟材料的线弹性、弹塑性以及疲劳、损伤、断裂等力学行为提供正确、可靠的模型和参数。

(3) 拥有高阶修正的四面体单元、稳态滚动的轮胎、非线性柔性机构、粘接单元和直接求解循环热载荷等最先进的有限元技术。

(4) 提供良好的开放环境,允许用户对特定的需求和分析流程进行二次开发,实现建模与分析过程的自动化。

(5) ABAQUS/Standard(隐式求解器)和 ABAQUS/Explicit(显式求解器)采用相同的单元类型、材料和命名机制,数据传递非常方便,可方便地进行两种求解方法的转化和联合运算。

(6) 可以进行多物理场分析,如:热固耦合、热电耦合、电固耦合和声固耦合等。

6.2.1 ABAQUS 软件的基本组成和功能

ABAQUS 包含 ABAQUS/CAE、ABAQUS/Standard、ABAQUS/Explicit、ABAQUS/Viewer、ABAQUS/Aqua、ABAQUS/Design、ABAQUS/Foundation、ABAQUS/MOLDFLOW 等多个模块。其中 ABAQUS/CAE 是全面支持求解器的前后处理模块，为 ABAQUS 求解器提供了最完整的界面，包括有限元建模功能、分析功能、作业管理功能和结果评价功能。ABAQUS/Standard 和 ABAQUS/Explicit 是 ABAQUS 的两个主要分析模块，用来求解有限元模型。ABAQUS/Viewer 是 ABAQUS/CAE 的后处理功能子模块，ABAQUS /Aqua、ABAQUS/Design 和 ABAQUS/Foundation 是 ABAQUS/Standard 的特殊用途附加分析模块。ABAQUS/ADAMS 和 ABAQUS/MOLDFLOW 是 ABAQUS 分别与 ADAMS/Flex 和 Mold flow 的接口模块。

1. ABAQUS/CAE

ABAQUS/CAE(Complete ABAQUS Environment)是 ABAQUS 的交互式图形环境，可以方便快捷地构造模型。可以建立或导入部件的几何模型，并将几何模型分块以便于划分网格。为部件定义材料特性、荷载以及边界条件等模型参数。ABAQUS/CAE 具有强大的网格划分功能，支持结构网格划分和扫掠网格划分，能施加多种类型的载荷和边界条件。有限元模型完成后，ABAQUS/CAE 可进行模型的检验，分析作业的提交、监控和管理，然后使用可视化模块显示模拟。

ABAQUS/CAE 提供了基于特征的参数化建模方法。用户能够通过拉伸、旋转、放样、扫掠、切除等方法创建几何模型，也可通过大型通用 CAD 软件建立几何模型，然后转入 ABAQUS/CAE 界面，通过几何模型的清理与修补功能得到符合划分网格要求的模型。

2. ABAQUS/Standard

ABAQUS/Standard 是一个通用分析模块，它能够求解广泛领域的线性和非线性问题，包括结构静态分析、动态分析(线性和非线性)、热分析、多场耦合分析等。在每一个求解增量步中，ABAQUS/Standard 通过隐式算法求解方程组。

3. ABAQUS/Explicit

ABAQUS/Explicit 用于显式动力学分析，特别适合于瞬态大变形分析和高度非线性分析，如冲击和爆炸这类短暂、瞬时的动态问题，以及加工成形这类高度非线性问题。将 ABAQUS/Standard 和 ABAQUS/Explicit 结合使用，充分利用二者隐式方法和显式方法的优点，在 ABAQUS/Standard 分析结束状态继续进行分析，求解更广泛的实际问题。

4. ABAQUS/Viewer

ABAQUS/Viewer 是 ABAQUS/CAE 的子模块，包含了 Visualization 模块的后处理功能。

5. ABAQUS/Aqua

ABAQUS/Aqua 是 ABAQUS/Standard 的附加功能模块，它偏向于模拟海上结构，如海洋石油平台分析，漂浮结构的模拟。载荷形式除了重力、静水压力外，还包括模拟波浪、风载荷及浮力等。

6. ABAQUS/Design

ABAQUS/Design 是 ABAQUS/Standard 的附属模块，它拓展了 ABAQUS/Standard 的设计灵敏度分析功能。设计灵敏度分析是指某个输出变量关于指定设计参数的导数。输出变量也称为设计响应，或简称为响应。设计参数可以从一系列存在的分析参数中选取。

如应力分析中,可以选择应力为响应,弹性模量为设计参数。ABAQUS/Design 默认的导数采用中心差分法,基于探试算法自动确定合适的波动范围。

7. ABAQUS/Foundation

ABAQUS/Foundation 是 ABAQUS/Standard 的可选子模块,为线性静态分析和动态分析提供更有效的分析功能。

8. ABAQUS 的 MSC. ADAMS 接口

MSC 公司的 ADAMS/Flex 可以在动态分析中考虑结构的柔性,这需要有限元分析程序为其提供部件的柔性信息,ABAQUS 的 MSC. ADAMS 接口允许将有限元分析结果转换成一个 ADAMS/Flex 需要的中性文件(. mnf),然后输入到 MSC. ADAMS 系列产品中进行分析。

9. ABAQUS 的 MOLDFLOW 接口

ABAQUS 的 MOLDFLOW 接口把 MOLDFLOW 分析软件中的有限元模型信息转换成 ABAQUS 输入文件的一部分。

6.2.2 基于 ABAQUS 进行有限元分析的基本步骤

根据软件模块设计的分类特点,利用 ABAQUS 进行有限元分析的基本步骤如下。

1. 问题分析

分析结构特点、材料特点、使用何种单元类型等。这一步在 ABAQUS 软件中没有对应的模块,但的确是很重要的一步,如果问题分析得不准确,后面的工作出错的可能性较大。

2. 创建零部件

对应 ABAQUS/CAE 的 Part 功能模块。ABAQUS/CAE 中的部件有两种:几何部件和网格部件。几何部件可以通过 ABAQUS/CAE 的特征建模命令建立,也可以从其它 CAD 软件中通过中间格式导入。和许多 CAD 系统一样,ABAQUS/CAE 也是基于“特征”的参数化建模方法,这在前处理软件中是非常先进的。用户可以通过拉伸、旋转、扫掠、放样、倒角、切割等方法来创建参数化几何体,也可以从其它通用软件中导入模型,并可以对模型进行修补和进一步编辑。

3. 创建材料和截面属性

对应 ABAQUS/CAE 的 Property 功能模块,可以在此模块中创建零部件的材料属性和截面形状。ABAQUS 中的材料库允许模拟绝大多数的工程材料,如金属、塑料、橡胶、泡沫塑料、复合材料、颗粒状土壤、岩石以及混凝土和钢筋混凝土等。也可以使用用户子程序定义自己的材料模型。Property 功能模块还可以定义转动惯量、弹簧-阻尼等特殊模型参数。ABAQUS/CAE 首先定义截面属性,在定义截面属性的时候定义材料,再把此截面属性赋给部件。截面属性包括梁、壳、实体、垫圈、声音等截面属性。

4. 创建装配体

对应 ABAQUS/CAE 中的 Assembly 功能模块,ABAQUS 中装配件称为实体(instance),Assembly 功能模块可以为各个部件创建实体,并在整体坐标系中为这些实体定位,形成一个完整的装配件。每个模型只包含一个装配件,每个装配件可以由一个或多个实体构成。Assembly 功能模块中的装配操作包括平移(Translate to)、旋转(Rotate Instance)、合并(merge)、实体切割(cut)、面与面平行(parallel face)约束、面与面相对(face to face)约束、边与边平行(parallel edge)约束、边与边相对(edge to edge)约束、轴重合(coaxial)约束、点重合(coincident point)约束、坐标系平行(parallel CSYS)约束等。

5. 建立分析步

对应 ABAQUS/CAE 的 Step 功能模块,包含以下操作:①创建分析步;②设置输出参量;③设定自适应网格;④控制求解过程。分析步包括初始分析步(initial step)和后续分析步(analysis step)。初始分析步只有一个,它不能被编辑、重命名、替换、复制或删除。在初始分析步之后,需要创建一个或多个后续分析步。每个后续分析步描述一个特定的分析过程,例如载荷或边界条件的变化、部件之间相互作用的变化、添加或去除某个部件等。后续分析包括通用分析步(general analysis step)和线性摄动分析步(linear perturbation step)两大类共十几种分析类型,用户可根据实际问题选择合适的分析类型。

ABAQUS/CAE 的输出结果包括场变量输出结果(field output)和历史变量输出结果(history output),用户可根据需要设定输出变量。自适应网格主要用于 ABAQUS/Explicit,以及 ABAQUS/Standard 中的表面磨损过程模拟。在 Step 功能模块的主菜单中可以设定自适应网格的有效区域和自适应网格的参数,用来分析锻压、拉拔和轧制等大变形问题。

6. 建立作用关系

ABAQUS/CAE 在 Interaction 功能模块定义接触关系、约束关系、连接关系等,其相互作用主要有以下几种:

(1) Interaction 定义模型各部分之间或模型与外部环境之间的力学或热相互作用。

(2) Constraint 定义模型各部分之间的约束关系,如 Tie(绑定约束)、Rigid Body(刚体约束)、Display Body(显示体约束)、Coupling(耦合约束)、Shell-to-Solid Coupling(壳体与实体连接约束)、Embedded Region(嵌入区域约束)、Equation(方程约束)。

(3) Connector 定义模型中的两点之间或模型与地面之间的连接单元(connector),用来模拟固定连接、铰接、恒定速度连接、止动装置、内摩擦、失效条件和锁定装置等。

(4) 主菜单 Special 中的 Springs/Dashpots 定义模型中的两点之间或模型与地面之间的弹簧和阻尼器。

(5) Tools 常用的菜单项包括 Set(集合)、Surface(面)和 Amplitude(幅值)等。

需要说明的是,并不是每个有限元分析都需要设置 Interaction 功能模块,是否需要取决具体问题的抽象与简化。

7. 施加载荷

ABAQUS/CAE 的 Load 功能模块用于定义载荷、边界条件、场变量和载荷状况等。载荷包括集中力(Concentrated Force)、力矩(Moment)压力(Pressure)、板壳边上的力或弯矩(Shell Edge Load)、面上载荷(Surface Traction)、管压力(Pipe Pressure)、体力(Body Force)、线载荷(Line Load)、重力(Gravity)、螺栓力(Bolt Load)等。边界条件:对称/反对称/固支、位移/转角、速度/角速度、加速度/角加速度、连接单元位移/速度/加速度、温度、声音压力、孔隙压力、电势等,另外还有场变量和载荷状况。

8. 划分网格

ABAQUS/CAE 的 Mesh 功能是通过以下操作实现的:①布置网格种子;②设置单元形状;③选择单元类型;④选择网格划分技术和算法;⑤划分网格;⑥检验网格质量。网格划分是有限元分析中一个比较重要而复杂的步骤,为了得到高质量的网格,划分网格应遵循很多原则,这需要用户根据经验综合使用多种技巧来实现。

1）模型分割（Partition）

对于简单的模型可以直接选择多种方法划分网格，对于复杂模型的六面体网格划分，需要对模型进行分块，如图 6.30 所示。

2）设置网格种子（Seed）

ABAQUS/CAE 通过设置种子来控制网格的位置和密度，可以一次性对整个部件（对非独立实体）或实体（对独立实体）设置种子（global seed），也可以对每个边分别设置种子（edge seed），还可以设置种子分布的偏移。ABAQUS/CAE 还提供一种约束种子的方法更好地控制网格的分布，种子设置和分布如图 6.31 所示。

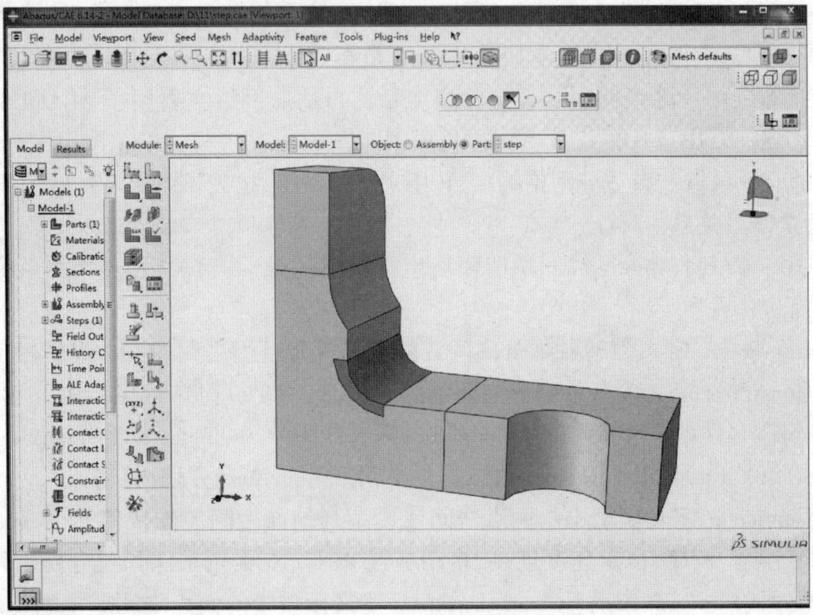

图 6.30 模型分块

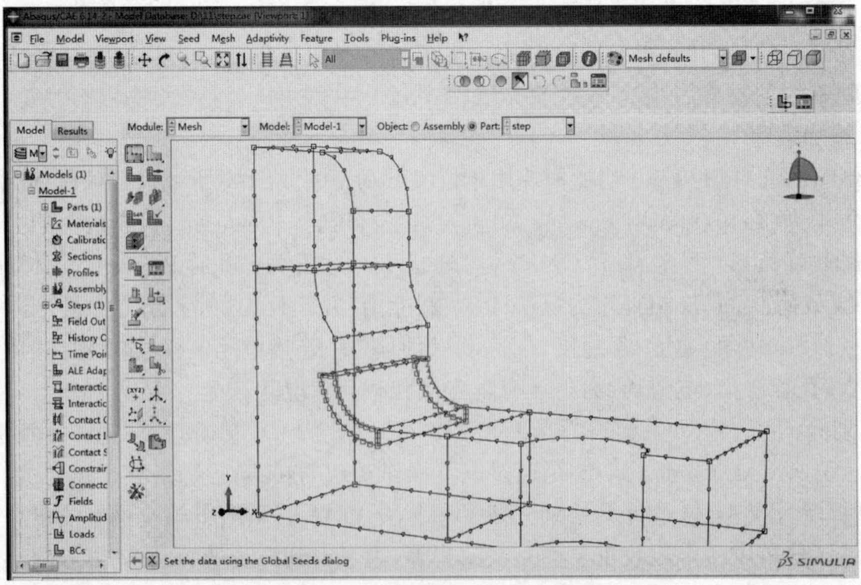

图 6.31 种子设置和分布示意图

3）单元形状的选择（element shape）

三维单元形状有 Hex（六面体单元）、Hex-dominated（六面体单元为主，过渡区允许有楔形单元）、Tet（四面体单元）、Wedge（楔形单元）。二维单元形状有 Quad（四边形单元）、Quad-dominated（四边形单元为主，允许出现三角形单元）、Tri（三角形单元）。

4）网格划分技术与算法（Technique & Algorithm）

ABAQUS/CAE 有三种网格划分技术：Structured（结构化网格）、Sweep（扫掠网格）、Free（自由划分网格）。几何区域简单的区域可以选用结构化网格划分技术，稍复杂的区域选用扫掠网格技术，几乎任何区域都可采用自由网格划分。结构化网格和扫掠网格一般采用 Quad（二维区域）和 Hex（三维区域），分析精度高，自由网格采用 Tri（二维区域）和 Tet（三维区域），网格精度相对较差。因此在网格划分时尽量选用结构化网格和扫掠网格技术，对于复杂的区域可以分块后采用这两种方式。另外，在使用扫掠网格技术划分 Quad 单元和 Hex 单元时又有两种可供选择的算法：Medial Axis（中性轴算法）和 Advancing Front（推进波前法），用户可根据待划分区域的具体形状和经验选择合适的算法。

5）网格质量检查（Verify Mesh）

在 Mesh 功能模块中，可以选择部件、实体、单元或区域，检查网格的质量，获得单元和节点的有关信息。Verify Mesh 对话框中有三项内容：形状检查（Shape Metrics）、尺寸检查（Size Metrics）和分析检查（Analysis Check）。Shape Metrics 检查单元的几何形状，Size Metrics 检查单元的长度，Analysis Check 检查分析过程中会导致错误和警告信息的单元。

9. 提交分析

对应 ABAQUS/CAE 的 Job 功能模块，可以实现以下功能：创建（create）和编辑（edit）分析作业；提交分析作业（submit）；生成 INP 文件（write）；监控分析作业的运行状态（monitor）；中止分析作业的运行（kill）。在 Edit Job 对话框中可以设置分析作业的类型、运行模式和提交时间、前处理器的输出数据、存放临时文件的文件夹（scratch directory）、用户子程序（user subroutine）、分析过程中允许使用的内存、CPU 并行处理、分析精度类型等。

10. 后处理

Visualization 功能模块可以以多种形式显示 ODB 文件中的分析结果，主要包含：未变形时的轮廓图；未变形时的网格模型；变形后的网格模型；应力/应变云图；显示某个矢量或张量结果；单元材料方向；变量曲线图；分析结果的动画；场变量输出结果；历史变量输出结果；数据列表；定义显示组等。用户可以根据需要选择直观的显示方式，便于对计算结果进行分析。

6.2.3 ABAQUS/CAE 界面

ABAQUS/CAE 主窗口包括以下部分：标题栏（title bar）；环境栏（context bar）；工具栏（toolbar）；菜单（menu bar）；模型树（model tree）；工具区（toolbox area）；画布和作图区（canvas and drawing area）；视图区（viewport）；提示区（prompt area）；信息区（message area）；命令行接口（command line interface），如图 6.32 所示。

1. 标题栏（title bar）

标题栏显示 ABAQUS/CAE 的版本和当前模型数据库的名称。

2. 环境栏(context bar)

ABAQUS/CAE 包括一系列功能模块(module),其中每一模块完成模型的一种特定功能。通过环境栏中的 module 列表,可以在各功能模块之间切换。环境栏中的其它项则是当前正在操作模块的相关功能。例如,在 Part 功能模块中,可以通过环境栏切换不同的部件。

3. 工具栏(toolbar)

工具栏提供了菜单功能的快捷访问方式,这些功能也可以通过菜单直接访问。

4. 主菜单(menu bar)

菜单栏中包含了所有当前可用的菜单,通过对菜单的操作,可以调用 ABAQUS/CAE 的全部功能。用户选择不同的功能模块时,菜单栏中所包含的菜单项也会有所不同。

5. 模型树(model tree)

模型树直观地显示出模型的各个组成部分,如部件、材料、分析步、载荷和输出要求等。使用模型树可以很方便地在各功能模块之间进行切换,实现主菜单和工具栏所提供的大部分功能。

图 6.32　ABAQUS/CAE 的主窗口

6. 工具区(toolbox area)

当用户进入某一功能模块时,工具区就会显示该功能模块相应的工具,帮助用户快速调用该模块的功能。

7. 视图区(viewport)

模型显示在视图区中。

8. 提示区(prompt area)

在进行各种操作时,会在这里显示相应的提示。

9. 信息区(message area)

信息区中显示状态信息和警告。这里也是命令行接口(command line interface)的位置。通过主窗口左下角的选项页,可以在二者之间切换。

10. 命令行接口(command line interface)

利用 ABAQUS/CAE 内置的 Python 编译器,可以使用命令行接口键入 Python 命令和数学计算表达式。

6.2.4 基于 ABAQUS 的火炮发射动力学有限元分析

如果结合 HyperMesh 和 ABAQUS 软件,网格划分、材料属性和截面属性创建、质量检查、装配体创建等均可在 HyperMesh 中进行,ABAQUS 中的设置可以大大简化。

1. 模型导入

复杂模型在 ABAQUS 中划分网格不是十分方便,通常将在其它软件中划分好网格的模型直接导入 ABAQUS 中。以 HyperMesh 为例,具体操作如下:

点击 File>>Import>>Model,如图 6.33 所示,弹出 Import Model 对话框,将 File Filter 后面的文件类型选为含有 .inp 格式的文件类型,在 Directory 中选择导入模型所在的位置,点击右下角“OK”确定。

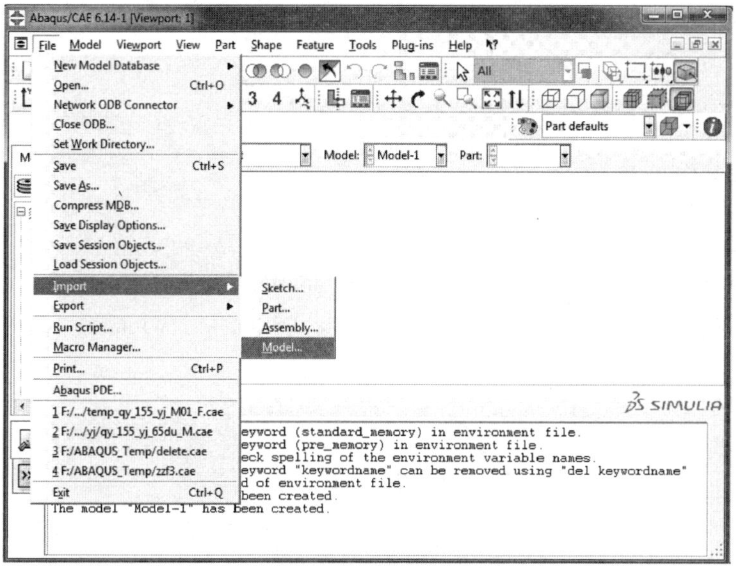

图 6.33 Import 对话框

2. 建立分析步(Step)

将环境栏中的 Module 切换至 Step 模块,操作如下:

(1) 单击工具区 ●→■(Create Step),弹出图 6.34 所示对话框,修改分析步名称(例如 Step-1),并选择合适的分析步类型,其中“Static, General”是静态通用分析步,用于静力分析;“Dynamic, Explicit”,“Dynamic, Implicit”分别是显式和隐式的动态分析步,用于动态分析。单击“Continue”在弹出的对话框中选择默认值,单击“OK”建立分析步。

(2) 设置场变量输出。单击工具区(Create Field Output),在弹出的对话框中命名场变量输出名称,并选择与之对应的分析步,单击“Continue”弹出图 6.35 所示对话框,在输出场变量中勾选需要输出的场变量,如应力、应变、位移、速度等。

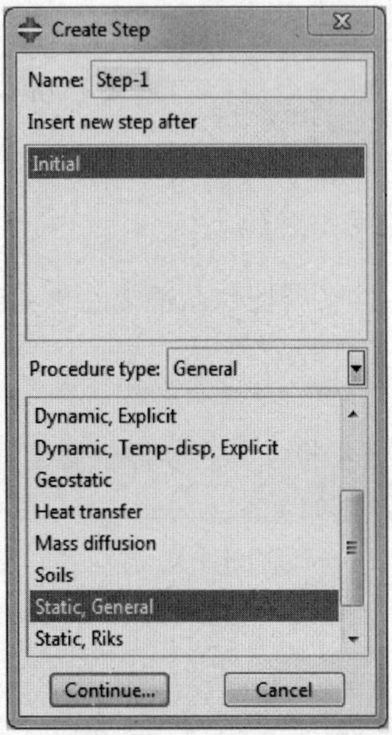

图 6.34 创建分析步对话框

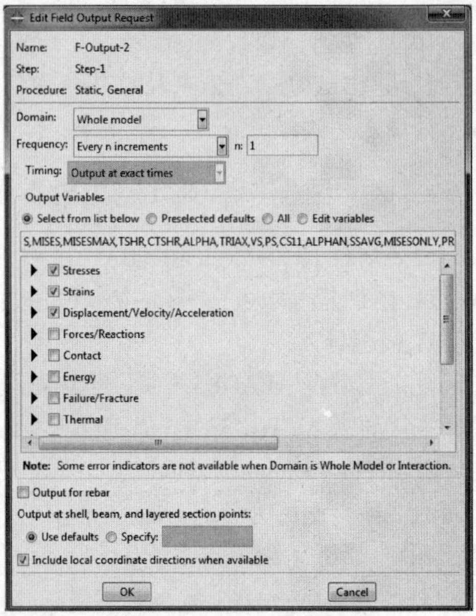

图 6.35 设置分析步对话框

(3) 设置历史变量输出。以输出火炮动态分析有限元模型上某点位移随时间变化情况为例,其操作为:单击菜单栏 Tools-Set-Create,如图 6.36 所示,在弹出的对话框将集合命名为“Set-frontpoint”,Type 选为 Node,单击“Continue”,在视图区选中需要输出位移的节点,点击提示区“Done”确定。单击(Create History Output),在弹出的对话框中将历史变量命名为“H-Output-frontpoint”,单击“Continue”,弹出图 6.37 所示的对话框,将“Domain”选为“Set”,从后面的矩形框中选择“Set-frontpoint”,“Interval”改为 200,勾选场变量中的位移项,单击“OK”确定。

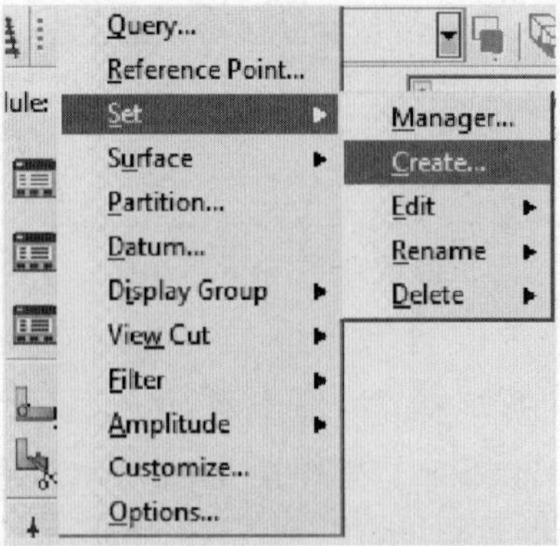

图 6.36 创建输出节点集合

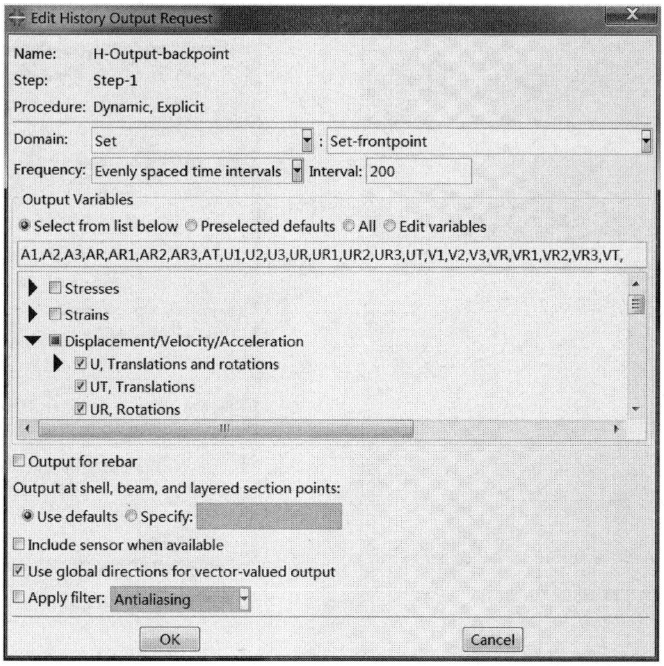

图 6.37　设置历史输出变量

3. 建立相互作用关系(Interaction)

从 HyperMesh 导入的网格模型需要在 ABAQUS 中设置相互作用关系(Interaction)。常用的相互作用关系主要有移动副、转动副、接触/碰撞、不同部件之间的绑定约束等,可根据实际需要创建。建立相互作用关系前将环境栏中的 Module 切换至 Interaction 模块。

1) 建立移动副

火炮上的复进制退杆与复进制退筒在发射过程中的相对移动需要用移动副来模拟,ABAQUS 中称为连接单元(Connector)。步骤如下:

(1) 创建线特征。点击工具区弹出图 6.38 所示对话框,点击右侧"+"依次选择需要建立移动副的两个节点(节点通常是在 HyperMesh 中建立好的刚性单元节点),选完第二个节点后点击提示区"Done"确定,在弹出的对话框中点击"OK"确定。

也可以通过在 ABAQUS 中创建耦合约束来代替刚性单元节点,具体操作为:单击菜单栏 Constraint-Create,在弹出的对话框中选择"Coupling",单击"Continue",在提示区将区域类型选为"Mesh",在视图区选择一个约束控制点,单击"Done"确定。在提示区依次点击"Node Region","Mesh",选择需要与控制点进行运动耦合的节点,单击"Done"弹出图 6.39 所示对话框,单击"OK",建立的耦合约束如图 6.40 所示。

(2) 创建连接单元属性。点击工具区,弹出图 6.41 所示对话框,将"Name"改为自己需要的名称,将 Connection Type 选为"Translator",点击"Continue",在弹出的对话框中点击"OK"确定。

(3) 创建局部坐标系。点击,在弹出的对话框(图 6.42)中,将局部坐标系命名为需要的名称,点击"Continue",依次选择构成移动副的两个刚性单元节点,使此两点确定的方向与移动副移动方向一致,选完第二点之后点击提示区"Create Datum",在弹出的对话框中点击“Cancel”。

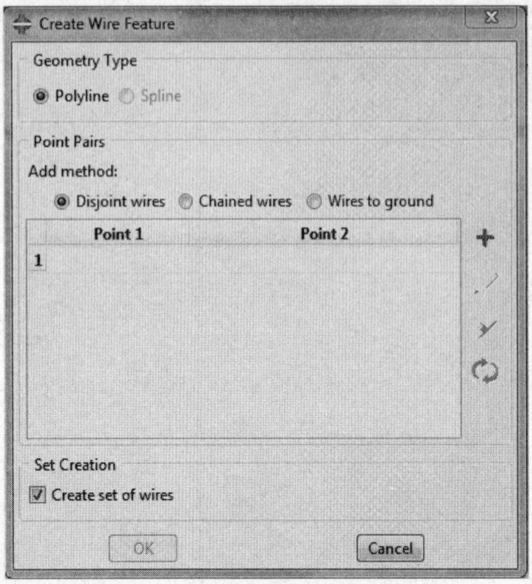

图 6.38　线特征的创建

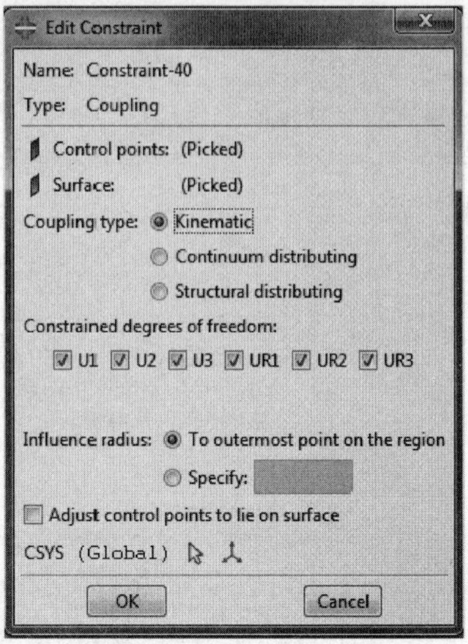

图 6.39　Coupling 创建对话框

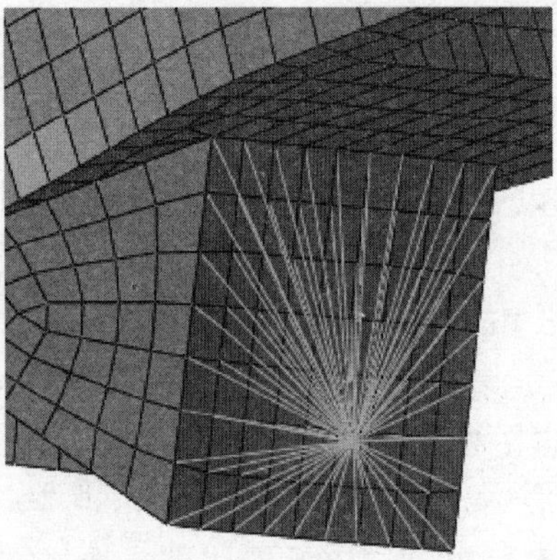

图 6.40　Coupling 约束

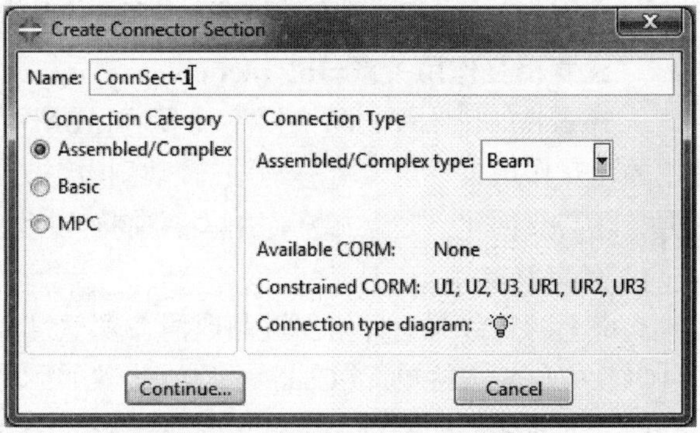

图 6.41　创建连接单元属性

图 6.42　创建坐标系

（4）创建连接单元。点击，在模型中选中步骤（1）中创建的特征线，点击提示区“Done”确定，弹出图 6.43 所示对话框，将“Section”选为步骤（2）中创建的属性，点击“Orientation1”弹出图 6.44 所示对话框，点击“Specify CSYS”后面的箭头，在视图区选中步骤(3)中建立的坐标系,单击“OK”确定,则建立一个移动副。

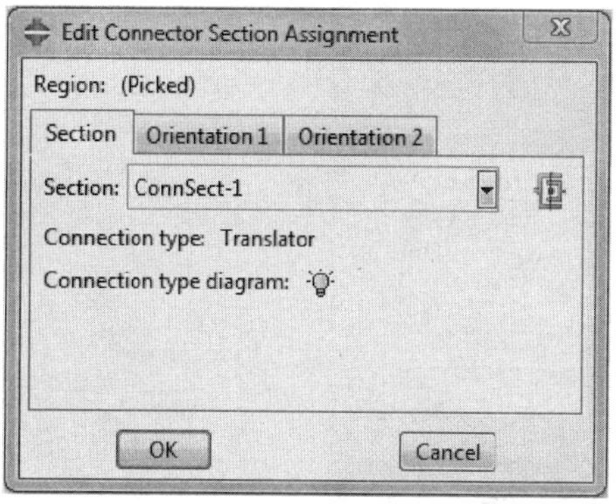

图 6.43　创建连接单元

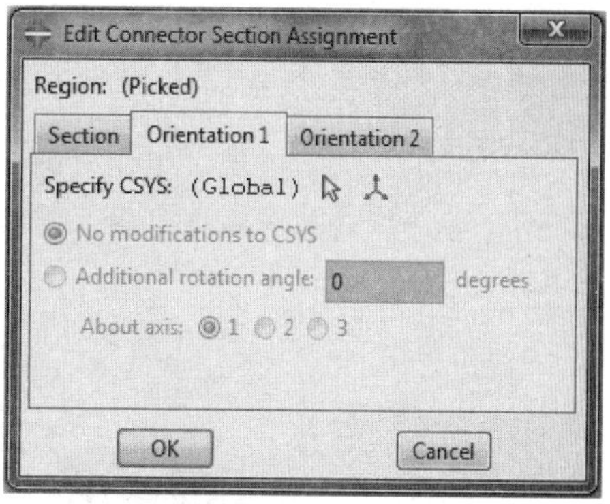

图 6.44　选择连接单元的坐标系

2）建立转动副

需要建立转动副的位置有:摇架与上架绕耳轴的转动,上架与下架绕立轴的转动,下架与驻锄之间的转动,高低机与上下支座的相对转动等。转动副的创建与移动副类似,只是在连接单元属性中将移动关系改为转动关系。

3）建立接触/碰撞关系

火炮中需要建立接触/碰撞的部位主要有身管与衬瓦的接触、驻锄与土壤的接触等,如图 6.45 和图 6.46 所示。步骤如下:

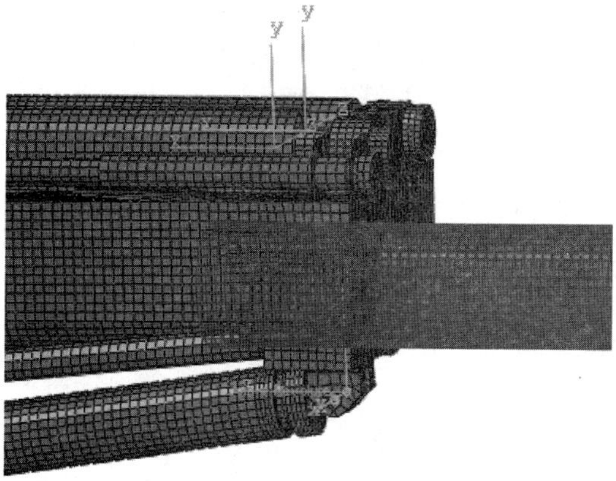

图 6.45　身管与衬瓦的接触

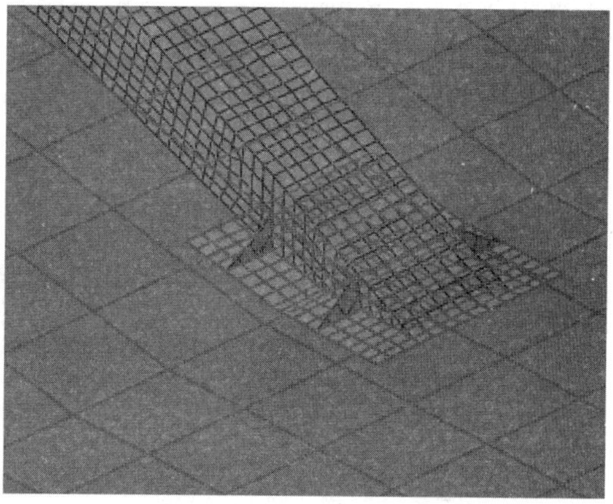

图 6.46　驻锄与土壤的接触

(1) 创建接触面。单击菜单栏 Tools-Surface-Create(图 6.47),在弹出的对话框中将面的类型选为“Mesh”,单击“Continue”,在提示区用合适的方法(individually 或 by angle)选择接触对中的一个面,然后点击提示区“Done”,出现图 6.48 所示选项(若是实体单元表面,则无此选项),点击 Brown 或 Purple 则选中了一个面,应单击实际接触面的颜色。用同样的方法建立其它的接触面。

(2) 创建接触/碰撞属性。点击工具区,在弹出的对话框中将“Name”改为需要的名称,“Type”选为“Contact”,单击“Continue”弹出图 6.49 所示对话框,单击“Mechanical”,在弹出的下拉列表中依次点击“Tangential Behavior”“Normal Behavior”,单

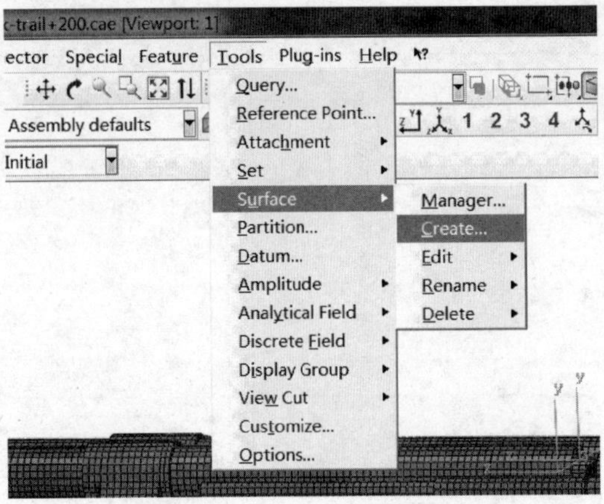

图 6.47 创建接触面

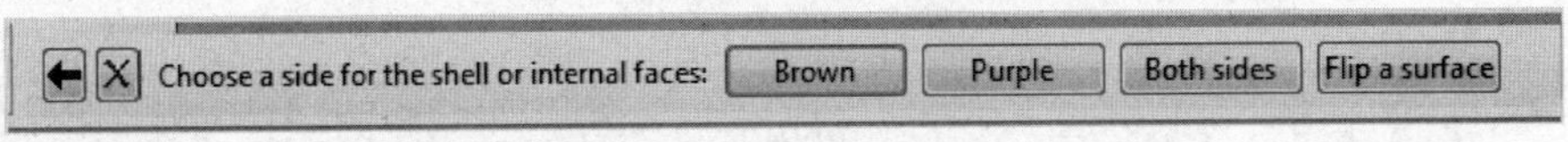

图 6.48 选择接触面的方向

击“OK”确定。

(3) 创建接触/碰撞。点击工具区，弹出如图 6.50 所示对话框，选择合适的接触算法，如 General contact(Explicit)(显式通用接触算法)，单击“Continue”弹出如图 6.51 所示对话框，点击“Selected surface pairs”前面的圆圈，后面的编辑按钮被激活，点击此笔形图标则弹出图 6.52 对话框，从“Select Pairs”下面的左右两列中分别选择接触对中的一个面(如左边一列选 Surf-1，右边一列选 Surf-2)，单击中间的箭头则建立一对接触面，再用同样的方法建立其它的接触对，最后点击左下角“OK”，返回到 Edit Interaction 对话框，将“Contact Properties”选为步骤(2)中创建的接触属性，完成接触/碰撞关系的设置。

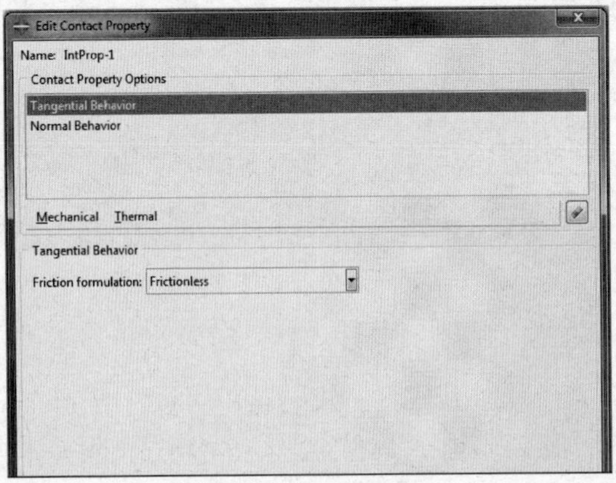

图 6.49 创建接触属性

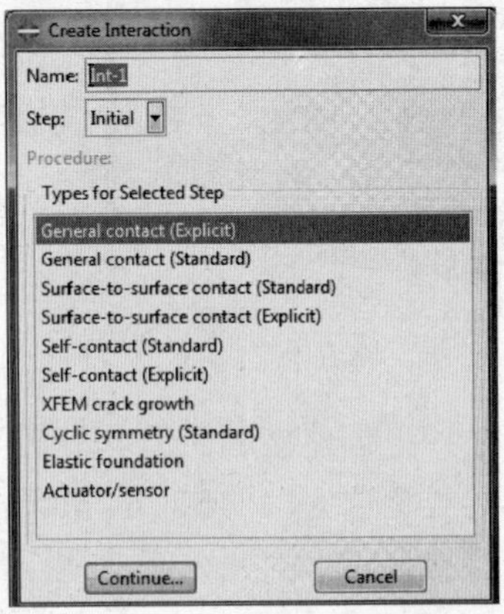

图 6.50 选择接触类型

(4) 建立绑定约束(Tie)。创建要绑定的面，与创建接触面相同；建立绑定约束，单击工具区(Create Constraint)，弹出图 6.53 所示对话框，将约束类型选为“Tie”单击“Continue”，在提示区主面类型后面点击“Surface”，区域类型选“Geometry”，点击提示区右边的“Surfaces”，在弹出的 Region Selection 对话框中选择一个面作为绑定约束的主面，单击“Continue”，在提示区的从面类型后点击“Surface”，在弹出的 Region Selection 对话框中选择一个面作为从面，单击“Continue”弹出图 6.54 所示对话框，点击“OK”建立绑定约束。

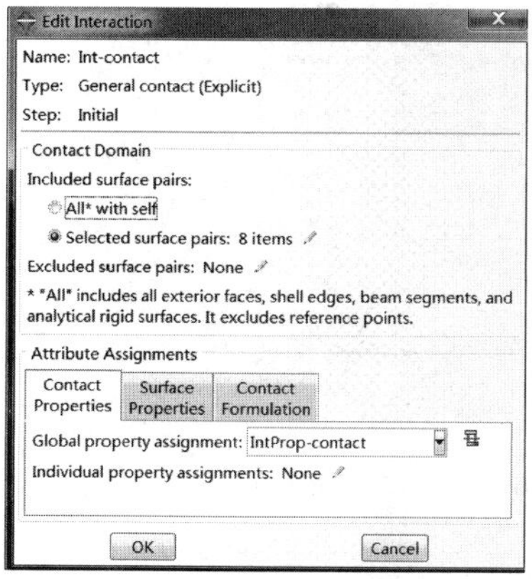

图 6.51　选择接触面和接触属性

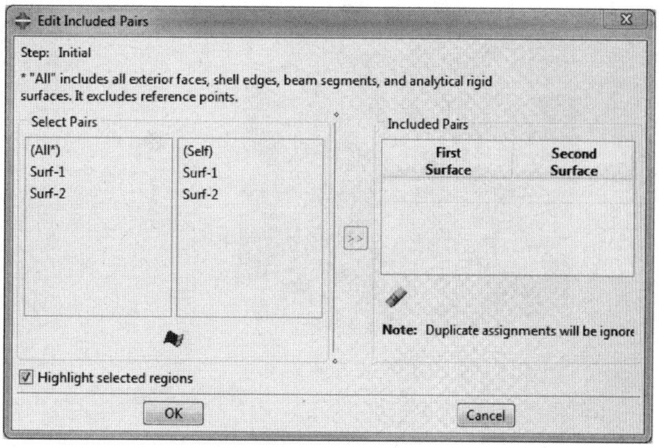

图 6.52　选择接触面

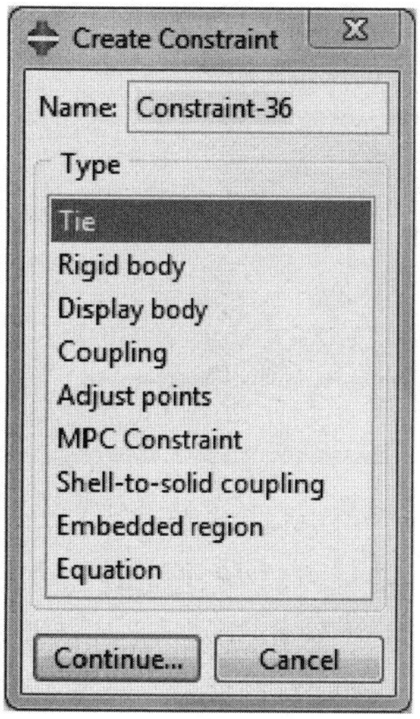

图 6.53　创建绑定约束对话框

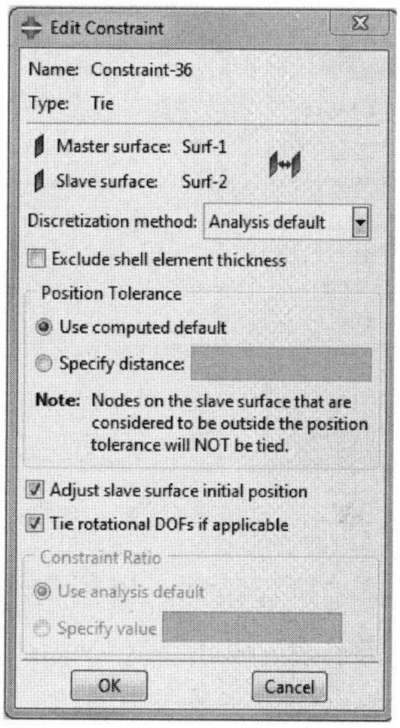

图 6.54　设置绑定约束对话框

4. 施加载荷和边界条件

以某火炮发射动力学分析为例，添加的载荷有膛底压力（图 6.55）、复进机力、制退机力、平衡机力、重力等。边界条件：将土壤底端对应的节点施加固定约束（图 6.56）。

创建载荷步骤如下：

（1）将 Module 切换至 Load 模块。

（2）添加载荷。单击（Create Load），弹出图 6.57 所示对话框，修改载荷名称，选择添加载荷的分析步（例如 Step-1），在载荷类型中选择“Concentrated force”（集中载荷），单击“Continue”，在提示区将区域类型选为“Mesh”，从视图区选择需要添加载荷的节点，单击“Done”确定，弹出图 6.58 所示对话框。在三个坐标分量 CF1，CF2，CF3 后面依次填写载荷在此坐标分量上的值(此处坐标是软件默认的坐标,即全局坐标)。有时为了加载方便,可以使用前文介绍的方法创建局部坐标,然后单击图 6.58 中“CSYS”后面的箭头,选择建立的局部坐标加载,输入相应的载荷分量,单击“OK”确定。

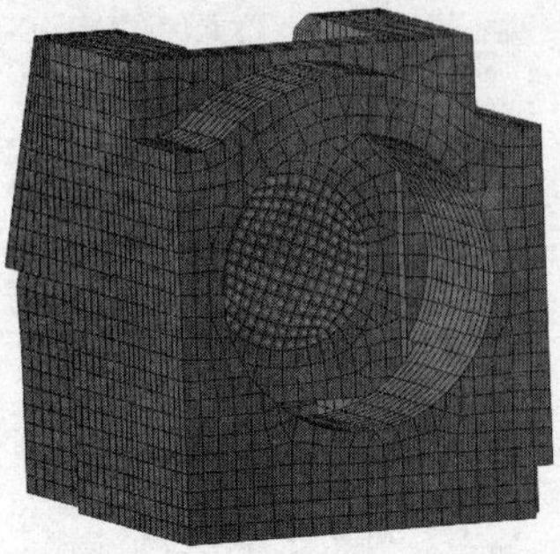

图 6.55　膛底压力施加

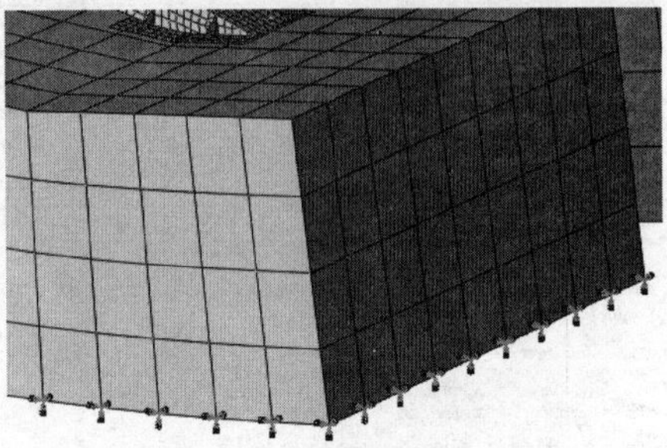

图 6.56　土壤边界条件定义

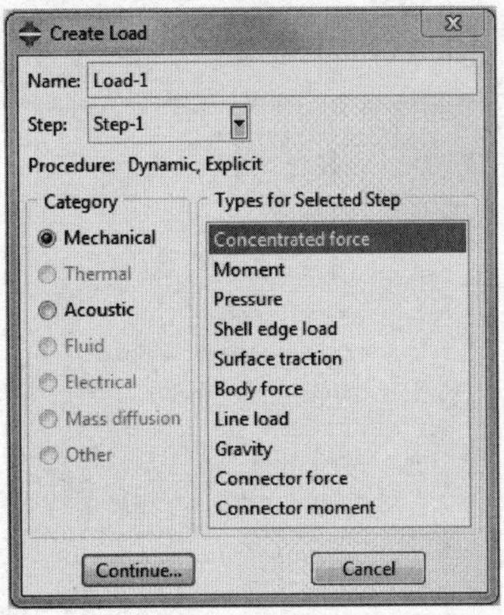

图 6.57　创建载荷对话框

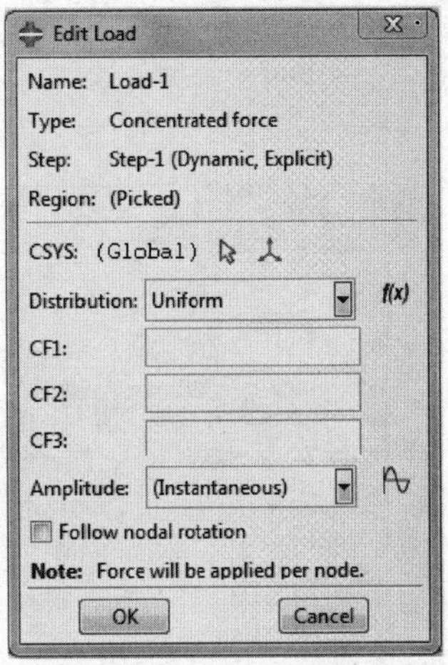

图 6.58　设置载荷对话框

(3) 施加边界条件。以固定约束为例,其它约束的设置方式与此类似。设置固定约束的具体操作为:单击(Create Boundary Condition)弹出图 6.59 所示对话框,分析步(Step)选择为约束开始起作用的分析步,通常选择初始分析步(Initial),约束类型选择第一种,单击“Continue”,在提示区将区域类型选为“Mesh”,用合适的方式在模型中选择需要固定的区域,然后点击“Done”在弹出的对话框(图 6.60)中选择最后一种约束方式,即约束住所有自由度,单击“OK”确定。

5. 创建分析作业

(1) 将 Module 切换至 Job 模块。

(2) 单击(Create Job),在弹出的对话框中修改分析作业的名称,选择分析作业对应的模型,单击“Continue”,在弹出的对话框中单击“OK”确定。

单击(Job Manager)弹出图 6.61 所示对话框,单击“Submit”提交分析作业,若提交成功,状态栏(Status)显示“Running”;若提交失败则显示“Aborted”,此时需要仔细检查模型,查找错误。单击“Monitor”可以查看具体信息。

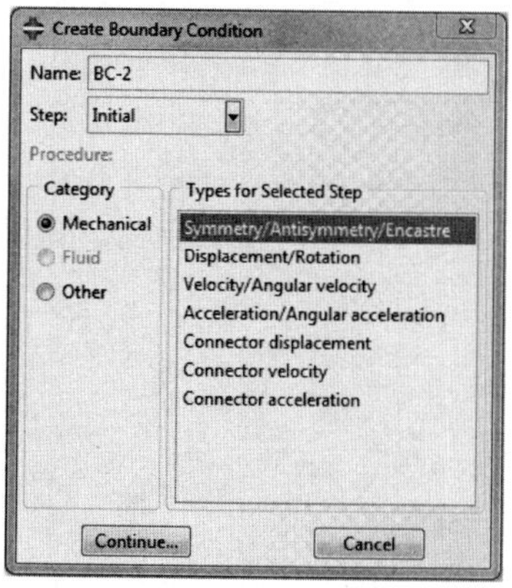

图 6.59　创建约束对话框

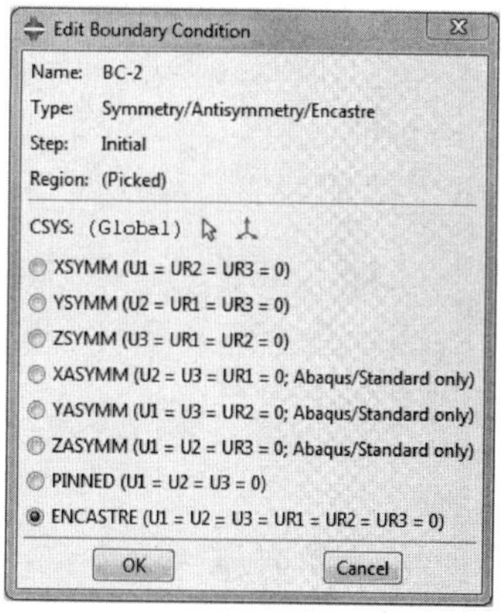

图 6.60　选择固定约束界面

6. 查看结果

分析作业计算完成时图 6.61 中的 Status 显示“Completed”，单击“Results”进入可视化模块(Visualization)。

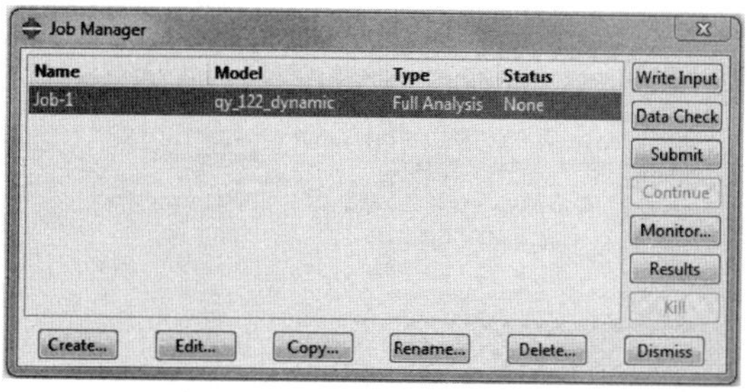

图 6.61　提交作业对话框

单击工具区 (Plot Deformed Shape)显示变形后的模型，单击 (Plot Contours on Deformed Shape)显示变形后的云图(如应力云图、位移云图等)，点击工具栏中场变量后面的下拉列表箭头(图 6.62)选择需要显示的云图；单击 (Animate：Scale Factor)播放变形动画。

查询模型上某一点的 Mises 应力。将工具栏场变量选择为图 6.62 所示值，单击工具栏 (Query information)在弹出的对话框中单击“Probe Values”，出现图 6.63 所示对话框，用鼠标选中视图区某一点，则相应的 Mises 应力值便出现在图 6.63 所示的对话框中。用类似的方法还可以查询其它数据。

图 6.62　选择变量的类型

查看某一点的位移-时间曲线(如前文设置的历史变量“Frontpoint”)。单击工具区 (Create XY Data)，在弹出的对话框选择“ODB field output”，单击“Continue”，在弹出的对话框(图 6.64)中选择集合“FRONTPOINT”对应的 U2 方向的位移，单击“Plot”则视图区显示出 U2 随时间变化的曲线，如图 6.65 所示。

如果要同时显示几个历史变量随时间变化的曲线，在图 6.64 所示的对话框中按住

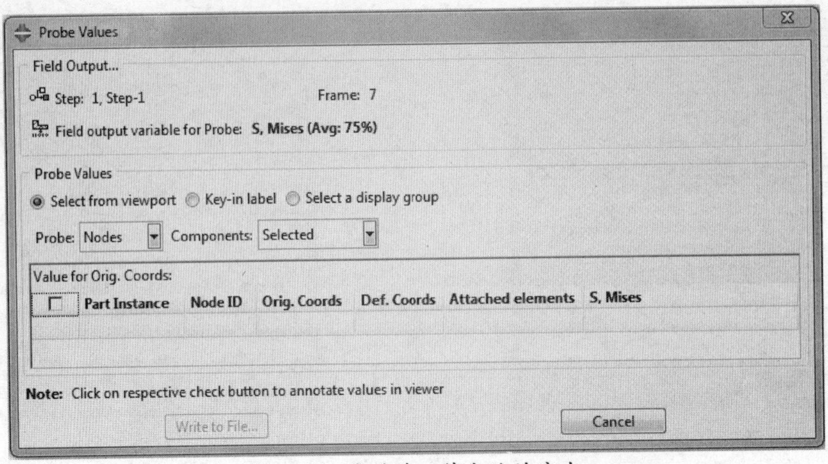

图 6.63　查询某一节点处的应力

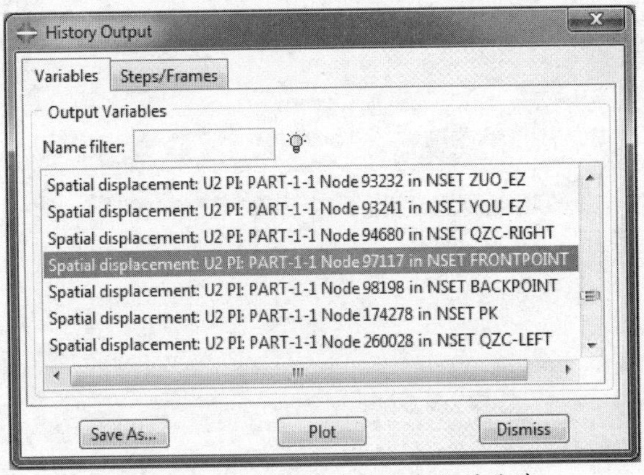

图 6.64　输出位移随时间变化的曲线

Ctrl 键,选中相应的历史变量,点击“Plot”即可。用类似的方法可以显示某点(或几个点)应力等变量随时间变化的曲线图。(注:静态分析中不需输出历史变量随时间变化的曲线图,动态分析中才有。)

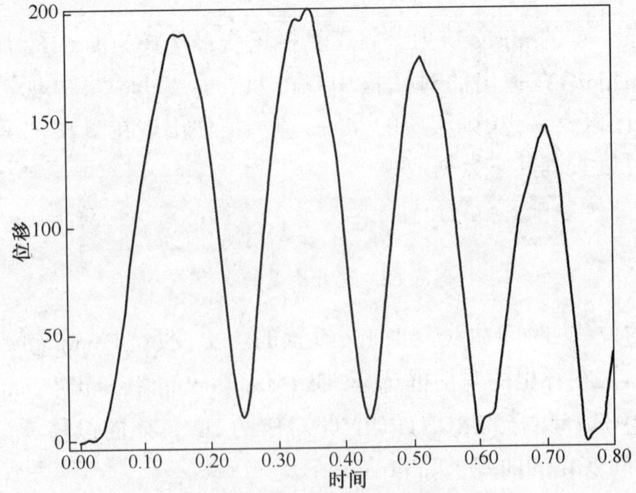

图 6.65　位移随时间变化的曲线

第7章 火炮总体结构参数优化设计方法

随着战场需求对火炮射击精度和机动性的不断提高，国内外火炮研究人员开展了火炮发射动态特性研究，从火炮武器系统总体结构参数对发射过程动态响应的影响出发，研究影响火炮射击精度和机动性的因素。火炮总体结构参数包含有火炮主要零部件质量、转动惯量、重心位置、耳轴位置、立轴位置、动力偶臂、高低机等效刚度和阻尼系数、方向机等效刚度和阻尼系数等参数，寻求这些参数的最佳匹配达到减小弹丸出炮口时的扰动的目的。国外，美国阿伯丁靶场弹道研究所考克斯和霍肯斯在理论模型上对 M68 式 105mm 坦克炮炮口运动进行了深入研究，用梁单元建立了身管的有限元模型，通过输入各种不同的参数进行广泛的计算，确定出影响因素中的敏感参数，分析结果表明运动及相关力、弹丸偏心度、身管边界条件、炮尾偏心度是主要影响因素。英国皇家军事理学院的霍尔设计了专门的模拟炮研究了摇架结构特点和炮尾质量偏心（后坐部分质量偏心）对炮口振动的影响，研究得出以下结论：①影响炮口初始扰动的首要因素是炮尾质量偏心；②高低机刚度对初始扰动具有显著影响；③增加炮身与摇架之间的支撑刚度可减小炮口初始扰动等结论。由此可见火炮总体结构参量的优化与匹配在火炮总体设计与结构设计中有着重要的作用，合理地选择火炮总体结构参量可以有效地提高射击精度、机动性等总体性能，从而为火炮研制提供理论依据。

火炮总体结构参数优化设计主要有两种方法：一种是寻优计算时调用火炮发射多体系统动力学模型，将数值计算的动力学响应用于计算目标函数；另一种是每寻优一次，调用火炮发射过程的非线性结构动力学模型，将数值计算的动力学响应用于计算目标函数。由于基于有限元的非线性结构动力学方程数目庞大，所需计算时间长，而结构动力学优化中对目标函数的求解常常需要成千上万遍的计算，这导致直接采用有限元法进行动力学重分析的结构动力学优化难以实现，成为制约复杂结构动力学优化研究的技术瓶颈。为了解决上述问题，研究人员提出用近似模型替代有限元模型，并应用到火炮总体结构参数优化设计中，以提高优化效率。

7.1 基于多体系统动力学的火炮总体结构参数优化设计方法

由于火炮武器的总体结构参量非常多，即使选择其中的几十个或几百个参量进行优化匹配也是不现实的：一方面，总体优化计算随着设计变量的增加，其计算量也呈指数级大幅度增长；另一方面，每寻优一次就需要计算目标函数，这就需要进行火炮发射多体系统动力学数值计算，为了较真实地反映火炮发射时的物理规律，在动力学模型中需要考虑刚柔耦合、接触/碰撞、液气、土壤等复杂因素，数值计算的工作量也是非常巨大的。为了解决这种矛盾，通常先进行火炮总体结构参量的灵敏度分析，选出一组对目标函数贡献较大的参量,在此基础上再进行火炮总体结构参量的优化与匹配。

7.1.1 复杂参数灵敏度分析方法

火炮总体结构参数的灵敏度分析包括目标函数及设计变量的变分、约束方程的变分、运动微分方程的变分等。

1. 目标函数及设计变量的变分

为了便于灵敏度分析,将火炮多体系统动力学方程改写为

$$\begin{bmatrix} \boldsymbol{M}_{rr} & \boldsymbol{M}_{rf} & \boldsymbol{\Phi}_{\boldsymbol{q}_r}^{\mathrm{T}} \\ \boldsymbol{M}_{fr} & \boldsymbol{M}_{ff} & \boldsymbol{\Phi}_{\boldsymbol{p}_f}^{\mathrm{T}} \\ \boldsymbol{\Phi}_{\boldsymbol{q}_r} & \boldsymbol{\Phi}_{\boldsymbol{p}_f} & 0 \end{bmatrix} \begin{Bmatrix} \ddot{\boldsymbol{q}}_r \\ \ddot{\boldsymbol{p}}_f \\ \boldsymbol{\lambda} \end{Bmatrix} = \begin{Bmatrix} \boldsymbol{f}_r + \boldsymbol{g}_r \\ \boldsymbol{f}_f + \boldsymbol{g}_f - \boldsymbol{K}_{ff}\boldsymbol{p}_f - \boldsymbol{C}_{ff}\dot{\boldsymbol{p}}_f \\ \boldsymbol{\gamma} \end{Bmatrix} \tag{7.1}$$

式中:下标 r、f 分别表示刚性运动和弹性变形, $\boldsymbol{q}_f$ 与 $\boldsymbol{p}_f$ 的关系为

$$\boldsymbol{q}_f = \boldsymbol{U}\boldsymbol{p}_f \tag{7.2}$$

其中: $\boldsymbol{U}$ 为模态变换矩阵。对应的初始值为

$$\begin{aligned} \boldsymbol{q}_r(t_0) = \boldsymbol{q}_{r0}, \quad \boldsymbol{p}_f(t_0) = \boldsymbol{p}_{f0} \\ \dot{\boldsymbol{q}}_r(t_0) = \dot{\boldsymbol{q}}_{r0}, \quad \dot{\boldsymbol{p}}_f(t_0) = \dot{\boldsymbol{p}}_{f0} \end{aligned} \tag{7.3}$$

设设计变量为 $\boldsymbol{b}$,则对于多体系统动力学问题,某一目标函数可写成

$$\psi_i = \int_{t_0}^{t_1} f(\boldsymbol{q}_r, \boldsymbol{q}_f, \dot{\boldsymbol{q}}_r, \dot{\boldsymbol{q}}_f, \boldsymbol{\lambda}, \boldsymbol{b})\,\mathrm{d}t \tag{7.4}$$

设计变量对目标函数的灵敏度就是设计变量改变时目标函数的改变程度,或目标函数对设计变量的偏导数,在进行多体系统动力学计算时,为运算方便,一般用变分来实现。目标函数的变分为

$$\delta\psi_i = \int_{t_0}^{t_1} [f_{q_r}\delta\boldsymbol{q}_r + f_{q_f}\delta\boldsymbol{q}_f + f_{\dot{q}_r}\delta\dot{\boldsymbol{q}}_r + f_{\dot{q}_f}\delta\dot{\boldsymbol{q}}_f + f_{\lambda}\delta\boldsymbol{\lambda} + f_{\boldsymbol{b}}\delta\boldsymbol{b}]\,\mathrm{d}t \tag{7.5}$$

由于:

$$\begin{aligned} \delta\boldsymbol{q} = \frac{\partial\boldsymbol{q}}{\partial\boldsymbol{b}}\delta\boldsymbol{b} = \boldsymbol{q}_{\boldsymbol{b}}\delta\boldsymbol{b} \qquad \delta\dot{\boldsymbol{q}} = \frac{\partial\dot{\boldsymbol{q}}}{\partial\boldsymbol{b}}\delta\boldsymbol{b} = \dot{\boldsymbol{q}}_{\boldsymbol{b}}\delta\boldsymbol{b} \\ \delta\ddot{\boldsymbol{q}} = \frac{\partial\ddot{\boldsymbol{q}}}{\partial\boldsymbol{b}}\delta\boldsymbol{b} = \ddot{\boldsymbol{q}}_{\boldsymbol{b}}\delta\boldsymbol{b} \qquad \delta\boldsymbol{\lambda} = \frac{\partial\boldsymbol{\lambda}}{\partial\boldsymbol{b}}\delta\boldsymbol{b} = \boldsymbol{\lambda}_{\boldsymbol{b}}\delta\boldsymbol{b} \end{aligned} \tag{7.6}$$

将上式代入(7.5),得

$$\delta\psi_i = \int_{t_0}^{t_1} [f_{q_r}\boldsymbol{q}_{r\boldsymbol{b}} + f_{q_f}\boldsymbol{q}_{f\boldsymbol{b}} + f_{\dot{q}_r}\dot{\boldsymbol{q}}_{r\boldsymbol{b}} + f_{\dot{q}_f}\dot{\boldsymbol{q}}_{f\boldsymbol{b}} + f_{\lambda}\boldsymbol{\lambda}_{\boldsymbol{b}} + f_{\boldsymbol{b}}]\delta\boldsymbol{b}\,\mathrm{d}t \tag{7.7}$$

由式(7.2)可知:

$$\boldsymbol{q}_{f\boldsymbol{b}} = \boldsymbol{U}_{\boldsymbol{b}}\boldsymbol{p}_f + \boldsymbol{U}\boldsymbol{p}_{f\boldsymbol{b}} \tag{7.8}$$

2. 约束方程的变分

约束方程可写为

$$\boldsymbol{\Phi}(\boldsymbol{q}_r, \boldsymbol{q}_f, \boldsymbol{b}, t) = 0 \tag{7.9}$$

对上式进行变分,得

$$\boldsymbol{\Phi}_{\boldsymbol{q}_r}\delta\boldsymbol{q}_r + \boldsymbol{\Phi}_{\boldsymbol{q}_f}\delta\boldsymbol{q}_f + \boldsymbol{\Phi}_{\boldsymbol{b}}\delta\boldsymbol{b} = 0 \tag{7.10}$$

将式(7.6)代入上式,得

$$\boldsymbol{\Phi}_{q_r}\boldsymbol{q}_{rb}\delta\boldsymbol{b}+\boldsymbol{\Phi}_{q_f}\boldsymbol{q}_{fb}\delta\boldsymbol{b}+\boldsymbol{\Phi}_b\delta\boldsymbol{b}=0 \tag{7.11}$$

因此:

$$\boldsymbol{\Phi}_{q_r}\boldsymbol{q}_{rb}+\boldsymbol{\Phi}_{q_f}\boldsymbol{q}_{fb}=-\boldsymbol{\Phi}_b \tag{7.12}$$

将式(7.8)代入上式,得

$$\boldsymbol{\Phi}_{q_r}\boldsymbol{q}_{rb}+\boldsymbol{\Phi}_{q_f}(\boldsymbol{U}_b\boldsymbol{p}_f+\boldsymbol{U}\boldsymbol{p}_{fb})=-\boldsymbol{\Phi}_b \tag{7.13}$$

另外由于:

$$\boldsymbol{\Phi}_{p_f}=\frac{\partial\boldsymbol{\Phi}}{\partial\boldsymbol{p}_f}=\frac{\partial\boldsymbol{\Phi}}{\partial\boldsymbol{q}_f}\frac{\partial\boldsymbol{q}_f}{\partial\boldsymbol{p}_f}=\boldsymbol{\Phi}_{q_f}\boldsymbol{U} \tag{7.14}$$

将上式代入式(7.13)并对时间微分,得

$$\boldsymbol{\Phi}_{q_r}\dot{\boldsymbol{q}}_{rb}+\boldsymbol{\Phi}_{q_r}\boldsymbol{q}_{rb}+\boldsymbol{\Phi}_{p_f}\dot{\boldsymbol{p}}_{fb}+\boldsymbol{\Phi}_{p_f}\boldsymbol{p}_{fb}+\boldsymbol{\Phi}_b+\boldsymbol{\Phi}_{q_f}\boldsymbol{U}_b\boldsymbol{p}_f+\boldsymbol{\Phi}_{q_f}\boldsymbol{U}_b\dot{\boldsymbol{p}}_f=0 \tag{7.15}$$

或

$$\boldsymbol{\Phi}_{q_r}\dot{\boldsymbol{q}}_{rb}+\boldsymbol{\Phi}_{p_f}\dot{\boldsymbol{p}}_{fb}=-\boldsymbol{\Phi}_{q_r}\boldsymbol{q}_{rb}-\boldsymbol{\Phi}_{p_f}\boldsymbol{p}_{fb}-\dot{\boldsymbol{\Phi}}_b-\boldsymbol{\Phi}_{q_f}\boldsymbol{U}_b\boldsymbol{p}_f-\boldsymbol{\Phi}_{q_f}\boldsymbol{U}_b\dot{\boldsymbol{p}}_f \tag{7.16}$$

对上式再次微分,得

$$\begin{aligned}\boldsymbol{\Phi}_{q_r}\ddot{\boldsymbol{q}}_{rb}+\boldsymbol{\Phi}_{p_f}\ddot{\boldsymbol{p}}_{fb}&=-2\boldsymbol{\Phi}_{q_r}\dot{\boldsymbol{q}}_{rb}-2\boldsymbol{\Phi}_{p_f}\dot{\boldsymbol{p}}_{fb}-\ddot{\boldsymbol{\Phi}}_{q_r}\boldsymbol{q}_{rb}-\ddot{\boldsymbol{\Phi}}_{p_f}\boldsymbol{p}_{fb}-\ddot{\boldsymbol{\Phi}}_b-\ddot{\boldsymbol{\Phi}}_{q_f}\boldsymbol{U}_b\boldsymbol{p}_f-\boldsymbol{\Phi}_{q_f}\boldsymbol{U}_b\ddot{\boldsymbol{p}}_f\\&=\bar{\boldsymbol{\gamma}}\end{aligned} \tag{7.17}$$

3. 运动微分方程的变分

将多体系统的运动微分方程(7.1)展开,得

$$\boldsymbol{M}_{rr}\ddot{\boldsymbol{q}}_r+\boldsymbol{M}_{rf}\ddot{\boldsymbol{p}}_f+\boldsymbol{\Phi}_{q_r}^{\mathrm{T}}\boldsymbol{\lambda}=\boldsymbol{f}_r+\boldsymbol{g}_r \tag{7.18}$$

$$\boldsymbol{M}_{fr}\ddot{\boldsymbol{q}}_r+\boldsymbol{M}_{ff}\ddot{\boldsymbol{p}}_{\mathrm{f}}+\boldsymbol{\Phi}_{p_f}^{\mathrm{T}}\boldsymbol{\lambda}=\boldsymbol{f}_f+\boldsymbol{g}_f-\boldsymbol{K}_{ff}\boldsymbol{p}_f-\boldsymbol{C}_{ff}\dot{\boldsymbol{p}}_f \tag{7.19}$$

$$\boldsymbol{\Phi}_{q_r}\ddot{\boldsymbol{q}}_{rb}+\boldsymbol{\Phi}_{p_f}\ddot{\boldsymbol{p}}_{fb}=\boldsymbol{\gamma} \tag{7.20}$$

式(7.20)的变分在上节中已讨论,以下重点给出式(7.18)和式(7.19)的变分。在变分运算时,以下关系式必须明确:

$$\boldsymbol{M}_{rr}=\boldsymbol{M}_{rr}(\boldsymbol{q}_r,\boldsymbol{p}_f,\boldsymbol{b}),\qquad \boldsymbol{M}_{rf}=\boldsymbol{M}_{rf}(\boldsymbol{q}_r,\boldsymbol{p}_f,\boldsymbol{b}) \tag{7.21}$$

$$\boldsymbol{K}_{ff}=\boldsymbol{K}_{ff}(\boldsymbol{p}_f,\boldsymbol{b}),\qquad \boldsymbol{C}_{ff}=\boldsymbol{C}_{ff}(\boldsymbol{p}_f,\boldsymbol{b}) \tag{7.22}$$

$$\boldsymbol{f}_r=\boldsymbol{f}_r(\boldsymbol{q}_r,\boldsymbol{p}_f,\dot{\boldsymbol{q}}_r,\dot{\boldsymbol{p}}_f,\boldsymbol{b},t),\qquad \boldsymbol{f}_f=\boldsymbol{f}_f(\boldsymbol{q}_r,\boldsymbol{p}_f,\dot{\boldsymbol{q}}_r,\dot{\boldsymbol{p}}_f,\boldsymbol{b},t) \tag{7.23}$$

$$\boldsymbol{g}_r=\boldsymbol{g}_r(\boldsymbol{q}_r,\boldsymbol{p}_f,\dot{\boldsymbol{q}}_r,\dot{\boldsymbol{p}}_f,\boldsymbol{b}),\qquad \boldsymbol{g}_f=\boldsymbol{g}_f(\boldsymbol{p}_f,\dot{\boldsymbol{q}}_r,\dot{\boldsymbol{p}}_f,\boldsymbol{b}) \tag{7.24}$$

对式(7.18)进行变分,得

$$\begin{aligned}\boldsymbol{M}_{rr}\delta\ddot{\boldsymbol{q}}_r+\boldsymbol{M}_{rf}\delta\ddot{\boldsymbol{p}}_f+\boldsymbol{\Phi}_{q_r}^{\mathrm{T}}\delta\boldsymbol{\lambda}=&\\&-(\boldsymbol{M}_{rr}\ddot{\boldsymbol{q}}_r)_{q_r}\delta\boldsymbol{q}_r-(\boldsymbol{M}_{rr}\ddot{\boldsymbol{q}}_{p_f})\delta\boldsymbol{p}_f-(\boldsymbol{M}_{rr}\ddot{\boldsymbol{q}})_b\delta\boldsymbol{b}\\&-(\boldsymbol{M}_{rf}\ddot{\boldsymbol{p}}_f)_{q_r}\delta\boldsymbol{q}_r-(\boldsymbol{M}_{rf}\ddot{\boldsymbol{p}}_f)_{pf}\delta\boldsymbol{p}_f-(\boldsymbol{M}_{rf}\ddot{\boldsymbol{p}}_f)_b\delta\boldsymbol{b}\\&+\boldsymbol{f}_{rq_r}\delta\boldsymbol{q}_r+\boldsymbol{f}_{r\dot{q}_r}\delta\dot{\boldsymbol{q}}_r+\boldsymbol{f}_{rp_f}\delta\boldsymbol{p}_f+\boldsymbol{f}_{r\dot{p}_f}\delta\dot{\boldsymbol{p}}_f+\boldsymbol{f}_{rb}\delta\boldsymbol{b}\\&+\boldsymbol{g}_{rq_r}\delta\boldsymbol{q}_r+\boldsymbol{g}_{r\dot{q}_r}\delta\dot{\boldsymbol{q}}_r+\boldsymbol{g}_{rp_f}\delta\boldsymbol{p}_f+\boldsymbol{g}_{r\dot{p}_f}\delta\dot{\boldsymbol{p}}_f+\boldsymbol{g}_{rb}\delta\boldsymbol{b}\\&-(\boldsymbol{\Phi}_{q_r}^{\mathrm{T}}\boldsymbol{\lambda})_{q_r}\delta\boldsymbol{q}_r-(\boldsymbol{\Phi}_{q_r}^{\mathrm{T}}\boldsymbol{\lambda})_{p_f}\delta\boldsymbol{p}_f-(\boldsymbol{\Phi}_{q_r}^{\mathrm{T}}\boldsymbol{\lambda})_b\delta\boldsymbol{b}\end{aligned} \tag{7.25}$$

将式(7.6)代入上式,得

$$\begin{aligned}
\boldsymbol{M}_{rr}\ddot{\boldsymbol{q}}_{rb} + \boldsymbol{M}_{rf}\ddot{\boldsymbol{p}}_{fb} + \boldsymbol{\Phi}_{q_r}^{\mathrm{T}}\boldsymbol{\lambda}_b = \\
&-(\boldsymbol{M}_{rr}\ddot{\boldsymbol{q}}_r)_{q_r}\boldsymbol{q}_{rb} - (\boldsymbol{M}_{rr}\ddot{\boldsymbol{q}}_r)_{pf}\boldsymbol{p}_{fb} - (\boldsymbol{M}_{rr}\ddot{\boldsymbol{q}}_r)_b \\
&-(\boldsymbol{M}_{rf}\ddot{\boldsymbol{p}}_f)_{q_r}\boldsymbol{q}_{rb} - (\boldsymbol{M}_{rf}\ddot{\boldsymbol{p}}_f)_{pf}\boldsymbol{p}_{fb} - (\boldsymbol{M}_{rf}\ddot{\boldsymbol{p}}_f)_b \\
&+\boldsymbol{f}_{rq_r}\boldsymbol{q}_{rb} + \boldsymbol{f}_{r\dot{q}_r}\dot{\boldsymbol{q}}_{rb} + \boldsymbol{f}_{rp_f}\boldsymbol{p}_{fb} + \boldsymbol{f}_{r\dot{p}_f}\dot{\boldsymbol{p}}_{fb} + \boldsymbol{f}_{rb} \\
&+\boldsymbol{g}_{rq_r}\boldsymbol{q}_{rb} + \boldsymbol{g}_{r\dot{q}_r}\dot{\boldsymbol{q}}_{rb} + \boldsymbol{g}_{rp_f}\boldsymbol{p}_{fb} + \boldsymbol{g}_{r\dot{p}_f}\dot{\boldsymbol{p}}_{fb} + \boldsymbol{g}_{rb} \\
&-(\boldsymbol{\Phi}_{q_r}^{\mathrm{T}}\boldsymbol{\lambda})_{q_r}\boldsymbol{q}_{rb} - (\boldsymbol{\Phi}_{q_r}^{\mathrm{T}}\boldsymbol{\lambda})_{p_f}\boldsymbol{p}_{fb} - (\boldsymbol{\Phi}_{q_r}^{\mathrm{T}}\boldsymbol{\lambda})_b = \overline{\boldsymbol{Q}}
\end{aligned} \tag{7.26}$$

同样对式(7.19)变分,得

$$\begin{aligned}
&\boldsymbol{M}_{fr}\ddot{\boldsymbol{q}}_{rb} + \boldsymbol{M}_{ff}\ddot{\boldsymbol{p}}_{fb} + \boldsymbol{\Phi}_{p_f}^{\mathrm{T}}\boldsymbol{\lambda}_b = \\
&\quad -(\boldsymbol{M}_{fr}\ddot{\boldsymbol{q}}_r)_{q_r}\boldsymbol{q}_{rb} - (\boldsymbol{M}_{fr}\ddot{\boldsymbol{q}}_{pf})\boldsymbol{p}_{fb} - (\boldsymbol{M}_{fr}\ddot{\boldsymbol{q}}_r)_b - (\boldsymbol{M}_{ff}\ddot{\boldsymbol{p}}_f)_{pf}\boldsymbol{p}_{fb} - (\boldsymbol{M}_{ff}\ddot{\boldsymbol{p}}_f)_b + \boldsymbol{f}_{fq_r}\boldsymbol{q}_{rb} + \boldsymbol{f}_{fp_f}\boldsymbol{p}_{fb} \\
&\quad + \boldsymbol{f}_{f\dot{p}_f}\dot{\boldsymbol{p}}_{fb} + \boldsymbol{f}_{fb} + \boldsymbol{g}_{fp_f}\boldsymbol{p}_{fb} + \boldsymbol{g}_{f\dot{q}_r}\dot{\boldsymbol{q}}_{rb} + \boldsymbol{g}_{f\dot{p}_f} + \dot{\boldsymbol{p}}_{fb} + \boldsymbol{g}_{fb} - (\boldsymbol{\Phi}_{p_f}^{\mathrm{T}}\boldsymbol{\lambda})_{q_r}\boldsymbol{q}_{rb} - (\boldsymbol{\Phi}_{p_f}^{\mathrm{T}}\boldsymbol{\lambda})_{p_f}\boldsymbol{p}_{fb} \\
&\quad - (\boldsymbol{\Phi}_{p_f}^{\mathrm{T}}\boldsymbol{\lambda})_b - (\boldsymbol{K}_{ff}\boldsymbol{p}_f)_{pf}\boldsymbol{p}_{fb} - (\boldsymbol{K}_{ff}\boldsymbol{p}_f)_b - \boldsymbol{K}_{ff}\boldsymbol{p}_{fb} - (\boldsymbol{C}_{ff}\dot{\boldsymbol{p}}_f)_{pf}\boldsymbol{p}_{fb} - \boldsymbol{C}_{ff}\dot{\boldsymbol{p}}_{fb} \\
&\quad - (\boldsymbol{C}_{ff}\dot{\boldsymbol{p}}_f)_b - \boldsymbol{C}_{ff} - \dot{\boldsymbol{p}}_{fb} = \overline{\boldsymbol{R}}
\end{aligned} \tag{7.27}$$

将式(7.17)、式(7.26)和式(7.27)写成矩阵形式:

$$\begin{bmatrix} \boldsymbol{M}_{rr} & \boldsymbol{M}_{rf} & \boldsymbol{\Phi}_{q_r}^{\mathrm{T}} \\ \boldsymbol{M}_{fr} & \boldsymbol{M}_{ff} & \boldsymbol{\Phi}_{p_f}^{\mathrm{T}} \\ \boldsymbol{\Phi}_{q_r} & \boldsymbol{\Phi}_{p_f} & \boldsymbol{0} \end{bmatrix} \begin{Bmatrix} \ddot{\boldsymbol{q}}_{rb} \\ \ddot{\boldsymbol{p}}_{fb} \\ \boldsymbol{\lambda}_b \end{Bmatrix} = \begin{Bmatrix} \overline{\boldsymbol{Q}} \\ \overline{\boldsymbol{R}} \\ \overline{\boldsymbol{\gamma}} \end{Bmatrix} \tag{7.28}$$

上式即为灵敏度分析方程,初始条件为

$$\begin{cases} \boldsymbol{q}_{rb}(t_0) = \boldsymbol{q}_{rb0}, & \boldsymbol{p}_{fb}(t_0) = \boldsymbol{p}_{fb0} \\ \dot{\boldsymbol{q}}_{rb}(t_0) = \dot{\boldsymbol{q}}_{rb0}, & \dot{\boldsymbol{p}}_{fb}(t_0) = \dot{\boldsymbol{p}}_{fb0} \end{cases} \tag{7.29}$$

7.1.2 基于随机方向搜索法的火炮总体结构参数优化方法

在进行火炮总体结构参数优化时,计算目标函数需要调用火炮多体系统动力学数值计算模块,因此在确定优化算法时需要选择那些无需作偏导运算的算法,这里主要采用随机方向搜索法和遗传优化算法。

随机方向法是沿着随机数所构成的随机方向 $\boldsymbol{S}(K)$ 进行搜索。首先在可行域内选择一个初始点 $\boldsymbol{X}(0)$,利用随机数的概率特性,产生若干个随机方向,并从中选择一个能使目标函数值下降最快的随机方向作为可行搜索方向,记作 $\boldsymbol{S}(1)$ 。从初始点 $\boldsymbol{X}(0)$ 出发,沿 $\boldsymbol{S}(1)$ 方向按给定的初始步长 $\alpha \leftarrow \alpha(0)$ 取试探点:

$$\boldsymbol{X} = \boldsymbol{X}(0) + \alpha\boldsymbol{S}(1) \tag{7.30}$$

检查 $\boldsymbol{X}$ 点的适用性和可行性,即

$$f(\boldsymbol{X}) < f(\boldsymbol{X}(0)) \tag{7.31}$$

$$\boldsymbol{X} \in S \tag{7.32}$$

式中:f 为目标函数; S 为可行域。

若上述条件满足, $\boldsymbol{X}$ 作为新的起点,即

$$\boldsymbol{X}(0) \leftarrow \boldsymbol{X} \tag{7.33}$$

继续按上面的迭代式在 $\boldsymbol{S}(1)$ 方向上获取新点。重复上述步骤,迭代点可沿 $\boldsymbol{S}(1)$ 方向前进,直到到达某迭代点不能同时满足适用性和可行性条件时为止,退到前一点作为该方向搜索中的最终成功点,记作 $\boldsymbol{X}(1)$ 。

将 $\boldsymbol{X}(1)$ 作为新的始点 $\boldsymbol{X}(0) \leftarrow \boldsymbol{X}(1)$,再产生另一随机方向 $\boldsymbol{S}(2)$,以步长 $\alpha \leftarrow \alpha(0)$ 重复以上过程,沿 $\boldsymbol{S}(2)$ 方向得最终成功点 $\boldsymbol{X}(2)$ 。如此循环,点列 $\boldsymbol{X}(1)$, $\boldsymbol{X}(2)$, …,必将逼近于约束最优点 $\boldsymbol{X}^*$ 。

由于可行搜索方向是从许多随机方向中选择的使目标函数下降最快的方向,加之步长还可以灵活变动,所以随机方向法的收敛速度比较快。显然,随机方向和可行搜索方向的产生是算法的关键。

将(0,1)区间内的随机数(伪随机数)按下式转换成为另一个在区间(-1,1)之间的随机数:

$$y_i = 2\xi_i - 1 \tag{7.35}$$

然后由随机数 y_i 构成下面的随机方向:

$$\boldsymbol{S} = \frac{1}{\sqrt{\sum_{i=1}^{n} y_i{}^2}} \begin{bmatrix} y_1 \\ y_2 \\ \vdots \\ y_n \end{bmatrix} \tag{7.36}$$

由于随机数 y_i 在区间(-1,1)内产生,因此,所构成的随机方向矢量一定是在超球面空间里均匀分布且模等于 1 的单位矢量,即

$$\boldsymbol{e}^i (i = 1,2,\cdots,k) \tag{7.37}$$

根据基本迭代公式 $\boldsymbol{X}(i+1) = \boldsymbol{X}(i) + \alpha(i)\boldsymbol{e}^i$,可计算 k 个随机点。检查 k 个随机点 $\boldsymbol{X}(i)$ $(i = 1,2,\cdots,k)$ 是否为可行点,并计算可行随机点的目标函数值,比较其大小,选出目标函数值最小的点 $\boldsymbol{X}_L$ 。比较 $\boldsymbol{X}_L$ 与 $\boldsymbol{X}(0)$ 两点的目标函数值,若 $f(\boldsymbol{X}_L) < f(\boldsymbol{X}(0))$,则取 $\boldsymbol{X}_L$ 与 $\boldsymbol{X}(0)$ 的连线方向作为可行搜索方向。若 $f(\boldsymbol{X}_L) \geqslant f(\boldsymbol{X}(0))$,则将步长缩小,重新产生随机方向并计算随机点,直至 $f(\boldsymbol{X}_L) < f(\boldsymbol{X}(0))$ 为止。

优化的迭代终止条件有两个,第一个为

$$k > m \tag{7.38}$$

式中:k 为随机方向数;m 为预先规定的在某转折点处产生随机方向所允许的最大数目,一般可在 50~500 范围内选取。对于性态不好的目标函数或可行域狭长弯道的问题,m 应取较大的值,以提高解题的成功率。

第二个迭代终止条件为

$$\alpha \leqslant \varepsilon \tag{7.39}$$

当在某个转折点处沿 m 个随机方向试探均失败,则说明以此点为中心、α 为半径的圆周上各点都不是可行点。此时,可将步长缩半后继续试探,直到 $\alpha \leqslant \varepsilon$,且沿 m 个随机方向试探均失败时,则最后一个成功点就是达到预定精度 ε 要求的约束最优点,迭代即可结束。

7.1.3 基于遗传算法的火炮总体结构参数优化方法

1. 多目标优化

在火炮设计中常常会遇到多准则或多设计目标下设计和决策的问题,如果这些目标是相悖的,就需要找到满足这些目标的最佳设计方案。解决含多目标和多约束的优化问题,即多目标优化(Multi-Objective Optimization, MO)。MO 问题中通常采用的方法是根据一定的效果函数将多目标合成单一目标来进行优化。但是在实际情况中,在优化结果得出以前效果函数是难以确定的,所以,必须提供多个解以便根据实际情况进行取舍。

法国经济学家 V. Pareto 首先研究了经济学范畴的多目标优化问题,从而创立了 Pareto 最优理论。使用求解单目标优化的方法求最优解,获得的所谓理想解往往位于可行域之外。所以 MO 问题往往需要优化一组目标函数,其解不是单一点,而是一组点的集合,即 Pareto 最优解集。下面给出了多目标优化问题的相关描述和多目标优化中的 4 个重要定义。不失一般性,考虑下列 n 个决策变量和 m 个目标函数的多目标优化问题(Multi-Objective Optimization Problems, MOP):

$$\min \boldsymbol{y} = \boldsymbol{f}(\boldsymbol{x}) = (f_1(\boldsymbol{x}), f_2(\boldsymbol{x}), \cdots, f_m(\boldsymbol{x})) \tag{7.40}$$

式中:$\boldsymbol{x} = (x_1, x_2, \cdots, x_n) \subset \boldsymbol{X} \subset \Re^n$ 为决策向量,$\boldsymbol{X}$ 为决策空间;$y \subset Y \subset \Re^m$ 为目标向量,$\boldsymbol{Y}$ 为目标空间。

定义 4.1 Pareto 支配(Pareto dominance)

决策向量 $\boldsymbol{x}_u \in \boldsymbol{X}$Pareto 支配决策向量 $\boldsymbol{x}_v \in \boldsymbol{X}$,记为 $\boldsymbol{x}_u \prec \boldsymbol{x}_v$,当且仅当:

(1) $\forall i \in \{1, \cdots, m\}$ 满足 $\boldsymbol{f}(\boldsymbol{x}_u) \leqslant \boldsymbol{f}(\boldsymbol{x}_v)$;

(2) $\exists j \in \{1, \cdots, m\}$ 满足 $\boldsymbol{f}(\boldsymbol{x}_u) < \boldsymbol{f}(\boldsymbol{x}_v)$。

此时,也称决策向量 $\boldsymbol{x}_v$Pareto 劣于(dominated by)决策向量 $\boldsymbol{x}_u$,即 $\boldsymbol{x}_u \prec \boldsymbol{x}_v$。若决策向量 $\boldsymbol{x}_u$ 与决策向量 $\boldsymbol{x}_v$ 不存在 Pareto 支配关系,则称它们非劣(non-dominated)。

定义 4.2 Pareto 最优解(Pareto optimality)

决策向量 $\boldsymbol{x}_u \in \boldsymbol{X}$ 称为 $\boldsymbol{X}$ 上的 Pareto 最优解,当且仅当 $\neg \exists \boldsymbol{x}_v \in \boldsymbol{X}$ 使得 $\boldsymbol{x}_v \prec \boldsymbol{x}_u$

定义 4.3 Pareto 最优解集(Pareto optimal set)

对于给定的多目标优化问题 $\boldsymbol{f}(\boldsymbol{x})$,Preto 最优解集($\rho^*$)定义为

$$\rho^* = \{\boldsymbol{x}_u \in \boldsymbol{X} \mid \neg \exists \boldsymbol{x}_v \in \boldsymbol{X}, \boldsymbol{x}_v \prec \boldsymbol{x}_u\} \tag{7.41}$$

Pareto 最优解集中的个体也称为非劣个体。

定义 4.4 Pareto 前沿(Pareto front)

对于给定的多目标优化问题 $\boldsymbol{f}(\boldsymbol{x})$ 和 Pareto 最优解集(ρ^*),Pareto 前沿(ρf^*)定义为

$$\rho f^* = \{\boldsymbol{u} = \boldsymbol{f}(\boldsymbol{x}_u) \mid \boldsymbol{x}_u \in \rho^*\} \tag{7.42}$$

显然,Pareto 前沿是 Pareto 最优解集在目标空间中的像。

2. 遗传算法

遗传算法是模拟达尔文的遗传选择和自然淘汰的生物进化过程的计算模型。它的思想源于生物遗传学和适者生存的自然规律,它是由美国密歇根大学 J. Holland 教授于 1975 年首先提出来的,是进化算法的一种,后来又发展了多种多样的遗传算法,最初的这种遗传算法称为基本遗传算法。

遗传算法首先随机产生 N 个经过编码的初始串结构数据,每个串结构数据称为一个

个体，N 个个体构成了一个种群。以这 N 个串结构数据作为初始点开始迭代。初代种群产生之后，按照适者生存和优胜劣汰的原理，逐代演化产生出越来越好的个体，在每一代，进行适应性值评估，根据问题域中个体的适应度大小挑选个体，使它们有机会作为父代为下一代繁殖子孙，并借助于交叉和变异得到新一代个体，得到 N 个新的个体后即得到新一代的种群；循环这个过程，种群就像自然界一样一代一代进化，经过解码的末代最优个体就是所求的最优解。

由于基本遗传算法存在缺陷，因此研究人员在实践过程中不断发展完善遗传算法，提出了各种改进遗传算法，由于遗传算法本身是基于进化论而得来的方法，所以模仿自然环境操作的基于小生境的遗传算法和其它的改进遗传算法相比，更容易获得全局最优的解。

在标准遗传算法中，随机选择的初始种群是自然多样性的。但是由于交配是随机的，到了一定的阶段，某一极值点上会聚集大量个体，这样在求解多峰值函数时，往往只得到个别的几个最优解，甚至是局部最优解，而小生境遗传算法，可以更好地保持解的多样性，提高全局寻优能力和收敛速度。

一般的遗传算法有选择、交叉和变异三种操作，而小生境方法主要体现在选择操作的不同。实现小生境可以通过预选择、排挤和共享这三种选择方式；采用共享法的一般称为 NPGA（Niched Pareto Genetic Algorithm），主要思路是：个体之间的相似程度决定共享函数值的大小，当个体之间比较相似时，其共享函数值比较大；反之，则小。通过把共享函数值大的个体的适应度调小，在群体的进化过程中，算法依据调整后的新适应度来进行选择操作，减小了相似个体的选中概率，达到维护群体多样性的目的。

最常用的共享函数是三角共享函数：

$$\mathrm{sh}(d)=\begin{cases}1-\dfrac{d}{\sigma_{\text{share}}} & d<\sigma_{\text{share}}\\[2ex] 0 & d\geqslant\sigma_{\text{share}}\end{cases}\tag{7.43}$$

式中：σ_{share} 为人工选定小生境半径。如果在一定海明距离内有多个个体存在，通过削减适应度，限制其内的个体增加，这就避免了整个种群的收敛，达到多峰函数条件下，迫使优化解尽可能分布于各个峰值。

两个向量 $\boldsymbol{x}$、$\boldsymbol{y}$ 之间的海明距离定义为

$$d_h(\boldsymbol{x},\boldsymbol{y})=\sum_{i=1}^{l}[x_i\neq y_i]\tag{7.44}$$

小生境计数是个体邻域密集度估计值，定义为

$$m_i=\sum_{j\in\text{pop}}\mathrm{sh}[d[i,j]]\tag{7.45}$$

小生境算法的关键在于选择操作，在这个过程中，既要选出适应度高的个体，还要保持种群的多样性，具体算法如图 7.1 所示。

另一个应用小生境思想的著名遗传算法是印度科学家 Deb 于 2000 年提出的 NSGA-II 算法，它是在 NSGA 的基础上进行了改进。以 Pareto 支配和区域密度结合给种群排序并进行“排挤”比较操作，形成小生境，保持下一代个体的多样性。与前面的 NPGA 相比，由于无需确定一个共享参数，从而进一步提高了计算效率和算法的鲁棒性。

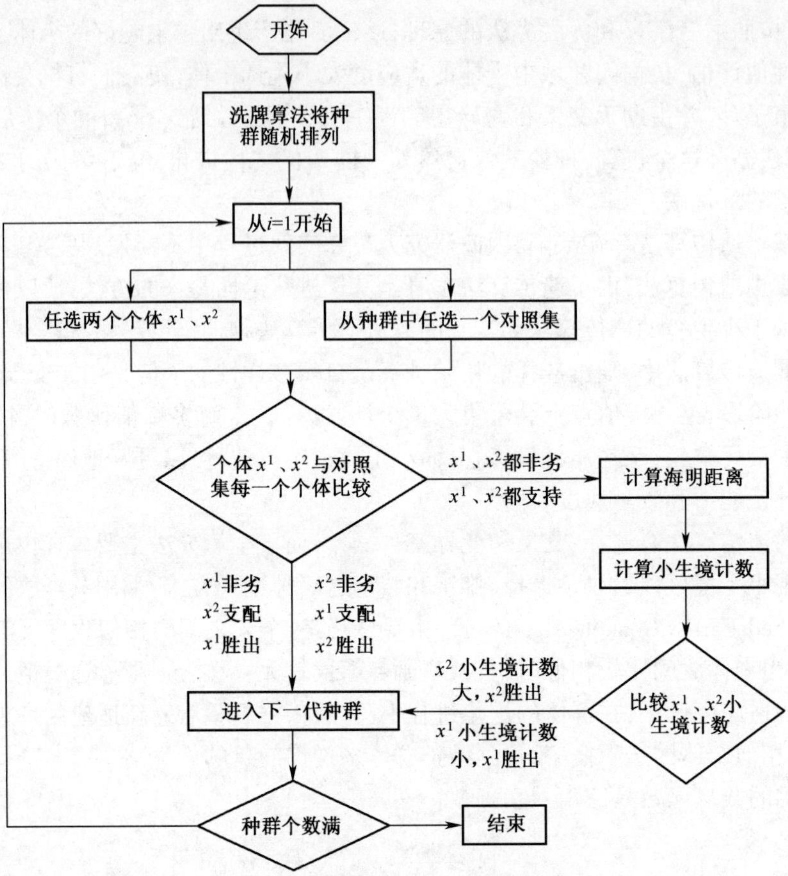

图 7.1 竞标赛选择算法框图

3. 多目标遗传算法

常用的多目标优化问题求解方法有多目标加权法、层次优化法、ε-约束法、目标规划法。这些算法的特点是将多目标问题转化为单目标处理,往往只能得到一个解。除了可以预先获得目标函数最优值的情况外,不能保证 Pareto 最优性,Pareto 最优集的每个解都是多目标优化问题的一个非劣解。遗传算法通过代表整个群集的种群进化,以隐含并行的方式搜索多个非劣解,这样决策者就可以在多个解当中选择决策方案,这对于多目标优化问题来说是有效的方法。

但是,每个目标函数的重要性并不一样,单纯的 Pareto 最优集使决策者选择困难,结合目标权重偏好信息与 Pareto 秩的多目标遗传算法,易于得到满意解。在多目标加权法当中,将每个目标函数加上一个权重,然后加起来形成一个目标函数,从而可作为单目标问题来处理。但是在实际应用过程中,目标的权重很难确定。因此,可以由决策者交互优化过程产生非精确目标权重来引导遗传算法的搜索过程。先根据决策者预先比较为数较少的可行解,获得非精确的权重信息,然后按照一定的 Pareto 秩构造适应度函数,然后进行遗传操作,逐代搜索获得无支配的前沿,最终获得满意解,而不是难以选择的 Pareto 最优集。

Pareto 秩是一种基于秩的适应度函数形式,先将多目标函数值组成一个向量代表一个个体,假设个体 x_i 在 t 代时种群中有 $p_i^{(t)}$ 个个体支配于它,则它在种群中的秩 $\mathrm{rank}(\boldsymbol{x}_i, t) = 1 + p_i^{(t)}$ 。

对目标 $a_k(k = 1,2,\cdots,q)$ 做线性正规化处理,设 $a_k^{\max}$ 和 $a_k^{\min}$ 分别为目标函数 a_k 最大值和最小值,若 a_k 为效益型,线性正规化以后目标值为

$$v_k(a_k) = \frac{a_k - a_k^{\min}}{a_k^{\max} - a_k^{\min}} \tag{7.36}$$

若 a_k 为成本型,线性正规化以后目标值为

$$v_k(a_k) = \frac{a_k - a_k^{\max}}{a_k^{\min} - a_k^{\max}} \tag{7.37}$$

可行解 $\boldsymbol{x}$ 的多目标函数为

$$v_x = \sum_{k}^{q} w_k v_k(a_k)_x \text{其中:} w_k > 0,\ \sum_{k=1}^{q} w_k = 1 \tag{7.38}$$

若已知两个可行解 $\boldsymbol{x}_1$ 和 $\boldsymbol{x}_2$ 且 $\boldsymbol{x}_1 \succ \boldsymbol{x}_2$,则 $v_{x_1} > v_{x_2}$,即

$$\sum_{k=1}^{q} w_k[v(a_k)_{x_1} - v(a_k)_{x_2}] > 0 \tag{7.39}$$

另一可行解 $\boldsymbol{x}_3$,如果比较 $\boldsymbol{x}_3$ 与 $\boldsymbol{x}_1$ 的优劣程度,需求解以下线性规划问题:

$$\text{最小化} \quad z = \sum_{k=1}^{q} w_k[v(a_k)_{x_3} - v(a_k)_{x_1}] \tag{7.40}$$

$$\text{约束条件} \quad \sum_{k=1}^{q} w_k[v(a_k)_{x_1} - v(a_k)_{x_3}] > 0 \tag{7.41}$$

$$w_k > 0, \sum_{k=1}^{q} w_k = 1 \tag{7.42}$$

若以上线性规划解存在,则

$$z_{\min}\begin{cases} > 0, x_3 \succ x_1 \\ = 0, x_3 \sim x_1 \\ < 0, x_3 \prec x_1 \end{cases} \tag{7.43}$$

上述内容中权重 $w_k(k = 1,2,\cdots,q)$ 实际为一种非精确偏好信息,包含在可行解的比较当中,称为非精确偏好包含。交互式多目标遗传算法流程如下:

(1) 随机产生代表若干个可行解的初始种群,将个体的目标值做线性归一化处理。

(2) 有差异地挑选几个个体,由决策者进行比较判别优劣性,产生一组非精确偏好包含的约束。若不能进行有差异的挑选,即认为已经获得一组满意解,停止计算。

(3) 对个体建立线性规划模型,对当前种群的个体进行排序。

(4) 根据个体的 Pareto 秩计算适应度函数值,并进行分享操作。

(5) 选择个体,完成交叉、变异的遗传操作,产生新一代个体。

(6) 不断完成遗传操作来产生新一代,每隔一定的间隔,需转(2)执行非精确偏好包含操作。

(7) 如果产生的代数超过一定的数目,则停止,否则转(3)。

7.2 火炮结构优化设计方法

火炮结构优化设计是利用数学手段,根据设计要求,在全部可能的火炮结构方案中,计算出若干个设计方案,按设计者预定的要求,从中选出一个某一工程问题的最优方案。

现代结构优化方法主要基于有限元法,包括拓扑优化、尺寸优化和形状优化、布局优化等。拓扑优化包括渐近结构优化法、变密度法等,变密度法是引入材料插值模型,给予每个单元虚拟的伪密度值映射材料的弹性模量,通过寻优计算改变单元伪密度,保留高密度区域,获得传力效果更好的结构。尺寸优化是通过合理匹配结构的板厚尺寸,获得较好的结构形状。形状优化通过优化单元节点位置分布,获得较好的局部形状,避免应力集中。布局优化则是综合了以上几种优化方法,通过合理配置不同的优化方法,获得最优解。

选择了合适的优化方法,还需要建立准确可靠的数学模型,以及收敛速度快、质量高的优化算法。采用优化算法解决数学问题的本质是求解给定约束条件下目标函数的极值。实际工程问题的目标函数非常复杂,需要采用合适的优化算法,解析法、数学规划法、最优准则法以及仿生学法等各种优化算法相继出现并得到广泛应用。

7.2.1 拓扑优化方法

结构拓扑优化的基本思想是将寻求结构的最优拓扑问题转化为在设计区域内寻求最优材料分布的问题,通过拓扑优化,设计人员可全面地了解产品的结构特征,针对总体结构和局部结构进行设计。在产品设计初期,只有在适当约束条件下,利用拓扑优化技术进行分析,才能设计出具有最佳性能的产品。连续体结构拓扑优化的优点是在不知道结构形状的前提下,根据已知条件确定更为合理的结构,这不涉及具体结构设计,但可以为设计人员提供全新的设计以及最优的材料布置方案。图 7.2 为简支梁的结构拓扑优化示意图。

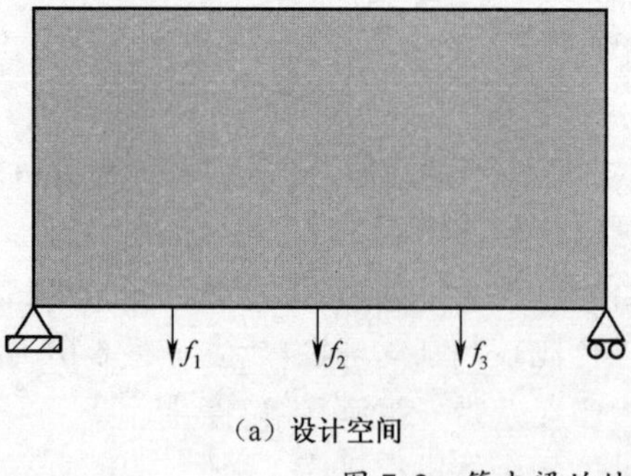

(a) 设计空间

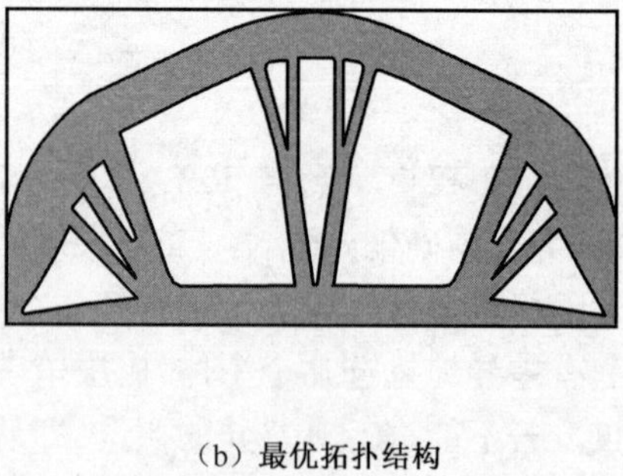

(b) 最优拓扑结构

图 7.2 简支梁的结构拓扑优化示意图

变密度法是拓扑优化算法中应用最为广泛的方法,如商业软件 OptiStruct 采用了变密度法。这种方法引入惩罚函数,人为地假定材料物理属性与单元密度之间的对应关系,以连续的密度函数描述这种对应关系,然后通过改变单元密度来达到改变材料分布的目的,这样就可将结构拓扑优化转化为材料的最佳分布。其中惩罚因子是对中间密度值进行惩罚,使之对应很小的弹性模量,从而削弱中间密度对结构性能的影响,使中间密度对目标函数的影响减小。在优化过程中,中间密度偏向于两端,这样就可以改变结构不同位置的材料分布特性。

材料的插值模型是指单元伪密度和弹性模量的映射关系,不同的插值模型对结果会产生不同的影响。变密度法广泛使用的主要有 SIMP(Solid Isotropic Material with Penalization)模型和 RAMP (Rational Approximation of Material Properties)模型,这两种均属于材料插值模型。

SIMP 模型假设材料是各向同性的,且认为泊松比为常数。这种模型通过相对密度幂函数来插值材料的模型,使得材料弹性模量和相对密度的关系可表示成

$$E(\rho_i) = E_{\min} + \rho_i^n (E_0 - E_{\min}) \quad 0 \leqslant \rho_i \leqslant 1 \;,\; i = 1,2,\cdots,N \tag{7.44}$$

式中:$E_{\min}$ 是弹性模量所允许的最小值;ρ_i 是第 i 个单元的相对密度;N 是单元的个数;n 是罚因子;E_0 是材料的真实弹性模量。

RAMP 模型利用有理式表示材料弹性模量和相对密度的关系:

$$E(\rho_i) = E_{\min} + \frac{\rho_i}{1 + m(1 - \rho_i)}(E_0 - E_{\min}) \quad 0 \leqslant \rho_i \leqslant 1 \;,\; i = 1,2,\cdots,N \tag{7.45}$$

式中:m 是罚因子。

SIMP 模型惩罚速度比 RAMP 模型更快,其罚因子取较小值就能使惩罚效果很好。罚因子不是越大越好,罚因子过大并不能改善计算结果,反而造成计算收敛缓慢。

变密度法的材料插值模型非常简单,每个单元只有唯一的设计变量即相对密度,这种方法在算法上易于实现,并且求解效率高,因此广泛应用于结构拓扑优化中,如最小质量问题、最小柔度问题以及最小特征值问题等。其中包含体积约束的最小柔度问题可表示为

$$\begin{aligned}
&\text{Find:} \quad \boldsymbol{\rho} = \{\rho_1, \rho_2, \cdots, \rho_N\}^{\mathrm{T}} \\
&\text{Minimize:} \quad C(\boldsymbol{\rho}) = \sum_{i=1}^{N} \boldsymbol{u}_i^{\mathrm{T}} \boldsymbol{K}_i \boldsymbol{u}_i \\
&\text{Subject to:} \quad \begin{cases} \boldsymbol{K}\boldsymbol{u} = \boldsymbol{P} \\ \sum_{i=1}^{N} \rho_i v_i \leqslant f V_0 \\ 0 < \rho_{\min} \leqslant \rho_i \leqslant 1 \end{cases}
\end{aligned} \tag{7.46}$$

式中:$\boldsymbol{u}_i$ 是单元位移列阵;$\boldsymbol{u}$ 是结构位移列阵;$\boldsymbol{K}_i$ 是单元刚度矩阵;$\boldsymbol{P}$ 是节点载荷列阵;$\boldsymbol{K}$ 是结构刚度矩阵;v_i 是第 i 个单元的体积;f 是体积之比;V_0 是原体积。对应于上面介绍的两种材料插值模型,$\boldsymbol{K}_i$ 可分别写为

$$\text{SIMP 模型:} \boldsymbol{K}_i = \frac{E_{\min} + \rho_i^n (E_0 - E_{\min})}{E_0} \boldsymbol{K}_0$$

$$\text{RAMP 模型:} \boldsymbol{K}_i = \frac{E_{\min} + \dfrac{\rho_i}{1 + m(1 - \rho_i)}(E_0 - E_{\min})}{E_0} \boldsymbol{K}_0$$

7.2.2 NSGA-II 算法

非支配排序遗传算法(NSGA)虽然能解决很多问题,但其算法过程仍存在许多问题,如计算复杂度高,当种群较大时,优化计算需要较多时间,优化效率降低;缺乏精英策略,精英策略可以加速收敛速度,而且对于已经找到的可行解,精英策略也能在一定程度上保证其不会丢失;需要人为指定共享半径,易受到人的主观影响。

针对 NSGA 中存在的缺陷,研究人员提出了一种带精英策略的非支配排序遗传算法(或称改进非支配排序遗传算法,NSGA-II 算法),其主要改进包括:

(1) 通过快速非支配排序法降低计算复杂度。改进策略将整个种群划分为多个无支配前沿,计算规模由原来的 O(mN^3)降到 O(mN^2),从而降低了计算的复杂度。

(2) 利用拥挤度和拥挤度比较算子,代替了需要指定共享半径的适应度共享策略。拥挤度指的是目标空间上的每一点与同级相邻两点之间的局部距离。如图 7.3 所示,目标空间第 i 点的拥挤距离等于与它在同一等级的相邻两点 $i-1$ 和 $i+1$ 组成的矩形的两个边长之和,该算子使计算结果在目标空间比较均匀地分布。

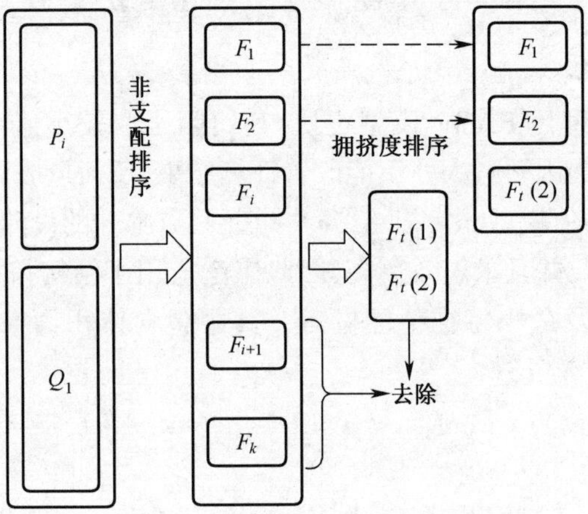

图 7.3 NSGA-II 算法流程示意图

(3) 引入精英策略,扩大采样空间。精英策略即保留父代中的优良个体进入子代,其具体做法为:将父代种群与子代种群结合成一个新的种群,再对新的种群中的所有个体的目标函数值进行快速非支配排序并计算拥挤距离,最后根据拥挤度比较选择新的子代种群。

NSGA-II 遗传算法的运算流程如下:

(1) 编码与解码。编码是指将一个问题域中的可行解从其解空间转换到 NSGA-II 所能处理的探索空间的转换方法;解码与编码正好相反。

(2) 初始种群的建立。群体大小为 N,即群体中所含个体的个数,初始种群一般是由程序随机生成的,其随机数的取值范围需预先进行定义。

(3) 快速非支配排序。在选择运算之前,根据个体的非劣(非支配)对种群进行分级。通常的做法是:将种群中所有非劣解个体划分为同一等级,然后将这些个体从种群中移出,在剩余的个体中找出新的非劣解,直到种群中所有的个体都被设定相应的等级。

(4) 虚拟适应度计算,主要是为了防止个体在局部堆集,保持种群的多样性。

(5) 遗传运算,选择算子使优化朝 Pareto 最优解的方向运行并使最优解均匀分布。选择算子是为避免优良基因的丢失,从而提高全局收敛。

(6) 精英策略。基本流程:随机产生规模为 N 的初始种群,进行非支配排序后,产生第一代种群;从第二代开始,将父代种群与子代种群合并,进行快速非支配排序,同时对每个非支配层中的个体进行拥挤度计算,根据非支配关系以及个体的拥挤度选取合适的个体组成新的父代种群;最后,通过遗传算法的基本操作,如选择、交叉、变异,产生新的子代种群;依此,直到满足算法结束的终止条件。

7.3 基于非线性结构动力学的火炮总体结构参数优化设计方法

有限元法能充分考虑火炮构件的弹性变形,能够反映火炮的模态特性、应力及应变的分布情况及其它响应,并能考虑接触碰撞等非线性因素,具有较高的计算精度,在火炮发射动力学研究中得到越来越多的应用。然而,由于基于有限元的非线性结构动力学方程数目庞大,所需计算时间长,而结构动力学优化中对目标函数的求解常常需要成千上万遍的计算,这导致直接采用有限元法进行动力学分析的总体结构参数优化难以实现,成为制约复杂结构动力学优化研究的技术瓶颈。为了解决上述问题,研究人员提出了近似模型技术,通过近似模型替代有限元模型,并应用到火炮总体结构参数优化过程中,以提高优化效率。

7.3.1 非线性结构动力学近似建模方法

近似模型是指在保证计算精度的前提下,构造一个计算量小,但计算结果可以代替高精度模型计算结果或物理试验结果的简单数学模型,因此近似模型在计算分析和优化设计方面具有较高的效率优势。近似模型的原理是当设计空间内某一点周围一定数量点的实际值已知时,通过某种方式建立一个超曲面,用这个超曲面替代实际的复杂模型进行高效计算。设 $\boldsymbol{X}=(x_1,x_2,\cdots,x_m)^{\mathrm{T}}$ 为 m 维输入变量,y 为输出变量,则对于 n 组试验数据 $\boldsymbol{X}_s=(\boldsymbol{X}^1,\boldsymbol{X}^2,\cdots,\boldsymbol{X}^n)^{\mathrm{T}}$,采用物理试验或数值试验的方法总可以获得一系列相应的性能值 $y^i=y(\boldsymbol{X}^i)\ (i=1,2,\cdots,n)$,利用待定系数方法即可求出函数 $y=y(\boldsymbol{X})$ 的近似函数 $\hat{y}=f(\boldsymbol{X})$,该近似函数即为近似模型。常用的近似建模方法主要有多项式响应面法(RSM)、克里格(Kriging)函数法和人工神经网络法(ANN)。

1. 多项式响应面模型

多项式响应面模型表达式为

$$y(\boldsymbol{X})=f(\boldsymbol{X})+\varepsilon=\sum_{i=0}^{k}\beta_i f_i(\boldsymbol{X})+\varepsilon \tag{7.47}$$

式中:$y(\boldsymbol{X})$ 为响应;$f(\boldsymbol{X})$ 为目标函数,表示响应面;β_i 为待定系数,将它们按照一定次序排列,可以构成列向量 $\boldsymbol{\beta}$,求解多项式拟合模型的关键就是求解向量 $\boldsymbol{\beta}$;$\boldsymbol{k}$ 为待定系数的个数;ε 为误差项;基函数 $f_i(\boldsymbol{X})$ 是设计变量 $\boldsymbol{X}$ 的多项式函数。

待定系数向量可利用最小二乘法求解,即

$$\boldsymbol{\beta} = (\boldsymbol{M}^{\mathrm{T}}\boldsymbol{M})^{-1}\boldsymbol{M}^{\mathrm{T}}\boldsymbol{Y}_s \tag{7.48}$$

其中：

$$\boldsymbol{M} = \begin{bmatrix} f_0(\boldsymbol{X}^1) & \cdots & f_k(\boldsymbol{X}^1) \\ \vdots & \vdots & \vdots \\ f_0(\boldsymbol{X}^n) & \cdots & f_k(\boldsymbol{X}^n) \end{bmatrix} \tag{7.49}$$

$$\boldsymbol{Y}_s = \begin{bmatrix} y^1 \\ \vdots \\ y^n \end{bmatrix} \tag{7.50}$$

多项式回归法中待定系数个数 k 随多项式阶数呈指数形式增加，而待定系数值影响拟合效率，因此实际中通常采用二阶多项式进行拟合，常用的二阶多项式函数表达式为

$$f(\boldsymbol{X}) = \alpha_0 + \sum_{i=1}^{m} \alpha_i x_i + \sum_{i=1}^{m} \alpha_{ii} x_i^2 + \sum_{i \neq j}^{m} \alpha_{ij} x_i x_j \tag{7.51}$$

式中：$\alpha_0, \alpha_i, \alpha_{ii}, \alpha_{ij}$ 为待定系数；m 为设计变量个数。

待定系数个数为

$$k = \frac{(m+1)(m+2)}{2} \tag{7.52}$$

构造响应面模型的最少样本数量依赖于模型阶数和设计变量个数，样本数 n 不小于待定系数的个数 k，即 $n \geqslant k$ 。

响应面近似模型的精度受控于以下几个影响因素：①近似函数阶数，高阶函数一般比低阶函数精度高，但阶数越高，响应面所需样本点越多，计算量越大，而且容易出现过拟合的现象；②子域大小，对连续响应面问题，子域空间越小，精度越高，当子域空间缩小到一定程度时，精度将不再有明显提高；③设计样本数量及分布，响应面的预测精度将随样本数量增加而提高。

2. Kriging 模型

Kriging 模型的基本思想是利用待估点有限邻域内若干已测定的样本点数据，在考虑了样本点的形状、大小及其与待估点相互之间的空间分布位置等几何特征，以及变量的空间结构信息后，对每一个样本赋予一定的权系数，最后采用加权平均法来对待估点的未知量进行预测。因此该模型不仅能反映变量的空间结构特性，而且能体现变量的随机分布特性，克服了非参数化模型处理高维数据的局限性，比单个参数化模型具有更强的预测能力，对高度非线性问题，容易得到理想的拟合效果。

Kriging 模型假设系统的响应值与自变量之间的真实关系可以表示成如下的形式：

$$y(\boldsymbol{X}) = f(\boldsymbol{X}) + z(\boldsymbol{X}) \tag{7.53}$$

式中：$y(\boldsymbol{X})$ 为未知的近似模型；$f(\boldsymbol{X})$ 为已知的多项式函数，是对设计空间的全局近似，一般情况下可取为常数 β；$z(\boldsymbol{X})$ 是一个随机过程，代表对全局近似的背离，通过样本点插值获得，并具有如下的统计特性：

$$\begin{cases} E[z(\boldsymbol{X})] = 0 \\ \mathrm{Var}[z(\boldsymbol{X})] = \sigma^2 \\ \mathrm{Cov}[z(\boldsymbol{X}^i), z(\boldsymbol{X}^j)] = \sigma^2 \boldsymbol{R}[R(\boldsymbol{X}^i, \boldsymbol{X}^j)], \quad 1 \leqslant i, , j \leqslant n \end{cases} \tag{7.54}$$

式中：$\boldsymbol{R}$ 为相关函数矩阵；$R(\boldsymbol{X}^i,\boldsymbol{X}^j)$ 为任意两个样本点 $\boldsymbol{X}^i$ 和 $\boldsymbol{X}^j$ 之间的相关函数，对近似的精度起着决定性的作用。相关函数通常选择简单的函数，包括高斯函数、指数函数、球函数和样条函数等，其中高斯函数最为常用，其形式如下：

$$R(\boldsymbol{X}^i,\boldsymbol{X}^j)=\exp\left(-\sum_{k=1}^{m}\theta_k\ |X_k^i-X_k^j|^2\right) \tag{7.55}$$

式中：θ_k 为待定的相关参数。

一旦确定了相关函数，则任意待估点 X 处的响应估计值为

$$\hat{y}=\hat{\beta}+\boldsymbol{r}^{\mathrm{T}}(\boldsymbol{X})\boldsymbol{R}^{-1}(\boldsymbol{Y}_s-\boldsymbol{f}\hat{\beta}) \tag{7.56}$$

式中：$\boldsymbol{Y}_s$ 为 n 个样本响应值构成的列向量；当 $f(\boldsymbol{X})$ 取为常数时，$\boldsymbol{f}$ 为一个长度为 n 的单位列向量；$\boldsymbol{r}^{\mathrm{T}}(\boldsymbol{X})$ 为长度为 n 的待估点与样本点之间的相关函数列向量，定义为

$$\boldsymbol{r}^{\mathrm{T}}(\boldsymbol{X})=[R(\boldsymbol{X},\boldsymbol{X}^1),R(\boldsymbol{X},\boldsymbol{X}^2),\cdots,R(\boldsymbol{X},\boldsymbol{X}^n)]^{\mathrm{T}} \tag{7.57}$$

式(7.56)中未知参数 $\hat{\beta}$ 可由下式估计：

$$\hat{\beta}=(\boldsymbol{f}^{\mathrm{T}}\boldsymbol{R}^{-1}\boldsymbol{f})^{-1}\boldsymbol{f}^{\mathrm{T}}\boldsymbol{R}^{-1}\boldsymbol{Y}_s \tag{7.58}$$

则全局模型的方差估计值为

$$\hat{\sigma}^2=\frac{(\boldsymbol{Y}_s-\boldsymbol{f}\hat{\beta})^{\mathrm{T}}\boldsymbol{R}^{-1}(\boldsymbol{Y}_s-\boldsymbol{f}\hat{\beta})}{n} \tag{7.59}$$

相关参数 θ_k 可通过极大似然估计来确定，即求解如下的非线性无约束最优化问题：

$$\max_{\theta_k>0}\left(-\frac{1}{2}[n\ln(\hat{\sigma}^2)+\ln|\boldsymbol{R}|]\right) \tag{7.60}$$

求出 θ_k 后，结合式(7.57)和式(7.56)求得待估点的预测值，从而完成 Kriging 模型的构建。

3. 神经网络模型

1）BP 神经网络模型

在人工神经网络的实际应用中，BP 神经网络由于结构简单、可调参数多、训练算法多、可操控性好，在函数逼近、模式识别、分类、数据压缩等方面得到了广泛的实际应用。据统计，80%~90%的人工神经网络模型是采用 BP 神经网络或者它的变化形式。BP 神经网络是前馈网络的核心部分，体现了人工神经网络最精华、最完美的内容。BP 神经网络通常由输入层、输出层和若干隐层组成，图 7.4 为具有一个隐层的三层 BP 神经网络结构示意图。

设输入向量为 $\boldsymbol{X}=(x_1,x_2,\cdots,x_m)^{\mathrm{T}}$；隐层输出信号为 $\boldsymbol{Z}=(z_1,z_2,\cdots,z_h)^{\mathrm{T}}$；输出层输出向量为 $\boldsymbol{Y}=(y_1,y_2,\cdots,y_o)^{\mathrm{T}}$；期望输出向量为 $\boldsymbol{D}=(d_1,d_2,\cdots,d_o)^{\mathrm{T}}$。首先给各层的权值、阈值赋予一个较小的随机值，则隐层神经元和输出层神经元的输出分别为

$$z_j=f\left(\sum_{i=1}^{m}v_{ij}x_i-b_j\right)=f(\mathrm{net}_j),j=1,2,\cdots,h \tag{7.61}$$

$$y_k=f\left(\sum_{j=1}^{h}w_{jk}z_j-\theta_k\right)=f(\mathrm{net}_k),k=1,2,\cdots,o \tag{7.62}$$

式中：v_{ij}、w_{jk} 分别为输入向量与隐含层和隐含层与输出神经元之间的权值；b_j、θ_k 分别为隐层神经元和输出层神经元的阈值；$f(x)$ 为传递函数，常取为

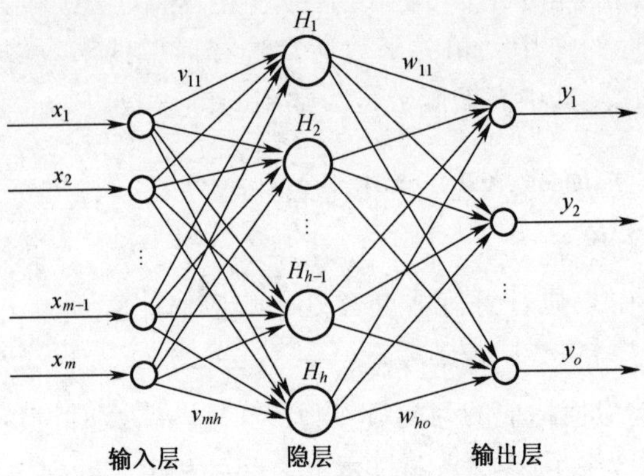

图 7.4　三层 BP 神经网络结构示意图

$$f(x)=\frac{1}{1+e^{-x}} \tag{7.63}$$

则网络输出与期望输出的误差为

$$E=\frac{1}{2}\sum_{k=1}^{o}(d_k-y_k)^2=\frac{1}{2}\sum_{k=1}^{o}\left(d_k-f\left(\sum_{j=1}^{h}w_{jk}f\left(\sum_{i=1}^{m}v_{ij}x_i-b_j\right)-\theta_k\right)\right)^2 \tag{7.64}$$

输出层和隐含层权值修正为

$$w_{jk}^{N+1}=w_{jk}^{N}+\Delta w_{jk}=w_{jk}^{N}+\eta\delta_k^y z_j \tag{7.65}$$

$$v_{ij}^{N+1}=v_{ij}^{N}+\Delta v_{ij}=v_{ij}^{N}+\eta\delta_j^z \tag{7.66}$$

$$\delta_k^y=(d_k-y_k)f'(\mathrm{net}_k) \tag{7.67}$$

$$\delta_j^z=\sum_{k=1}^{o}\delta_k^y w_{jk}f'(\mathrm{net}_j) \tag{7.68}$$

式中：η 为学习率。

输出层和隐含层阈值修正为

$$\theta_k^{N+1}=\theta_k^{N}+\eta\delta_k^y \tag{7.69}$$

$$b_j^{N+1}=b_j^{N}+\eta\delta_j^z \tag{7.70}$$

可以看出，BP 神经网络通过调整网络的权值和阈值，使得网络输出误差沿梯度方向下降，直到误差低于某个预定的数值或迭代次数大于某个预定的数值，才停止训练，从而实现网络的学习功能。

BP 神经网络具有以任意精度逼近任何非线性函数的非凡优势，这使得其应用越来越广泛，然而它也存在一定的局限性：①训练过程易形成局部极小而得不到全局最优；②学习率的选择缺乏有效的方法；③网络中隐含层的层数和神经元数的选择缺乏理论指导；④训练时学习新样本有遗忘旧样本的趋势。

2）RBF 神经网络模型

RBF（径向基）神经网络是一种三层前向网络。接收输入信号的单元层为输入层；第二层为隐含层，隐单元数视问题的复杂程度而定，隐单元的传递函数采用径向基函数，在确定径向基函数的中心点后即可对输入信号与隐含层间的非线性映射关系进行确定；第三层为输出层，其输出是隐层单元输出的线性加权和。由此可见，RBF 网络由输入空间到隐含层空间的映射是非线性的，而由隐含层空间到输出层空间的变换则是线性的。径向基神经网络拓扑结构如图 7.5 所示，其中网络输入层、隐含层、输出层的神经元数分别为 m、h、o。

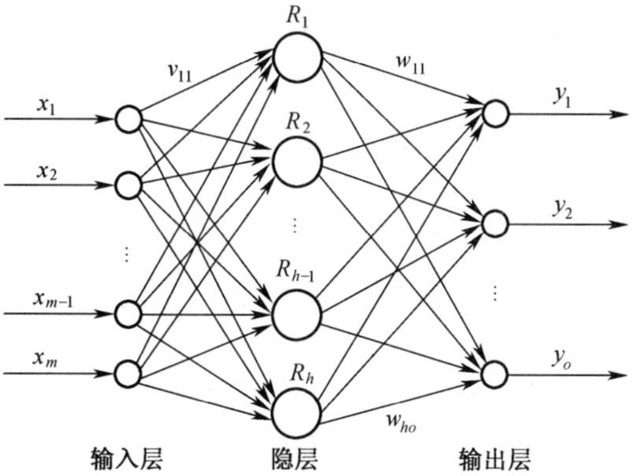

图 7.5 RBF 神经网络拓扑结构示意图

RBF 神经网络常用的径向基函数(激活函数)是高斯函数，其激活函数可表示为

$$R(\boldsymbol{X} - \boldsymbol{C}^j) = \exp\left(-\frac{1}{2\sigma_j^2}\|\boldsymbol{X} - \boldsymbol{C}^j\|^2\right) \quad j = 1,2,\cdots,h \tag{7.71}$$

式中：$\boldsymbol{X}$ 为 m 维输入向量；$\boldsymbol{C}^j$ 为第 j 个隐单元的高斯函数中心；$\|\cdot\|$ 为欧氏范数；$\boldsymbol{\sigma}_j$ 为高斯函数的扩展常数。

由 RBF 神经网络的结构可得到网络的输出为

$$y_k = \sum_{j=1}^{h} w_{jk}\exp\left(-\frac{1}{2\sigma_j^2}\|X - C^j\|^2\right) \quad k = 1,2,\cdots,o \tag{7.72}$$

式中：w_{jk} 为隐含层到输出层中的连接权值。

RBF 神经网络的待定参数有基函数的中心向量 $\boldsymbol{C}^j$、扩展常数 $\boldsymbol{\sigma}_j$、隐含层与输出层之间权值 w_{jk}，可通过选取合适的学习算法进行求解。

由于 RBF 神经网络能够以任意精度逼近任意的非线性函数，可以处理系统内在的难以解析的规律性，并且具有很快的学习收敛速度，因此 RBF 神经网络在非线性函数逼近、数据分析、信息处理和系统建模等方面已经得到极为广泛的应用。

4. 近似模型质量检验

建立的近似模型能否作为有意义的分析模型，这取决于近似模型的预测能力。近似模型的预测能力通常用均方根误差(R_{MSE})和决定系数 R^2 来评估，表达式分别为

$$R_{\mathrm{MSE}} = \sqrt{\frac{\sum_{i=1}^{n_e}(y^i - \hat{y}^i)^2}{n_e}} \tag{7.73}$$

$$R^2 = 1 - \frac{\sum_{i=1}^{n_e}(y^i - \hat{y}^i)^2}{\sum_{i=1}^{n_e}(y^i - \bar{y})^2} \tag{7.74}$$

式中：n_e 为用于模型预测能力检验的测试样本点数；y^i 为真实响应值；$\hat{y}^i$ 为近似模型的预测值；$\bar{y}$ 为真实响应的均值。

均方根误差 R_{MSE} 表示预测值与真值之间的差异程度，其值越小表示近似模型的预测精度越高；决定系数 R^2 位于[0, 1]区间，R^2 越趋近于 1，表示近似模型与原模型相似度越高。

7.3.2 试验设计方法

试验设计是在设计空间中进行试验样本点合理安排的有效方法，其实质是一种从完全因素水平组合中抽取最具代表性的组合进行试验的方法。在近似建模过程中，试验设计作为试验样本的选择策略，决定了构造近似模型所需样本点的个数及其空间分布情况，直接影响着近似模型对真实响应的拟合精度。因此，试验设计方法的选择是建立和使用近似模型的一个关键问题。选择合理的试验设计方法能够使所选试验样本点尽可能反映设计对象的内在性能，以便通过尽可能少的样本点分析，为近似模型的建立提供尽可能多的设计信息。常用的试验设计方法包括全因子试验设计、正交设计、均匀设计、中心复合设计、拉丁超立方设计等。

1. 全因子试验设计

全因子试验设计将因素的全部水平相互组合，按随机的顺序进行试验，以考察各因素的主效应及因素之间的交互效应。因此，全因子试验的特点是：所有因子和水平完全组合，能全面地显示和反映各因素对试验指标的影响，每个因素的重复次数增多，提高了试验的精度；所需的试验次数为 l^n 次，其中 n 为因子数，l 为水平数；当因素和水平数增多时，试验的工作量迅速增大，因此全因子试验设计的方法仅适用于因素与水平数较少的试验。

2. 正交设计

正交设计是根据正交性准则挑选具有代表性的试验设计点，使之能够反映试验范围内各因素和试验指标之间关系的试验设计方法。正交设计一般都是利用正交表科学地安排与分析多因素试验。正交设计表具有如下两个性质：①整齐可比性，即任一列的不同数字出现次数相同，表示每个因素的每一水平都重复相同的次数；②均匀分散性，即任意两列的有序数字对(水平搭配)出现的次数相同，表示每两个因素组成的全面试验方案重复相同的次数。因此，正交设计具有如下优点：①因素水平搭配均衡，样本点分布均匀；②大幅度减少了试验分析次数；③可用相应的极差分析、方差分析、回归分析等方法对试验结果进行统计分析，得到有价值的结论。但是，由于正交设计必须至少安排 l^2 次试验，即试验次数与水平数的平方成正比，故正交设计只适用于水平数不高的试验。

3. 均匀设计

所谓均匀设计，就是在不考虑整齐可比性，而完全保证样本点在设计空间内均匀散布的情况下所进行的一种试验设计方法。均匀设计的基本思想是通过对试验方案作合理安排，使试验点在因子空间中具有较好的均匀分散性，以便在较少试验次数的情况下使试验数据具有合适的数学模型，从而提高试验结果的精度与可靠性。由于均匀设计只考虑试验点的“均匀散布”，而不考虑“整齐可比”，因而可以大大减少试验次数，这是它与正交设计的最大不同之处。

均匀设计按照一套根据数论方法精心编制的均匀设计表来安排试验，均匀设计表分为混合水平均匀表和等水平均匀表，其中混合水平均匀表的设计是为了满足因素水平数不同时的试验需求。等水平均匀表具有如下特点：①每列不同数字都只出现一次，即每个因素在每个水平仅做一次试验；②如果将任意两个因素的试验点安排在平面的格子点上，则每行每列有且仅有一个试验点；③均匀设计表任意两列组成的试验方案一般不等价；④等水平均匀表的试验次数与水平数相同。

采用均匀设计方法进行试验安排所要求的试验次数较少，其有利的一面是该方法特别适用于变量取值范围大、水平多（一般不少于5）的场合，其不利的一面是增加了估计各因素之间交互效应的难度。

4. 拉丁超立方设计

拉丁超立方设计是一种基于随机抽样的试验设计方法，它通过将设计空间的所有因子都均匀等分为 l 份，即所有因子具有相同的水平数 l，然后将因子水平随机组合，从而生成由 l 个设计点构成的设计矩阵（每个因子的一个水平只研究一次）。

拉丁超立方试验设计具有如下优点：(1)与正交试验设计相比，拉丁超立方试验设计用同样的点数可以研究更多的组合，因而具有很强的非线性响应拟合能力；②试验设计次数可以由设计者自由选择（只要保证试验数大于因子数）；③由于每个因子在每个水平上都能得到均匀的应用，拉丁超立方抽样技术能够以较少的样本点反映整个设计空间的特性，成为一种有效的样本缩减技术。

由于拉丁超立方的试验设计矩阵是随机组合产生的，因而具有不可重复性。此外，拉丁超立方设计虽然能够比传统试验设计更好地布满整个空间，但是仍可能存在试验点分布不均匀的情况，而且随着因子水平数的减少，丢失某些设计空间的可能性越大。为了避免上述缺点，可通过外加一个准则来有效改进拉丁超立方设计的均匀性，从而形成最优拉丁超立方设计。最优拉丁超立方设计能使因子和响应的拟合更加精确真实，特别适合于多因素多水平的试验和系统模型完全未知的情况。图7.6给出了2因素的全因子试验设计、正交设计、拉丁超立方设计、最优拉丁超立方设计的样本分布。由图可以看出，最优拉丁超立方设计的样本点更少、样本分布更加均匀。

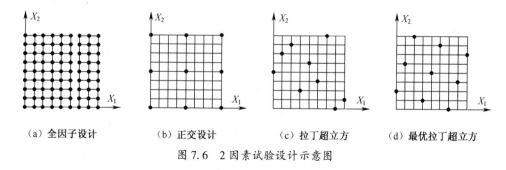

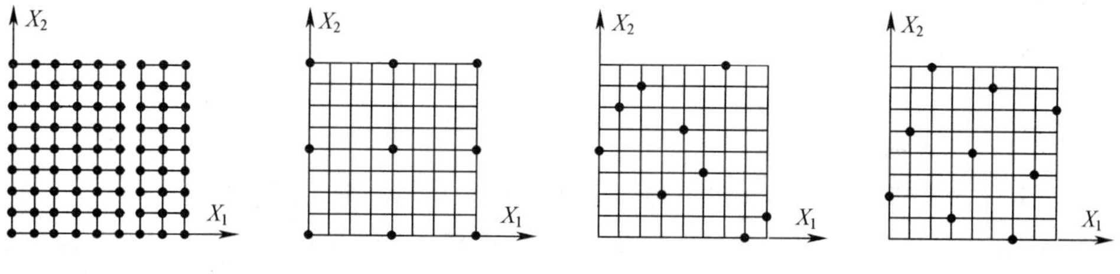

（a）全因子设计　（b）正交设计　（c）拉丁超立方　（d）最优拉丁超立方

图7.6　2因素试验设计示意图

第 8 章　火炮发射动力学的工程应用

大威力、高机动性和高精度是火炮武器的重要发展方向,大威力意味着发射载荷更大,而高机动性又要求减轻质量,使得威力与机动性的矛盾更加突出,也使得火炮的结构刚强度和射击精度设计面临更大的技术困难。火炮发射动力学的主要研究目的就是揭示发射过程中火炮的受力和运动变化规律,为火炮的射击稳定性、炮口振动与密集度、刚强度、射击安全性等设计与优化提供理论依据,解决大威力火炮研制中的技术瓶颈问题。本章主要介绍火炮发射多体系统动力学、非线性结构动力学有限元、总体结构参数优化等数学力学建模与数值仿真、发射动力学测试技术,及其在射击稳定性、结构刚强度、射击密集度等设计分析中的工程应用。

8.1　某火炮发射多体系统动力学建模与数值仿真

利用三维 CAD 模块构建某车载榴弹炮的三维实体模型,利用这种三维实体模型可以计算所有零部件和系统的质量、惯性张量和质心位置,准确地分析底盘各桥所承担的载荷。在此基础上,建立火炮发射多体系统动力学模型,对火炮的射击稳定性与炮口振动进行分析与评估,提出更改措施和修改方案。

8.1.1　火炮发射多体系统动力学模型

以多体系统动力学软件 ADAMS 为平台,建立某车载榴弹炮发射多体系统动力学模型。建模时根据火炮实际射击的物理过程作如下假设:

(1) 火炮反后坐装置连接了后坐部分和摇架,后坐部分相对摇架沿炮膛轴线作直线的后坐和复进运动;

(2) 高低机、方向机、平衡机、制退机和复进机等提供的力/力矩均是广义坐标、广义速率和结构参数的函数;

(3) 土壤具有弹塑性,土壤反力是广义坐标和广义速率的函数。

为描述方便,将各部件间所有连接关系都看作铰,比如约束铰、碰撞铰、弹簧阻尼铰等,用 $h_i(i=1,2,\cdots,48)$ 表示,如图 8.1 所示。

建立全局坐标系 $OXYZ$,O 点为(0,0,0),X 轴沿 0°射角时的炮膛轴线且指向车尾为正,Y 轴铅垂向上,Z 轴按右手规则确定。全炮系统的拓扑关系如下:

(1) 后坐部分包括炮尾(含反后坐装置中参加后坐的部分)、身管、输弹机(参加后坐的部分)、炮口制退器等 4 个物体,其中身管为弹性体,取前 52 阶模态坐标 $\eta_i(i=1,52)$ 为变形自由度,炮尾和炮口制退器与身管刚性连接。

(2) 摇架部分简化为摇架本体、输弹机(非后坐部分)、挡筒装置、瞄具、复进机非后

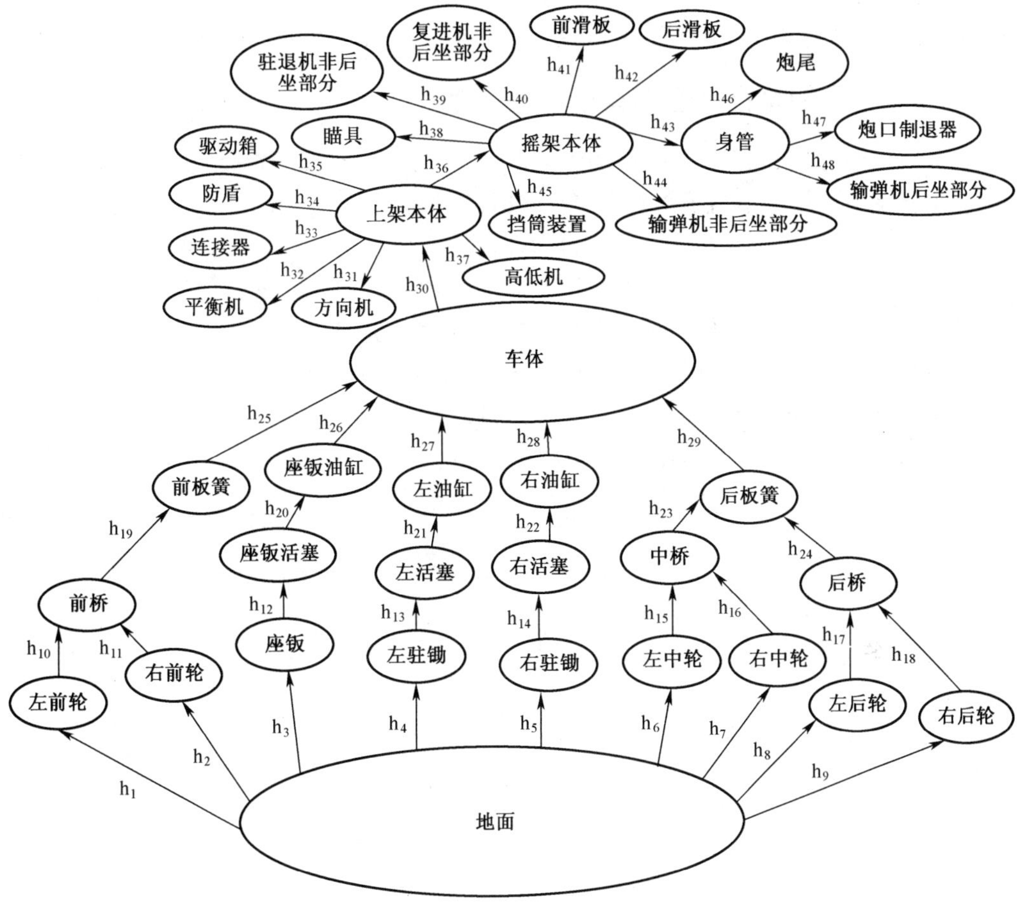

图 8.1　全炮拓扑关系简图

坐部分、制退机非后坐部分、前滑板、后滑板等 8 个物体,摇架本体为弹性体,取前 53 阶模态坐标 $\pi_i(i=1,53)$ 为变形自由度,在左右耳轴处各定义一哑物体与摇架固连,它们相对炮塔绕坐标系 $O_yX_yY_yZ_y$ 的 O_yY_y 轴转动,坐标系原点为耳轴中心,且 O_yZ_y 轴与耳轴中心线重合,输弹机、挡筒装置、瞄具、复进机非后坐部分、制退机非后坐部分等 5 个物体与摇架本体刚性连接。

(3) 上架部分简化成上架本体、防盾、高低机、方向机、驱动箱、旋转连接器、平衡机等 7 个物体,上架本体为弹性体,取前 53 阶模态坐标 $\kappa_i(i=1,53)$ 为变形自由度,相对车体可绕回转轴转动,定义一个绕 O_tY_t 轴的扭转弹簧模拟方向机的作用,防盾、高低机、方向机、驱动箱、旋转连接器、平衡机等与上架本体刚性连接。

(4) 前桥、中桥以及后桥与车体弹性连接。左前轮和右前轮分别与前桥固定连接;左中轮和右中轮分别与中桥固定连接;左后轮和右后轮分别与后桥固定连接。每一个车轮与地面间各定义一个接触副。

(5) 左右液压驻锄及座盘与地面弹性接触,分别相对它们的缸体沿活塞轴线运动,座盘的缸体相对车体作上下运动,左右液压驻锄的缸体可以相对车体转动。

(6) 左右摆杆相对车体可以转动,分别与左右液压驻锄的缸体连接。

综上所述,系统包括37个刚体和3个弹性体;5个滑移铰、10个旋转铰、19个固结铰。因此,整个全炮共有33个运动自由度以及158个变形自由度。

8.1.2 射击稳定性数值仿真结果及分析

为分析某车载榴弹炮的射击稳定性,对其实施了多工况的动力学仿真计算,计算工况如表8.1所示。工况1是为了预测火炮平射时的射击稳定性;工况2是为了预测最大射程角的射击稳定性;工况3是为了预测最大高低射角时火炮的射击稳定性;工况4是为了预测火炮侧向平射时的射击稳定性;工况5是为了预测火炮侧向最大射程角的射击稳定性;工况6是为了预测火炮侧向最大射角时的射击稳定性;工况7 ~11是为了预测在具有一定倾斜角侧坡上沿坡正向射击时的火炮射击稳定性(车体沿斜坡方向摆放,炮口沿坡度向上);工况12 ~16是为了预测在具有一定倾斜角侧坡上侧向射击时的火炮射击稳定性(车体在斜坡上横向摆放,火炮沿斜坡方向打30°方向射角)。

表8.1 某榴弹炮计算工况表

序号	方向射角(°)	高低射角(°)	侧坡倾斜角(°)	备注
1	0	0	0	
2	0	45	0	
3	0	70	0	
4	30	0	0	
5	30	45	0	
6	30	70	0	
7	0	0	6	
8	0	0	10	
9	0	0	15	
10	0	0	20	
11	0	0	25	
12	30	0	6	车体横向摆放
13	30	0	10	车体横向摆放
14	30	0	15	车体横向摆放
15	30	0	20	车体横向摆放
16	30	0	25	车体横向摆放

各种数值仿真工况的部分运动和受力幅值如表8.2和表8.3所示,图8.2~图8.5为工况1的部分计算曲线。

表8.2 射击稳定性数据(幅值)

序号	车体俯仰角/(°)	车体纵摇角/(°)	车体偏航角/(°)	座盘跳高/mm	座盘侧移/mm
1	1.0266	0.0379	0.0110	—	1.0262

（续）

序号	车体俯仰角 /(°)	车体纵摇角 /(°)	车体偏航角 /(°)	座盘跳高 /mm	座盘侧移 /mm
2	0.8152	0.0918	0.0142	—	2.1534
3	0.3669	0.0720	0.0139	—	1.5843
4	0.9099	2.1178	2.6359	—	299.469
5	0.6453	2.2710	0.8820	—	133.933
6	0.2684	1.7291	0.6244	—	47.7957
7	1.0646	0.0282	0.0248	4.4400	1.8219
8	1.1400	0.0166	0.0288	10.0148	2.1498
9	1.2647	0.0239	0.0339	20.6220	2.4834
10	1.6972	0.0321	0.0412	48.9546	3.2550
11	2.9444	0.0388	0.0568	135.6408	4.1693
12	0.6844	1.9740	2.9644	—	363.75
13	0.6697	2.1619	3.3914	—	427.46
14	0.6466	2.6732	4.1050	—	532.24
15	0.6194	3.1682	4.9186	—	643.23
16	0.5891	3.6017	5.8487	—	761.69

表 8.3 液压驻锄及座盘受力(幅值)

序号	土壤对右驻锄力/N	土壤对左驻锄力/N	土壤对座盘力/N	座盘活塞受力/N
1	77004	76526	71667	67538
2	68035	68958	95042	90082
3	64464	65033	125740	121920
4	61767	90355	59627	56166
5	52322	87168	95837	91019
6	51258	78813	125730	122420
7	77083	77315	52786	52053
8	82982	83070	52778	52050
9	90587	90516	52764	52045
10	98057	97932	52744	52038
11	105370	105260	52720	52030
12	82512	57924	61224	57569
13	84081	59675	61061	57515
14	88020	68801	61256	57967
15	94860	79872	60980	58010
16	102391	93566	60179	57547

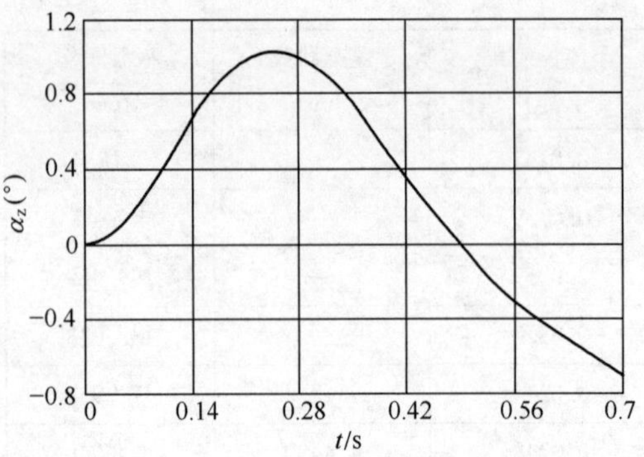

图 8.2　车体俯仰角曲线

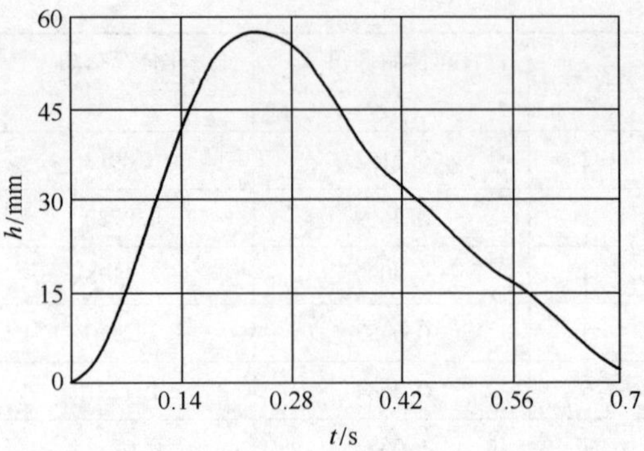

图 8.3　座盘中心相对地面的垂直位移曲线

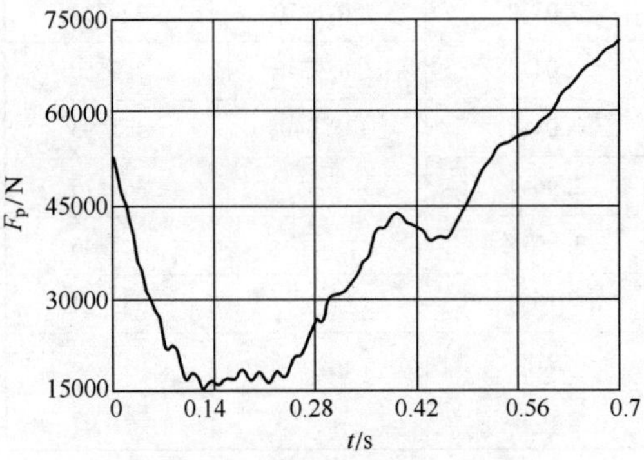

图 8.4　土壤对座盘的作用力曲线

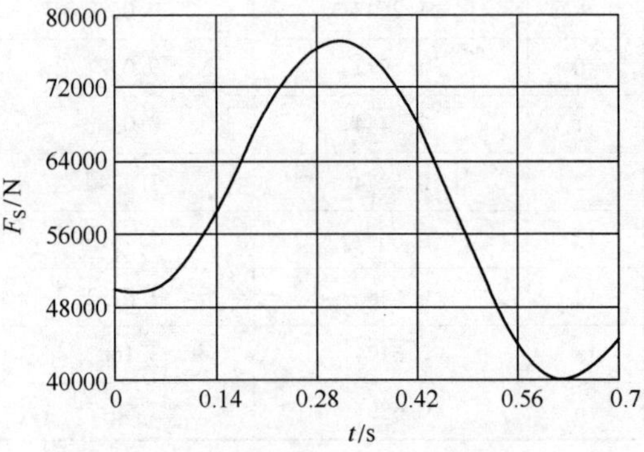

图 8.5　土壤对右驻锄的作用力曲线

对上述结果进行分析,可以看出:

(1) 当火炮在正向射击时(水平地面),车体的俯仰角最大值为 1.0646°,这说明正向射击时火炮射击的稳定性较好;当火炮侧向射击时(水平地面)车体的俯仰角最大值为 0.9099°,与正向射击时的相当,但侧向射击时车体底盘的偏航角比正向射击的大得多,偏航角最大值达 2.6°左右,因此火炮侧向射击时的射击稳定性差。

(2) 从侧向射击(水平地面)的偏航角可以看出,高低射角越大,全炮的偏航角越小,座盘中心的侧向滑移量越小。

(3) 当火炮在斜坡上沿坡正向射击时,随着侧坡倾斜角的增大,火炮的射击稳定性越来越差,尤其当倾斜角超过 15°时,车体的俯仰跳角和座盘跳高显著增加。

(4) 当火炮在斜坡上沿坡侧向射击时(车体横向摆放),随着侧坡倾斜角的增大,火炮的横向射击稳定性越来越差,当倾斜角超过 10°时,车体的纵摇角、偏航角和座盘侧向位移显著增加。

8.1.3　液压座盘的改进设计

8.1.2 节的分析表明火炮侧向射击(方向射角为 30°,高低射角为 0°)时车体偏航角较大,这直接影响到火炮侧向射击时的射击稳定性和射击精度,必须采取相应的设计措施以有效地提高侧向射击稳定性。

经过分析研究,原座盘设计方案(图 8.6)由于没有设置防侧滑结构,因此土壤只能传递座盘的垂向载荷,而侧向载荷只能是摩擦力,这样土壤和座盘对全炮的侧向运动约束很小,造成车体及座盘的侧向运动较大。为了有效地减小车体的偏航运动,对座盘结构进行了改进,在座盘下方增加锯齿状斜齿,对座盘增加了防侧滑设计,其方案如图 8.7 所示。

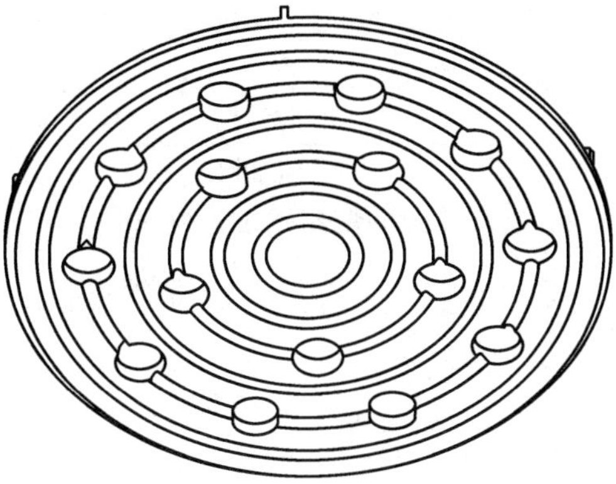

图 8.6　座盘原方案

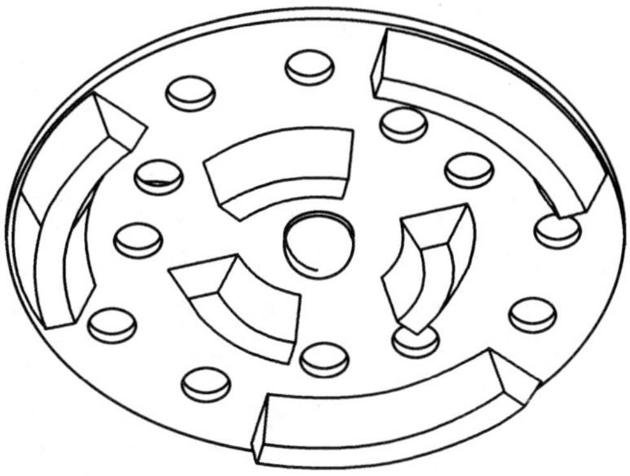

图 8.7　座盘改进方案

利用火炮发射多体系统动力学模型对火炮侧向射击时的发射过程进行了数值仿真,座盘改进前和改进后的车体偏航角及座盘中心的侧移幅值如表 8.4 所示。

表 8.4　车体偏航角及座盘中心的侧移

方案名称	后座盘沿 Z 轴水平偏移量	偏航角
原方案	227.974mm	2.190°
改进方案	169.066mm	1.639°
减小幅度	25.84%	25.16%

由表 8.4 可以看出,改进后的方案可有效地减小车体的偏航及座盘中心的横向位移,有效地改善武器侧向射击时的射击稳定性。

8.1.4　炮口振动灵敏度分析

1. 炮身与摇架配合间隙对炮口振动的敏感度

炮身与摇架前后衬板之间存在配合间隙,有关资料表明,俄罗斯和英国的火炮专家曾经设计专门的装置来研究这种间隙对炮口振动的影响规律。考虑到该榴弹炮采用筒型摇架结构,因此后坐复进时,炮身与摇架前后衬板接触/碰撞的位置是动态改变的,在发射动力学模型中为了较精确地反映炮身和摇架的变形,建立了身管和摇架的柔性体模型,而直接处理柔性体之间的动态接触碰撞具有技术难度,这里采用了一种"哑物体"与柔性体界面点有机连接的方式来解决。

配合间隙对炮口振动的影响如表 8.5 所示。

表 8.5　炮身与摇架配合间隙对炮口振动的影响

序号	单向配合间隙/mm	ε_z/(°/s^2)	ω_z(°/s)	φ_z(°)	v_y/(mm/s)
1	0.20	-7331.20	-4.7368	0.0137	-152.912

（续）

序号	单向配合间隙/mm	$\varepsilon_z/(°/s^2)$	$\omega_z(°/s)$	$\varphi_z(°)$	$v_y/(mm/s)$
2	0.35	−8439.74	−5.2845	0.0160	−154.935
3	0.50	−10027.26	−4.5972	0.0184	−148.549
4	0.65	−11030.24	−3.3090	0.0205	−136.628
5	0.80	−12054.22	−1.3591	0.0223	−120.263

注：表中 ε_z、ω_z、φ_z、v_y 分别为炮口中心垂向角加速度、角速度、角位移以及速度，以下相同。

从表中可以看出，随着配合间隙的增大，弹丸出炮口瞬间的炮口角加速度和角位移逐渐增大，而炮口角速度和速度逐渐减小。

2. 后坐部分动力偶臂对炮口振动的灵敏度

后坐部分动力偶臂 e 值对炮口振动的影响如表 8.6 所示。

表 8.6　动力偶臂 e 值对炮口振动的影响

工况序号	e/mm	$\varepsilon_z/(°/s^2)$	$\omega_z(°/s)$	$\varphi_z(°)$	$v_y/(mm/s)$
1	0.10	−9908.03	−4.9881	0.0168	−151.046
2	0.39	−10206.58	−4.5266	0.0184	−148.075
3	0.60	−10084.96	−4.2118	0.0195	−145.964
4	1.00	−10511.33	−3.5397	0.0217	−141.608
5	5.00	−13708.79	3.3091	0.0439	−97.814
6	−1.00	−8997.06	−6.8908	0.0106	−163.222
7	−5.00	−4817.12	−13.532	−0.0117	−205.447

从表中可以看出，当 e 值由 0.10mm 逐渐增大时，炮口角加速度和角位移逐渐增大，炮口角速度和速度逐渐减小；而当 e 值变成负值时，负得越大，炮口角加速度越小，但炮口角位移、角速度和速度增大。

3. 耳轴位置对炮口振动的灵敏度

耳轴位置 d 值对炮口振动的影响如表 8.7 所示。

表 8.7　耳轴位置 d 值对炮口振动的影响

工况序号	d/mm	e/(mm)	$\varepsilon_z/(°/s^2)$	$\omega_z(°/s)$	$\varphi_z/(°)$	$v_y/(mm/s)$
1	−0.39	0.39	−10206.58	−4.5266	0.0184	−148.075
2	0.10	0.39	−9880.96	−4.5563	0.0183	−148.131
3	0.60	0.39	10009.78	−4.5249	0.0183	−148.041
4	1.60	0.39	−9920.50	−4.5355	0.0183	−148.095
5	−0.60	−0.40	−9075.53	−5.8217	0.0140	−156.157
6	−1.60	−0.40	−8995.61	−5.8581	0.0139	−156.322

可以看出，当 e 值和 d 值的符号一致时，炮口振动相对小些。

4. 土壤特性对炮口振动的灵敏度

选取中硬土和混凝土两种典型地面，对炮口振动的影响如表 8.8 所示。表中 s_y 表示炮口垂直方向位移。

表 8.8　不同土壤条件下的炮口振动比较

地面名称	s_y /mm	ω_z/(°/s)	φ_z/(°)	v_y /(mm/s)
土壤	-0.5692	-6.7494	0.0182	-165.6
混凝土	-0.5176	-6.4790	0.0168	-162.9

由分析结果可以看出,炮口振动对土壤特性不敏感。

5. 液压支腿状态对炮口振动的灵敏度

火炮射击时,左右两个液压支腿和液压座盘把整个火炮支撑起来。根据火炮的使用要求,火炮射击时要切实保证火炮状态的一致性,从而给弹丸提供一个稳定、一致的武器平台。因此,在进行数值仿真分析时,对液压支腿的各种可能状态进行模拟,从而为火炮总体设计和结构设计提供一定的设计依据。考虑的主要因素有:液压支腿摆动限位、伸缩限位、液压油的可压缩性、液压油缸的空回等。计算工况如表 8.9 所示,灵敏度分析结果如表 8.10 所示。

表 8.9　某火炮计算工况表

序号	高低射角/(°)	工况说明
1	0	两个支腿摆动和伸缩全部机械限位
2	0	两个支腿摆动不限位,伸缩机械限位
3	0	两个支腿摆动和伸缩不限位,左右伸缩油缸有空回
4	0	两个支腿摆动和伸缩不限位,无空回,考虑液体压缩
5	0	摆动不限位,左腿伸缩油缸有空回,右腿液体压缩
6	0	摆动不限位,右腿伸缩油缸有空回,左腿液体压缩
7	45	两个支腿摆动和伸缩全部机械限位
8	45	两个支腿摆动不限位,伸缩机械限位
9	45	两个支腿摆动和伸缩不限位,左右伸缩油缸有空回
10	45	两个支腿摆动和伸缩不限位,无空回,考虑液体压缩
11	45	摆动不限位,左腿伸缩油缸有空回,右腿液体压缩
12	45	摆动不限位,右腿伸缩油缸有空回,左腿液体压缩

表 8.10　液压支腿不同状态下的炮口振动

工况序号	ε_z /(°/s^2)	ω_z/(°/s)	φ_z/(°)	v_y /(mm/s)
1	-11946.19	-9.2349	0.0161	-217.872
2	-11913.02	-9.2181	0.0161	-217.759
3	-12071.85	-9.1236	0.0162	-214.384
4	-12034.44	-9.2551	0.0161	-217.988
5	-12383.66	-9.0953	0.0162	-216.719
6	-11701.58	-9.2119	0.0160	-216.887

（续）

工况序号	ε_z /(°/s^2)	ω_z/(°/s)	φ_z/(°)	v_y /(mm/s)
7	-9988.54	-4.5544	0.0183	-148.243
8	-10035.44	-4.5825	0.0184	-148.487
9	-347.519	-2.6871	0.0136	-125.084
10	-10027.26	-4.5972	0.0184	-148.549
11	-9853.53	-4.5026	0.0183	-146.541
12	-9947.83	-4.4348	0.0184	-147.076

从表中可以看出：

(1) 0°射角时,液压支腿状态对炮口振动有一定影响,但总的来说,影响不十分显著,应该说发射平台能保持较好的一致性,因此火炮小射角射击时,发射平台能保证武器的密集度要求。

(2) 远程射角时,液压支腿状态对炮口振动比较显著,尤其是工况 9,炮口角加速度、角速度出现了较大的变化(偏小),这种特别偏小的状态将直接造成射弹"远弹"的情况,使火炮的纵向射击密集度变差。这里只分析了液压支腿的各种极限状态,实际上由于火炮发射载荷的强冲击和瞬态性,液压系统难以保证可靠地闭锁,出现程度不同的液压油缸空回是必然的,而且左右两个液压支腿的空回量具有随机性,这种技术状态必然导致炮口扰动的一致性较差,不仅可能出现"远弹"现象,而且还可能出现"近弹"现象。

8.2 某火炮射击密集度数值仿真与分析

利用随机数发生器模型模拟弹丸、装药、高低机及方向机空回、摇架与身管的配合间隙等随机因素,对 ADAMS 软件进行底层开发,使之适合于随机炮口振动的仿真,再进行火炮射击密集度的仿真计算,并分析影响火炮射击密集度的主要因素。

8.2.1 随机炮口振动的数值仿真

在 ADAMS/View 中进行确定性的火炮多体系统动力学仿真比较方便,如果把火炮输入参数的随机性考虑到火炮多体系统动力学分析中,则直接调用 ADAMS/View 进行仿真就显得比较困难,因此需要对 ADAMS 的底层仿真命令和数据结构进行深入的理解和开发,使其适用于火炮随机动力学分析,获得随机的炮口振动,结合外弹道输入参数(含气象条件)的随机性,利用外弹道仿真模块,就能获得随机的弹着点(或着靶点),利用中间偏差的统计方法就能获得火炮武器的地面密集度或立靶密集度。

1. ADAMS 的数据结构

ADAMS 数据库包含几何对象、Joint 定义、函数和方程式、分析资料、动画规划和用户接口等。一个数据库可同时储存数个模型,以扩展名为 BIN 的二进制形式存盘,但无法利用编辑器直接修改和阅读。此外,可以根据模型数据结构细分为多种不同资料文件格式,大部分都是 ASCII 格式,可直接编辑和阅读,适合与其它软件协作,表 8.11 就是各种文件格式的用途。

表 8.11　ADAMS 文件结构

扩展名	说　明
CMD	ADAMS/View 命令资料文件。包含模型、边界条件定义、分析、流程以及量测图标设计
LOG	记录所有执行过程,包含各种输入的命令和接收到的错误信息
BIN	独立的数据库文件,存储了 ADAMS/View 模型数据库的全部信息
ACF	ADAMS/Solver 可以一次进行各种不同分析、不同边界条件的、不同求解器的设定
ADM	ADAMS/Solve 资料文件,包含标记、建构点以及简单的几何外形
FEM	包含对象的位置、速度及负载资料
GRA	包含仿真分析动画的分析结果
MSG	记录仿真分析过程中所有信息,包括警告和错误信息
OUT	包含模型的自由度、雅可比矩阵统计资料
REQ	包含时间历程资料,是被客户化的分析结果
RES	记录仿真分析结果
SAV	包含阶段性结果

2. ADAMS 的底层命令仿真

基于 ADAMS/View 图形界面的动力学仿真数据均存储在 BIN 文件中,对普通用户来说比较方便,但难以进行底层开发,需使用专门的底层命令进行开发,例如语句“adams07 ru-user t122. dll ss_2. acf”就是典型的底层命令,其完成的功能是利用 ADAMS 的仿真器 Solver 执行 ss_2. acf 文件中定义的模型仿真,同时需要使用用户自定义的动态链接库 t122. dll。

一般 ACF 文件中定义调用哪个模型以及按照何种方式进行仿真,例如:

```
t_122. adm                                  //定义模型文件名
t_122                                       //定义输出文件名前缀
INTEGRATOR/GSTIFF,ERROR = 0. 0001           //定义仿真策略
SIM/DYN,END=0. 0095, STEPS=95               //定义数值积分步长等
```

ADM 文件定义多体系统动力学模型,下面是典型的多体系统动力学模型定义语句,分别定义系统采用的单位制、物体、接触/碰撞以及约束铰等信息。

```
ADAMS/View model name: model_1
! ---------------------- SYSTEM UNITS ----------------------
UNITS/FORCE = NEWTON, MASS = KILOGRAM, LENGTH = MILLIMETER, TIME
= SECOND
! ------------------------- Part ---------------------------
!                           adams_view_name='cheti'
PART/2, MASS = 14937. 1, CM = 341, IM = 341, IP = 1. 77624E+010, 7. 32796E
+010
, 6. 20461E+010, -2. 3259E+008, -4. 49428E+008, 1. 61078E+008
……
```

```
! -------------------- CONTACTS ------------------------------
!                                    adams_view_name = 'CONTACT_45'
CONTACT/33, IGEOM = 731, JGEOM = 776, IMPACT, STIFFNESS = 1.0E+005,
DAMPING = 10, DMAX = 0.01, EXPONENT = 1.5
......
END
```

通过前述 ADAMS 的数据结构和底层命令仿真过程的分析,建立了考虑随机因素的某火炮发射多体系统动力学模型,仿真流程如图 8.8 所示,通过仿真计算,获得火炮的随机炮口振动,如表 8.12 所示。

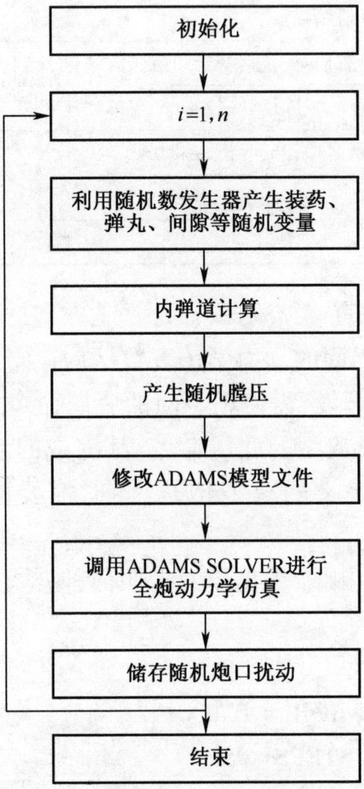

图 8.8　随机动力学仿真流程图

表 8.12　随机炮口振动(高低方向)

弹序	$\varepsilon_z/(°/s^2)$	$\omega_z/(°/s)$	$\varphi_z/(°)$	$v_y/(mm/s)$
1	-0.1497	-129.86	0.02235	-2.327
2	-0.1536	-133.61	0.02220	-2.671
3	-0.1513	-131.35	0.02228	-2.472
4	-0.1520	-132.22	0.02227	-2.545
5	-0.1518	-131.81	0.02224	-2.528
6	-0.1507	-130.51	0.02226	-2.410
7	-0.1506	-130.64	0.02229	-2.414

(续)

弹序	$\varepsilon_z/(°/s^2)$	$\omega_z/(°/s)$	$\varphi_z/(°)$	$v_y/(mm/s)$
8	−0. 1512	−131. 27	0. 02228	−2. 470
9	−0. 1489	−128. 76	0. 02235	−2. 230
10	−0. 1484	−128. 49	0. 02240	−2. 196
11	−0. 1485	−128. 49	0. 02238	−2. 200
12	−0. 1533	−133. 34	0. 02221	−2. 651
13	−0. 1504	−130. 46	0. 02232	−2. 390
14	−0. 1480	−127. 85	0. 02239	−2. 142
15	−0. 1487	−128. 46	0. 02235	−2. 208
16	−0. 1505	−130. 52	0. 02230	−2. 401
17	−0. 1486	−128. 41	0. 02236	−2. 199
18	−0. 1520	−132. 11	0. 02226	−2. 541
19	−0. 1559	−135. 72	0. 02210	−2. 857
20	−0. 1520	−131. 93	0. 02224	−2. 538
21	−0. 1521	−132. 27	0. 02226	−2. 551
22	−0. 1472	−126. 73	0. 02239	−2. 049
23	−0. 1535	−133. 54	0. 02221	−2. 667
24	−0. 1504	−130. 56	0. 02232	−2. 399
25	−0. 1514	−131. 61	0. 02229	−2. 493
26	−0. 1514	−131. 45	0. 02227	−2. 488
27	−0. 1510	−131. 16	0. 02230	−2. 451
28	−0. 1510	−131. 12	0. 02230	−2. 454
29	−0. 1502	−130. 15	0. 02230	−2. 369
30	−0. 1529	−132. 82	0. 02220	−2. 616
31	−0. 1481	−127. 96	0. 02238	−2. 149
32	−0. 1521	−132. 14	0. 02225	−2. 545
33	−0. 1536	−133. 71	0. 02220	−2. 680
34	−0. 1490	−128. 95	0. 02236	−2. 242
35	−0. 1506	−130. 84	0. 02232	−2. 417
36	−0. 1519	−132. 06	0. 02226	−2. 536
37	−0. 1488	−128. 82	0. 02237	−2. 230
38	−0. 1524	−132. 49	0. 02224	−2. 577
39	−0. 1496	−129. 61	0. 02234	−2. 310
40	−0. 1520	−132. 12	0. 02226	−2. 543
41	−0. 1530	−133. 08	0. 02222	−2. 626
42	−0. 1496	−129. 36	0. 02232	−2. 292
43	−0. 1503	−130. 30	0. 02231	−2. 379

（续）

弹序	$\varepsilon_z/(°/s^2)$	$\omega_z/(°/s)$	$\varphi_z/(°)$	v_y /(mm/s)
44	−0.1514	−131.28	0.02225	−2.484
45	−0.1520	−132.10	0.02226	−2.540
46	−0.1526	−132.63	0.02222	−2.598
47	−0.1514	−131.59	0.02229	−2.489
48	−0.1494	−129.35	0.02235	−2.284
49	−0.1530	−133.11	0.02222	−2.632
50	−0.1521	−132.21	0.02224	−2.559
平均	−0.1510	−131.02	0.02229	−2.441

8.2.2 射击密集度数值计算

以某榴弹炮为研究对象，利用射击密集度模型预测其地面密集度和立靶密集度，分别如表8.13和表8.14所示。

表8.13 地面密集度预测结果

组序	平均距离/m	平均侧偏/m	距离中间偏差/m	方向中间偏差/m	相对距离散布	相对方向散布/mil
1	18084.34	178.536	43.95	11.31	—	—
2	18084.68	178.22	52.61	11.51	—	—
3	18083.95	179.32	50.61	11.03	—	—
4	18079.04	177.89	51.65	11.71	—	—
5	18052.53	181.75	50.62	11.55	—	—
平均	18076.91	179.14	49.89	11.42	1/362	0.604

表8.14 立靶密集度计算结果

组序	平均高低/m	平均侧偏/m	高低中间偏差/m	方向中间偏差/m
1	2.451	0.281	0.281	0.283
2	2.531	0.261	0.286	0.274
3	2.415	0.323	0.282	0.281
4	2.439	0.401	0.288	0.275
5	2.517	0.281	0.299	0.291
平均	2.471	0.309	0.287	0.281

由表8.13和表8.14可以看出预测的火炮地面密集度（纵向）为1/362，横向为0.604mil；火炮立靶密集度为0.287m×0.281m。

8.2.3 初速或然误差对射击密集度的影响分析

以某火炮远程密集度的影响因素为研究对象，分析不同初速或然误差对远程密集度的影响程度。表 8.15~表 8.20 分别为初速或然误差为 0.5m/s，0.8m/s，1.0m/s，1.3m/s，1.6m/s，1.8m/s 的底凹弹远程密集度预测结果，每组样本量为 150 发。

表 8.15　地面密集度计算结果(初速或然误差为 0.5m/s)

组序	平均距离/m	平均侧偏/m	距离中间偏差/m	方向中间偏差/m	相对距离散布	相对方向散布/mil
1	18097.178	178.004	50.149	6.187	1/360	0.326
2	18100.435	178.652	49.547	5.767	1/365	0.304
3	18096.992	178.226	51.741	5.832	1/349	0.308
4	18096.567	178.039	52.879	5.724	1/342	0.302
5	18095.709	178.272	51.615	6.008	1/350	0.317

表 8.16　地面密集度计算结果(初速或然误差为 0.8m/s)

组序	平均距离/m	平均侧偏/m	距离中间偏差/m	方向中间偏差/m	相对距离散布	相对方向散布/mil
1	18092.803	178.109	53.745	6.129	1/336	0.324
2	18096.608	178.184	51.487	6.144	1/351	0.324
3	18098.404	178.013	55.276	6.213	1/327	0.328
4	18098.835	178.281	57.158	5.872	1/316	0.310
5	18097.792	178.765	54.196	5.728	1/333	0.302

表 8.17　地面密集度计算结果(初速或然误差为 1.0m/s)

组序	平均距离/m	平均侧偏/m	距离中间偏差/m	方向中间偏差/m	相对距离散布	相对方向散布/mil
1	18099.689	178.469	58.456	6.443	1/309	0.340
2	18096.910	178.423	57.232	6.349	1/316	0.335
3	18096.514	178.112	55.154	6.018	1/328	0.318
4	18094.431	178.212	52.202	6.054	1/346	0.319
5	18096.580	178.442	56.727	6.357	1/319	0.335

表 8.18　地面密集度计算结果(初速或然误差为 1.3m/s)

组序	平均距离/m	平均侧偏/m	距离中间偏差/m	方向中间偏差/m	相对距离散布	相对方向散布/mil
1	18091.841	178.219	54.302	6.427	1/333	0.339
2	18095.786	178.365	60.171	6.344	1/300	0.335
3	18097.888	178.072	58.086	5.993	1/311	0.316
4	18097.378	178.405	57.570	6.444	1/314	0.340
5	18098.690	178.554	59.366	6.053	1/304	0.319

表 8.19 地面密集度计算结果(初速或然误差为 1.6m/s)

组序	平均距离 /m	平均侧偏 /m	距离中间偏差/m	方向中间偏差 /m	相对距离散布	相对方向散布 /mil
1	18096.132	178.200	64.337	6.504	1/281	0.343
2	18094.855	178.998	66.300	6.063	1/272	0.320
3	18100.011	178.513	63.537	6.335	1/284	0.334
4	18094.633	178.931	64.819	5.885	1/279	0.311
5	18101.758	178.687	59.161	5.865	1/305	0.309

由表 8.15~表 8.20 可以看出,初速跳动对远程纵向密集度影响较大,当初速或然误差大于 1.6m/s 时,初速因素影响的远程纵向密集度将大于 1/300,无法判定火炮结构性能对射击密集度的影响程度;在 1.3m/s 左右则是临界状态;当初速或然误差控制在 1.0m/s 以下时,火炮结构性能对远距离纵向密集度的影响将占主导因素。

表 8.20 地面密集度计算结果(初速或然误差为 1.8m/s)

组序	平均距离 /m	平均侧偏 /m	距离中间偏差/m	方向中间偏差 /m	相对距离散布	相对方向散布 /mil
1	18097.179	178.223	65.835	6.283	1/274	0.332
2	18101.221	178.410	68.512	6.347	1/264	0.335
3	18097.280	178.073	64.078	6.174	1/282	0.326
4	18099.321	178.999	70.652	5.676	1/256	0.299
5	18100.919	178.196	71.575	6.143	1/252	0.324

8.2.4 高低机空回对射击密集度的影响分析

在实际射击中,操作是否正确会影响射击密集度,例如,因操作不当,未能正确地消除高低机或方向机的空回,会造成误差和增大射弹散布。这里仅讨论高低机空回的消除方法。

如图 8.9(a)所示,当动力偶臂为正时,则炮膛合力引起的动力偶将使炮口呈上抬趋势,此时摇架齿弧齿的前切面与高低机主齿轮的后切面相接触(接触处记为 A);而图 8.9(b)则相反,表示动力偶臂为负时,炮膛合力引起的动力偶将使呈炮口下压趋势,此时摇架齿弧齿的后切面与高低机主齿轮的前切面相接触(接触处记为 B)。

将图 8.9(a)和(b)中的外力矩方向改成高低机主齿轮旋转方向,则当由上至下打低炮身时,则摇架齿弧齿的前切面与高低机主齿轮的后切面相接触,即在 A 处接触,这种操作适合于动力偶臂为正的情况,因为射击时炮膛合力引起的动力偶会使炮身上抬(图 8.9(a)),一方面消除了间隙(空回),使 U 力在膛内时期不易换向,另一方面也减少了零件间的冲击程度,限制了炮口上跳的范围,即炮口扰动得到了控制。

当由下至上打高炮身时,则摇架齿弧齿的后切面与高低机主齿轮的前切面相接触,即在 B 处接触,这种操作适合于动力偶臂为负的情况,因为射击时炮膛合力引起的动力偶会使炮身下压(图 8.9(b)),一方面消除了间隙(空回),使 U 力在膛内时期不易换向,另

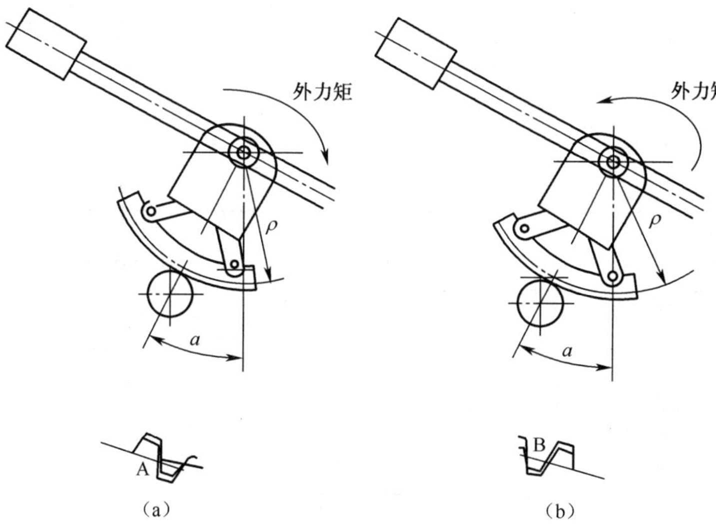

图 8.9　力矩作用下起落部分受力示意图

一方面也减少了零件间的冲击程度,限制了炮口下跳的范围,即炮口扰动得到了控制。

以某榴弹炮为例,其动力偶臂为负,在实际射击时需采取以下措施:

(1) 平衡机的气体初压不能过大,否则不能有效地控制高低机的空回量,不利于火炮射击密集度的提高。

(2) 由于动力偶臂为负,由上往下打炮身的操作没有消除高低机的空回,反而加大了空回量,引起机构间猛烈的撞击,炮口扰动得不到有效的控制,火炮射击密集度会明显下降;正确的操作应该是由下往上打炮身,从而可有效地消除高低机的空回,提高火炮射击密集度。

8.2.5　平衡机气体初压对射击密集度的影响分析

平衡机气体初压的选择不但影响平衡性能,也会对高低机的空回量以及 U 力是否换向有影响。为了正确分析平衡机气体初压的影响,建立了起落部分、平衡机和高低机的力学模型,考虑了耳轴滚动轴承、平衡机紧塞装置、平衡机上下铰链、防盾等的摩擦力矩。

表 8.21 ~表 8.25 分别列出了某火炮平衡机气体初压分别为 6.4MPa、6.5MPa、6.6MPa、6.7MPa、6.8MPa 时五种典型高低射角的平衡机性能。

表 8.21　平衡机性能(平衡机气体初压为 6.4MPa)

高低射角/(°)	平衡机力矩/(N·m)	重力矩/(N·m)	不平衡力矩/(N·m)	摩擦力矩.(N·m)	U 力换向时间/ms
0	21549.7	22788.4	-1238.6	125.1	不换向
45	15360.6	16113.8	-753.2	100.4	不换向
70	8587.6	7794.1	793.6	72.8	不换向

表 8.22 平衡机性能(平衡机气体初压为 6.5MPa)

高低射角/(°)	平衡机力矩/(N·m)	重力矩/(N·m)	不平衡力矩/(N·m)	摩擦力矩/(N·m)	U 力换向时间/ms
0	21886.5	22788.4	-901.9	126.5	不换向
45	15600.6	16113.8	-513.2	101.4	不换向
70	8752.8	7794.1	958.7	72.1	不换向

表 8.23 平衡机性能(平衡机气体初压为 6.6MPa)

高低射角/(°)	平衡机力矩/(N·m)	重力矩(N·m)	不平衡力矩(N·m)	摩擦力矩(N·m)	U 力换向时间/ms
0	22223.2	22788.4	-565.2	127.9	不换向
45	15840.6	16113.8	-273.2	102.3	不换向
70	8918.0	7794.1	1123.9	74.1	1.9,6.1

表 8.24 平衡机性能(平衡机气体初压为 6.7MPa)

高低射角/(°)	平衡机力矩/(N·m)	重力矩/(N·m)	不平衡力矩/(N·m)	摩擦力矩/(N·m)	U 力换向时间/ms
0	22559.9	22788.4	-228.5	129.2	9.3
45	16080.6	16113.8	-33.2	103.3	9.4
70	9083.1	7794.1	1289.0	74.8	2.2,5.5

表 8.25 平衡机性能(平衡机气体初压为 6.8MPa)

高低射角/(°)	平衡机力矩/(N·m)	重力矩/(N·m)	不平衡力矩/(N·m)	摩擦力矩/(N·m)	U 力换向时间/ms
0	22896.6	22788.4	108.3	130.6	8.3
45	16320.6	16113.8	206.8	104.3	8.5
70	9248.3	7794.1	1454.2	75.5	2.7,5.0

由表 8.21 可知,当平衡机气体初压为 6.4MPa 时,*U* 力在膛内时期不换向,但高低机手轮力偏大。

由表 8.22 可知,当平衡机气体初压为 6.5MPa 时,由下往上打炮身时,高低机手轮力在 0°附近约 82N,在 45°附近约 49N,因此高低机手轮力适中。当高低射角小于 45°时,起落部分的重力矩大于平衡机力矩,根据本炮的动力偶臂为负的情况,炮身采取由下往上打的方式有利于火炮射击密集度的提高,计算也表明了 *U* 力在膛内时期不换向。

由表 8.23 可知,当平衡机气体初压为 6.6MPa 时,由下往上打炮身时,高低机手轮力在 0°附近约 55N,在 45°附近约 30N,因此高低机手轮力很小。当高低射角小于 45°时,起落部分的重力矩大于平衡机力矩,根据本炮的动力偶臂为负的情况,炮身采取由下往上打的方式(图 8.9(b))有利于火炮射击密集度的提高,计算也表明了 *U* 力在膛内时期不换向。

由表 8.24 可知,尽管高低射角小于 45°时,起落部分的重力矩略大于平衡机力矩,但

是 U 力在膛内时期已换向,因此平衡机气体初压为 6.6MPa 不利于火炮射击密集度的提高。

由表 8.25 可知,不论何种射角,起落部分的重力矩小于平衡机力矩,且它们差的绝对值大于摩擦力矩,因此即使炮身采取由下往上打的方式,起落部分也会偏离平衡位置,造成与武器射击时下压炮身相反的空回量,这样火炮射击时会引起剧烈的碰撞,导致较大的炮口扰动量,影响武器的射击精度,计算结果也验证了 U 力在膛内时期已换向,因此不宜使用。

从表 8.22 和表 8.23 可知,当大射角(70°)射击时,平衡机力矩偏大,需要对补偿弹簧刚度进行修改设计,经试算,弹簧刚度应加大到 120.87kg/cm 左右为宜,表 8.26 列出了平衡机气体初压为 6.5MPa、6.6MPa 时,高低射角为 70°的平衡机力矩、重力矩及摩擦力矩。

表 8.26　平衡机性能(弹簧刚度 120.87kg/cm,高低射角 70°)

平衡机气体初压/MPa	平衡机力矩/(N·m)	重力矩/(N·m)	不平衡力矩/(N·m)	摩擦力矩/(N·m)
6.5	7583.5	7794.1	-210.6	73.5
6.6	7748.7	7794.1	-45.4	74.1

由表 8.26 可知,当加大补偿弹簧刚度后,平衡机气体初压为 6.5MPa 和 6.6MPa 时,起落部分的重力矩大于平衡机力矩,已与小射角的状态一致。

8.2.6　联接刚度对射击密集度的影响分析

以某榴弹炮的联接座圈和活动座圈之间的联接刚度为例,研究联接刚度对火炮射击密集度的影响。建立上架本体、联接座圈和活动座圈的有限元模型,联接座圈和活动座圈根据实际的联接关系,利用 18 个螺栓联接单元模拟。

当螺栓松动时释放对应的螺栓联接单元,螺栓紧固和左侧 6 个螺栓松动时的上架固有振动频率如表 8.27 所示。

表 8.27　螺栓联接紧固与松动时的上架固有振动频率比较

模态阶数	螺栓紧固时的振动频率/Hz	左侧螺栓松动的振动频率/Hz	下降百分比
1	96.9363	83.9422	13.4%
2	138.1487	123.2978	10.8%
3	199.4231	156.6326	21.5%
4	326.2448	199.9330	38.7%
5	415.0390	330.5865	20.3%
6	495.0387	466.1948	5.8%

由表 8.27 可以看出,螺栓松动后,上架的固有振动频率将减小,其中第 1 阶频率下降约 13.4%,第 2 阶频率下降约 10.8%,从而使上架整体刚度下降,这已是使炮口扰动增加的必然因素,同时考虑到螺栓松动存在的间隙在火炮发射时会引起剧烈冲击,使炮口扰动加剧,加之松动间隙量在每次发射时是随机的,因此炮口扰动很大,且一致性较差,这必然导致较差的射击密集度水平。

为了反映螺栓松动时引起的冲击碰撞,将连接座圈松动螺栓处对应的节点定义成界面节点,在活动座圈上平面定义一平面,该平面与活动座圈固结,定义螺栓界面节点与该平面的接触关系。考虑装药和间隙的随机性,模拟了 50 发弹丸发射时的炮口扰动,如表 8.28 所示。

表 8.28　左侧螺栓松动时的高低方向炮口扰动(弹丸出炮口瞬间)

弹序	s_y /mm	v_y /(mm/s)	φ_z(°)	ω_z /(°/s)
1	−0.2779	−158.29	0.00982	−6.111
2	−0.2796	−159.77	0.00975	−6.236
3	−0.2804	−160.43	0.00970	−6.302
4	−0.2793	−159.61	0.00977	−6.218
5	−0.2779	−158.35	0.00983	−6.116
6	−0.2781	−158.56	0.00983	−6.128
7	−0.2768	−157.50	0.00990	−6.028
8	−0.2771	−157.71	0.00988	−6.048
9	−0.2765	−157.30	0.00992	−6.005
10	−0.2819	−161.64	0.00961	−6.415
11	−0.2782	−158.70	0.00984	−6.135
12	−0.2783	−158.70	0.00982	−6.141
13	−0.2752	−156.06	0.00998	−5.902
14	−0.2806	−160.53	0.00969	−6.312
15	−0.2743	−155.13	0.01001	−5.828
16	−0.2798	−159.97	0.00973	−6.256
17	−0.2788	−159.15	0.00980	−6.177
18	−0.2785	−159.05	0.00983	−6.158
19	−0.2782	−158.58	0.00982	−6.135
20	−0.2786	−158.75	0.00977	−6.164
21	−0.2777	−158.37	0.00986	−6.103
22	−0.2739	−155.16	0.01007	−5.811
23	−0.2791	−159.51	0.00979	−6.201
24	−0.2801	−160.24	0.00973	−6.272
25	−0.2772	−157.95	0.00989	−6.066
26	−0.2769	−157.82	0.00992	−6.043
27	−0.2757	−156.59	0.00996	−5.941
28	−0.2792	−159.52	0.00978	−6.211
29	−0.2813	−161.21	0.00965	−6.370
30	−0.2796	−159.83	0.00975	−6.239
31	−0.2756	−156.39	0.00996	−5.931
32	−0.2771	−157.52	0.00986	−6.043

（续）

弹序	s_y /mm	v_y /(mm/s)	φ_z(°)	ω_z /(°/s)
33	-0. 2834	-162. 94	0. 00953	-6. 533
34	-0. 2833	-162. 82	0. 00952	-6. 530
35	-0. 2779	-158. 47	0. 00984	-6. 118
36	-0. 2791	-159. 50	0. 00979	-6. 201
37	-0. 2791	-159. 42	0. 00977	-6. 204
38	-0. 2757	-156. 61	0. 00997	-5. 939
39	-0. 2785	-159. 14	0. 00984	-6. 162
40	-0. 2770	-157. 60	0. 00989	-6. 040
41	-0. 2762	-157. 00	0. 00994	-5. 977
42	-0. 2799	-160. 00	0. 00973	-6. 255
43	-0. 2804	-160. 54	0. 00971	-6. 303
44	-0. 2779	-158. 46	0. 00985	-6. 115
45	-0. 2799	-160. 12	0. 00974	-6. 261
46	-0. 2776	-157. 86	0. 00983	-6. 079
47	-0. 2758	-156. 57	0. 00995	-5. 942
48	-0. 2784	-158. 78	0. 00981	-6. 150
49	-0. 2785	-158. 85	0. 00980	-6. 159
50	-0. 2749	-155. 94	0. 01001	-5. 881
平均	-0. 2783	-158. 69	0. 00982	-6. 138

螺栓松动和紧固时的部分炮口扰动比较曲线如图 8. 10～图 8. 13 所示，其中实线和虚线分别表示螺栓松开和紧固状态。可以看出，上架左侧螺栓松动后，高低方向的炮口扰动除炮口高低跳角减小外，炮口高低跳动位移、跳动速度和高低角速度都比紧固时的大得多，尤其是炮口角速度，由紧固时的-2. 441°/s（平均值，见表 8. 12）增大到-6. 138°/s，因此螺栓松动后将会引起炮口扰动的急剧增大，使火炮射击密集度变差。

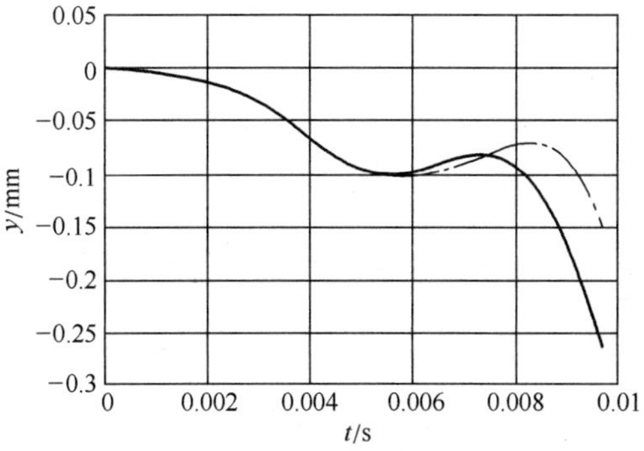

图 8. 10　炮口高低跳动位移比较曲线

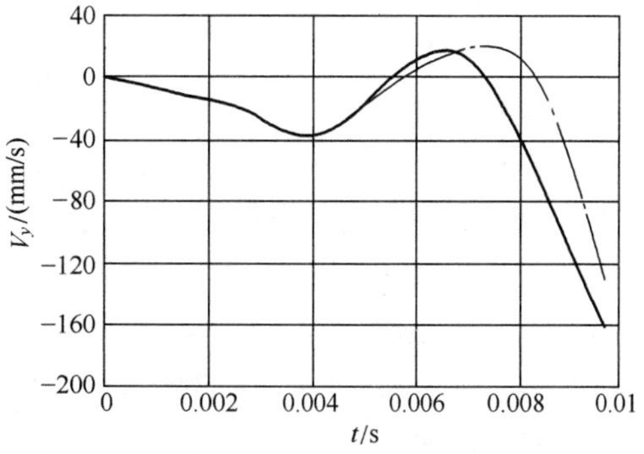

图 8. 11　炮口高低跳动速度比较曲线

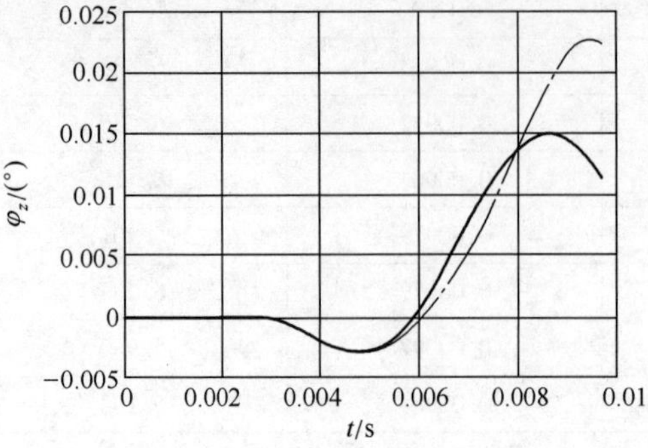

图 8.12　炮口高低跳动角度比较曲线

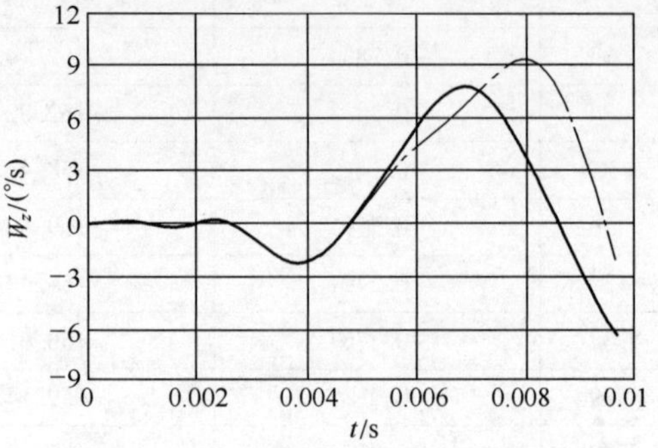

图 8.13　炮口高低跳动角速度比较曲线

8.3　基于多体系统动力学的某火炮总体结构参数优化设计

以某火炮为研究对象,以火炮发射多体系统动力学模型为伴随方程,选择若干总体结构参数为设计变量,研究它们对炮口振动的灵敏度,再以对炮口振动影响较大的总体结构参数为优化设计变量,进行火炮总体结构参数的优化研究。

8.3.1　设计变量与目标函数

选择以下参量为设计变量:

后坐部分质量偏心 e_y, e_z

后坐部分质量 m_1, 转动惯量 $I_{1xx}, I_{1yy}, I_{1zz}$

炮口制退器质量 m_2

炮尾与摇架导轨的配合间隙 e_b

耳轴相对炮轴的位置 e_t(垂直方向)

摇架前套箍位置 l_f

摇架质量 m_3,转动惯量 $I_{3xx}, I_{3yy}, I_{3zz}$

摇架质心位置 x_{c3}, y_{c3}, z_{c3}

平衡机气体初压 P_0

高低机螺杆刚度 k_e

上架质量 m_4,转动惯量 $I_{4xx}, I_{4yy}, I_{4zz}$

上架质心位置 x_{c4}, y_{c4}, z_{c4}

方向机等效刚度和阻尼 k_t, c_t

大架及下架部分 m_5,转动惯量 $I_{5xx}, I_{5yy}, I_{5zz}$

大架及下架部分质心位置 x_{c5}, y_{c5}, z_{c5}

前驻锄中心位置 x_{fs}, z_{fs}

后驻锄中心位置 x_{rs}, z_{rs}

定义设计变量向量 $\boldsymbol{b} = [b_1 \quad b_2 \quad \cdots \quad b_{29}]^{\mathrm{T}}$,其中:

$$\begin{aligned}
&b_1 = e_y, \quad b_2 = e_z, \quad b_3 = m_1, \quad b_4 = I_{1xx}, \quad b_5 = I_{1yy}, \quad b_6 = I_{1zz} \\
&b_7 = m_2, \quad b_8 = e_b, \quad b_9 = e_t, \quad b_{10} = l_f, \quad b_{11} = m_3, \quad b_{12} = I_{3xx} \\
&b_{13} = I_{3yy}, \quad b_{14} = I_{3zz}, b_{15} = x_{c3}, \quad b_{16} = y_{c3}, \quad b_{17} = z_{c3}, \quad b_{18} = P_0 \\
&b_{19} = k_e, \quad b_{20} = m_4, b_{21} = I_{4xx}, \quad b_{22} = I_{4yy}, \quad b_{23} = I_{4zz}, \quad b_{24} = x_{c4} \\
&b_{25} = y_{c4}, \quad b_{26} = z_{c4}, b_{27} = k_t, \quad b_{28} = c_t, \quad b_{29} = m_5, \quad b_{30} = I_{5xx} \\
&b_{31} = I_{5yy}, \quad b_{32} = I_{5zz}, b_{33} = x_{c5}, \quad b_{34} = y_{c5}, \quad b_{35} = z_{c5}, \quad b_{36} = x_{fs} \\
&b_{37} = z_{fs}, \quad b_{38} = x_{rs}, b_{39} = z_{rs}
\end{aligned} \tag{8.1}$$

在进行灵敏度分析时,设计变量的范围确定主要按照以下原则:

(1) 所有总体结构参量都必须受总体的约束,并且考虑结构设计的可实现性;

(2) 一般参量的变化范围基本在现有方案结构参量值的±15%内;

(3) 对设计变量进行无量纲处理,即 $\hat{b}_i = b_i/b_{i0}$,b_{i0} 为现有方案结构参量值;

(4) 间隙变量的取值范围根据实际工艺条件限定;

(5) 对后坐部分质量偏心 e_y、e_z,由于现有方案值很小,例如 $e_z = -0.15$mm,如果按照参量值的 15%来分析灵敏度,显然不太合理,实际分析时取[−10mm,10mm]为变化范围;

(6) 平衡机气体初压范围的选取还考虑到不平衡力矩不能太大(否则手轮力过大会给传动装置带来一系列问题),因此按照参量值的±2%来分析灵敏度。

炮口振动主要由垂直方向的炮口振动 ω_z、α_z、v_y(分别为垂直方向的炮口中心角速度、角度和速度)和水平方向的炮口振动 ω_y、α_y、v_z(分别为水平方向的炮口中心角速度、角度和速度)等组成,因此属于典型的多目标函数问题。考虑到大部分设计变量仅影响水平方向的炮口振动,或仅影响垂直方向的炮口振动,只有少数设计变量具有双重性,因此在进行灵敏度分析时考虑水平方向和垂直方向两个目标函数,即

$$F_y = \sqrt{\beta_{y1}\left(\frac{\omega_z}{\omega_{z0}}\right)^2 + \beta_{y2}\left(\frac{\alpha_z}{\alpha_{z0}}\right)^2 + \beta_{y3}\left(\frac{v_y}{v_{y0}}\right)^2} \tag{8.2}$$

$$F_z = \sqrt{\beta_{z1}\left(\frac{\omega_z}{\omega_{z0}}\right)^2 + \beta_{z2}\left(\frac{\alpha_z}{\alpha_{z0}}\right)^2 + \beta_{z3}\left(\frac{v_y}{v_{y0}}\right)^2} \tag{8.3}$$

这里下标 0 表示现有设计方案的炮口扰动,β_{yi},β_{zi} 分别为大于 0 的加权系数,满足:

$$\beta_{y1} + \beta_{y2} + \beta_{y3} = 1, \qquad \beta_{z1} + \beta_{z2} + \beta_{z3} = 1 \tag{8.4}$$

8.3.2 总体结构参数灵敏度分析

以上述火炮结构参数为设计变量,分别以弹丸出炮口瞬间的炮口垂直振动和炮口水平振动为目标函数,以火炮发射多体系统动力学模型为伴随方程,利用 7.1.1 节的灵敏度分析模型进行火炮总体结构参数灵敏度分析。部分结构参量对炮口振动的影响情况如图 8.14~图 8.31 所示,各设计变量对炮口振动的灵敏度如表 8.29 所示。

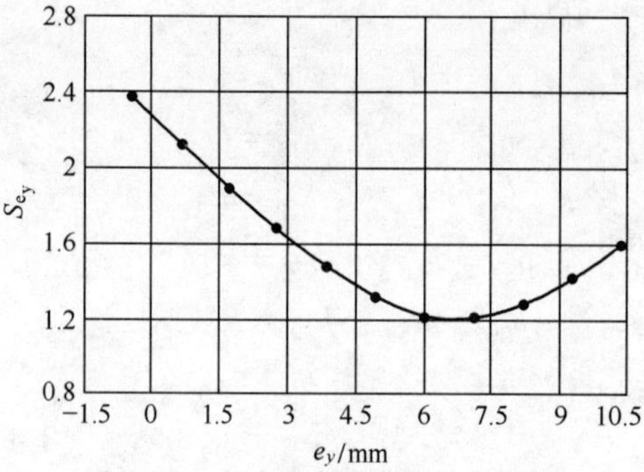

图 8.14　e_y 对垂直炮口振动的影响

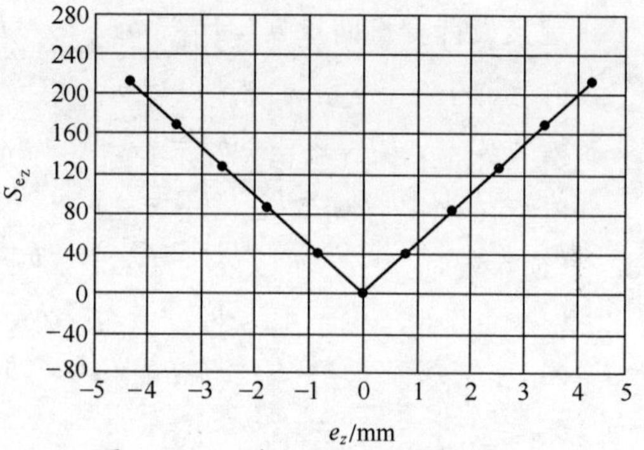

图 8.15　e_z 对水平炮口振动的影响

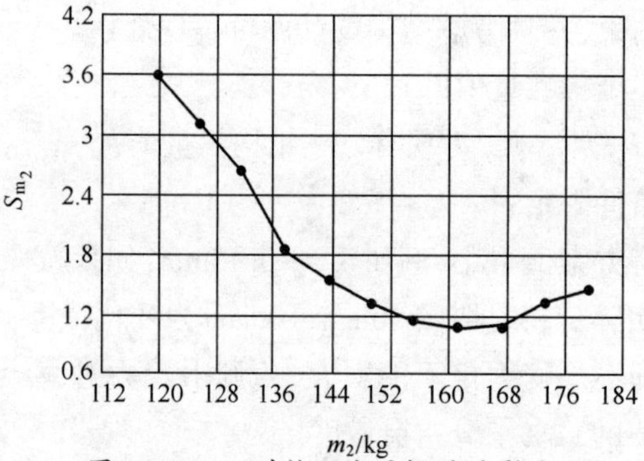

图 8.16　m_2 对炮口水平振动的影响

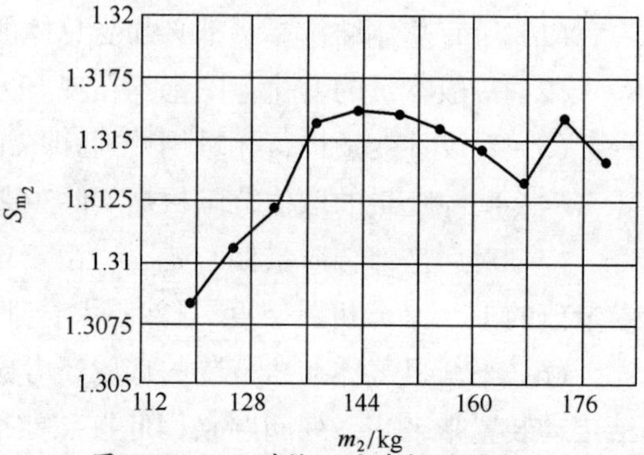

图 8.17　m_2 对炮口垂直振动的影响

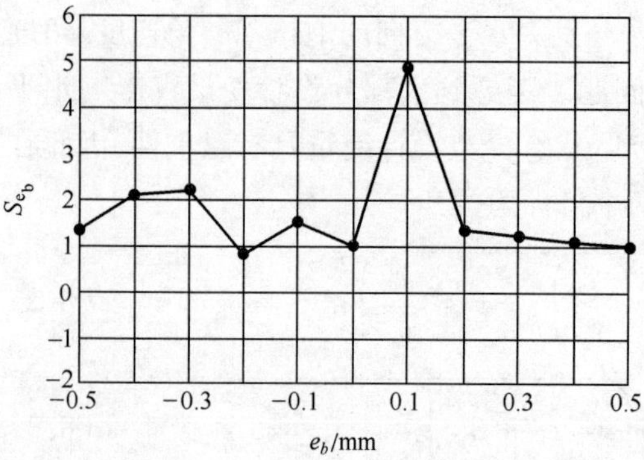

图 8.18　e_b 对炮口水平振动的影响

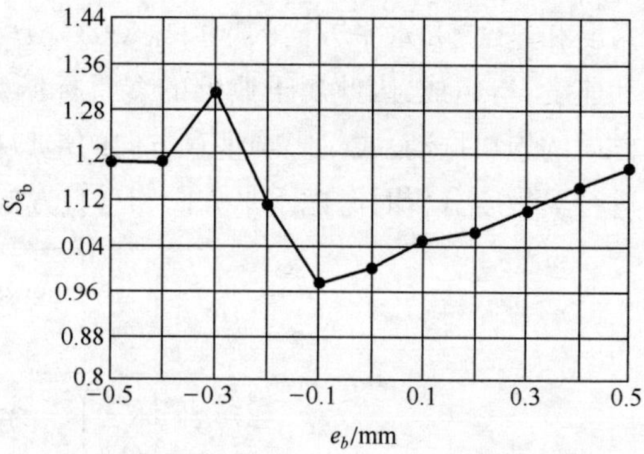

图 8.19　e_b 对炮口垂直振动的影响

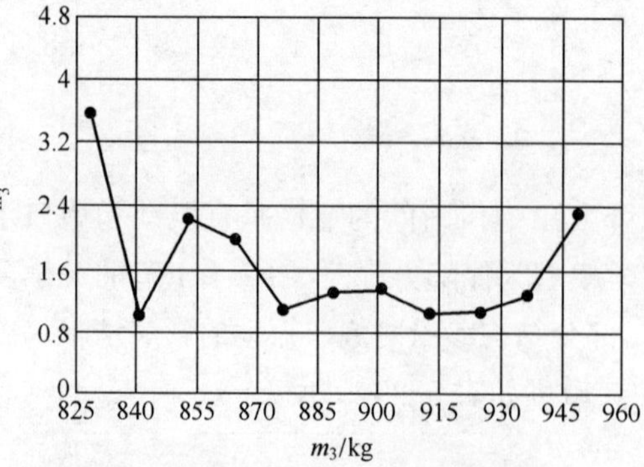

图 8.20　m_3 对水平炮口振动的影响

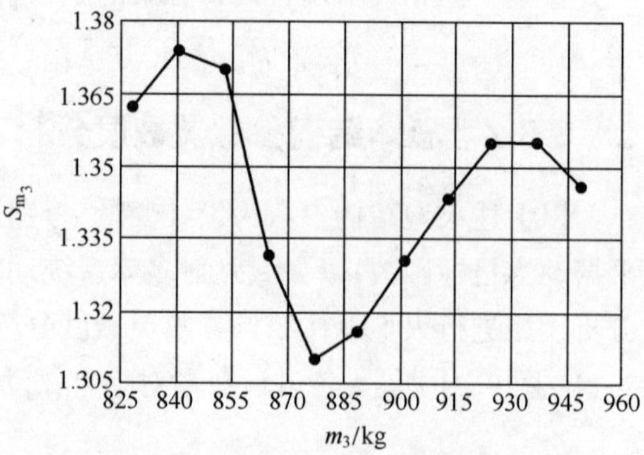

图 8.21　m_3 对垂直炮口振动的影响

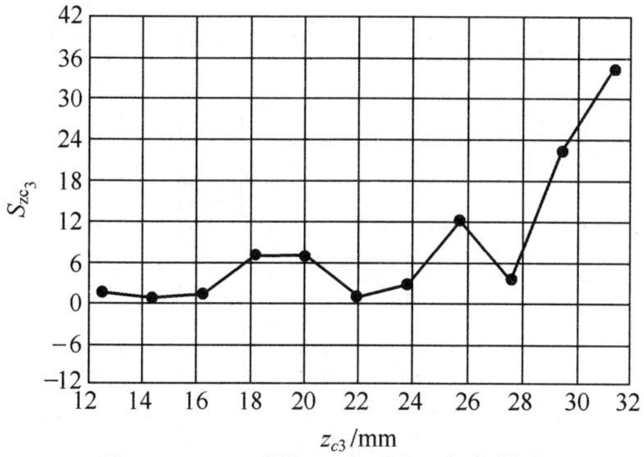

图 8.22　z_{c3}对炮口水平振动的影响

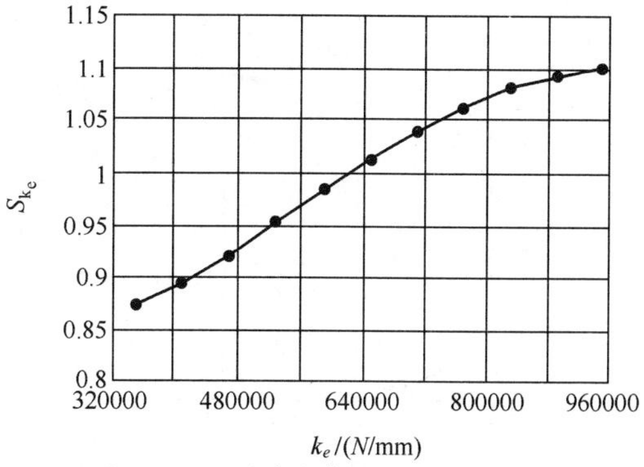

图 8.23　k_e 对垂直炮口振动的影响

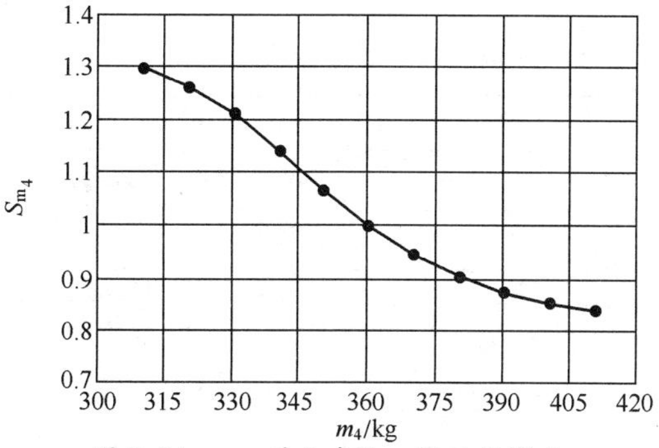

图 8.24　m_4 对垂直炮口振动的影响

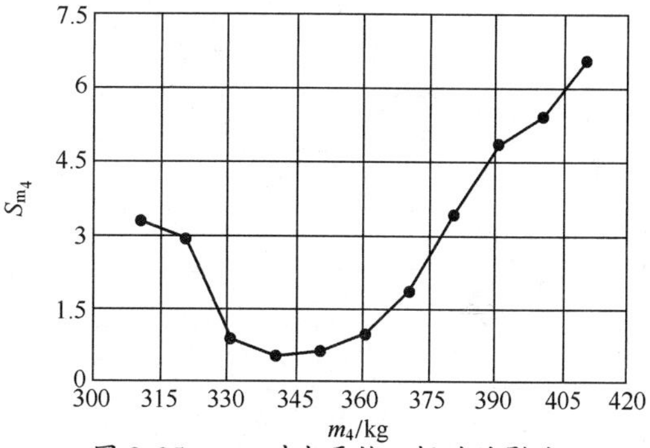

图 8.25　m_4 对水平炮口振动的影响

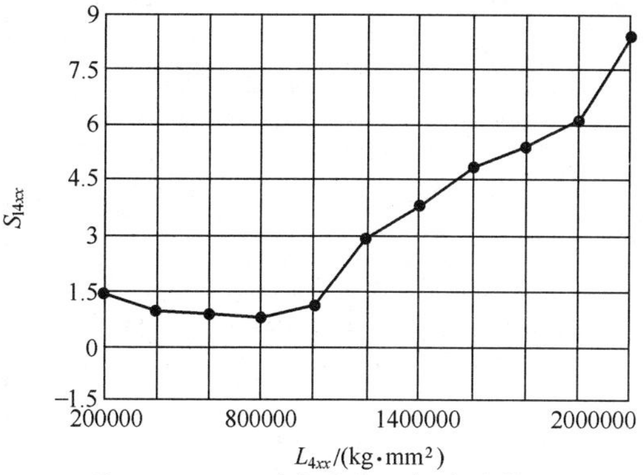

图 8.26　I_{4xx} 对水平炮口振动的影响

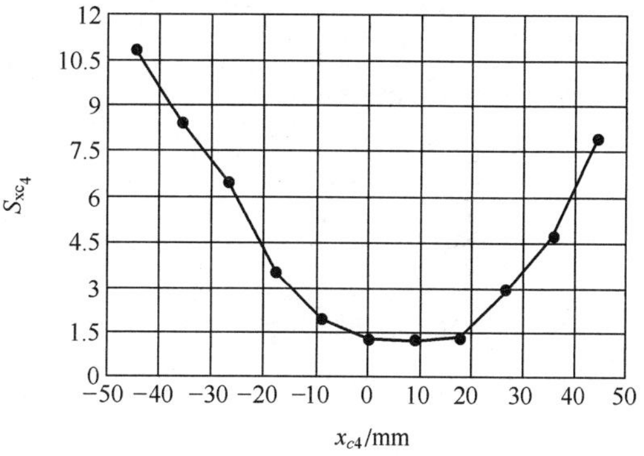

图 8.27　x_{c4} 对水平炮口振动的影响

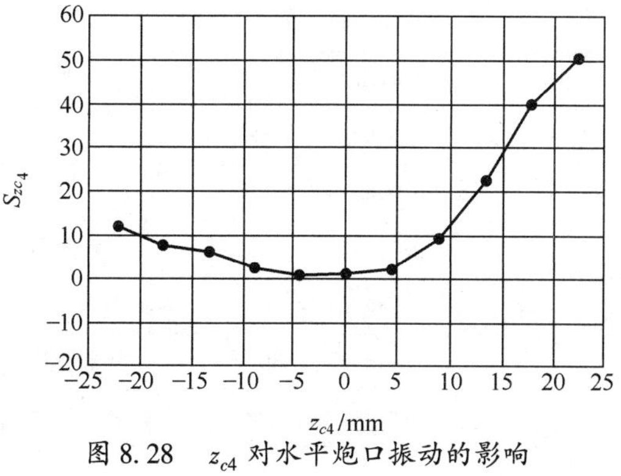

图 8.28　z_{c4} 对水平炮口振动的影响

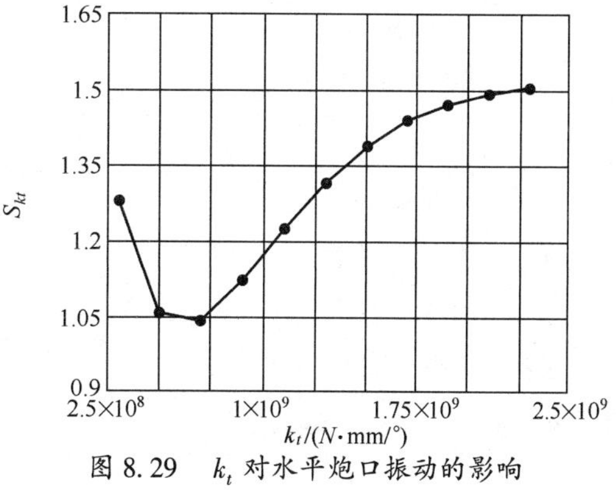

图 8.29　k_t 对水平炮口振动的影响

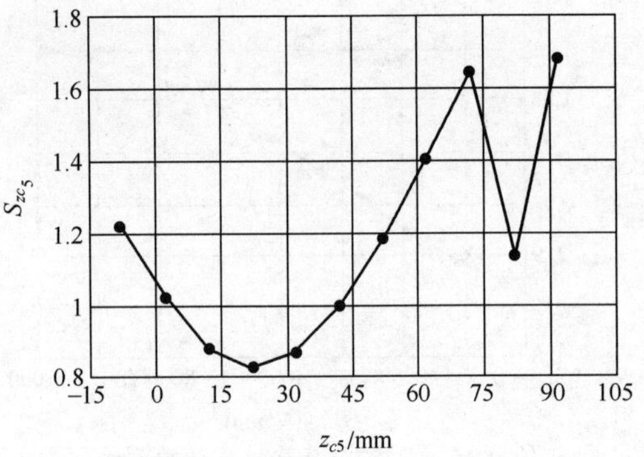

图 8.30 z_{c5} 对水平炮口振动的影响

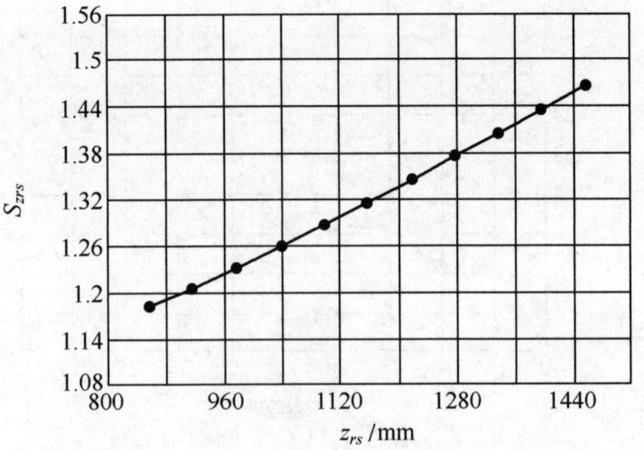

图 8.31 z_{rs} 对水平炮口振动的影响

表 8.29 灵敏度分析结果一览表

序号	设计变量名称	灵敏度范围	备注
1	后坐部分质量偏心 e_y	0.92033~1.80626	影响明显
2	后坐部分质量偏心 e_z（水平）	1.000~161.753	影响明显
3	后坐部分质量 m_1	0.96544~1.03785	影响明显
4	后坐部分质量 m_1（水平）	0.83874~1.24833	影响明显
5	后坐部分转动惯量 I_{1yy}	1.000	
6	后坐部分转动惯量 I_{1yy}（水平）	0.985411~1.03877	
7	后坐部分转动惯量 I_{1zz}	0.99836~1.00025	
8	炮口制退器质量 m_2	0.99411~1.00006	
9	炮口制退器质量 m_2（水平）	0.81959~2.73192	影响明显
10	炮尾与摇架导轨的配合间隙 e_b	0.97568~1.311898	影响明显
11	炮尾与摇架导轨的配合间隙 e_b（水平）	0.84127~4.87533	影响明显
12	耳轴相对炮轴的位置 e_t	0.980715~1.03854	
13	摇架前套箍位置 l_f	1.000	
14	摇架质量 m_3	0.99553~1.0438	
15	摇架质量 m_3（水平）	0.77809~2.72362	影响明显
16	摇架转动惯量 I_{3xx}	0.99356~1.0000	
17	摇架转动惯量 I_{3yy}（水平）	0.42613~3.37032	影响明显
18	摇架转动惯量 I_{3zz}	0.99052~1.0000	
19	摇架质心位置 x_{c3}	0.99622~1.04880	
20	摇架质心位置 y_{c3}	0.91743~1.02687	影响明显
21	摇架质心位置 z_{c3}（水平）	0.78471~34.3821	影响明显
22	平衡机气体初压 P_0	0.97892~1.03019	影响明显
23	高低机螺杆刚度 k_e	0.87482~1.10029	影响明显

（续）

序号	设计变量名称	灵敏度范围	备注
24	上架质量 m_4	0.84042~1.29685	影响明显
25	上架质量 m_4（水平）	0.55125~6.55440	影响明显
26	上架转动惯量 I_{4xx}	0.94709~1.00000	影响明显
27	上架转动惯量 I_{4xx}（水平）	0.60823~6.38113	影响明显
28	上架转动惯量 I_{4yy}（水平）	0.85986~0.99656	
29	上架转动惯量 I_{4zz}	0.94921~1.0000	影响明显
30	上架质心位置 x_{c4}	0.87716~1.0227	影响明显
31	上架质心位置 x_{c4}（水平）	0.97339~8.21719	影响明显
32	上架质心位置 y_{c4}	0.84758~1.14289	影响明显
33	上架质心位置 z_{c4}（水平）	0.79786~38.3272	影响明显
34	方向机等效刚度 k_t（水平）	0.79379~1.14377	影响明显
35	方向机等效阻尼 c_t（水平）	0.99684~1.00334	
36	大架及下架部分 m_5	0.98425~1.01980	
37	大架及下架部分 m_5（水平）	0.82807~1.26206	影响明显
38	大架及下架部分转动惯量 I_{5xx}	0.99990~1.00021	
39	大架及下架部分转动惯量 I_{5yy}（水平）	0.95495~1.05539	影响明显
40	大架及下架部分转动惯量 I_{5zz}	0.98217~1.03235	
41	大架及下架部分质心位置 x_{c5}	0.97806~1.02590	
42	大架及下架部分质心位置 y_{c5}	0.99222~1.00611	
43	大架及下架部分质心位置 z_{c5}（水平）	0.82901~1.68280	影响明显
44	前驻锄中心位置 x_{fs}	0.97542~1.03012	
45	前驻锄中心位置 z_{fs}	0.99996~1.00000	
46	前驻锄中心位置 z_{fs}（水平）	0.98610~1.01211	
47	后驻锄中心位置 x_{rs}	0.99544~1.00505	
48	后驻锄中心位置 z_{rs}	0.99947~1.00046	
49	后驻锄中心位置 z_{rs}（水平）	0.89813~1.11324	影响明显

据此选出对炮口振动贡献较大的 22 个设计变量，其中 13 个设计变量对垂直炮口振动影响较大，在进行火炮总体结构参量优化与匹配时应优先考虑这些设计变量。

8.3.3 总体结构参数优化流程

在进行火炮总体结构参数优化时，名义上只改变一个设计变量，实际上改变的是一系列参数，在这种情况下直接在 ADAMS/View 环境下定义设计变量是难以实现的。为了克服这个困难，根据随机方向优化算法编制优化模块，每寻优一次，自动修改 ADAMS 的模型文件(.ADM 文件),再调用 ADAMS SOLVER 求解火炮动力学问题,计算目标函数,这样通过反复寻优,最终获得较优的设计方案。优化流程如图 8.32 所示。

选择炮口振动为目标函数,即

$$F = \sqrt{\beta_1\left(\frac{\omega_z}{\omega_{z0}}\right)^2 + \beta_2\left(\frac{\alpha_z}{\alpha_{z0}}\right)^2 + \beta_3\left(\frac{v_y}{v_{y0}}\right)^2 + \beta_4\left(\frac{\omega_y}{\omega_{y0}}\right)^2 + \beta_5\left(\frac{\alpha_y}{\alpha_{y0}}\right)^2 + \beta_6\left(\frac{v_z}{v_{z0}}\right)^2} \tag{8.5}$$

式中:$\beta_i(i=1,2,\cdots,6)$ 为大于 0 的加权系数,且满足

$$\sum_{i=1}^{6}\beta_i = 1 \tag{8.6}$$

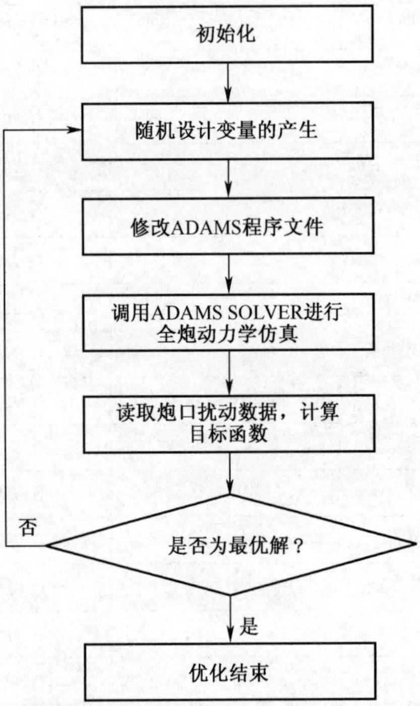

图 8.32 火炮总体结构参量优化流程

8.3.4 总体结构参数优化结果与分析

目标函数迭代结果如图 8.33 所示,可以看出,尽管火炮总体结构参量变化范围在 ±15%,但是炮口振动的变化比较明显,目标函数值从 13.775 变化到 0.785。表 8.30 列出了当前方案、优化方案和较差方案的设计变量及目标函数的比较。

从优化效果来看,可以得出如下结论:

(1) 总体优化效果比较明显,炮口振动目标函数下降了 21.5%,炮口振动量除炮口中心垂直速度增加外,其余都得到了明显的下降。

(2) 为了有效地降低炮口振动,在总体布置时应尽量减少后坐部分的质量偏心。

(3) 摇架导轨与炮尾导槽的配合问题值得探讨,从减小炮口振动的角度考虑,并不是配合间隙越小就越好,预留一定的间隙量对减小炮口振动有利,这也需要工程实践的

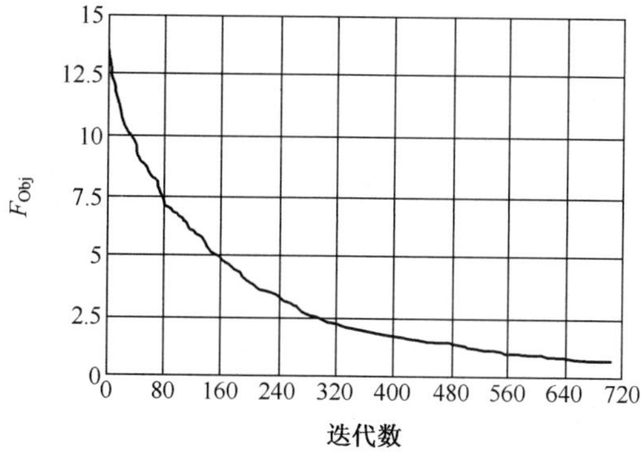

图 8.33 目标函数的迭代曲线

验证。

(4) 摇架、上架、大架、下架等的质量、质心位置以及惯性张量对炮口振动也有贡献,在总体允许的条件下,适当改变一些总体布置,对降低炮口振动也是有效果的。

(5) 平衡机的气体初压除了满足起落部分的平衡性能外,还要保证射击前和射击时高低机螺旋副的接触不能换向,否则会引起巨大的冲击,从而使炮口振动大大增加,对后坐部分质心在炮轴上方的,则平衡机气体初压应尽量调小,否则要调大,优化结果正是说明了这一点,这在火炮实际使用中也得到了证实。

(6) 表 8.30 最右列表明,即使在总体参量变化不大的情况下,炮口振动也会相差很大,从而造成密集度较差的情况,由此可见在火炮总体设计的过程中,对总体方案进行优化与匹配具有十分重要的意义。

表 8.30 优化前后结果比较

序号	设计变量物理意义	初始值	优化值	较差值
1	后坐部分质量偏心 e_y/mm	7.27	3.22	−12.27
2	后坐部分质量偏心 e_z/mm	−0.15	−0.21	−29.20
3	后坐部分(不含炮口制退器)质量 m_1/kg	2382.40	2315.47	2390.05
4	炮口制退器质量 m_2/kg	149.20	153.42	145.94
5	炮尾与摇架导轨的间隙 e_b /mm	0.30	0.58	0.11
6	摇架质量 m_3/kg	817.50	825.16	815.79
7	摇架转动惯量 I_{3yy} /kg · mm^2	1.0106e9	1.0004e9	9.075e8
8	摇架质心位置 y_{c3} /mm	20.70	19.74	21.50
9	摇架质心位置 z_{c3} /mm	−6.30	−3.38	−8.433
10	平衡机气体初压 P_0/kg · cm^{-2}	72.50	69.49	73.335
11	高低机螺杆刚度 k_e /N · mm^{-1}	6.497e5	5.975e6	6.154e6
12	上架质量 m_4/kg	264.00	252.10	265.994
13	上架转动惯量 I_{4xx} /kg · mm^2	5.342e7	5.6249e7	5.096e7
14	上架转动惯量 I_{4zz} /kg · mm^2	3.147e7	2.716e7	2.898e7
15	上架质心位置 x_{c4} /mm	−35.40	−38.29	−31.717
16	上架质心位置 y_{c4} /mm	442.70	482.04	506.46
17	上架质心位置 z_{c4} /mm	463.60	433.86	532.45

（续）

序号	设计变量物理意义	初始值	优化值	较差值
18	方向机等效刚度 k_t /N · mm · deg^{-1}	1.299e9	1.2263e9	1.296e9
19	大架下架(不含后驻锄)质量 m_5/kg	1018.50	1164.95	937.24
20	大架下架转动惯量 I_{5yy} /kg · mm^2	1.576e9	1.6632e9	1.489e9
21	大架下架质心位置 z_{c5} /mm	41.80	45.84	43.49
22	后驻锄中心位置 z_{rs} /mm	1157.00	1089.30	1209.19
23	目标函数值	1.000	0.785	13.775
24	炮口中心垂直速度/mm · s^{-1}	−16.9575	−54.821	−75.302
25	炮口中心垂直跳角角速度/° · s^{-1}	15.2037	3.9393	4.4643
26	炮口中心垂直跳角/°	0.07567	0.05656	0.04707
27	炮口中心水平速度/mm · s^{-1}	0.5637	0.02464	−49.032
28	炮口中心水平跳角角速度/° · s^{-1}	−0.8908	−0.47265	8.6259
29	炮口中心水平跳角/(°)	0.00103	0.000004	0.01739

图 8.34~图 8.39 分别列出了 6 个炮口振动量在不同方案下随时间的变化规律，图中▲、●、★分别当前设计方案、优化方案和较差方案。

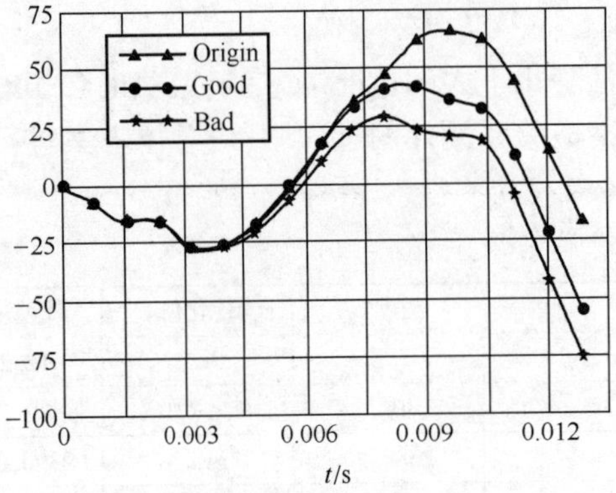

图 8.34 三种方案的炮口垂直速度比较

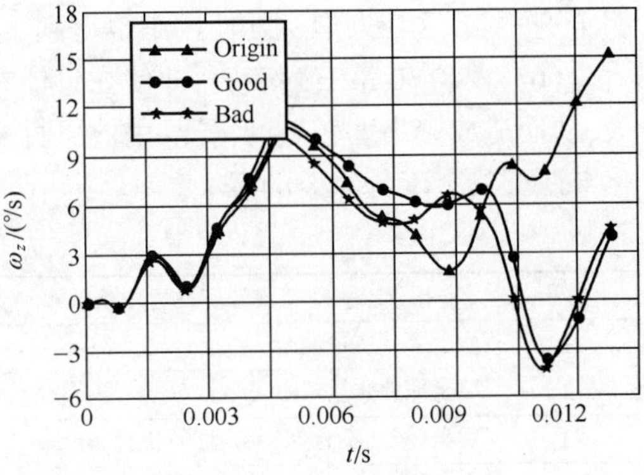

图 8.35 三种方案的炮口垂直跳角角速度比较

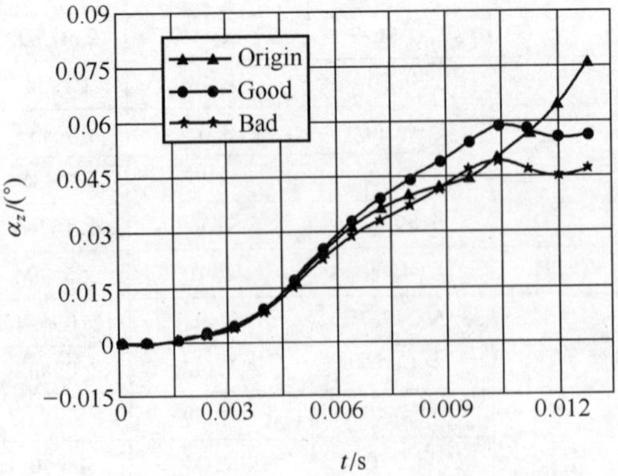

图 8.36 三种方案的炮口垂直跳角比较

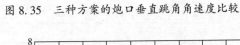

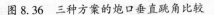

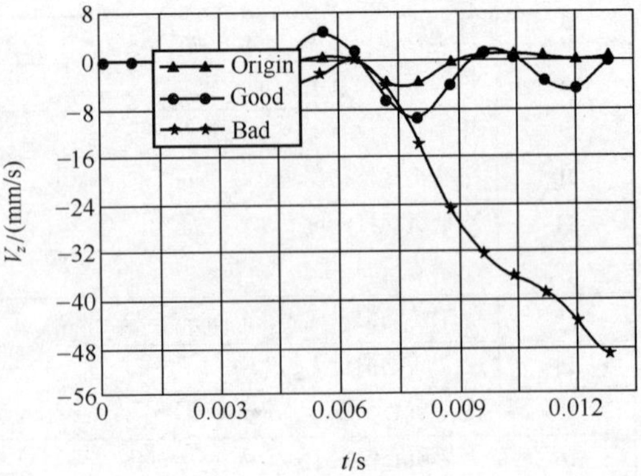

图 8.37 三种方案的炮口水平速度比较

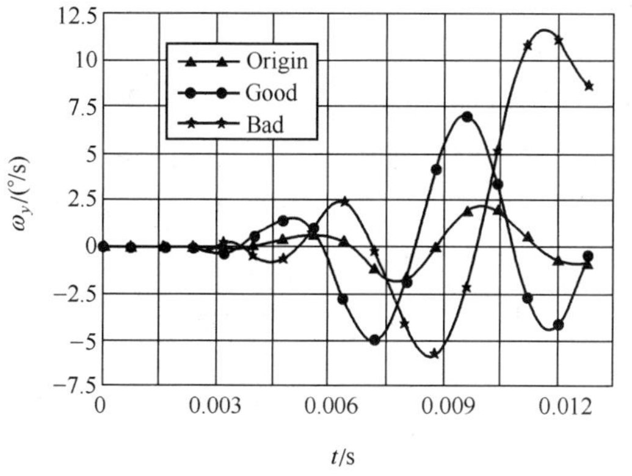

图 8.38 三种方案的炮口水平跳角角速度比较

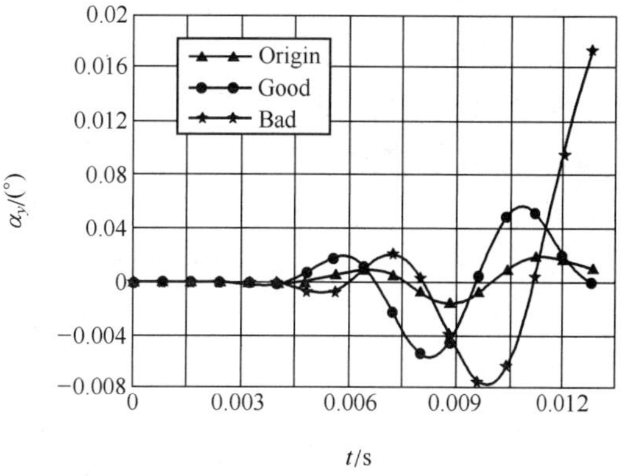

图 8.39 三种方案的炮口水平跳角比较

8.4 某火炮结构刚强度的建模与计算分析

刚强度是火炮研发过程中非常关注的问题,因为这涉及火炮射击精度的好坏以及射击时材料的失效、疲劳损坏等问题。传统的火炮设计基本上按照材料力学理论进行刚强度设计,但是由于火炮零部件的结构形式及连接关系一般比较复杂,利用材料力学理论进行分析计算时需要作很多的假设和简化,使得计算结果与实际情况差异很大,难以指导火炮的结构设计,一般依靠设计人员的经验或采用一定的符合系数进行设计,通过大量的实弹射击来考核火炮的刚强度,根据试验结果对设计方案进行修改设计,这种设计—试验—设计修改的过程是反复迭代的,必然导致研制周期长、投入经费多、设计效率低等。本节以某榴弹炮为例,根据火炮关重零部件的实际结构、连接关系和射击时的载荷情况,建立了摇架、上架、车架等的精细有限元模型,通过对其刚强度进行仿真分析,找出刚强度较薄弱的环节,进行相应的结构修改设计,保证火炮射击时的刚强度有足够的储备,从而实现了在火炮设计阶段解决火炮的刚强度问题。

8.4.1 某火炮摇架和上架的刚强度仿真与设计分析

1. 结构分析

某火炮的摇架和上架借鉴了某牵引火炮的成熟结构,为了给炮手在车上操作留出足够空间,增加了上架耳轴孔的高度,这使得上架侧板的高度增加,使上架的刚度和强度变差;同时为了降低火线高,平衡机和高低机采用单侧布置,增加了机构的不对称性,使得上架的受力不在其对称面内,上架两侧板受扭矩作用。摇架后方布置输弹机,增加了摇架两臂的长度。

在本例的摇架和上架设计分析中,有两种设计方案:第 1 种方案是采用槽型摇架及相应的上架,第 2 种方案采用筒型摇架及相应的上架。第 1 种方案的摇架槽为一层薄钢板,内部有加强筋增强其刚度,槽型摇架的两支臂也是薄钢板箱体结构,上架底板是薄钢板箱体结构,与回转支承的连接刚度较差;第 2 种方案的摇架体为筒型钢,两支臂是较厚钢板,并有加强筋增强其刚度,支臂与筒体的连接处是块状结构,上架回转支承上座圈、底板和侧板三者通过加强筋连为一体。

2. 摇架和上架的有限元模型

建模时将摇架和上架视为一个整体，这样高低齿轮与齿弧之间的作用力、平衡机力、耳轴与耳轴孔之间的作用力都是内力，其余的外力包括复进机力 P_F、制退机液压阻力 ϕ_0、由紧塞装置产生的摩擦阻力（为建模方便将之合并到 P_F 和 ϕ_0 中）、炮身对摇架的支反力 N_1 与 N_2、导轨（槽型摇架）或衬套（筒型摇架）上的摩擦力 f_{N_1} 和 f_{N_2} 以及重力，如图 8.40 所示，图中 x 方向在水平面内沿身管向前为正，y 轴竖直向上为正，z 轴满足右手定则。

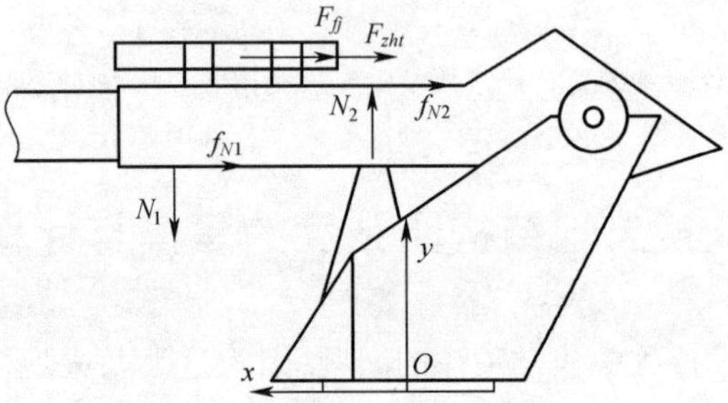

图 8.40　摇架和上架受力分析示意图

在单元选择上，对于薄钢板和槽型钢采用等参四边形壳单元，耳轴、上架的底部座圈、齿轮齿弧等处采用等参六面体单元，平衡机简化为弹性杆单元，定义接触关系模拟齿轮、齿弧的啮合。第 1 方案对应的模型共有 42027 个单元、42042 个节点；第 2 方案对应的模型共有 39370 个单元、40525 个节点，分别如图 8.41 和图 8.42 所示。

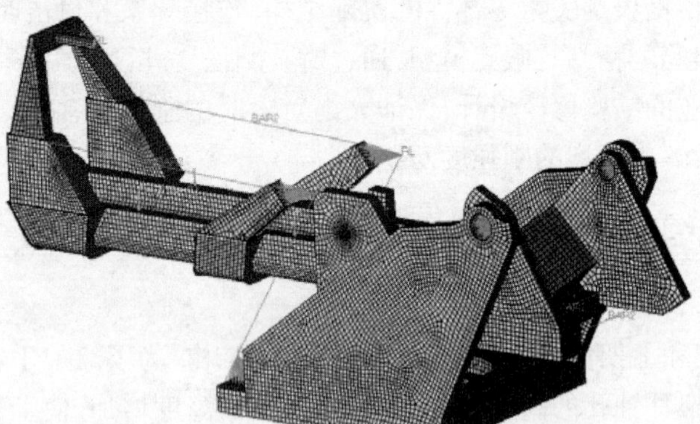
图 8.41　第 1 方案的摇架和上架有限元模型

3. 数值仿真结果及分析

在计算分析时，将 P_F、ϕ_0、N_1、N_2、f_{N1}、f_{N2} 的最大值施加在摇架的相应节点上，定义重力加速度，约束上架的回转支承底部节点的三个平移自由度。分别计算了高低射角为 0°、45°和 70°三种典型工况，表 8.31 为 0°和 45°时两种方案的结果对比，图 8.43 和图 8.44 分别为 0°射角时两种方案的位移和应力分布云图。

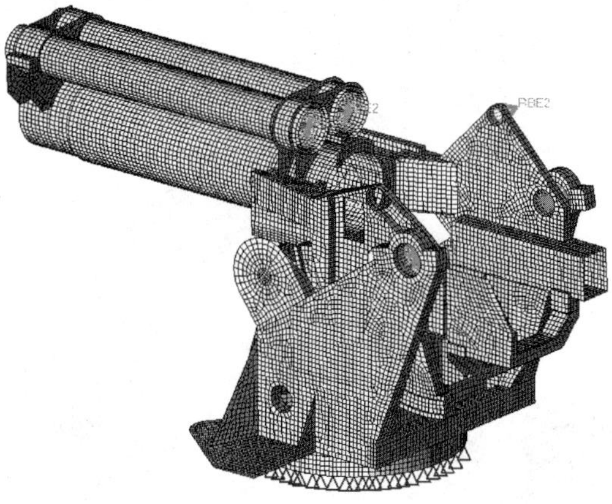

图 8.42　第 2 方案的摇架和上架有限元模型

表 8.31　两种方案的结果对比

高低射角/(°)	0		45	
设计方案	方案 1	方案 2	方案 1	方案 2
应力最大值/MPa	394.5	269.2	425.3	278.6
位移最大值/mm	6.56	2.56	10.60	3.42
左耳轴中心位移/mm	4.12	1.70	4.36	1.71
右耳轴中心位移/mm	2.75	1.38	2.91	1.66
左右耳轴中心位移差/mm	1.37	0.32	1.45	0.05

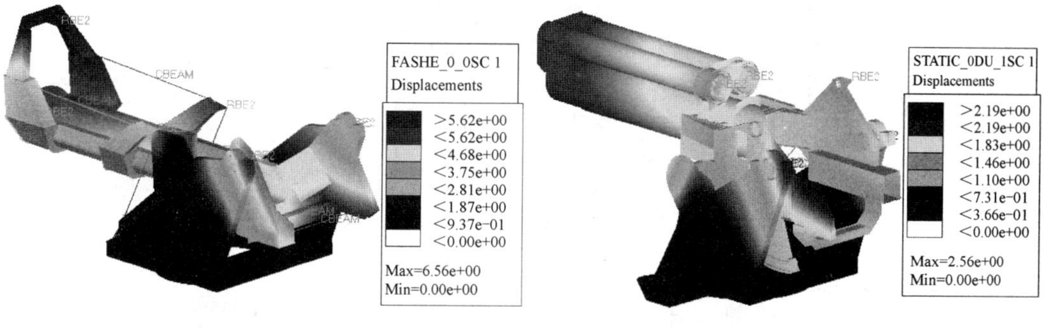

（a）方案Ⅰ　　（b）方案Ⅱ

图 8.43　0°射角时的位移分布云图(单位:mm)

从表 8.31 和图 8.43 及图 8.44 可以看出:

(1) 方案 1 的最大应力分布在上架侧板和底板的交界处,以及摇架的两支臂与摇架体的连接处,0°时最大值为 394.5MPa,45°时的最大值为 425.3MPa,需选用屈服强度较大的材料才能满足其强度要求;而方案 2 的最大应力要比方案 1 的小得多。

(2) 方案 1 在 45°时,上架的左耳轴中心位移为 4.36mm,右耳轴中心位移为 2.91mm,相差 1.45mm;方案 2 的左右耳轴中心位移及位移差都比方案 1 小得多。

(3) 从位移云图上还可以看出方案 1 的摇架在竖直面内的弯曲变形比较大,最大位移出现在摇架槽前端面,45°时其值为 10.60mm;方案 2 的摇架最大变形仅为 3.42mm。

(4) 从整体上看,方案 2 的刚强度要比方案 1 的好,在总体许可的情况下应选择第 2 设计方案,这已在实际的试制中得到证实。

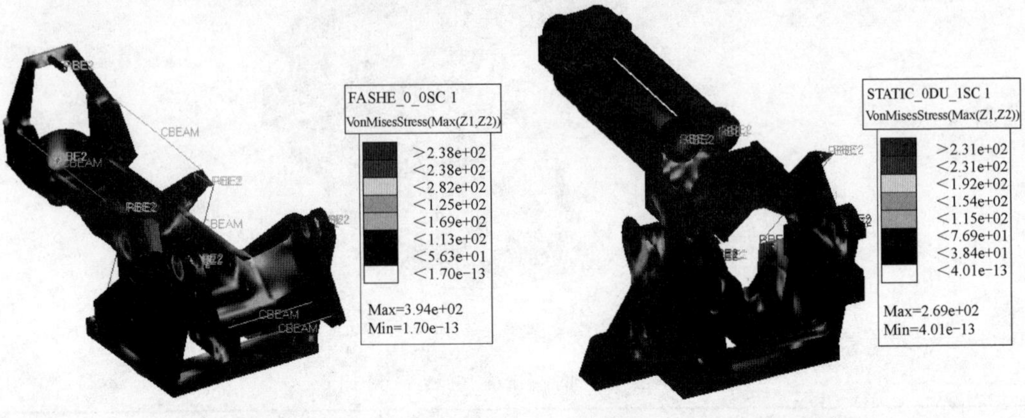

(a) 方案Ⅰ　　(b) 方案Ⅱ

图 8.44　0°射角时的应力分布云图(单位:MPa)

8.4.2　某火炮主副车架刚强度分析

1. 主副车架结构分析

某榴弹炮发射载体主要包括主车架、副车架、左右液压驻锄、液压座盘、下座圈等。图 8.45 是副车架的局部结构示意图,采用两根平行布置的横梁来加强座圈的刚强度,为第 1 设计方案。第 2 种设计方案采用四根斜八字梁来加强座圈。

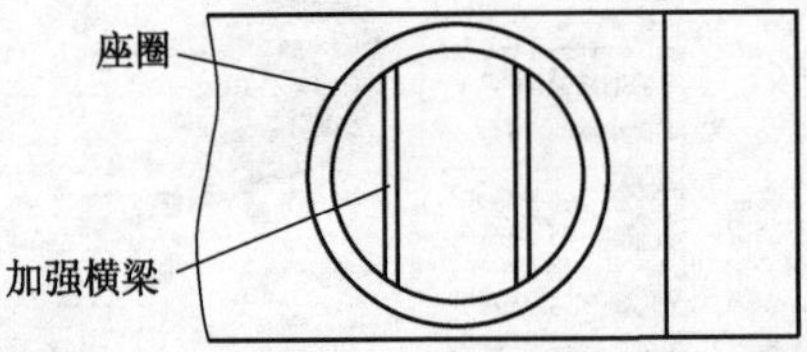

图 8.45　副车架与下座圈的结构示意图

2. 主副车架有限元模型

主车架、副车架、左右液压驻锄、液压座盘和盖板采用等参四边形单元,土壤、液压缸和座圈采用八节点等参六面体单元,驾驶室和悬挂部分采用集中质量处理。

各部件之间采用焊接单元、U 型螺栓联接、共用节点固结和刚性单元连接等,关键部位适当增加网格的密度。第 1 方案的有限元模型共有 92031 个单元、92286 个节点;第 2 方案的有限元模型共有 91869 个单元、92069 个节点。在回转中心施加火炮发射时的最大载荷(3 个方向的力和力矩),回转中心所在的节点与下座圈各节点之间用刚性杆单元连接。固定土壤的下表面,轮胎与土壤的接触用弹簧单元模拟。图 8.46 为方案 1 的局部有限元模型。

为了模拟火炮射击时的最恶劣工况,对最大高低射角 β_{max}、最大方向射角 α_{max} 以及高温全装药的工况进行了仿真,计算工况如表 8.32 所示。

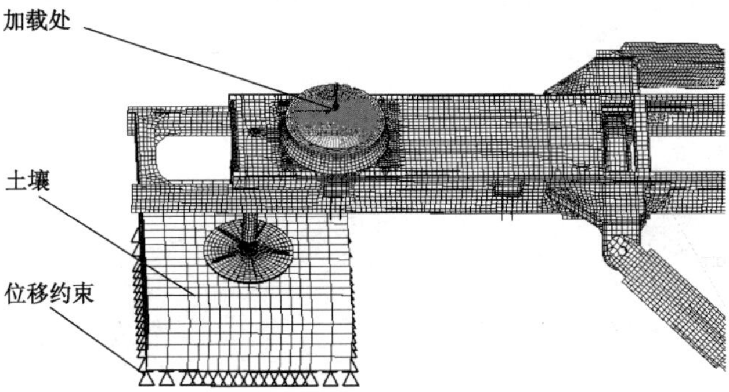

图 8.46　方案 1 的局部有限元模型

表 8.32　计算工况

工况序号	方向射角/(°)	高低射角/(°)	工况序号	方向射角/(°)	高低射角/(°)
1	0	0	4	α_{max}	0
2	0	45	5	α_{max}	45
3	0	β_{max}	6	α_{max}	β_{max}

3. 数值仿真结果分析

采用 Nastran 求解器计算了所建立的有限元模型。部分结果如表 8.33,表中 s_1、s_2 分别表示方案 1 和方案 2 的下座圈下方部位的最大位移,σ_{11} 和 σ_{21} 分别表示方案 1 和 2 的副车架最大应力,σ_{12} 和 σ_{22} 分别表示方案 1 和方案 2 的左右液压驻锄最大应力,σ_{13} 和 σ_{23} 分别表示方案 1 和 2 的主车架最大应力。

可以看出方案 2 下座圈最大位移比方案 1 小,方案 2 主车架最大应力比方案 1 略小,副车架、液压驻锄和座盘的最大应力相差不大。由于火炮下座圈的位移通过上座圈传递到炮口,对炮口振动影响较大,火炮下座圈的位移越小越好,底盘以最大应力较小者为好;另外考虑到副车架与下座圈之间安装一些其它零部件,需要留有足够空间。因此,方案 2 优于方案 1。

表 8.33　2 种方案的位移、应力最大值

工况	s_1 /mm	σ_{11} /MPa	σ_{12} /MPa	σ_{13} /MPa	s_2 mm	σ_{21} /MPa	σ_{22} /MPa	σ_{23} /MPa
1	2.05	151	141	99.2	1.89	150	140	82.7
2	4.19	251	122	165	3.89	246	120	139
3	5.21	266	107	175	4.88	260	105	147
4	5.60	249	306	243	5.50	255	300	226
5	5.65	330	255	254	5.57	328	254	237
6	5.83	332	225	238	5.53	331	224	224

图 8.47 是方案 2 工况 6 的局部应力云图。方案 1 和 2 的应力和位移云图均有如下规律:正向射击时座圈附近靠近车头的部位位移较大,侧向时座圈附近靠近纵梁的部位位移较大;副车架最大应力出现在座圈底部横梁和与左右液压驻锄连接处;驻锄连接座背板

与上下盖板上有几个应力较大的危险点,并且侧打时的最大应力比正向射击时大很多;正向射击时主车架的最大应力分布在座圈下方部位,侧向射击时分布在驻锄连接座附近的纵横梁连接处。

图 8.47 方案 2 工况 6 的局部应力云图(单位:MPa)

图 8.48 是解除 U 形螺栓后主副车架的位移云图,可以看出主车架与副车架有分离的趋势;而采用 U 形螺栓、局部点焊和连接扣的方式,则主车架与副车架没有分离的趋势。因此利用 U 形螺栓加强连接是必要的。

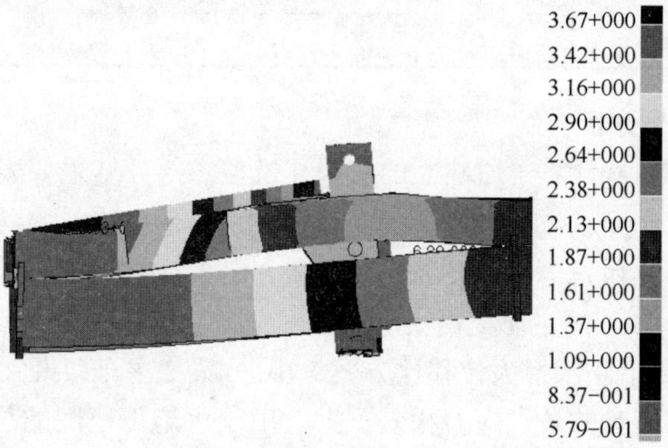

图 8.48 取消 U 形螺栓时的主副车架位移云图(单位:mm)

8.5 某火炮非线性有限元建模与分析

本节以某榴弹炮为例,应用非线性有限元建模理论对火炮发射过程中的典型非线性现象进行模拟,对火炮的动态特性进行仿真分析。考虑的非线性因素主要包括土壤及弹带的材料非线性、弹丸和身管的耦合作用、摇架和身管外壁的接触/碰撞、高低机主齿轮与摇架齿弧的接触/碰撞、上架和下架之间的接触/碰撞、反后坐装置载荷等。

8.5.1 非线性有限元建模

1. 弹丸与身管的接触/碰撞建模

1) 膛线身管三维建模与高精度有限元网格划分

鉴于膛线身管几何实体曲面造型难度大精度低的缺点,借助于 HyperMesh 的 SOLID MAP 功能,采取分段扫描映射的方式生成网格,建立了一种获得膛线身管高精度网格的方法。主要步骤如下:

(1) 建立无膛线身管的几何实体模型,根据膛线展开线的曲线方程生成若干条空间曲线(空间曲线的条数等于膛线的条数)。根据身管的台阶数将其分段,图 8.49 是其中的一段。

(2) 在身管的某一端面(此端面包含膛线的横截面)生成二维网格(图 8.50),用此二维网格沿膛线的空间曲线分段扫描,即可得到包含膛线的身管有限元网格,如图 8.51 所示。

用此方法操作简单,生成的网格全部为六面体,而且膛线的网格完全沿着空间曲线,保证了结构的造型精度,适当加密网格或采用高精度单元可以提高解的精度。

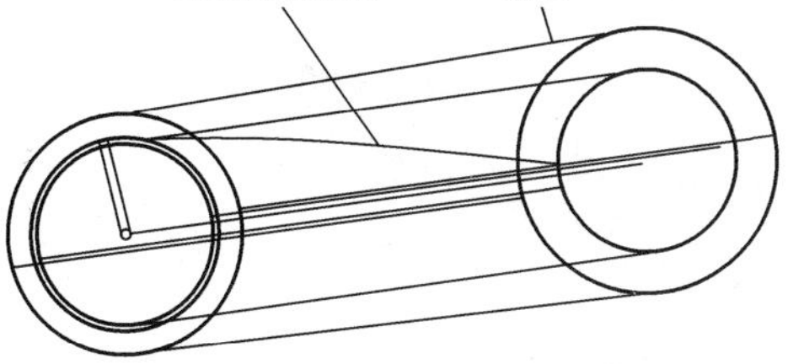

图 8.49 身管和其中的一条膛线

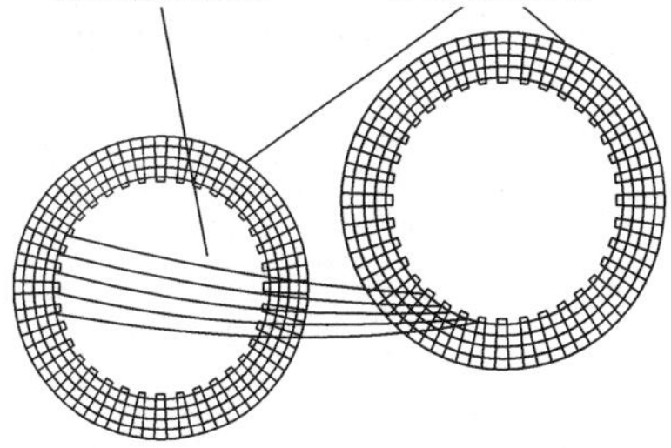

图 8.50 身管端面的二维网格划分

2) 身管-弹丸的接触/碰撞有限元模型

弹丸弹带和前定心部与身管内壁的接触状态通过平衡主控-从属搜索算法进行判断,为了减少搜索的时间,指定接触可能发生的区域,在 ABAQUS 中,接触关系定义如下:

```
* * Interaction: general_contact 定义通用接触
* Contact, op=NEW
* * 指定接触可能发生的区域,语句 SURFACE-TANGXIAN 定义膛线的表面,
* * SURFACE-DANWAN 定义了弹丸的表面
* Contact Inclusions
SURFACE-TANGXIAN , SURFACE-DANWAN
* * 定义接触的属性
* Contact property assignment
,  , INTPROP-FRICTION
* * 定义接触表面的切向摩擦行为及摩擦因数
* SURFACE INTERACTION, NAME = INTPROP-FRICTION
* FRICTION
```

膛线身管-弹丸耦合的接触有限元模型如图 8.52 所示,图 8.53 是整个炮身的有限元模型。

2. 身管与摇架的接触/碰撞模型

以筒型摇架为例,为了减少身管与摇架之间的摩擦阻力以及降低加工和装配的难度,身管并不是与摇架的整个圆筒接触,而是在摇架圆筒的前后设置两个铜衬瓦。两个衬瓦的内径不相同,分别与身管不同直径处的圆柱部配合,摇架与身管的接触/碰撞实际上就是前、后衬瓦与身管圆柱部的接触/碰撞问题。铜衬瓦和身管圆柱部之间留有间隙,以保证后坐-复进运动顺畅完成,可以通过控制接触部位的精确尺寸来定义配合部位的间隙。对于槽型摇架只需定义滑块与摇架滑轨之间的接触关系,定义方法与筒型摇架类似。

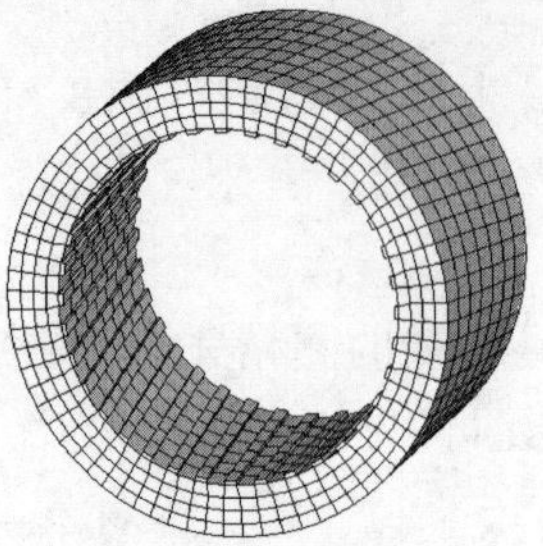

图 8.51 膛线身管的网格划分

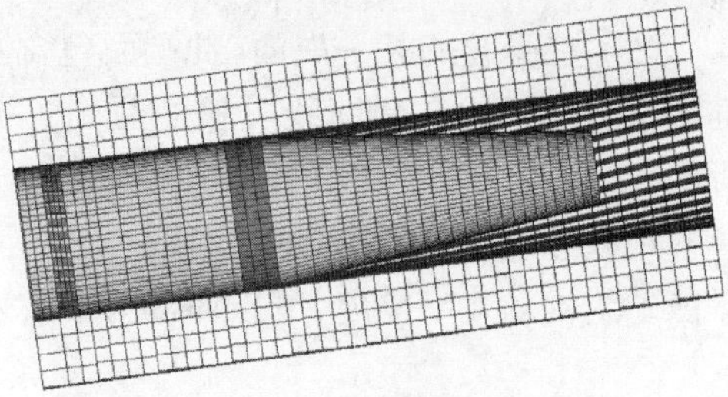

图 8.52 身管与弹丸耦合有限元模型

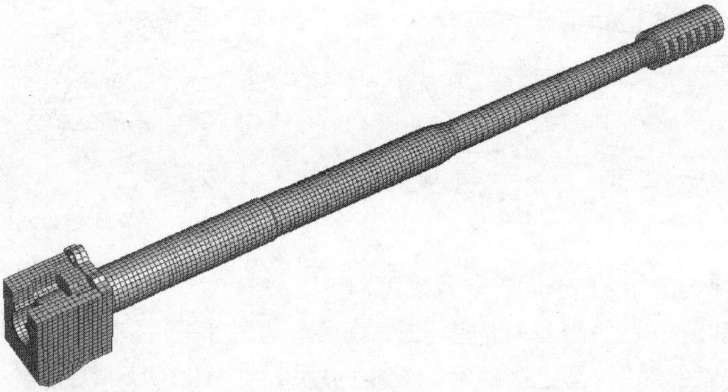

图 8.53 炮身有限元模型

图 8.54 是身管与摇架的接触/碰撞有限元模型,衬瓦厚度方向上采用 4 层网格,单元类型使用等参六面体缩减积分单元,ABAQUS 语句定义的接触关系如下:

```
* * Interaction: general_contact 定义通用接触
* Contact, op = NEW
* * 指定接触可能发生的区域
* Contact Inclusions
SURFACE-LINER , SURFACE-TUBE
* * 定义接触的属性
* Contact property assignment
,  , FRICTION_2
定义接触表面的切向摩擦行为及摩擦因数
* SURFACE INTERACTION, NAME =FRICTION_2
* FRICTION_2
…
```

3. 高低机齿轮齿弧的接触/碰撞模型

虽然高低机的齿轮齿弧只有一对完整的齿相互啮合,但在冲击载荷的作用下,不仅相互啮合的一对齿之间发生接触/碰撞,而且和相邻的齿也会有接触/碰撞。因此建模时除了考虑相互啮合的一对齿外还要考虑相邻的齿,如图 8.55 所示。

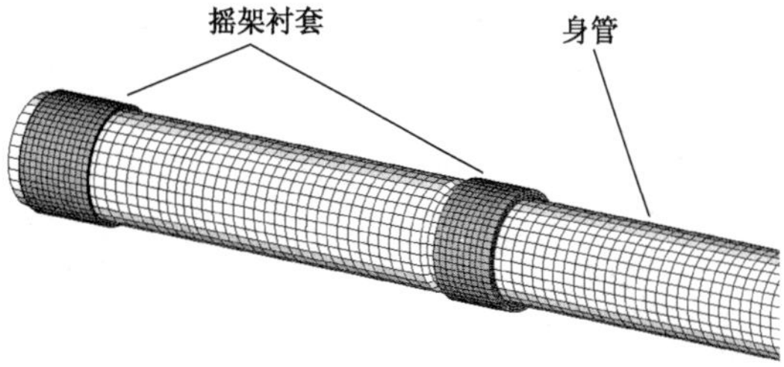

图 8.54　身管与摇架前、后衬瓦的接触有限元模型

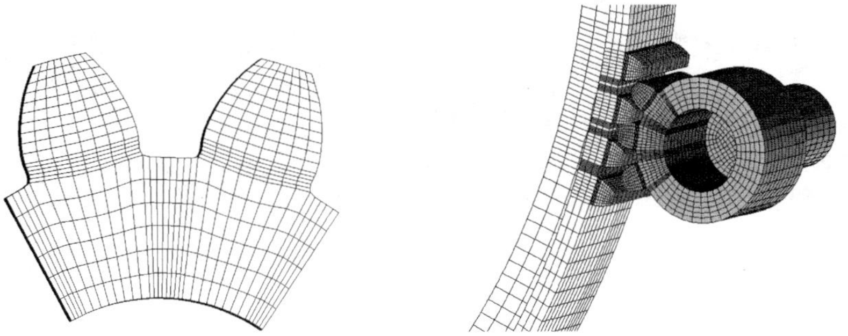

(a)　　(b)

图 8.55　齿轮、齿弧接触有限元模型

4. 上架与车架间的接触/碰撞模型

牵引火炮的上架和下架一般通过立轴和立轴室连接,自行火炮和车载火炮一般通过回转支撑连接。上架和下架之间的连接可以采用连接单元实现,即在上、下连接部件(牵引火炮为立轴和立轴室,车载火炮为回转支撑上下座圈)中心各添加一节点,分别与上、下连接部件之间刚性连接,两节点建立连接单元,设置扭转刚度,模拟上架和车架的扭转作用。

也可定义接触模拟上架和车架的作用,这种方式不仅能考虑连接部件的弹性变形,也能计算连接部位的应力。图 8.56 是某车载火炮上、下座圈的接触/碰撞有限元模型。

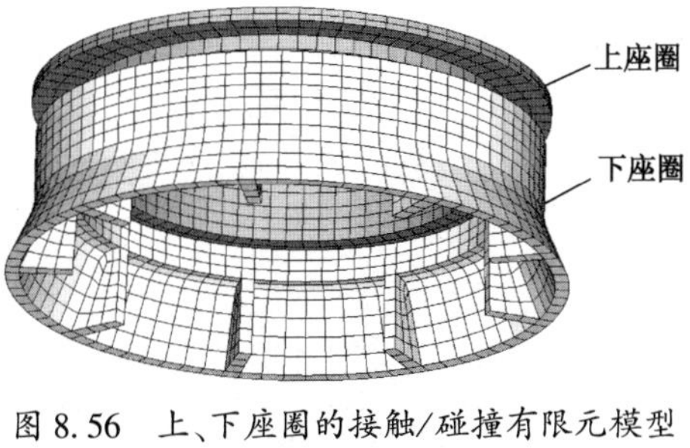

图 8.56　上、下座圈的接触/碰撞有限元模型

5. 土壤与液压驻锄及座盘的接触/碰撞模型

采用 Drucker-Prager 材料模型模拟土壤材料的非线性特性,建立的土壤与驻锄、座盘之间的接触/碰撞模型如图 8.57 和图 8.58 所示。

6. 反后坐装置载荷的模拟

在反后坐装置的结构确定以后,流液孔面积 a_x 已经确定。计算程序首先读入 a_x 随后坐位移变化的数据,并采用插值函数确定每一点的 a_x 以确定制退机的阻尼系数。程序及框图如图 8.59 所示。

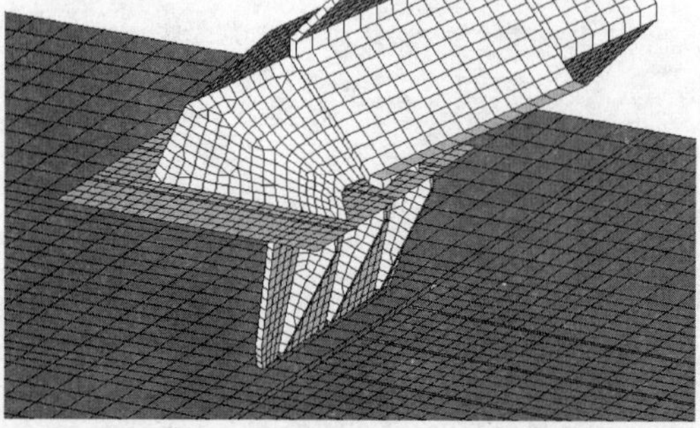

图 8.57　驻锄与土壤的接触模型

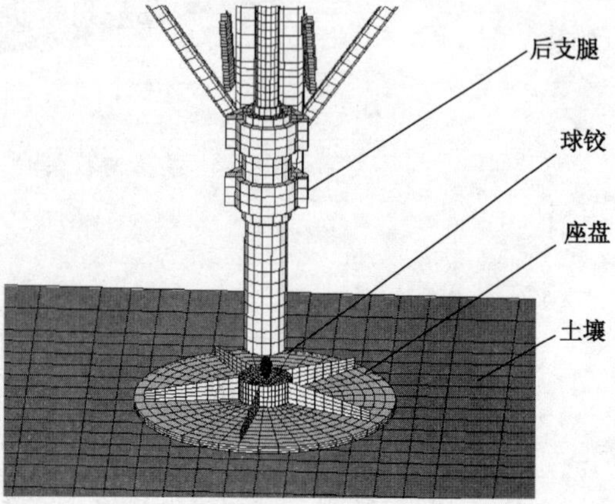

图 8.58　座盘与土壤的接触模型

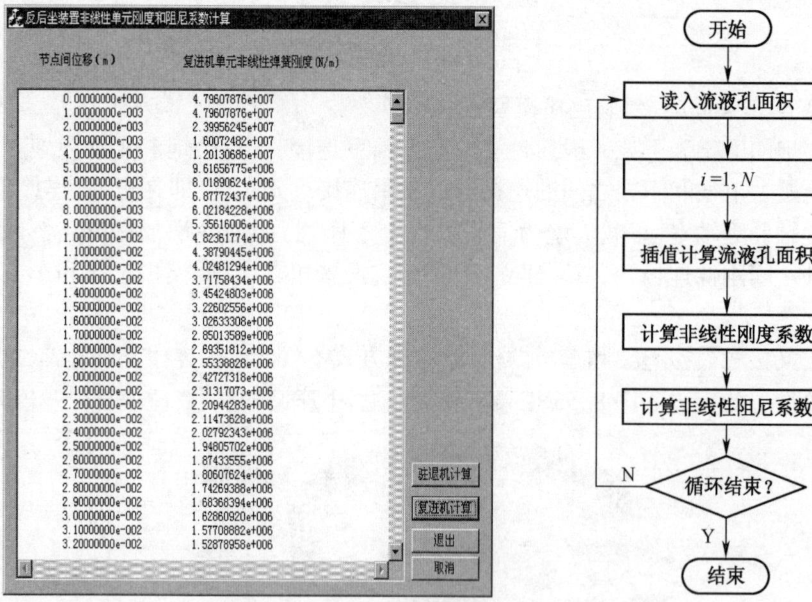

图 8.59　反后坐装置非线性单元刚度和阻尼系数计算流程

模拟其后坐-复进运动的弹簧刚度-压缩长度的关系如图 8.60 所示,后坐-复进运动的平方阻尼系数-后坐位移的关系如图 8.61 所示。

7. 全炮非线性动力学有限元模型

全炮共有 268266 个节点、241146 个单元,全炮的非线性有限元模型如图 8.62 所示。

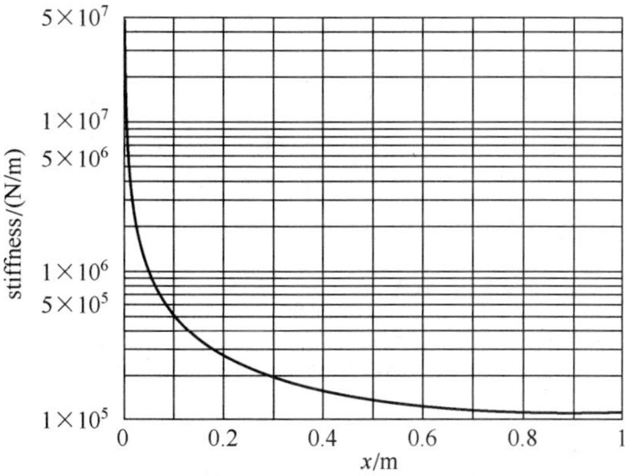

图 8.60 非线性刚度变化曲线

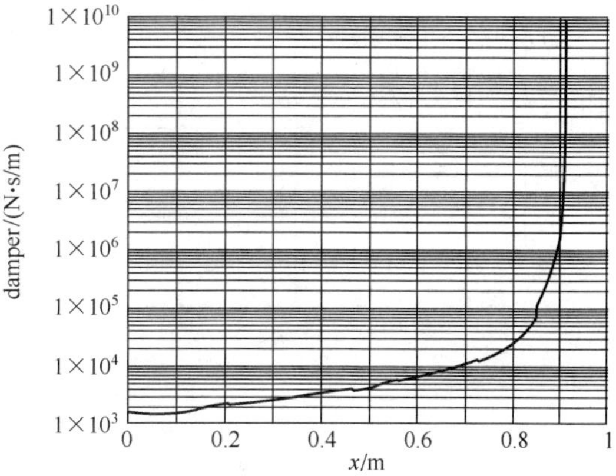

图 8.61 非线性阻尼系数变化曲线

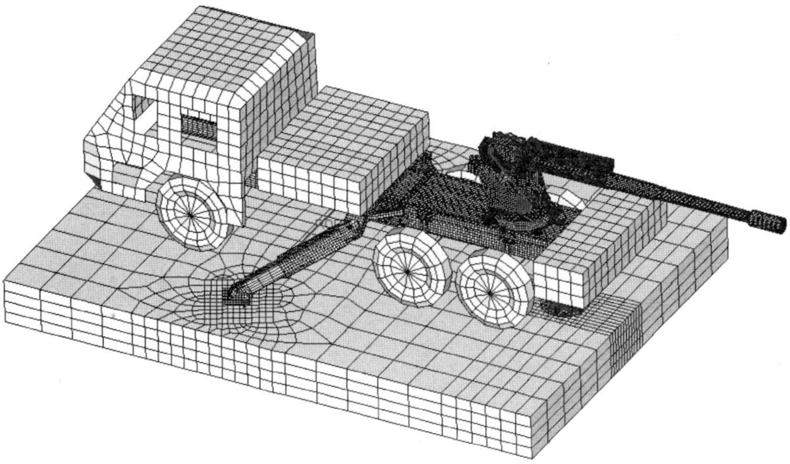

图 8.62 全炮非线性有限元模型

8.5.2 计算结果及分析

计算条件如下:高低射角为 0°,方向射角为 0°,全装药。坐标系如下:原点位于回转支承轴线与副车架上盖板的交点,x 轴沿水平方向指向炮口为正,y 轴竖直向上,z 轴满足右手定则。

图 8.63~图 8.70 为整个发射过程,炮口中心点沿 y 和 z 方向的位移、角位移、速度随时间的变化规律,可以看出,炮口中心点沿 y 方向的位移和速度比较大,沿 z 方向的位移和速度比较小。图 8.71 是发射过程中齿轮、齿弧接触面上某点的 Mises 动应力,图 8.72 是身管圆柱部与摇架衬瓦接触面上某点的 Mises 动应力,可以看出齿轮、齿弧面并不是一直处于接触状态,而是接触和分离交替出现。同样,身管在后坐过程中,其圆柱部并非一直紧贴摇架衬瓦,而是表现出一定的碰撞特性。

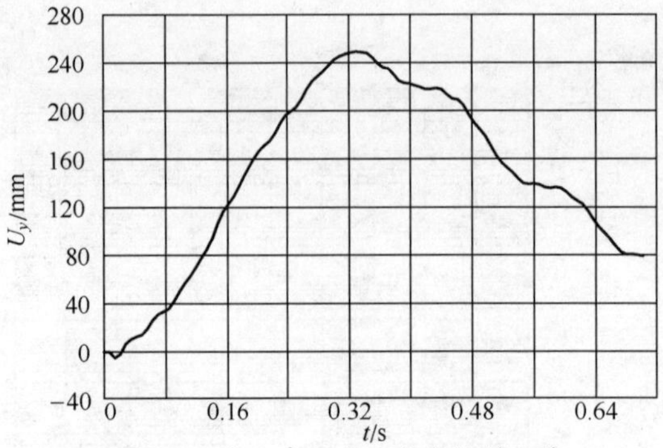

图 8.63　炮口中心点 y 方向位移曲线

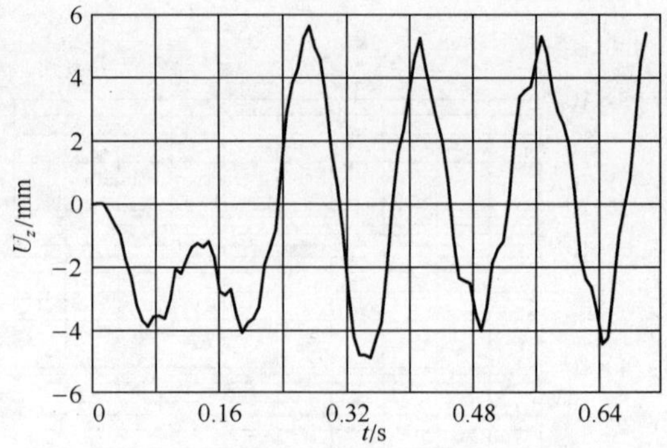

图 8.64　炮口中心点 z 方向位移曲线

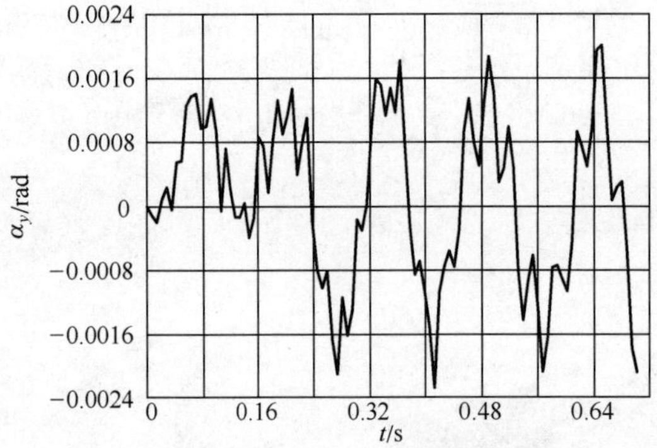

图 8.65　炮口中心点 y 方向角位移曲线

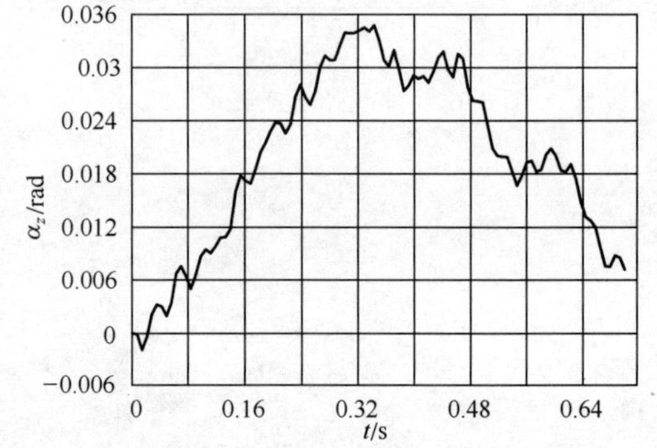

图 8.66　炮口中心点 z 方向角位移曲线

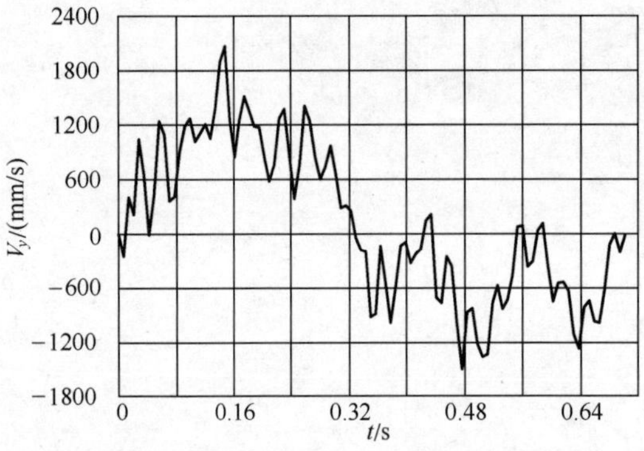

图 8.67　炮口中心点 y 方向速度曲线

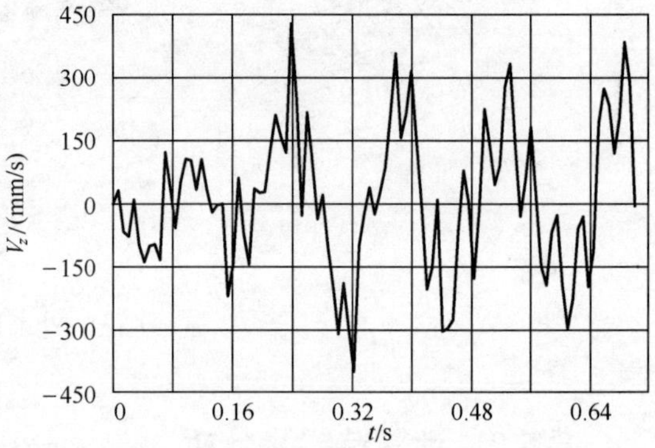

图 8.68　炮口中心点 z 方向速度曲线

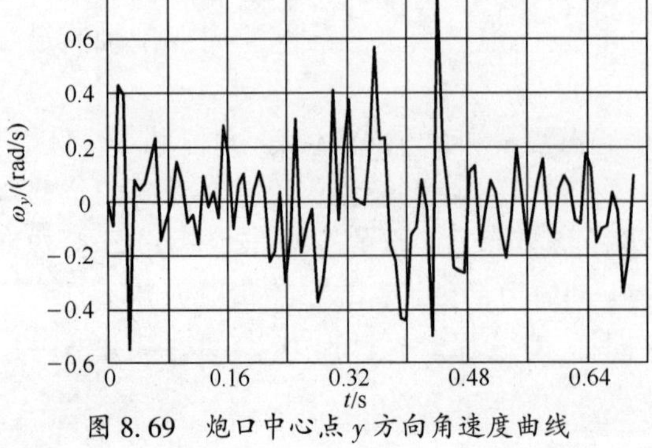

图 8.69　炮口中心点 y 方向角速度曲线

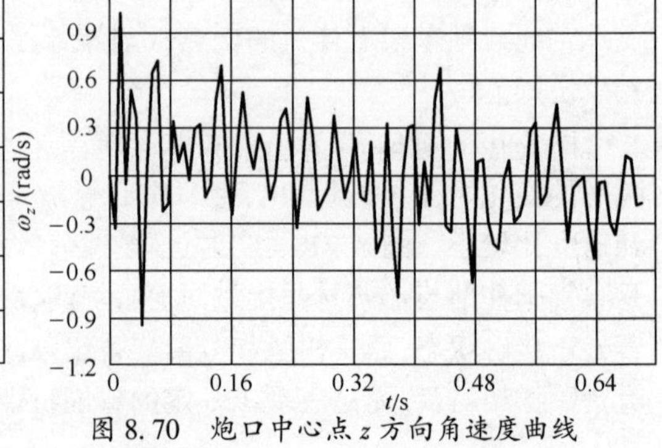

图 8.70　炮口中心点 z 方向角速度曲线

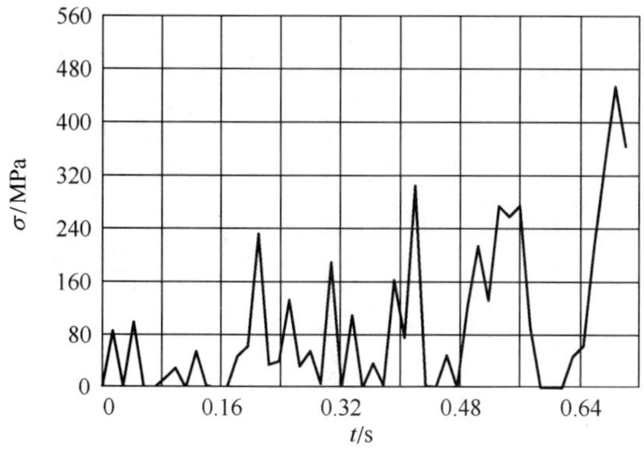

图 8.71　齿轮齿弧接触面上某点的 Mises 应力

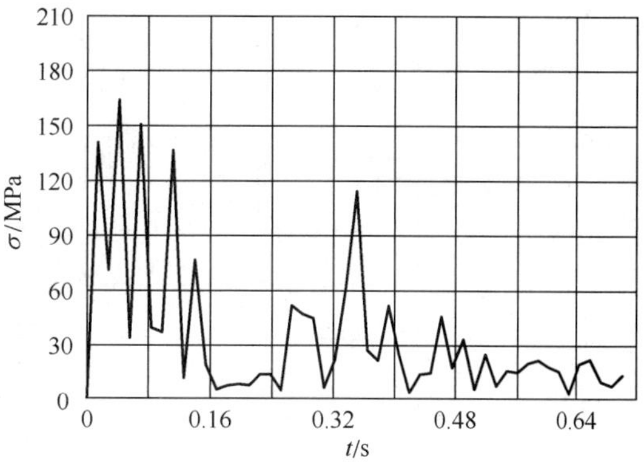

图 8.72　摇架衬瓦接触面上某点的 Mises 应力

图 8.73～图 8.80 是弹丸质心沿 y 和 z 方向的位移、速度、角位移和角速度随时间变化的规律，可以看出，弹丸在膛内的运动规律非常复杂，而且从弹丸开始启动到弹丸飞离炮口的过程中，弹丸的运动有逐步加剧的趋势，当火炮结构、弹丸、装药、控制等各个系统之间不能实现良好的匹配时，弹丸出炮口瞬间的扰动将会很大，并且各发弹丸扰动的一致性不好，势必造成较大的射弹散布。

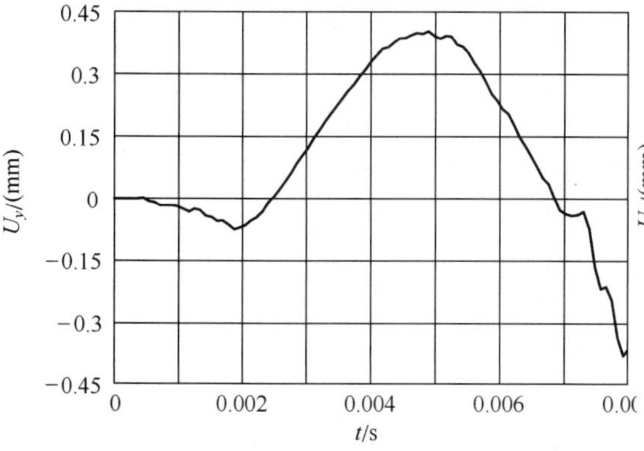

图 8.73　弹丸质心沿 y 方向位移

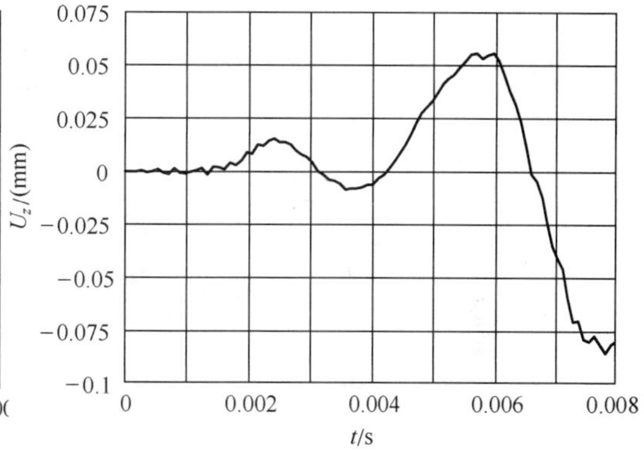

图 8.74　弹丸质心沿 z 方向位移

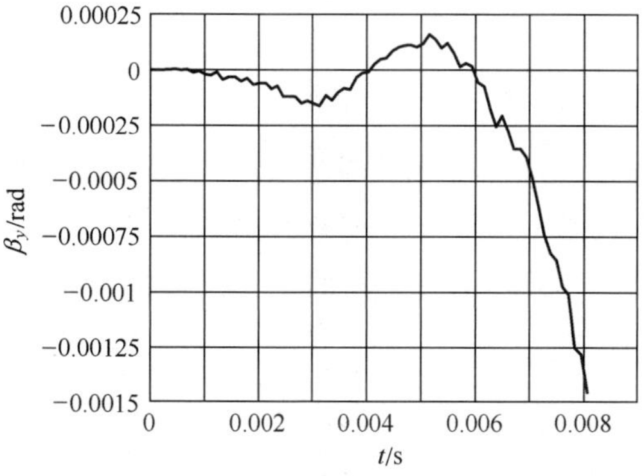

图 8.75　弹丸质心沿 y 方向角位移

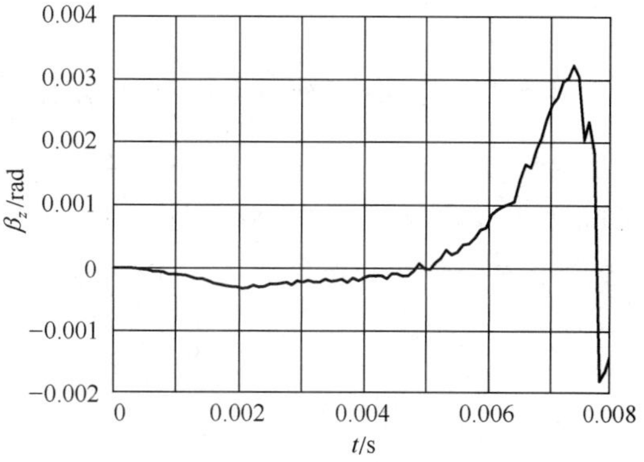

图 8.76　弹丸质心沿 z 方向角位移

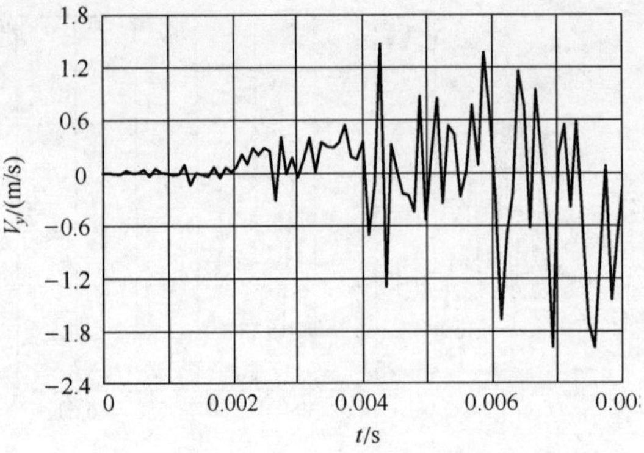

图 8.77　弹丸质心沿 y 方向速度

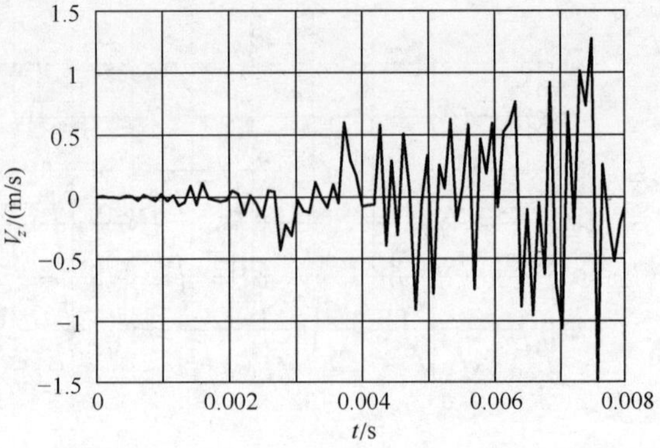

图 8.78　弹丸质心沿 z 方向速度

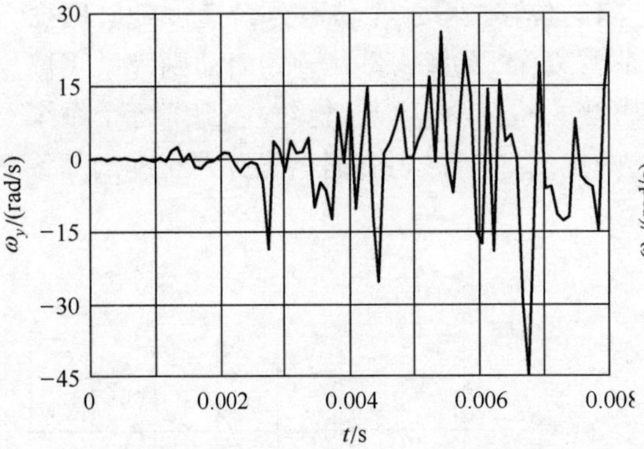

图 8.79　弹丸质心沿 y 方向角速度

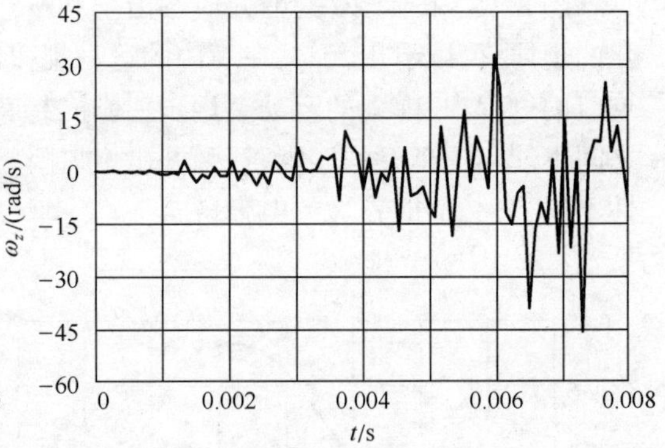

图 8.80　弹丸质心沿 z 方向角速度

8.6　某火炮炮架拓扑优化

本节以拓扑优化设计方法为工具,分别对某火炮的上架和摇架进行优化设计,减小上架结构两耳轴的变位差,降低最大应力,减小摇架的最大变形位移和最大应力。对上架的优化是同时考虑三种高低射角情况下的多工况优化,分别结合 0°、51°和 70°射角工况进行联合拓扑优化和尺寸优化。优化后的上架和摇架结构在不增加质量的情况下,有效提高刚强度。

8.6.1　上架结构多工况拓扑优化和尺寸优化

对上架的优化是在多工况射角情况下联合进行的,需要首先确定各工况的权重系数,因此本书提出利用正交试验设计方法,进行多次优化试验,选择加权柔度最小的系数组合,进行最终的拓扑优化和尺寸优化。加权柔度表示为

$$C_w = \sum w_i C_i = \frac{1}{2}\sum w_i \boldsymbol{u}_i^{\mathrm{T}} \boldsymbol{f}_i \tag{8.7}$$

单个工况的柔度为

$$C_i = \frac{1}{2}\boldsymbol{u}^{\mathrm{T}} \boldsymbol{f} \tag{8.8}$$

$$\boldsymbol{K}\boldsymbol{u} = \boldsymbol{f} \tag{8.9}$$

$$C_i = \frac{1}{2}\boldsymbol{u}^{\mathrm{T}}\boldsymbol{K}\boldsymbol{u} = \frac{1}{2}\int \boldsymbol{\varepsilon}^{\mathrm{T}}\boldsymbol{\sigma}\mathrm{d}V \tag{8.10}$$

柔度与结构刚度成反比关系,结构柔度越小则结构刚度越大。上式中,w_i为第 i 个工况的加权系数,取值范围 0~1.0,C_i为第 i 个工况的柔度。

有限元模型施加的载荷包括右侧平衡机力、右侧耳轴座作用力、右侧齿轮轴承座作用力、左侧齿轮轴承座作用力、左侧耳轴座作用力、左侧平衡机力。边界条件仍然为座圈底部全约束固定。各工况对应的载荷大小如表 8.35 所示,上架优化有限元模型如图 8.81 所示。

表 8.35　各工况载荷值(单位:N)

载荷		0°	51°	70°
平衡机力		129296	99823.5	86031.3
左侧耳轴座力	X	7805.27	-6085.54	3407.55
	Y	-34133.8	-228674	-385807
	Z	291610	347788	137297
右侧耳轴座力	X	3101.79	3035.27	-4553.82
	Y	-29232.7	-315766	-278366
	Z	-287195	-16420.7	-113110
左侧齿轮轴承座力	X	-1234.25	-3310.63	2186.96
	Y	39431.6	11278.3	3525.27
	Z	-1489.91	-6013.28	-4230.55
右侧齿轮轴承座力	X	-1359.88	3871.4	-1223.77
	Y	39438.6	-20745.4	-11140.1
	Z	-1489.91	-1141.2	-100.783

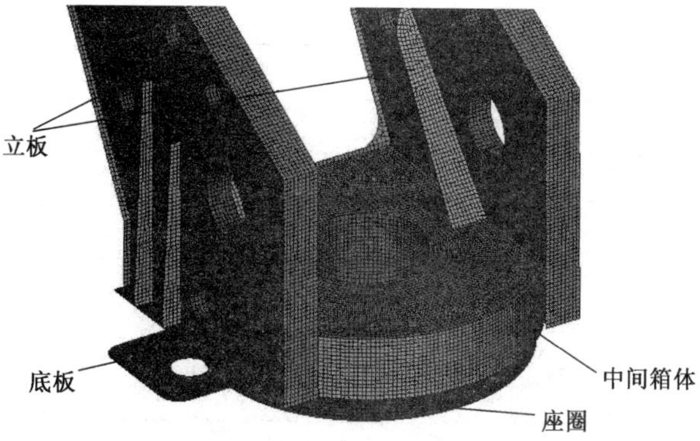

图 8.81　上架优化有限元模型

为了获得较为清晰的上架最优拓扑结构,对优化过程进行最小成员尺寸控制,最小成员尺寸为 2 倍的单元平均尺寸(10mm),这样可以保证拓扑优化结果中出现的尺寸大于最小成员尺寸,避免优化结果出现细小传力路径。

1. 正交试验设计

利用正交试验方法确定三种工况的最佳权重系数组合。试验指标是 0°、51°和 70°射角 3 个工况的加权柔度之和,因素为上述 3 个工况在静态载荷下的柔度响应,水平设置为 3 个工况在拓扑优化中所占的权重系数。以上三因素的水平设置如表 8.36 所示,每种水平下各因素的权重系数满足线性关系,利用 Isight 软件生成正交表,利用正交表 L16(34)的前三列,形成 16 种组合,正交表如表 8.37 所示。将正交表中的各工况权重系数归一化,即得到最终的试验方案表 4,各表中 A 代表 0°工况,B 代表 51°工况,C 代表 70°工况。

表 8.36 各因素水平设置表

序号	A	B	C
1	0.1	0.7	0.2
2	0.2	0.5	0.3
3	0.3	0.3	0.4
4	0.4	0.1	0.5

表 8.37 选用的正交表

序号	A	B	C
1	1	1	1
2	1	2	2
3	1	3	3
4	1	4	4
5	2	1	2
6	2	2	1
7	2	3	4
8	2	4	3
9	3	1	3
10	3	2	4
11	3	3	1
12	3	4	2
13	4	1	4
14	4	2	3
15	4	3	2
16	4	4	1

按表 8.38 方案进行试验,得到各组合加权柔度,利用极差分析法对结果进行分析。其中 K_i 为各因素的 i 水平所对应的组合加权柔度之和,k_i 是 K_i 的平均值。

表 8.38 试验方案

序号	A	B	C
1	0.100	0.700	0.200
2	0.111	0.556	0.333
3	0.125	0.375	0.500
4	0.143	0.143	0.714
5	0.167	0.583	0.250
6	0.222	0.556	0.222
7	0.200	0.300	0.500
8	0.286	0.143	0.571
9	0.214	0.500	0.286
10	0.231	0.385	0.385
11	0.375	0.375	0.250
12	0.429	0.143	0.429
13	0.250	0.438	0.313
14	0.308	0.385	0.308
15	0.400	0.300	0.300
16	0.571	0.143	0.286

表 8.39 试验分析结果

序号及参数	A	B	C	组合加权柔度/mm · t^{-1}
1	1	1	1	67228
2	1	2	2	62521
3	1	3	3	56674
4	1	4	4	49390
5	2	1	2	64675
6	2	2	1	65929
7	2	3	4	56777
8	2	4	3	53170
9	3	1	3	63496
10	3	2	4	60109
11	3	3	1	64192
12	3	4	2	57462
13	4	1	4	62336
14	4	2	3	62552
15	4	3	2	62417
16	4	4	1	60471
K_1	235813	257735	257820	—
K_2	240550	251111	247075	—
K_3	245259	240060	235891	—

（续）

序号及参数	A	B	C	组合加权柔度/mm·t^{-1}
K_4	247777	220493	228612	—
k_1	58953	64434	64455	—
k_2	60138	62778	61769	—
k_3	61315	60015	58973	—
k_4	61944	55123	57153	—
极差 R	2991	9311	7302	—
主次顺序	51°射角工况>70°射角工况>0°射角工况			—
最优水平	A_1	B_4	C_4	—

由表 8.39 分析结果可知，第一列即 0°射角工况第 1 水平对应的 k_i 值最小，所以取第 1 水平为最优，第二列即 51°射角工况第 4 水平对应的 k_i 值最小，所以取第 4 水平为最优，第三列即 70°射角工况第 1 水平对应的 k_i 值最小，所以取第 1 水平为最优。由此，在多工况优化时，0°射角、51°射角、70°射角工况的权重系数分别为 0.1、0.1、0.5。

2. 上架拓扑优化

通过结构拓扑优化方法可以找到结构的主传力路径，即确定了具有最大刚度的材料最佳走向和分布形式，寻求最佳的材料分布。为了重新设计立板形状，首先将原上架结构中立板改为最大面积的矩形结构，形成上架拓扑优化初始有限元模型，如图 8.82 所示。

图 8.82　上架拓扑优化初始模型

首次优化设计区域为除平衡机座、底部座圈及耳轴处实体单元外的所有板壳区域，而确定立板形状后的第二次优化中，优化区域仅为四块立板。拓扑优化采用变密度法，设计变量为设计区域内每个单元的伪密度，首次优化和第二次优化约束条件分别为体积分数小于 60%和 10%，目标函数为结构最大变形位移最小。

通过 OptiStruct 模块对初始上架模型进行结构拓扑优化，第一次优化经 22 步迭代后计算收敛，图 8.83~图 8.85 是优化迭代过程不同阶段的上架拓扑云图，将优化结果设置密度阈值为 0.3,得到的密度云图如图 8.86 所示。由图可清晰看出上架四块立板主要材料分布以及各板件的主传力路径。

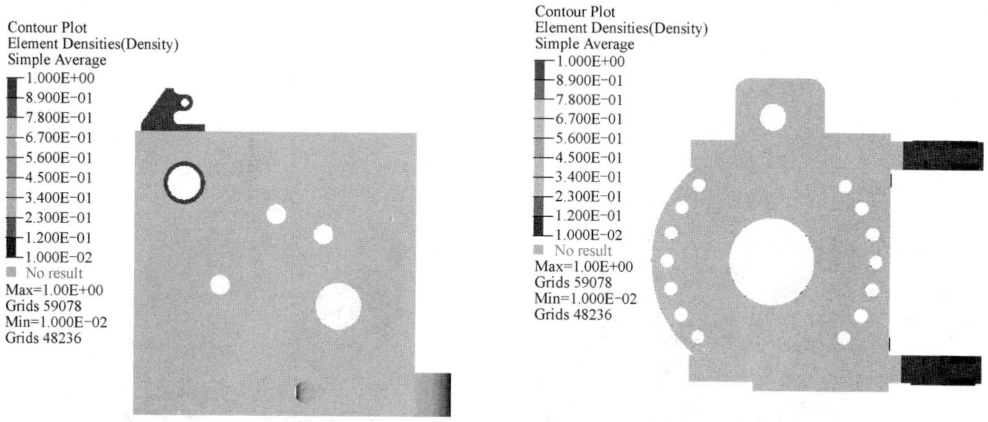

图 8.83　上架优化初始结构

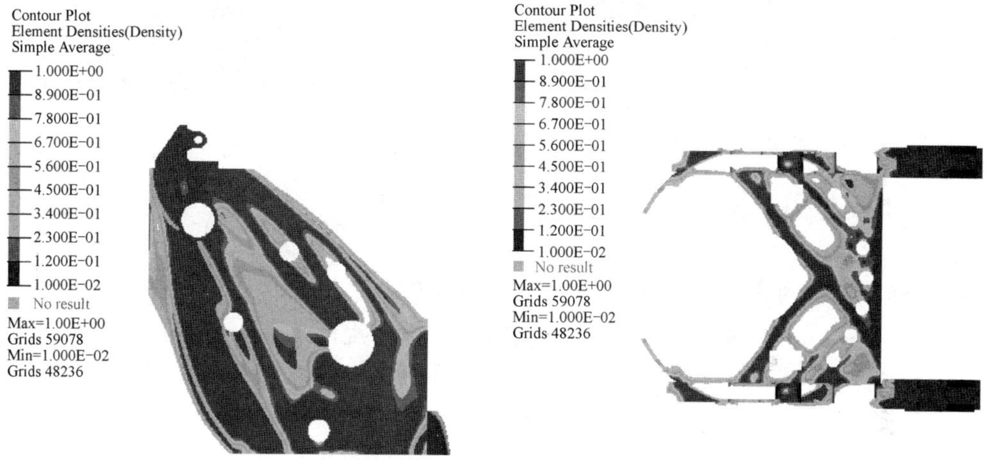

图 8.84　上架优化第 10 步迭代结果

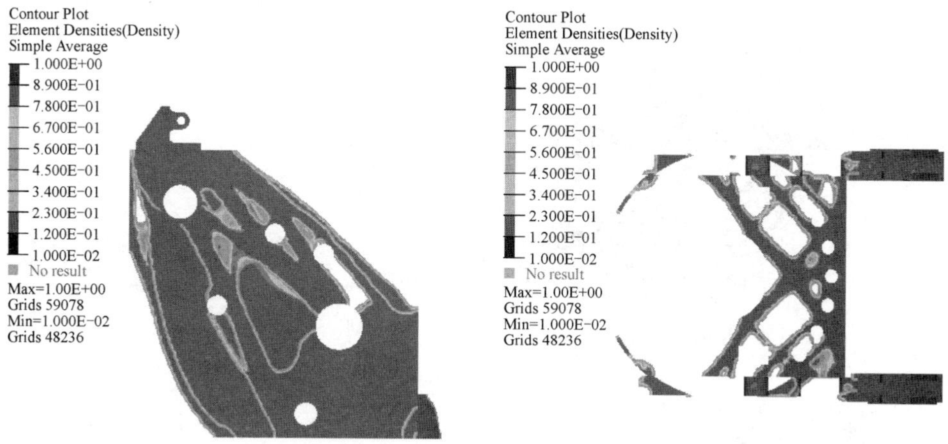

图 8.85　上架优化第 22 步迭代结果

根据首次拓扑优化结果,确定了新的立板形状,中间箱体前部六个支撑圆筒利用率较低,其原因是根据设计经验,对后侧进行了对称设计,导致材料布局不合理,因此将其去除。在后侧变形较大区域增设 10 块筋板以提高刚度。对改进后结构的尺寸进行逼近和圆整,重新划分网格,得到图 8.87 所示的上架改进结构。

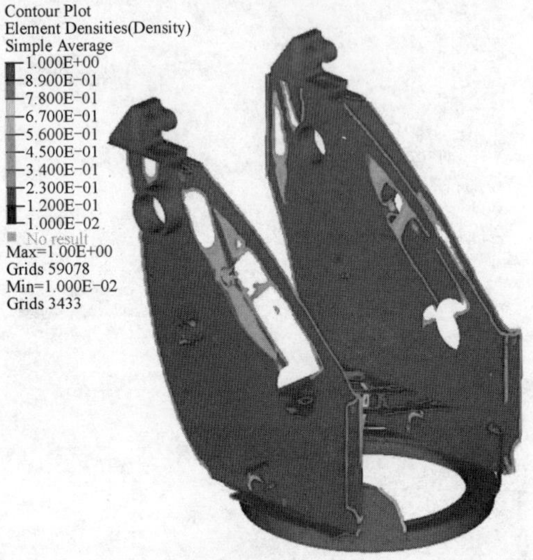

图 8.86　第一次拓扑优化结果

图 8.87　第一次拓扑优化后的改进结构

在以上改进结构基础上,重新设置 4 块立板为设计区域,进行第二次优化,经过 44 步迭代后,计算收敛。优化迭代过程不同阶段的上架拓扑云图如图 8.88 和图 8.89 所示,优化结果(密度阈值为 0.3)如图 8.90 所示。由图 8.90 可以清晰地看出优化后立板的主要材料分布情况和主传力路径。根据这些主传力路径,重新布置立板加强筋,使它们分布在主传力路径上,提高材料的承载率。修改后的上架模型如图 8.91 所示。

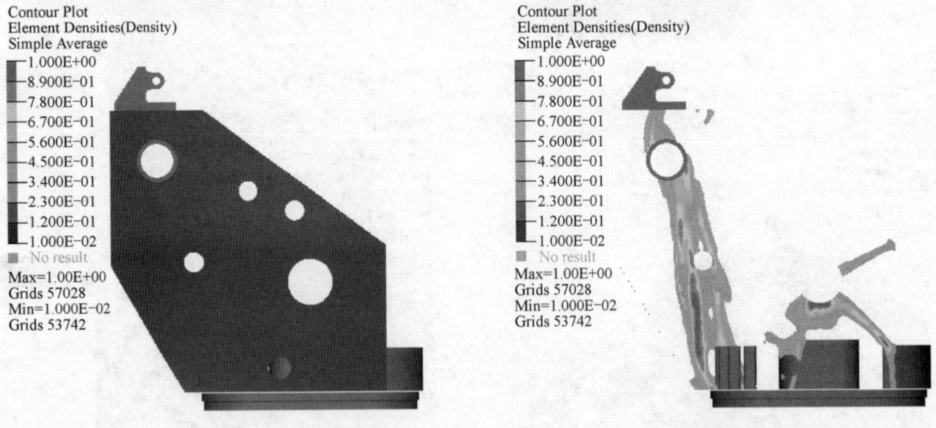

(a) 0步　　(b) 10步

图 8.88　上架筋板优化初始结构和第 10 步迭代结果

3. 上架尺寸优化

拓扑优化确定了新的上架结构形式,原结构中各板件板厚都按类型和位置统一设定,如两侧立板和加强筋厚度尺寸分别为 12mm 和 10mm,这并不是最优的材料分布形式。为

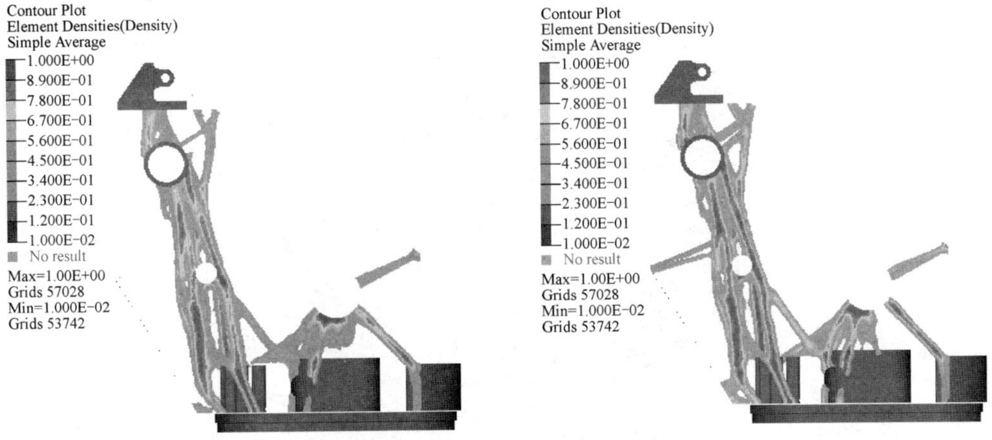

（a）20步　　（b）30步

图 8.89　上架筋板优化第 20 步和第 30 步迭代结果

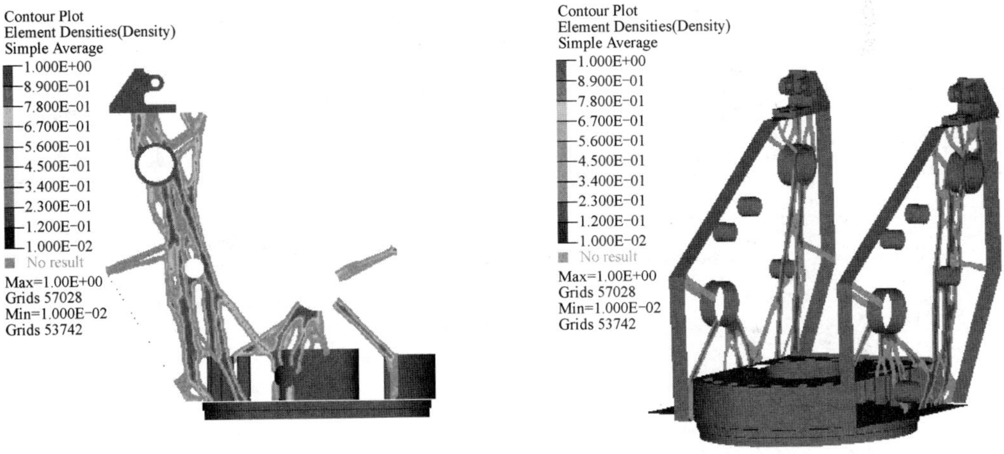

（a）20步　　（b）30步

图 8.90　上架筋板优化第 44 步迭代结果

详细设计各板件的厚度尺寸，继续利用尺寸优化方法，确定上架各板件的最优板厚，在控制原结构质量的同时，尽可能提高上架刚强度。尺寸优化模型同样包括设计变量、约束条件和目标函数三部分，计算模型的设计变量为上架各板件厚度尺寸，包括图 8.91 所示的立板加强筋 $P_1 \sim P_{17}$、平衡机支座底座 P_{18}、立板内圆筒 P_{19}、前后侧板 P_{20}、下支撑圆筒 P_{21}、内板 P_{22}、中间圆筒 P_{23}、前横板 P_{24}、前板 P_{25} 以及四块立板 $P_{26} \sim P_{29}$、底板 $P_{30} \sim P_{32}$、底板加强筋 $P_{33} \sim P_{42}$，对应的变量名和设计区间如表 8.40 所示。约束条件为结构质量小于 620kg（原上架结构质量），最大应力小于 300MPa，目标函数为结构最大变形位移最小。载荷分析工况和边界条件与拓扑优化相同。

在 OptiStruct 模块中设置求解参数，进行优化计算，经过 5 步迭代计算后，运算收敛，板件厚度尺寸涉及制造工艺，因此对优化结果进行圆整，最终优化设计结果如表 8.40 所示。

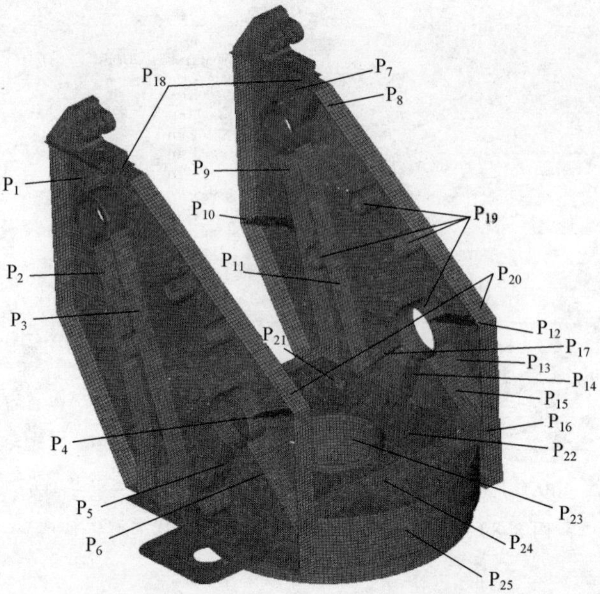

图 8.91　第二次优化后的改进结构

表 8.40　上架尺寸优化设计变量及设计结果

变量名	下限值/mm	初始值/mm	优化值/mm	上限值/mm
P_1	3	10	3	30
P_2	3	10	20	30
P_3	3	10	30	30
P_4	3	10	9	30
P_5	3	10	5	30
P_6	3	10	9	30
P_7	3	10	6.5	30
P_8	3	10	3	30
P_9	3	10	3	30
P_{10}	3	10	17	30
P_{11}	3	10	5.5	30
P_{12}	3	10	3	30
P_{13}	3	10	30	30
P_{14}	3	10	3	30
P_{15}	3	10	30	30
P_{16}	3	10	3	30
P_{17}	3	10	3	30
P_{18}	10	20	10	30
P_{19}	5	10	5	30
P_{20}	5	10	16	30

（续）

变量名	下限值/mm	初始值/mm	优化值/mm	上限值/mm
P_{21}	5	15	5	30
P_{22}	5	10	5	30
P_{23}	3	10	3	30
P_{24}	3	5	4	15
P_{25}	3	5	8	20
P_{26}	5	12	14	25
P_{27}	5	12	25	25
P_{28}	5	12	11	25
P_{29}	5	12	6	25
P_{30}	10	20	40	40
P_{31}	10	14	10	20
P_{32}	10	14	10	20
P_{33}	3	15	30	30
P_{34}	3	15	30	30
P_{35}	3	15	3	30
P_{36}	3	15	11	30
P_{37}	3	15	3	30
P_{38}	3	15	5	30
P_{39}	3	15	3	30
P_{40}	3	15	30	30
P_{41}	3	15	30	30
P_{42}	3	15	3	30

基于优化结果建立新的上架有限元模型，与摇架整体装配后，在原模型载荷分析工况和边界条件下，进行有限元计算。优化前后刚强度计算结果的对比如表 8.41～表 8.43 所示。

表 8.41　0°射角工况优化前后刚强度结果对比

类别	0°		
	优化前	优化后	变化比率/%
最大变形位移/mm	2.753	1.960	28.8
左耳轴室中心变形位移/mm	0.654	0.438	33.0
右耳轴室中心变形位移/mm	0.580	0.410	29.3
左右耳轴室中心变位差/mm	0.074	0.028	62.2
最大应力/MPa	190.8	163.2	14.5

表 8.42　51°射角工况优化前后刚强度结果对比

类别	51°		
	优化前	优化后	变化比率/%
最大变形位移/mm	3.707	2.511	32.3
左耳轴室中心变形位移/mm	1.275	0.907	28.9
右耳轴室中心变形位移/mm	0.811	0.623	23.2
左右耳轴室中心变位差/mm	0.464	0.284	38.8
最大应力/MPa	318.1	224.5	29.4

表 8.43　70°射角工况优化前后刚强度结果对比

类别	70°		
	优化前	优化后	变化比率/%
最大变形位移/mm	3.385	2.005	40.8
左耳轴室中心变形位移/mm	1.128	0.680	39.7
右耳轴室中心变形位移/mm	0.725	0.555	23.4
左右耳轴室中心变位差/mm	0.403	0.125	69.0
最大应力/MPa	292.1	183.5	37.2

可以看出,优化后各工况最大变形位移均降低了 28%以上,其中 70°工况最大变形位移降低了 40.8%,最大应力也有所降低,左右耳轴室中心变位差减小比率均超过 38%,0°工况和 70°工况下降分别达到了 62.2%和 69.0%,优化幅度明显,且结构质量减小了 1.4kg。

8.6.2　摇架结构尺寸优化

上架优化之后,对三种射角工况下摇架最大应力和最大变形位移出现的位置进行分析可知,摇架结构需要优化的区域主要是齿弧与摇架筒下板间六块筋板的位置,前套箍位于摇架筒下侧的实体厚度以及摇架各主要板件的尺寸厚度。本节将对摇架结构 51°射角工况进行尺寸优化,获取最优的板厚参数。

摇架的主要板件包括摇架筒(T_1)、制退机外筒(T_2,T_3)、制退机内筒(T_4)、复进机外筒(T_5)、复进机内筒(T_6)、摇架筒下板(T_7)、六块筋板(T_8)共 8 个设计参数,如图 8.92 所示。优化计算模型为上架和摇架装配体,施加的载荷和边界条件与原模型静力学分析 51°工况时一致。摇架尺寸优化的目标函数为结构最大变形位移最小,约束条件包括结构质量小于 1092kg,实体和板壳最大应力均小于 250MPa。

在 Optistruct 模块中设置以上设计变量、约束条件和目标函数,提交计算,经过 5 次迭代,获得最终优化结果,设计参数的优化区间以及优化后的圆整值如表 8.44 所示。

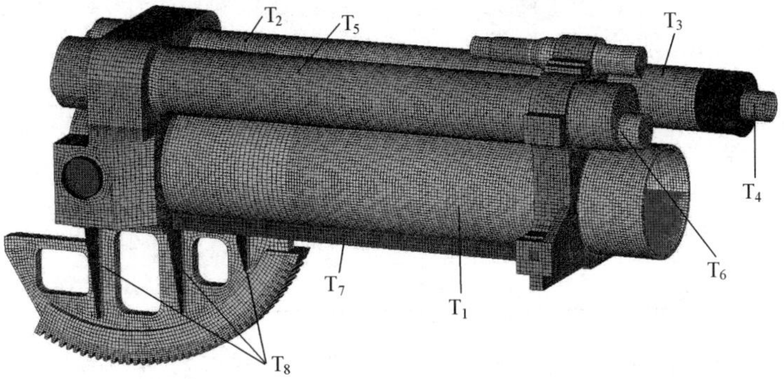

图 8.92 摇架各板厚尺寸参数设置图

表 8.44 摇架尺寸优化设计变量及设计结果

变量名	下限值/mm	初始值/mm	优化值/mm	上限值/mm
T_1	5	13	5	30
T_2	5	7.5	5	20
T_3	5	12.5	5	30
T_4	5	9	5	20
T_5	5	7	5	20
T_6	5	5	15	20
T_7	5	8	5	20
T_8	5	15	25	30

优化后摇架质量下降明显,从 1092kg 降到 943.7kg,下降了 13.6%,而最大变形位移由 2.511mm 下降到 2.198mm,最大应力为 192.4MPa,尺寸优化后的摇架结构变得更加合理,刚强度性能有所改善。

8.7 基于非线性结构动力学的某火炮总体结构参数优化

火炮发射动力学有限元模型具有规模大、非线性强、计算耗时的特点,而火炮非线性结构动力学优化需对目标函数进行成千上万遍的计算,导致直接采用有限元法进行火炮总体结构动力学优化难以实现。近似建模技术为该类问题的解决提供了有力的工具,但不同的近似建模方法都有各自特定的适用范围,需要对不同近似建模方法对火炮非线性结构动力学近似分析的适用性进行对比研究,在此基础上选择合适的近似建模方法,再进行火炮总体结构参数优化。

8.7.1 火炮发射动力学近似建模

1. 设计变量选择及试验设计

以优化某火炮炮口振动为目标,选取后坐部分质量的垂向偏心距 e_y 和横向偏心距 e_z、

炮口制退器质量 m_z、前衬瓦轴向偏移量 l_x、反后坐装置布局角 θ 作为设计变量。

各设计变量初值和取值范围如表 8.45 所示。

表 8.45　设计变量初值和取值范围

类别	e_y/mm	e_z/mm	m_z/kg	l_x/mm	θ(°)
初值	−6	−3	131	0	0
上限	12	6	170	240	24
下限	−12	−6	70	0	−24

建立结构近似模型需要一系列试验样本，合理的样本点数量及分布能使近似模型更准确地表达结构的映射关系。由于火炮总体结构复杂，其动态响应具有很强的非线性，试验样本数量必须足够充分，且应尽可能均匀地分布在设计空间。结合各试验设计方法的特点，选择最优拉丁超立方设计来安排试验，在各设计变量的取值区间内均匀地取 81 个水平，从而构成样本总数为 81 的输入样本，试验方案如表 8.46 所示。根据试验方案对建立的火炮有限元动力学模型做相应修改，并采用隐式直接积分算法进行动力学分析，从而获得最大射程高低射角/0°方向射角下的炮口振动响应。提取弹丸出炮口瞬间的炮口方向角位移 θ_y、高低角位移 θ_z、方向角速度 ω_y 和高低角速度 ω_z 作为炮口振动的输出样本，从而可获得由输入和输出样本共同构成的试验样本库，以供火炮非线性结构动力学近似建模使用。

表 8.46　试验方案（部分）

试验号	e_y/mm	e_z/mm	m_z/kg	l_x/mm	θ(°)
1	0.30	−4.35	83.75	207	−12.60
2	0.90	−0.75	116.25	132	−1.20
3	−9.00	4.95	155.00	105	−2.40
4	12.00	−1.65	98.75	198	−7.20
5	−10.50	1.20	135.00	21	9.60
6	3.60	2.55	137.50	6	16.20
7	8.40	5.40	96.25	33	6.00
8	2.40	−0.30	123.75	240	−15.00
9	−0.90	−3.00	72.50	84	10.80
⋮	⋮	⋮	⋮	⋮	⋮
81	−1.80	3.45	150.00	3	−6.00

2. 火炮非线性结构动力学近似模型及对比分析

分别利用多项式响应面、Kriging、BP 神经网络、RBF 神经网络等四种方法建立火炮非线性结构动力学近似模型，通过对比分析选择适用于火炮非线性结构动力学近似建模的方法。

1）多项式响应面（RSM）模型

采用精度较高的 4 阶多项式作为响应面近似函数来对火炮非线性结构动力学进行响

应面建模。4 阶多项式响应面近似函数表达式为

$$\hat{y}=\beta_0+\sum_{i=1}^{m}\beta_i x_i+\sum_{i=1}^{m}\beta_{ii}x_i^2+\sum_{i=1}^{m}\beta_{iii}x_i^3+\sum_{i=1}^{m}\beta_{iiii}x_i^4++\sum_{ij(i<j)}^{m}\beta_{ij}x_i x_j \tag{8.11}$$

式中：$\hat{y}$ 为响应面近似值；m 为模型设计变量个数；x_i 为模型设计变量，其取值区间为 $[x_i^L, x_i^U]$，x_i^U 和 x_i^L 分别为设计变量 x_i 取值范围的上下限；β_0、β_i、β_{ii}、β_{iii}、β_{iiii}、β_{ij} 为多项式待定系数。

利用表 8.46 的 81 组试验样本作为拟合样本进行计算，获得多项式的待定系数。

2）Kriging 模型

采用 Isight 软件建立 Kriging 近似模型，相关函数选择高斯函数。主要步骤：①相关参数的拟合，如图 8.93 所示；②利用步骤①得到的相关参数 θ^* 对 Kriging 模型本身进行拟合，如图 8.94 所示。利用试验样本点进行计算即可得到各个响应对应的 θ^* 值，如表 8.47 所示，在此基础上对每个响应均重复图 8.94 中虚线框内的流程，可得到针对每个响应的 Kriging 模型。

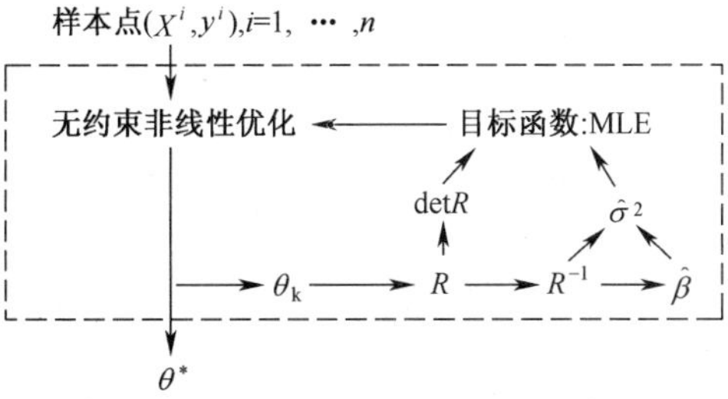

图 8.93　相关参数拟合流程

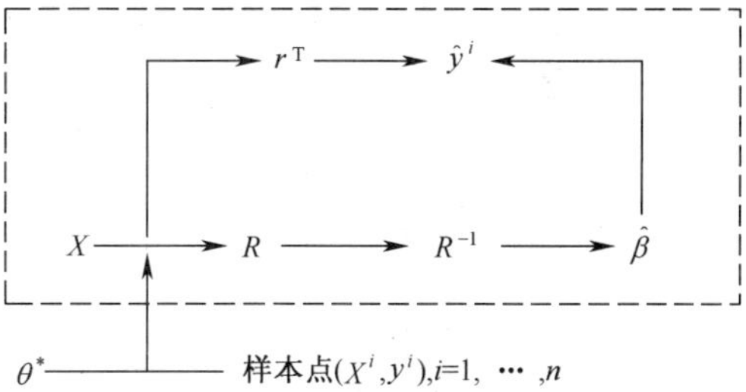

图 8.94　Kriging 模型拟合流程

表 8.47　对应响应的相关参数 θ^*

类别	e_y	e_z	m_z	l_x	θ
θ_y	0.1652	1.1999	0.2103	0.5368	0.1884
θ_z	0.9492	0.4558	0.1107	0.2284	0.1013
ω_y	0.2299	0.6369	0.3588	0.1823	0.1126
ω_z	0.8399	0.2624	0.2962	0.1330	0.2898

3）BP 神经网络模型

应用 BP 神经网络建立近似模型的关键包括网络结构及参数的设计、训练方法等。

采用多输入、单输出的网络结构建立的神经网络模型，构建 4 个单输出的 BP 神经网络模型来分别建立设计变量与炮口振动各指标间的非线性映射关系。采用网络缩小法来设计隐单元数，先设定相对较多的隐单元数，然后逐步减少，并根据网络的训练情况来确定隐单元数。隐含层采用正切 S 型函数，输出层采用线性传递函数。

选用 trainbr 训练函数来实现贝叶斯正则化算法。令训练参数中的期望最小误差取为 0.00001，最大循环次数为 5000，以表 8.46 的 81 组试验样本作为建立和训练 BP 神经网络的训练集，从而可获得经过训练的 BP 神经网络。为了获得较好的训练效果，应在训练前对样本数据进行归一化处理，使所有数据落在[0.1, 0.9]的区间内。

4）RBF 神经网络模型

采用 MATLAB 软件分别建立 RBF 近似模型。采用试凑法确定散布常数 Spread，以表 8.46 的 81 组试验样本，调用 newrbe 函数完成 RBF 神经网络建模。

5）四种近似模型的适应性对比分析

为了分析比较不同火炮非线性结构动力学近似模型的适应性，采用最优拉丁超立方设计在设计变量的取值范围内均匀而随机地选取 15 组数据，采用有限元法进行相应的结构动力学分析来获得炮口振动响应量，从而可得到 15 组测试样本，如表 8.48 所示。计算各个近似模型关于测试样本的 R_{MSE} 和 R^2，如表 8.49 所示。

表 8.48　测试样本

试验号	e_y/mm	e_z/mm	m_z/kg	l_x/mm	θ(°)	θ_y/(μrad)	θ_z/μrad	ω_y/(mrad·s^{-1})	ω_z/(mrad·s^{-1})
1	-12.00	-5.14	141.51	85.71	0.00	-150.35	387.98	22.56	-29.59
2	0.00	-3.43	148.58	222.86	17.14	-83.93	59.27	26.75	-2.34
3	3.43	-0.86	170.00	34.29	13.72	-24.33	-24.47	12.34	11.34
4	-5.14	-1.71	127.17	240.00	-20.58	-82.72	205.17	13.64	-11.77
5	-3.43	-2.57	70.00	51.43	-17.14	-84.69	161.59	26.55	-13.67
6	5.14	5.14	120.09	137.14	24.00	102.87	-76.64	-36.43	11.88
7	-1.71	6.00	105.75	120.00	-24.00	57.54	110.09	-67.90	2.53
8	8.57	0.00	77.08	205.71	-3.42	-2.23	-125.65	9.13	56.06
9	6.86	-6.00	134.25	102.86	-13.72	-154.74	-88.47	39.26	34.36
10	12.00	1.71	98.49	17.14	-6.86	26.68	-225.00	2.97	65.16
11	10.29	2.57	155.66	171.43	-10.28	32.22	-198.52	-6.92	37.46
12	-10.29	0.86	84.34	188.57	10.28	-26.70	276.22	-5.66	-65.52
13	-8.57	4.29	162.92	154.29	3.42	51.08	279.28	-53.98	-22.30
14	1.71	-4.29	91.42	68.57	20.58	-75.86	23.22	48.82	6.03
15	-6.86	3.43	112.83	0.00	6.86	21.46	231.47	-54.70	-29.66

表 8.49　近似模型适应性对比分析

响应量	R_{MSE}				R^2			
	RSM	Kriging	BP	RBF	RSM	Kriging	BP	RBF
θ_y	4.34	8.25	4.02	4.99	0.997	0.988	0.997	0.996
θ_z	4.07	11.79	1.68	3.64	1.000	0.996	1.000	1.000
ω_y	3.32	4.97	1.99	2.72	0.991	0.980	0.997	0.994
ω_z	1.58	3.03	1.20	1.65	0.998	0.992	0.999	0.998

由表 8.49 可知，BP 神经网络模型关于不同炮口振动响应量的均方根误差 R_{MSE} 均比其它 3 个近似模型的小，而 R^2 均比其它 3 个火炮近似模型的大，且 R^2 均大于 0.9。综上

可知，所建立的 4 个近似模型均具有良好的预测精度，可以满足工程分析要求，其中 BP 神经网络模型的适应性是最好的。

8.7.2 基于近似模型的炮口振动优化及结果分析

以降低炮口振动为目标进行火炮总体结构参数优化，通过采用线性加权和归一化将多目标优化问题转化为单目标优化问题，即

$$\text{Find}: \boldsymbol{X} = [x_1 \quad x_2 \quad x_3 \quad x_4 \quad x_5]^{\mathrm{T}} = [e_y \quad e_z \quad m_z \quad l_x \quad \theta]^{\mathrm{T}}$$

$$\text{Minimize}: f(\boldsymbol{X}) = F_{\mathrm{obj}} = \alpha\sqrt{\frac{\theta_y^2 + \theta_z^2}{\theta_{y0}^2 + \theta_{z0}^2}} + \beta\sqrt{\frac{\omega_y^2 + \omega_z^2}{\omega_{y0}^2 + \omega_{z0}^2}}$$

$$\text{Subject to}: \begin{cases} -12\text{mm} \leqslant e_y \leqslant 12\text{mm} \\ -6\text{mm} \leqslant e_z \leqslant 6\text{mm} \\ 70\text{kg} \leqslant m_z \leqslant 170\text{kg} \\ 0\text{mm} \leqslant l_x \leqslant 240\text{mm} \\ -24^\circ \leqslant \theta \leqslant 24^\circ \end{cases}$$

式中：θ_{y0}、θ_{z0}、ω_{y0}、ω_{z0} 分别为设计变量取初始值时弹丸出炮口瞬间的炮口方向角位移、高低角位移、方向角速度、高低角速度；α、β 为加权系数，一般根据经验或通过试算确定。

选用前述建立的 BP 神经网络模型作为优化迭代中的发射动力学近似模型，选用遗传算法进行炮口振动优化求解，优化流程如图 8.95 所示。

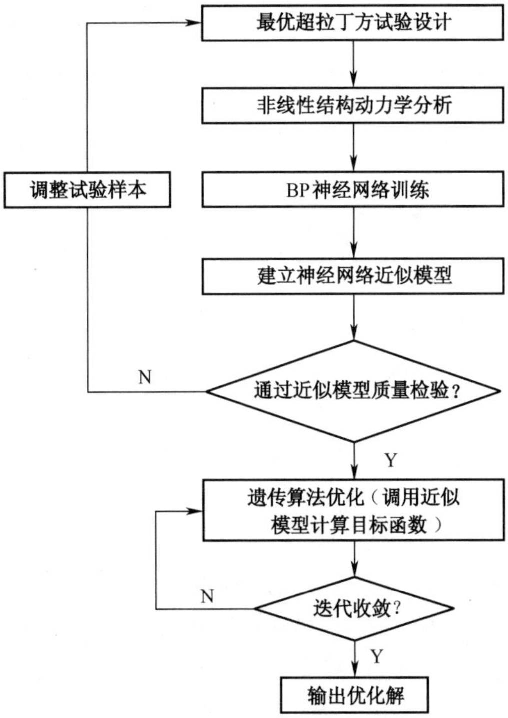

图 8.95　炮口振动优化流程图

表 8.50 为设计变量优化前后的结果，根据设计变量的优化结果修改火炮非线性有限元模型，并进行相应的数值计算，将优化后的有限元计算结果（弹丸出炮口瞬间）与神经网络预测结果进行对比分析，如表 8.51 所示。优化前（实线）和优化后（虚线）弹丸膛内运动期间的炮口角位移和角速度曲线如图 8.96~图 8.99 所示。

表 8.50　设计变量优化结果

设计变量	优化前数值	优化的数值
e_y/mm	-6.00	0.57
e_z/mm	-3.00	1.03
m_z/kg	131.00	125.61
l_x/mm	0.00	203.28
θ/(°)	0.00	13.89

表 8.51　炮口振动优化结果对比

响应量	优化前	优化后	
		神经网络	有限元
θ_y/μrad	-90.27	5.32	3.88
θ_z/μrad	250.71	36.43	36.74
ω_y/(mrad·s^{-1})	26.60	0.01	0.77
ω_z/(mrad·s^{-1})	-19.56	0.00	0.33
F_{obj}	1.00	0.0417	0.0594

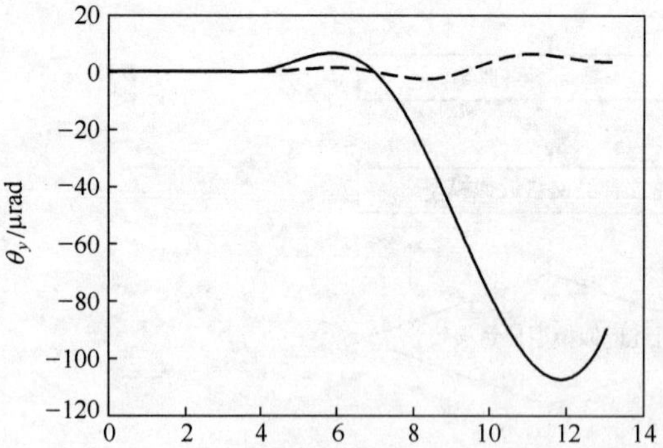

图 8.96　优化前后的炮口方向角位移曲线

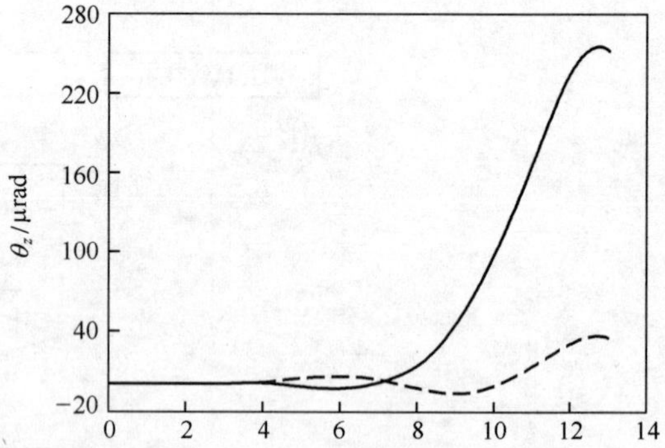

图 8.97　优化前后的炮口高低角位移曲线

由表 8.51 可知，优化后，炮口振动的 BP 神经网络预测结果与有限元计算结果基本吻合，说明了所建立的火炮 BP 神经网络模型具有良好的预测精度；炮口振动目标函数 F_{obj} 减小了 94.06%，其中弹丸出炮口瞬间炮口方向角位移、高低角位移、方向角速度、高低角速度的幅值分别减小了 95.70%、85.35%、97.11%、98.31%，炮口振动下降幅度大，对提高射击密集度具有积极作用。

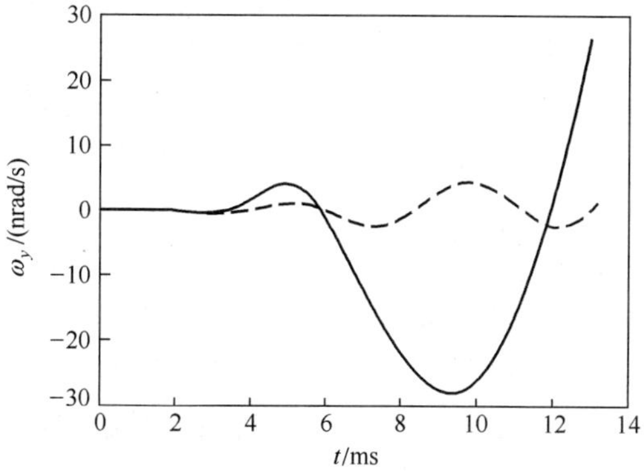

图 8.98　优化前后的炮口方向角速度曲线

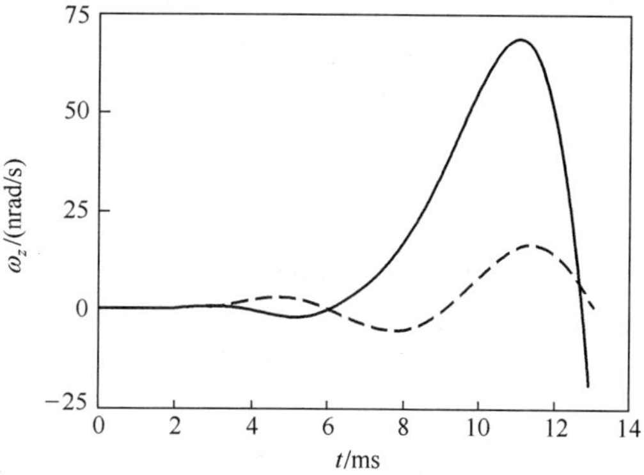

图 8.99　优化前后的炮口高低角速度曲线

由图 8.96~图 8.99 可知，在弹丸膛内运动期间，优化后的炮口振动各响应分量均比优化前明显减小，优化效果明显。

由图 8.100 和图 8.101 可知，在弹丸出炮口时刻，优化后前衬瓦接触力为 124.54kN，相比优化前 129.17kN 减小了 3.58%；优化后后衬瓦接触力为 -35.59kN，相比优化前 -76.95kN降低了 53.75%，由此可见，优化后前衬瓦和后衬瓦接触力也都得到了有效控制，对改善炮架刚强度具有积极作用。

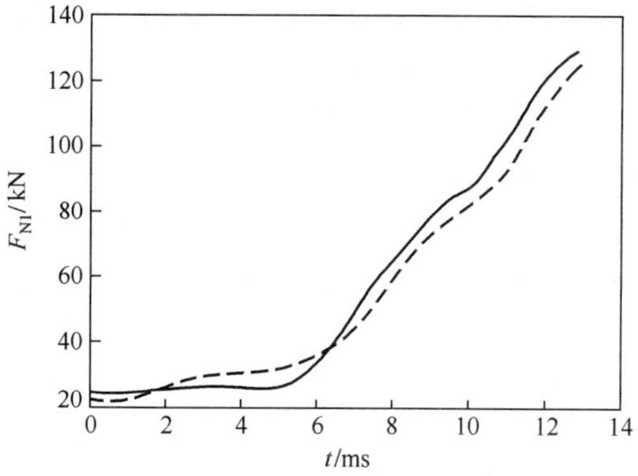

图 8.100　优化前后的前衬瓦接触力曲线

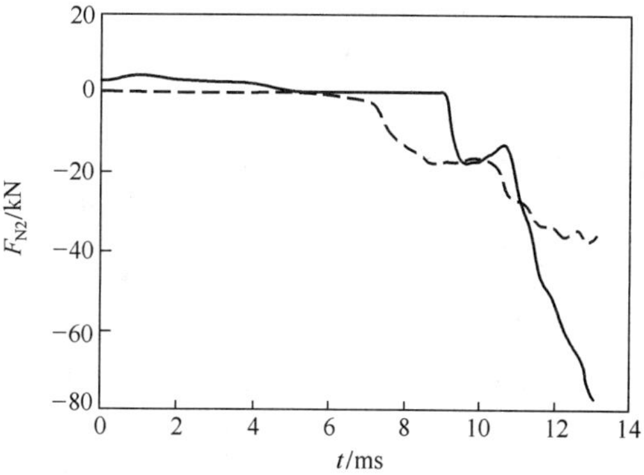

图 8.101　优化前后的后衬瓦接触力曲线

8.8　火炮发射动力学测试技术及应用

本节主要介绍火炮发射过程运动学参数和力学参数的测试原理及测试误差，以某榴弹炮为研究对象，对相应的发射动力学参数进行测试，并将试验结果与理论计算结果进行对比分析。

8.8.1　运动学参数测试原理与测试误差分析

运动学参数测试系统按工作原理可以分为三类，分别是机械测试系统、光学测试系统以及电测试系统。机械测试系统利用杠杆、齿轮、曲柄、型腔等对待测运动学参数进行放大处理，并通过指针或者液面进行显示，这种测试方法由于其动态特性差、机械惯性大且量程有限,一般用于短距离位移测试;光学测试系统使用光电法、光干涉法、激光多普勒效应、光导纤维、高速摄影等原理进行测试,作为一种非接触式测试方法,不干扰被测对象,具有较高的频响及精度;电测试系统则是针对待测物理量具体特性,选用合适的传感器及配套仪器进行测试,这种测试系统的特点是动态范围大,但是传感器需安装在待测对象上,存在一定的影响。

按待测物理量类别将运动学参数测试系统分为六类:①位移传感器,如滑线电阻式位移传感器、电阻应变式位移传感器、差动变压器式位移传感器、电涡流位移传感器、电容式位移传感器、光栅式位移传感器、光导纤维式位移传感器、激光位移传感器等;②角位移传感器,如旋转变压器式角位移传感器、微动同步器式角位移传感器等;③速度传感器,如磁电式速度传感器、永磁感应式速度传感器、激光多普勒式速度传感器、雷达式速度传感器等;④角速度传感器,如离心式角速度传感器、磁电式角速度传感器、光电式角速度传感器、陀螺角速度传感器等;⑤加速度传感器,如惯性式加速度传感器、压阻式加速度传感器、压电式加速度传感器等;⑥角加速度传感器,如压阻式角加速度传感器、液环式角加速度传感器、压电式角加速度传感器等。

火炮发射过程运动学参数测试的主要方法有传感器测试法和高速摄影测试法。其中测试中所使用的传感器主要有激光位移传感器、压电式加速度传感器等。

1. 激光位移传感器测试原理与测试误差分析

激光位移传感器是一种可用于精确测试物体表面位移规律的非接触式测试传感器,其测试原理可分为激光三角测量法和激光回波分析法两类。激光三角测量法一般适用于高精度、短距离的测试;而激光回波分析法则用于远距离测试。一般来说,运动学参数测试所选取的激光位移传感器通常基于激光三角测量法。

激光三角测量法原理:激光发射器通过镜头将激光照射在待测物体表面,经物体漫反射的激光通过检测器镜头,最后在检测器上成像;当物体位置发生改变时,检测器上所成的像也发生相应的位置变化,通过成像位移和实际位移之间的几何关系换算出被测物体的实际位移大小,如图 8.102 所示。其中,O 点为激光位移传感器的参考位置,通常在量程中点位置,O_1 和 O_2 两点表示激光位移传感器量程的两个上下限,X 点为检测器成像面、透镜主面以及待测点法线汇交点,即光路需满足沙姆定律;δ 为待测物体实际位置与参考位置的距离,s 和 s' 分别表示参考位置反射激光的物距和像距,d 为检测器表面上成像点的偏移量;α 表示参考位置工况下的激光的入射反射光路夹角,β 为参考位置工况下的激光待测点法线与检测器成像面的夹角。

由几何关系可计算出待测物体实际偏移量:

$$\delta = \frac{ds\sin\beta}{s'\sin\alpha - d\sin(\alpha + \beta)} \tag{8.12}$$

火炮发射位移测试可选用基恩士公司生产的 LK-G30、LK-G80、LK-G150、LK-G400 和 LJ-V7020 等型号的激光位移传感器。其中,LK-G30、LK-G80、LK-G150 和 LK-G400 为单点激光位移传感器,LJ-V7020 为轮廓激光位移传感器。利用基于漫反射三角法原理的激光位移传感器进行位移测试时,常见的误差来源于待测物体的颜色光泽、表面粗糙度、入射倾角以及振动方向同入射激光的夹角。待测物体的颜色光泽和表面粗糙度对测试结果的影响包括:①当表面粗糙度较低或光泽度较高时,入射激光产生较强的镜面反

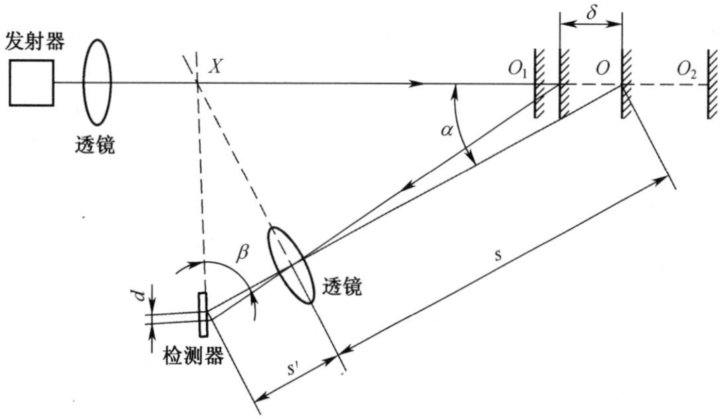

图 8.102　激光三角测量法原理图

射,可能导致传感器接收器警告或造成较大测试误差;②光泽度较低的待测物体,有利于激光位移传感器的正常工作,但表面粗糙度较大时,激光束光斑形状的变化会引起光敏元件输出不稳定;③待测物体表面的不同颜色对入射激光的吸收和反射程度也不同,对测试精度的影响也难以量化,但亮色比暗色有利于传感器精确测试。入射倾角指的是待测物体表面上的激光入射点的法线与入射激光之间的夹角。伴随着入射倾角的改变,激光入射点处散射光的空间分布也随之改变,导致激光检测器在单位时间内的进光量也发生改变,可由朗伯定律描述:

$$E = \pi I \frac{R^2}{s^2}\left(1 + \frac{2\delta}{s}\cos\alpha\right)\cos(\alpha - \Delta) \tag{8.13}$$

式中:s 和 α 为激光位移传感器内部三角光路参数(图 8.102);R 为接受透镜的半径;Δ 为入射倾角;δ 为测试表面位移大小;I 为激光束在物体表面入射光点处沿法线方向的散失光强。

综合考虑上述测试误差成因,在实际测试过程中须做到以下几点:①对待测物体表面进行处理,使其具有适合激光散射的表面粗糙度及较低光泽度,根据所使用的激光波长搭配合适的表面颜色,避免光能过度吸收;②利用张贴于待测物体表面的薄型高光泽材料,减小入射倾角对测试结果的影响;③测试前利用相关理论对待测物体的运动规律进行分析,设计合适的夹具用以调整激光位移传感器的位置姿态。

2. 压电加速度传感器测试原理与测试误差分析

压电加速度传感器是一种基于压电效应的用以测试加速度的惯性式传感器,它能直接将机械能转换成电能,以电荷形式体现,且电荷量正比于加速度值。压电加速度传感器由壳体、压簧、质量块和压电元件构成,其结构如图 8.103 所示。其中,压簧的预紧力使得质量块紧密地附着于压电元件,整个组件被封装于基底壳体内,为提高灵敏度,一般采用两片晶片重叠放置。

在加速度测试过程中,压电加速度传感器在冲击前后往往存在零点漂移现象,产生的原因包括传感器本身因素和外部因素。传感器本身因素主要有基座应变、预压载荷、过应力、材料形变和温度变化等,可归结为受压电材料和设计制造工艺的限制;传感器外部因素主要有电缆噪声和电荷放大器及其调理电路等。为了抑制零点漂移,可从传感器压电材料及其设计制造工艺角度考虑,尽量选用剪切式压电元件,同时选用弹性系数高的压电材料、基座、质量块,这样压电加速度传感器受基座应变、预压载荷、过应力、材料形变和温度变化等因素的影响会减小。另外从传感器外部电路角度考虑,须采用特制低噪声同轴射频电缆,因其绝缘层和屏蔽层之间存在减磨硅油和导电石墨,可有效减小电缆振动弯曲产生的电缆噪声;合理选择运放开环增益、反馈电容、反馈电阻和输入电导及漏电导,确保满足频率要求的电荷放大器也满足过载要求,同时能够抑制零漂。

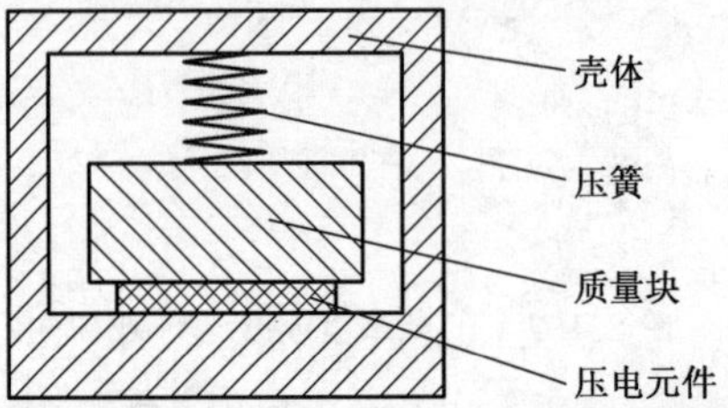

图 8.103　压电加速度传感器结构示意图

压电加速度传感器需要与被测物体有牢固的连接,以保证物体一起运动,从而真实反映物体的运动情况。利用螺纹联接固定传感器的方式可使共振频率达到出厂共振频率,同时螺栓不得全部拧入基座螺孔,以免引起基座变形。如遇安装表面不平整,可涂上一层硅脂,增加连接的可靠性。在加速度测试过程中,应尽量减少不必要的固定件,最好使传感器直接固结于被测物体上,仅在必要时才设置固定件。良好的固定连接要求固定件自振频率大于被测振动频率的 5~10 倍,从而减小寄生振动。

3. 高速摄影测试原理与测试误差分析

高速摄影技术是近年来发展起来的用于拍摄瞬变场景的成像技术,所拍摄的信息能接近被摄对象的真实运动状态,且能直观而形象地反映出高速运动物体的时空特性。目前高速摄影测试技术已在爆炸爆破、机构规律、武器发射等方面得到了应用,例如通过拍摄断药导爆管的传爆过程,获得了传爆速度随时间变化的规律;对运行中的卷管机进行拍摄,分析出卷管机送纸机构的运动规律;运用高速摄影技术和图像匹配定位方法获得火炮反后坐装置运动参数。高速摄影测试系统主要由高速摄影机、光学镜头、同步光源、固定台架、软件支持与数据存储、图像跟踪等部分组成,如图 8.104 所示。

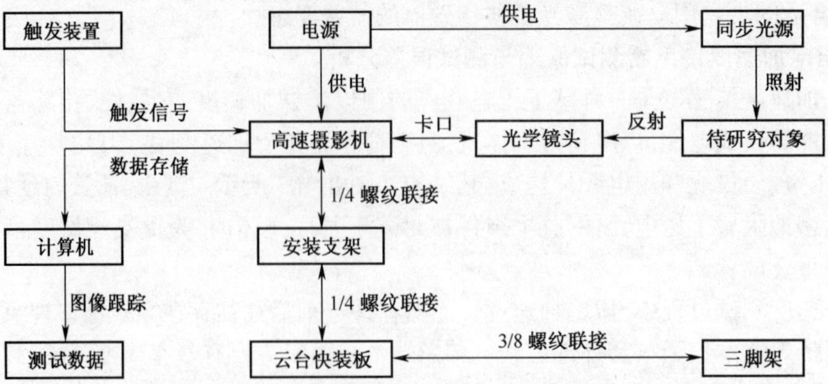

图 8.104　高速摄影测试系统组成框图

高速摄影机与光学镜头通过专用卡口固连,形成高速摄影系统的光学成像部分;使用专用的1/4或3/8英制螺纹将光学成像部分与安装支架、云台快装板以及三脚架依次安装固定,形成拍摄方向可调节的固定台架部分;电源部分为高速摄影机提供电力输入,同时也为光照条件不足时所使用的同步光源提供电力输入;触发装置的作用是对传输触发信号,使高速摄影机开始采集;待研究对象通过对同步光源或自然光的反射,将自身运动信息以图像的形式传输至光学成像系统;将高速摄影机所拍摄的图像数据传输至计算机存储器中后,利用商业软件对图像数据进行综合处理,最终获取所需测试数据。

测试使用的高速摄影机可选用IDT Y3-S2、Vision Research Phantom V710等型号;光学镜头为Nikkor AIS 50mm F1.2定焦镜头和Nikkor AF-S 400mm F2.8D ED定焦镜头;云台为ARCA 870103 D4云台;图像跟踪软件为ProAnalyst,该软件可对导入的图像数据进行对比度修改、图像滤波、光学畸变修正等操作,并能够快速提取和量化待测物体运动运动过程,以位移、速度、加速度等物理量的形式记录下来,图像跟踪所需的主要信息包括了视频、帧率、比例尺、跟踪区域等,主界面如图8.105所示,图中描述的是软件跟踪捕捉十字标记点的运动规律,并在绘图区域记录了位移、速度、加速度等运动学参数信息。

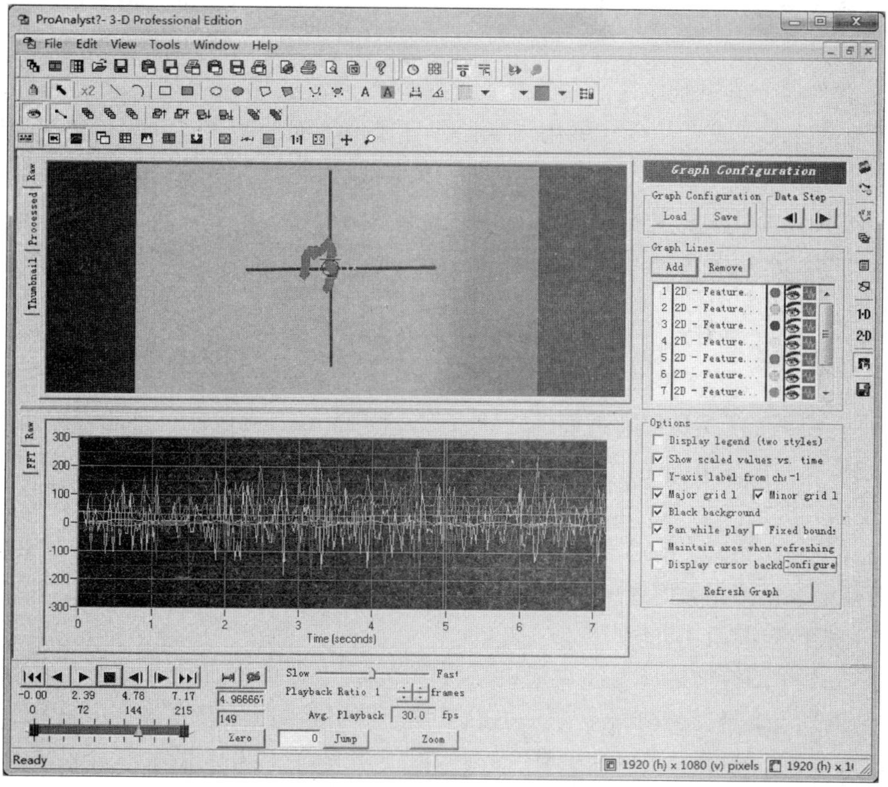

图8.105 ProAnalyst主界面

高速摄影测试系统应用于火炮发射运动学测试的误差主要来源于测试器材、测试环境和实践操作三个方面。测试器材误差可分为高速摄影机误差和光学镜头误差;测试环境误差可归类为光线传输误差和振动冲击误差;实践操作误差主要来源于摄影光位选择、曝光时间控制等因素。

1）高速摄影机误差

由于高速摄影机硬件上存在区别，描述高速摄影机性能的参数也大相径庭，而高速摄影机误差主要因时基、感光度、信噪比、动态范围、像素、拍摄速率等性能参数产生。

时基误差是指重现信号与基准信号之间的误差，是评判摄影机的时间精度指标。数字式高速摄影机采用了频率高达 10MHz 的高精度晶振作为时间基准，时间精度非常高。

感光度描述的是单位光照强度入射在感光器件产生的输出量。在相同环境照度下，感光度越高，获得期望信噪比输出需要的辐射照度越小，对于高速率拍摄越有利。

信噪比描述信号与噪声之间的比例关系，动态范围是指感光器件饱和信号电压与噪声电压均方根之比。信噪比和动态范围越高，所获得的图像的质量越高。

像素是指基本原色素及其灰度的基本编码，是构成数码影像的基本单位。像素大小直接影响到运动分析的位置精度。像素越高，定位精度越高。

拍摄速率指的是高速摄影机单位时间内拍摄的帧数。拍摄速率越高，运动学分析中的时间间隔越短，对高速运动物体位置的描述越精确。

2）光学镜头误差

光学镜头是数字视觉系统中必不可少的部件，其误差主要由焦距、光圈、畸变率、调制传递函数等产生。

镜头焦距是光学系统中衡量光的聚集或发散的度量方式，一般是指镜头光学中心到底片、电荷耦合元件或互补金属氧化物半导体等成像平面的距离。同等条件下，焦距越小，则有效画幅分辨率越低，从而导致尺寸精度越低；焦距越大，则所摄有效区域面积越小，最终导致不能拍摄全部运动轨迹。因此，合理地选用镜头焦距有利于减少实验误差。

镜头光圈是用以控制光线透过镜头进入感光面光量的装置，通常布置在镜头内。相同光照条件下，大光圈进光量大，景深小，有利于提高拍摄速率；小光圈进光量小，景深大，有利于提高成像质量。测试人员须协调拍摄速率和成像质量之间矛盾，在满足成像要求的前提下，尽可能优选测试镜头的最大光圈。

镜头畸变是光学透镜固有透视失真的总称，这种失真对成像质量是非常不利的。尽管高档镜头利用镜片组的优化设计、选用高质量的光学玻璃来制造镜片，但镜头边缘仍然会产生不同程度的变形和失真。图像跟踪软件 ProAnalyst 提供了镜头畸变计算工具模块，研究人员需在测试之前对高精度棋盘纸进行同工况拍摄，通过该模块执行镜头畸变矫正操作，并记录存储相关信息用于实际测试图像的矫正操作。

3）光线传输误差

光在空气中的传播可视为波在随机介质中传播，该随机介质具有湍流性和混浊性。湍流性是指大气本身的运动、温差、压力差、密度差等引起的折射率的改变，折射率变化量级为 10^{-6}；混浊性是指大气存在微粒，如雨、雾、沙尘等，它们和周围大气分界清楚，折射率变化量级为 100。从效应来看，湍流介质的影响主要表现为接收平面上光辐射通量密度的起伏和相位起伏；而混浊介质的影响表现为在传播途径上光的能量损耗。

在火炮运动位移测试中，高速摄影设备与待测火炮距离较远，测试区域大气的温度、压力、密度和成分存在一定的不确定性，易产生湍流和混浊，导致时变区域折射率，造成测试误差。为减少光线传输误差，在设计测试方案时，须充分考虑测试区域的天气情况，尽量保证测试现场晴朗且风级很小。

4）振动冲击误差

在火炮发射运动学测试中不可避免地遇到振动和冲击，它们主要来自于散热风扇、自然风以及火炮发射等，下面将分别讨论分析各种激励方式产生误差的原因。

数字式高速摄影机的电子元器件散热大多采用硅脂-散热片-风扇方案，风扇运转过程中的不平稳造成高速摄影机自激振动。以某型号高速摄影系统为例，在确保光介质均匀、无外界激励的前提下，对静止标记点进行拍摄和跟踪，并利用汉明窗函数对信号进行频域分析，获得的时域、频域响应如图 8.106 和图 8.107 所示。

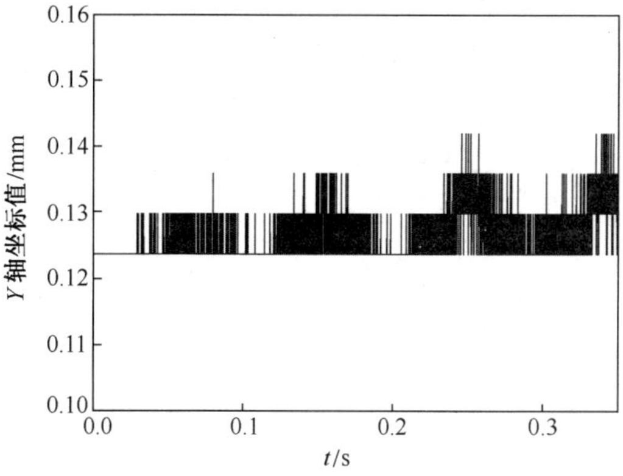

图 8.106　风扇自激振动时域响应

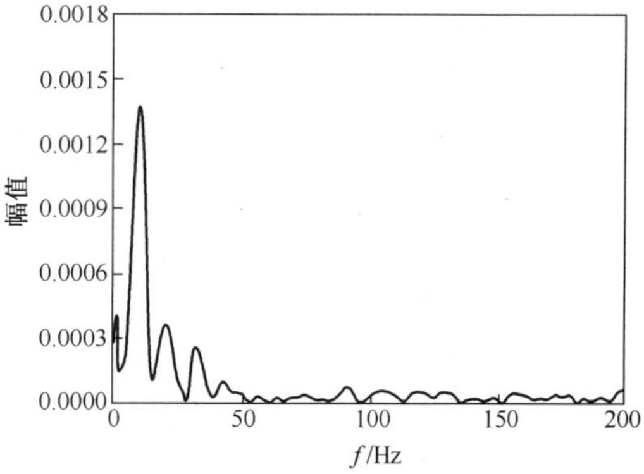

图 8.107　风扇自激振动频域响应

由图 8.106 可以看出，标记点在图像上 Y 轴的稳态振动位移量差值为 0.02mm 左右，信号平稳且呈现一定的周期性；由图 8.107 可得，高速摄影机外界激励主成分频率位于 10～20Hz，符合时域曲线所观测出的周期性。

作用于高速摄影测试系统的自然风载荷通常可归类为定常部分和脉动部分，而脉动部分引起的脉动载荷必然激起高速摄影测试系统的动态响应。为研究自然风激振对高速摄影系统实际测试结果的影响，设计 5 级风速环境中的动态测试，对静止标记点进行拍摄和跟踪，并利用汉明窗函数对时域信号进行频域变换，研究发现标记点在图像上的 Y 轴稳态振动位移量级为 100mm，相对于炮口振动等待测物理量，该误差已上升到谬误级别；另外分析获得高速摄影机外界激励主成分频率位于 3Hz 左右。由此可见，自然风对高速摄设备的激振作用明显，应加以控制。

火炮发射时，发射载荷形成的冲击通过空气及岩土构成的两个半无限介质传播至高速摄影机，直接影响高速摄影测试系统的工作稳定性。对于半无限介质，弹性纵波的传播速度为

$$V = \sqrt{\frac{(1-\nu)E}{(1+\nu)(1-2\nu)}\rho} \tag{8.14}$$

式中：ν 为介质泊松比；E 为介质弹性模量；ρ 为介质密度。空气中的弹性纵波波速约 340m/s；岩土中的波速随着材料参数的改变而改变，如松散均质砂土中的波速约 150m/s，页岩中的波速约 250m/s。若某次拍摄距离 30m，土壤为松散均质砂土，火炮发射的冲击影响首先通过空气传播至高速摄影设备，其传播时间约为火炮发射开始后的 80ms。弹丸膛内运动时间一般在 20ms 以内，因此膛内时期的拍摄图像受火炮发射冲击的影响可以

忽略不计；而火炮后坐及复进运动时间数量级在几百 ms，该阶段的拍摄图像受火炮发射冲击的影响较大。

振动冲击误差主要来源于散热风扇、自然风以及发射引起的振动冲击，其共同作用使高速摄影机及其固定装置发生受迫振动，拍摄画面也随之振动，从而造成拍摄误差。

5）摄影光位误差

摄影光位是指拍摄所用光源的位置，直接影响高速摄影机的成像效果。火炮发射运动学测试地点大多设置于室外，且一般选择太阳作为测试光源。太阳相对于观察者的位置是时间和空间两者的函数，由太阳方位角和高度角构成。太阳方位角指太阳光线在地平面上的投影与当地子午线的夹角；太阳高度角是指太阳光的入射方向和地平面之间的夹角。摄影光位应尽量设置为顺光，尤其是高纬度地区实验，这样能使被摄物体照度均匀，成像效果良好。测试中也存在无法顺光拍摄的情况，测试人员须根据测试地点太阳的实际位置，采用加长遮光罩并配备补光板的方法，避免阳光直射镜头，同时增加被摄物有效进光量。

6）曝光时间误差

相机曝光时间是指从快门打开到关闭的时间间隔，在这段时间内，被摄对象可在感光器件上留下影像。对于火炮瞬态运动学测试来说，增加曝光时间有利于提高拍摄速率，更加精确地描述运动规律；而过长的曝光时间会降低成像清晰度，甚至产生图像拖影，造成图像无法进行后处理。多像素区域的图像跟踪算法日渐成熟，但都以对图像特征的精确提取为前提，这就要求测试所采集的图像清晰准确。相同实验条件下，被摄对象在 10μs 和 100μs 曝光时间下的成像效果如图 8.108 所示。

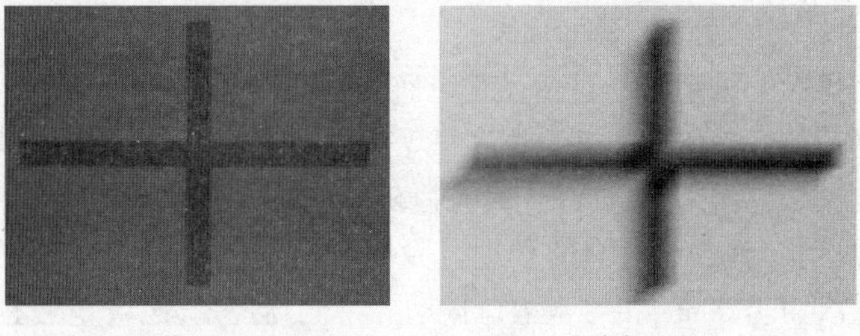

(a) 10μs　　(b) 100μs

图 8.108　两种曝光时间的成像效果图

可以看出，图 8.108(a)亮度较暗，标记点边缘清晰，满足图像跟踪算法的要求；图 8.108(b)亮度合适，标记点边缘产生明显图像拖影，严重影响图像跟踪效果。所以，研究者须考虑测试对象特征以及研究环境特征等因素选择合适的曝光时间，用以解决亮度和清晰度之间的矛盾。

8.8.2　力学参数测试原理

力是物体之间的相互作用关系，不能脱离物体而单独存在。在机械工程学科中，力是最基本的工作载荷物理量，与应力、应变、弯矩、扭矩、压力等参数密切相关，这些参数可统称为力学参数。对力学参数进行测试，能够确定待测对象的受力情况及工作状态，有助于分析某些物理现象的机理。

1. 力的测试

测试力的方法很多，按工作原理可分为弹性测试法、电阻测试法、电感测试法、电容测试法、压电测试法、磁电测试法等方法。其中，电阻应变式测试法的应用最为广泛，它是利用在外力作用下的金属丝发生机械形变而导致其电阻值发生改变这一物理效应，将被测试物理量转换为电量输出的一种力测试方法。电阻应变式力传感器主要由弹性元件和应变片构成，按弹性元件的形状，可分为柱形、筒形、环形、梁形、轮辐形等，然后根据传感器应变片具体位置方向以及电路桥接方式换算出待测力的实际数值。

2. 应力、应变的测试

构件应力、应变的测试主要有电阻应变测试、光测弹性力学、激光全息干涉、激光散斑干涉等方法。其中，电阻应变测试法是应用最广的一种方法，利用电阻应变片粘贴在构件的某个部位来测定构件该处的表面应变。根据构件不同的应力状态，设计合理的贴片位置与方向，经过换算，最终获得构件的实际应力、应变值。该测试方法既能测试静态应变，也能测试动态应变；输出量为电信号易于长距离传输，并具有很高的测试精度。

3. 压力的测试

常用压力测试仪器按其工作原理可分为液柱式压力机、弹性式压力机、活塞式压力机、压力传感器等。其中，压力传感器是测试动态压力的主要手段，根据物理量的转换形式可归类为应变式、压电式、压阻式、电容式、电感式等。

火炮发射过程的压力测试可选用压电式压力传感器，其结构主要有活塞式和膜片式两种。活塞式传感器由于受到活塞质量、刚度、黏度等因素的影响，自振频率一般在 20～30kHz 之间。相比于活塞式，膜片式传感器的承压膜片用于密封、预压和传递压力，具有体积小、频响宽、精度高、可靠性强等特点。由于膜片自身质量较小，且压电晶体的刚度很大，所以膜片式压力传感器具有很高的自振频率，高达 250kHz 左右，已被广泛应用于高压动态测试领域。压电式压力传感器的安装方法对动态压力测试结果影响很大，当待测压力为脉宽短、带宽长的瞬态脉冲时尤其明显。压力传感器安装时，要求测压面直接与待测介质接触，即平齐安装方式，否则在测压面前面形成一个空腔或管道，从而影响待测介质的频响特性。火炮发射时期内膛压力测试伴随着气流高温，当温度超过传感器规定的使用范围，传感器灵敏度变化的同时伴随零漂现象，严重情况可能烧毁传感器。一般采用在测压面均匀涂抹硅脂、石英混合物的方式来解决气流高温的影响。

由于火炮自身结构的特殊性，在安装压力传感器时很难做到平齐安装，一般都存在管道或空腔，产生一定的管道效应，如图 8.109 所示。

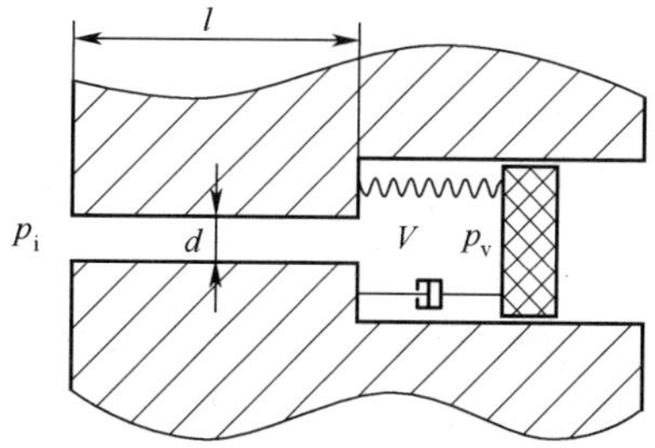

图 8.109　压力传感器安装结构示意图

根据动力学知识,可列出以 p_i 为输入、p_v 为输出的运动微分方程:

$$\frac{4l\rho V}{\pi\beta_c d^2} \times \frac{d^2 p_v}{dt^2} + \frac{128\mu lV}{\pi\beta_c d^4} \times \frac{dp_v}{dt} + p_v = p_i \tag{8.15}$$

式中:d 为管道直径;β_c 为有效体积弹性模量;V 为空腔体积;μ 为流体的动力黏度;l 为管道长度;ρ 为介质的密度;t 为时间。

使用压电式压力传感器须注意以下几点:①安装传感器尽量做到平齐安装,如测试工况难以满足该要求,则须尽量增加管道直径、减小管道长度和空腔体积,同时选用声速较高的介质,用来降低管道效应,从而提高传感器设备的自振频率;②合理设计压电式压力传感器的固定件,确保传感器安装可靠,固定件安装后具有足够高的自振频率;③根据测试具体工况设计类似压电加速度传感器的导线固定装置,用以抑制传感器接头电容的产生。

8.8.3 某榴弹炮发射动力学参数测试及结果分析

采用高速摄影、激光位移传感器、加速度传感器、压电式压力传感器、动态应变仪等,对发射过程的位移、加速度、压力、应变等动态参数进行测试,系统组成如图 8.110 所示。

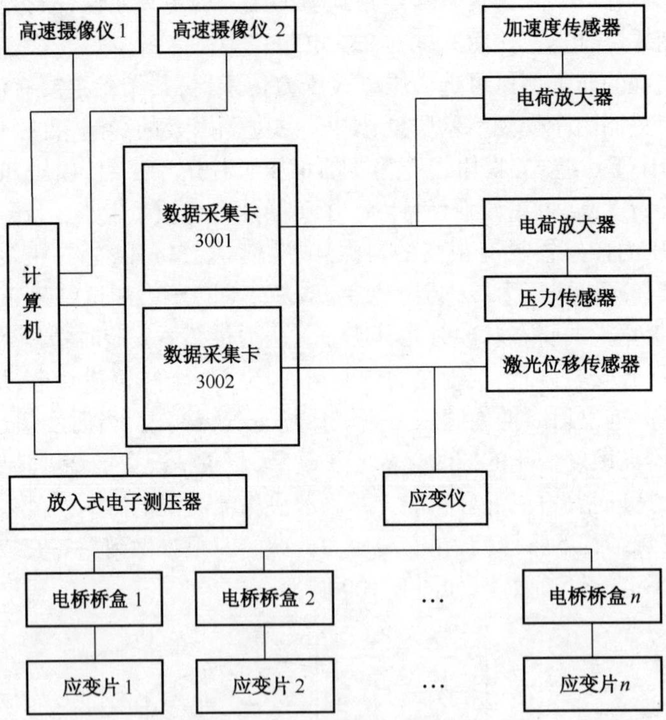

图 8.110 测试系统组成原理框图

1. 膛压测试

采用 DT-FDCYQ 型放入式电子测压系统对火炮发射的膛底压力进行测试。图 8.111 为放入式电子测压器的原理框图,图 8.112 为放入式电子测压器布置图。

图 8.113 为某榴弹炮发射杀伤爆破弹(常温全装药)的膛底压力测试结果(实线)与理论计算结果(虚线)的比较,共发射 14 发弹丸。该 14 发的膛底压力峰值的平均值为

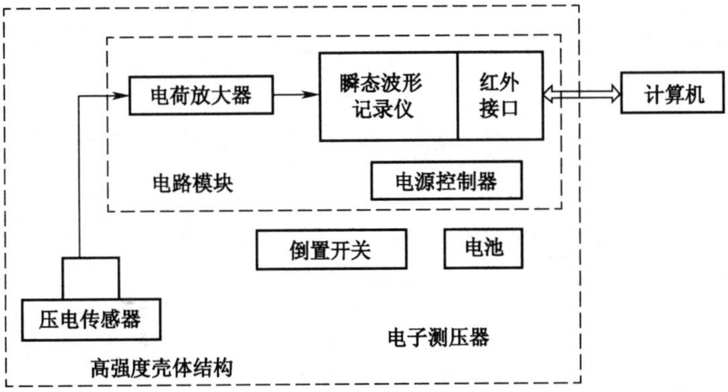

图 8.111　放入式电子测压器原理框图

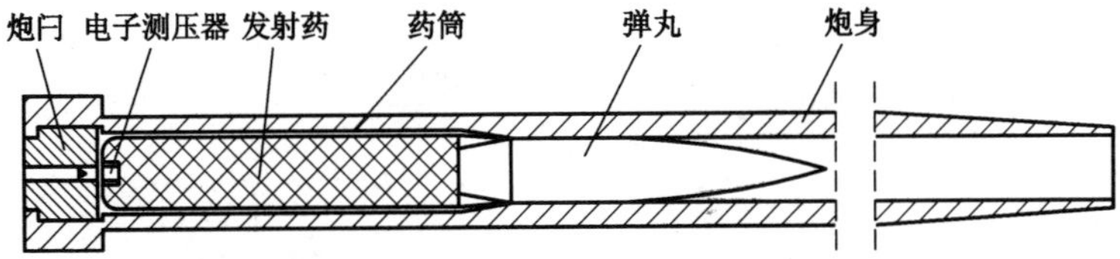

图 8.112　放入式电子测压器放置图

280.49MPa；第 7 发的膛底压力峰值最大，为 294.91MPa；第 10 发的膛底压力峰值最小，为 269.11MPa；理论计算的膛底压力峰值为 267.92MPa，与测试结果的相对误差为 4.5%。由图 8.113 可以看出，在 1~6ms 期间，膛底压力的计算值比测试结果小，但 1ms 之前和 6ms 之后，计算结果又偏大。

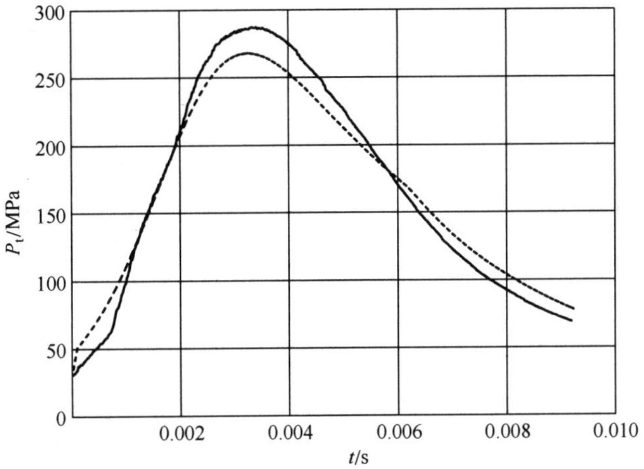

图 8.113　膛底压力随时间变化的测试曲线

2. 后坐运动与后坐阻力规律测试

利用高速摄影仪 1 拍摄炮尾后坐运动图像（图 8.114），经专用运动图像处理软件处理得到后坐位移随时间变化的规律。选用压电式压力传感器对制退机 p_1 腔和 p_3 腔的液体压力进行测试（图 8.115）。在炮尾上布置加速度传感器，测试炮尾轴向运动加速度（图 8.116）。

图 8.114　炮尾后坐运动测试

图 8.115　制退机上压力传感器布置图

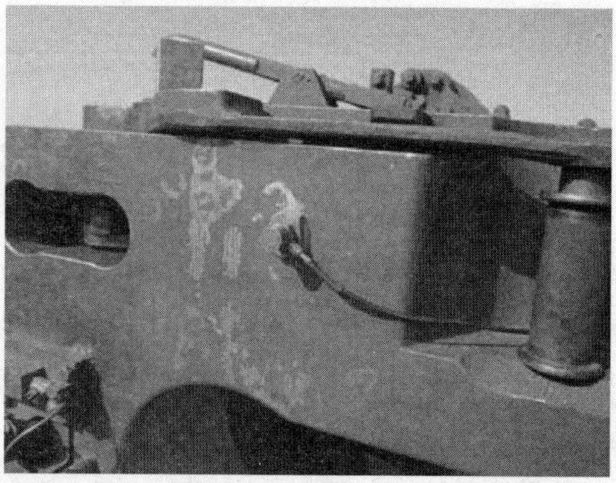

图 8.116　炮尾上加速度传感器布置图

图 8.117~图 8.119 为某榴弹炮发射杀伤爆破弹(常温全装药)的后坐运动与阻力测试结果,共发射 3 发弹丸。3 发的后坐位移、p_3腔液体压力、炮尾轴向加速度的峰值平均值分别为 1230.2mm、16.15MPa、252.07g。将测得的制退机 p_1腔和 p_3腔的液体压力代入液压阻力公式(2.1),根据后坐阻力公式 $R = \phi_0 + P_F + F + T - m_0 g\sin\phi$ 计算后坐阻力,得到后坐阻力曲线,如图 8.120 所示。

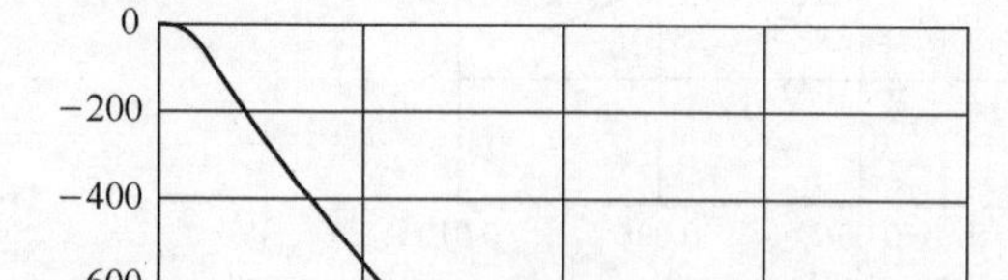

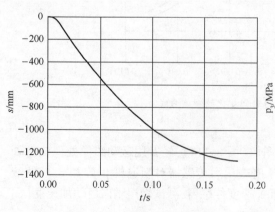

图 8.117　后坐位移测试曲线

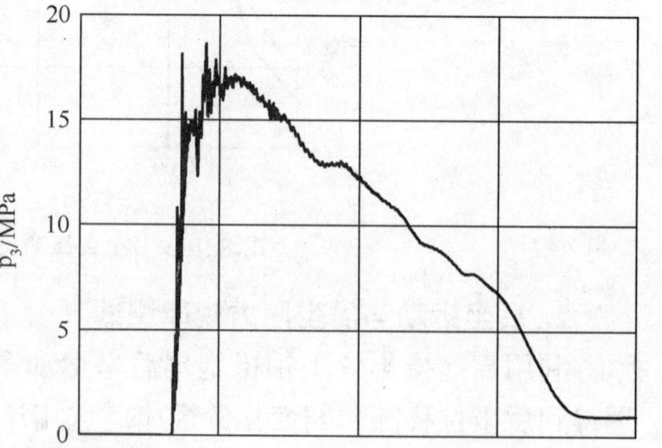

图 8.118　p_3腔液体压力测试曲线

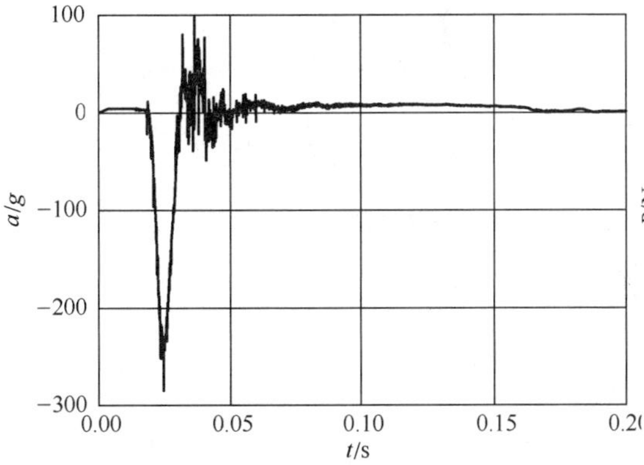

图 8.119　后坐加速度测试曲线

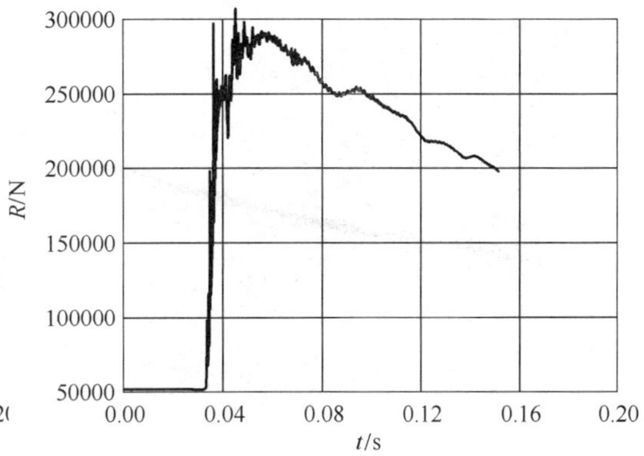

图 8.120　后坐阻力测试曲线

3. 炮口振动与炮架跳动位移测试

利用 IDT3-S2 型高速摄影测试系统(图 8.110 中高速摄影仪 2),基于超分辨率和多尺度数据融合方法,对炮口垂直振动参数进行测试(图 8.121)。为了实现炮口高速摄影测试信号与其它传感器测试信号的时间同步,考虑了时间同步触发。

(a) 炮口测试标识

(b) 高速摄影仪

图 8.121　高速摄影测试炮口振动现场布置

采用基恩士 LK-G150 型激光位移传感器测试炮架的跳动位移,其测试原理是通过发射器将可见红色激光射向测试座表面,反射的激光通过接收器镜头,被内部的 CCD 线性相机接收,根据不同的距离,CCD 线性相机可以在不同的角度下“看见”这个光点。根据这个角度及已知的激光和相机之间的距离,数字信号处理器就能计算出传感器和测试座表面之间的距离。利用螺栓联接将传感器、安装支架和安装台面固连在一起,如图 8.122 所示。

图 8.123 和图 8.124 为某榴弹炮发射杀伤爆破弹(常温全装药)的炮口高低振动位移与炮架跳动位移测试结果,共发射 3 发弹丸。3 发的炮架跳动位移峰值平均值为 9.31mm,弹丸出炮口瞬间时刻炮口振动位移平均值为 0.274mm。

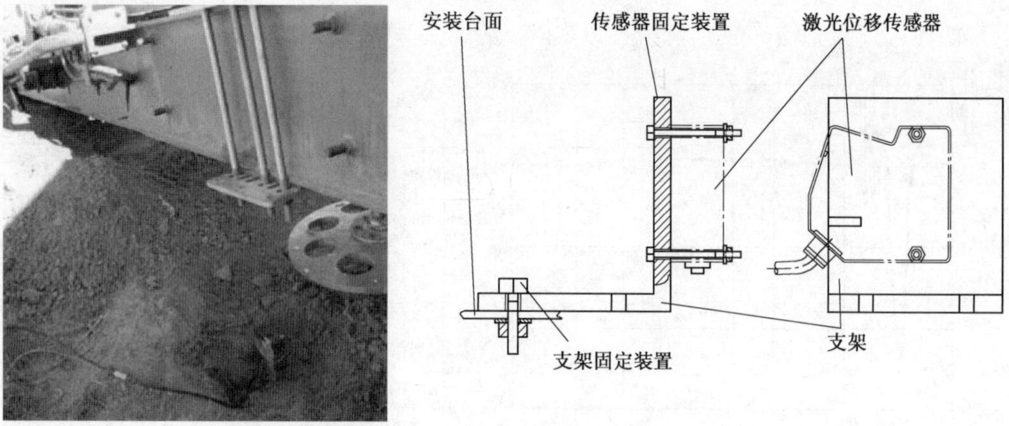

图 8.122　炮架跳动位移测试原理

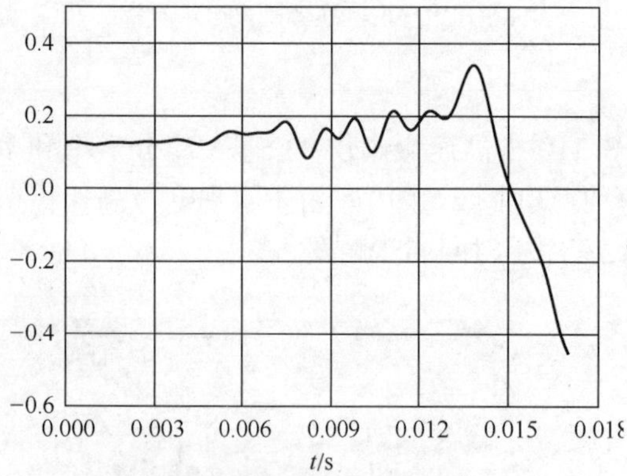

图 8.123　炮口振动位移曲线

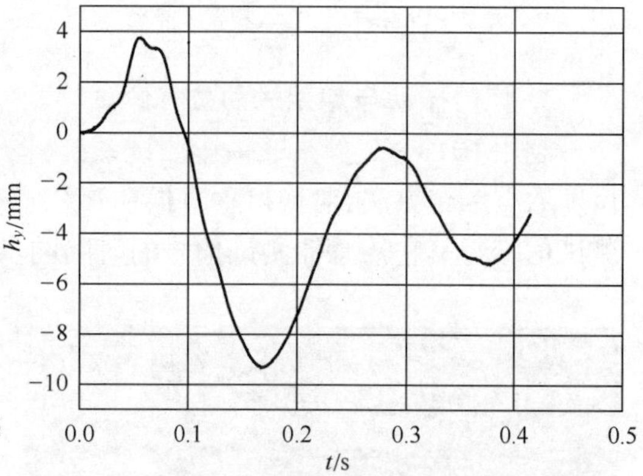

图 8.124　炮架跳动位移曲线

4. 炮架应变测试

火炮发射载荷使布置在炮架上的应变片敏感元件发生弹性变形,其电阻值发生变化,随着载荷的变化,炮架应变也相应变化,从而电桥输出对应的变化信号,该信号经过动态应变仪放大,再通过数据采集装置记录下来。

选用 NEC AS16-105 型 6 通道手提型直流动态应变测试仪,在摇架前端与后端粘贴应变片,如图 8.125 所示。

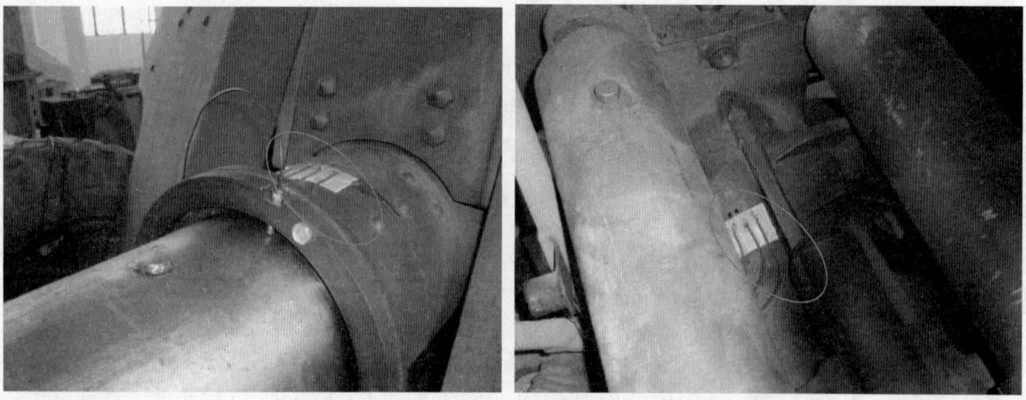

(a) 摇架前端应变片布置　　(b) 摇架后端应变片布置

图 8.125　摇架应变测试现场布置图

图 8.126 为某榴弹炮发射杀伤爆破弹(常温全装药)的摇架前端应变测试结果(实线)与理论计算结果(虚线)的比较,共发射 3 发弹丸。

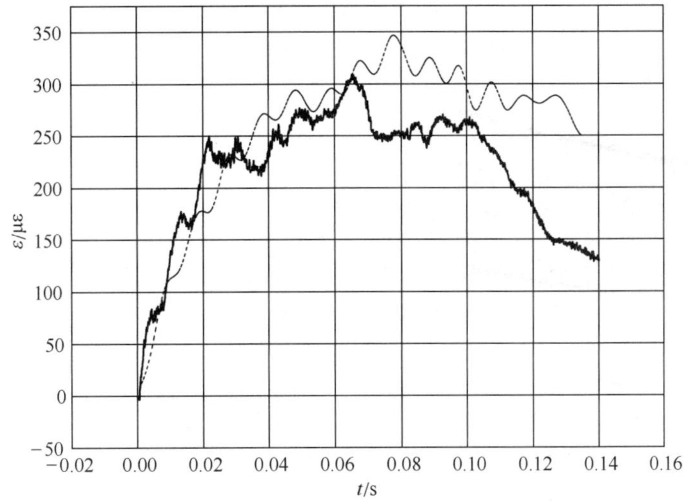

图 8.126 摇架前端应变测试与计算结果比较

火炮发射动力学计算的摇架前端应变变化曲线与测试曲线规律基本一致,在 30ms 之前,计算结果比测试结果小,但 30ms 之后计算结果偏大,计算的应变峰值与测试的应变峰值的相对误差约为 12.4%。

参考文献

[1] 张月林．火炮反后坐装置设计．北京:国防工业出版社,1984.

[2] 杨国来．火炮发射动力学．南京:南京理工大学,2006.

[3] 张相炎,郑建国,杨军荣．火炮设计理论．北京:北京理工大学出版社,2005.

[4] 杨国来,葛建立,陈强．火炮虚拟样机技术．北京:兵器工业出版社,2010.

[5] 孙远孝,潘学文．炮架与总体设计．北京:国防工业出版社,1988.

[6] 马福球,陈运生,朵英贤．火炮与自动武器．北京:北京理工大学出版社,2003.

[7] 郭锡福．弹丸发射动力学．南京:华东工学院,1989.

[8] 张小兵．枪炮内弹道学．北京:北京理工大学出版社,2014.

[9] 谈乐斌,张相炎,管红根．火炮概论．北京:北京理工大学出版社,2014.

[10] 张雄,王天舒．计算动力学．北京:清华大学出版社,2007.

[11] 孔德仁．兵器动态测量测试技术．北京:北京理工大学出版社,2013.

[12] 贾书惠．刚体动力学．北京:高等教育出版社,1987.

[13] 洪嘉振．计算多体系统动力学．北京:高等教育出版社,1999.

[14] 袁人枢,管红根．火炮测试技术．北京:兵器工业出版社,2010.

[15] 王勖成．有限单元法．北京:清华大学出版社,2003.

[16] 黎夫．火炮动力学研究选评．兵工学报武器分册,1987(1):46-52.

[17] 谈乐斌．火炮现代设计方法的研究与实践．南京:南京理工大学博士学位论文,2004.

[18] 王道宏．现代火炮工程实践．北京:国防工业出版社,1997.

[19] 金志明,翁春生．火炮装药设计安全性．北京:国防工业出版社,2001.

[20] 梁传建．大口径火炮发射载荷传递规律及结构优化研究．南京:南京理工大学博士学位论文,2016.

[21] 陈杰．大口径火炮发射载荷沿架体传递路径的结构优化．南京:南京理工大学硕士学位论文,2015.

[22] 曾晋春．车载式火炮刚柔耦合发射动力学研究．南京:南京理工大学博士学位论文,2010.

[23] 万长森．滚动轴承的分析方法．北京:机械工业出版社,1985.

[24] 庄茁．连续体和结构的非线性有限元．北京:清华大学出版社,2002.

[25] 郑强．带精英策略的非支配排序遗传算法的研究与应用．杭州:浙江大学博士学位论文,2006.

[26] 陈立平,张云清,任为群,等．机械系统动力学分析及 ADAMS 应用教程．北京:清华大学出版社,2005.

[27] 豪格 E J. 机械系统的计算机辅助运动学和动力学,第 I 卷,基本方法．刘兴祥,等译．北京:高等教育出版社,1996.

[28] 冈本纯三．球轴承的设计计算．黄志强,罗继伟,译．北京:机械工业出版社,2000.

[29] 何永．火炮总体设计方法研究．南京:南京理工大学博士学位论文,1995.

[30] 美国 HKS. ABAQUS/Explicit 有限元软件入门指南．庄茁,等译．北京:清华大学出版社,1999.

[31] 张学言,闫澍旺．岩土塑性力学基础．天津:天津大学出版社,2004.

[32] 石亦平,周玉蓉．ABAQUS 有限元分析实例详解．北京:机械工业出版社,2006.

[33] 王放明．随机动力学及其在兵器中的应用．北京:国防工业出版社,2000.

[34] 朱位秋．非线性随机动力学与控制．北京:科学出版社,2003.

[35] 杨国来,陈运生．火炮密集度的计算机模拟研究．火炮发射与控制学报,1999,3:1-4.

[36] Horsken C, Hiller M. Statistical methods for tolerance analysis in multibody systems and computer aided design. Advances in Computational Multibody Dynamics, 1999: 1-19.

[37] 陆佑方．柔性多体系统动力学,北京:高等教育出版社,1996.

[38] 杨国来. 多柔体系统动力学通用算法研究. 应用力学学报,2000,17(2):85-89.
[39] 陆佑方. 柔性多体系统:理论和应用力学的一个活跃领域,力学与实践,1994,16(2):1-9.
[40] 杨国来,陈运生,闵建平. 火炮多柔体系统动力学的自动建模技术. 工程力学,2001,18(5):95-99.
[41] 康新中,马春茂,魏孝达. 火炮系统建模理论. 北京:国防工业出版社,2003.
[42] 杨国来. 多柔体系统参数化模型及其在火炮中的应用研究. 南京:南京理工大学博士学位论文,1999.
[43] 马吉胜. 高炮发射动力学研究与高炮动力学优化设计. 南京:南京理工大学博士学位论文,1997.
[44] 敖勇. 柔性多体系统动力学和动态子结构方法及其在自行火炮动力学仿真中的应用研究. 南京:南京理工大学博士学位论文,1997.
[45] 毛保全. 动力学优化及其在火炮中的应用. 南京:南京理工大学博士学位论文,1997.
[46] 楚志远. 自行火炮非线性有限元动力学仿真. 南京:南京理工大学博士学位论文,2001.
[47] 王长武. 自行火炮非线性有限元模型及仿真可视化技术研究. 南京:南京理工大学博士学位论文,2002.
[48] 石明全. 某火炮自动供输弹系统和全炮耦合的发射动力学研究. 南京:南京理工大学博士学位论文,2003.
[49] 刘雷. 自行火炮刚弹耦合发射动力学研究. 南京:南京理工大学博士学位论文,2004.
[50] 葛建立. 车载火炮动态非线性有限元仿真研究. 南京:南京理工大学博士学位论文,2007.
[51] 孙树栋. 遗传算法及应用. 北京:国防工业出版社,1999.
[52] Wriggers P. Computational Contact Mechanics. John Wiley & Sons, LTD, 2002.
[53] Klarbring A. A mathematical programming approach to three-dimensional contact problems with friction. Computer Methods in Applied Mechanics and Engineering, 58, 175-200, 1986.
[54] Bekker M G. Off-the-Road Locomotion. Ann Arbor, MI: University of Michigan Press, 1966.
[55] 邢文训,谢金星. 现代优化计算方法. 北京:清华大学出版社,1999.
[56] 王小平,曹立明. 遗传算法——理论、应用与软件实现. 西安:西安交通大学出版社,2002.
[57] 朱伯芳. 有限单元法原理与应用. 2 版. 北京:中国水利出版社,1998.
[58] 郭小明. 弹塑性接触问题的研究及其应用. 南京:东南大学博士学位论文,2002.
[59] 郑建荣. ADAMS-虚拟样机技术入门与提高. 北京:机械工业出版社,2002.
[60] 张胜兰,郑冬黎,郝琪,等. 基于 HyperWorks 的结构优化设计技术. 北京:机械工业出版社,2007.
[61] 杨国来,陈运生. 考虑土壤特性的车载榴弹炮射击稳定性研究. 南京理工大学学报,2006,30(4):495-498.
[62] 葛建立,杨国来. 某自行火炮总体结构参数灵敏度分析与优化. 火炮发射与控制学报,2007(2):16-19.
[63] 葛建立,杨国来,陈运生. 车载炮摇架和上架的静动态有限元设计. 力学与实践,2007,29(3):41-44.
[64] 葛建立,杨国来,陈运生. 车载炮主辅梁刚强度分析. 弹道学报,2006,18(4):60-63.
[65] 刘雷,陈运生,杨国来. 基于接触模型的弹炮耦合问题研究. 兵工学报,2006,27(6):985-987.
[66] 蔡文勇,马福球,杨国来. 基于遗传算法的火炮总体参数动力学优化. 兵工学报,2006,27(6):974-977.
[67] 徐锐. 火炮典型机构动力学建模与参数辨识研究. 南京:南京理工大学博士学位论文,2016.